ENGENHARIA DE AUTOMAÇÃO INDUSTRIAL

gen
Grupo
Editorial
Nacional

ENGENHARIA DE AUTOMAÇÃO INDUSTRIAL

2ª EDIÇÃO

Cícero Couto de Moraes
Plínio de Lauro Castrucci

- **Atendimento ao cliente: (11) 5080-0751 | faleconosco@grupogen.com.br**

LTC – Livros Técnicos e Científicos Editora Ltda.
Uma editora integrante do GEN | Grupo Editorial Nacional
Travessa do Ouvidor, 11
Rio de Janeiro – RJ – 20040-040
www.grupogen.com.br

- Capa: Francine & Namiki Design

- **Ficha catalográfica**

CIP-BRASIL. CATALOGAÇÃO-NA-FONTE
SINDICATO NACIONAL DOS EDITORES DE LIVROS, RJ.

M819e
2.ed.

Moraes, Cícero Couto de
Engenharia de automação industrial / Cícero Couto de Moraes, Plínio de Lauro Castrucci. - 2.ed. - [Reimpr.]. - Rio de Janeiro : LTC, 2023.

Anexos
Inclui bibliografia
ISBN 978-85-216-1532-3

1. Automação industrial. 2. Controle de processo. 3. Controladores programáveis. 4. Petri, Redes de. I. Castrucci, Plínio de Lauro, 1932-. II. Título.

06-3940. CDD 629.892
CDU 681.5

"Divida cada dificuldade em quantas partes forem possíveis e necessárias para resolvê-la."

René Descartes

"Em seguida integre-as até a totalidade, só assim se terá a compreensão plena do processo."

Autor desconhecido

Apresentação

Esta é a Segunda Edição, revisada e ampliada, do livro *Engenharia de Automação Industrial*, publicado em 2001. Como a primeira, esta também é resultado de disciplinas ministradas no Departamento de Engenharia de Energia e Automação Elétricas da Escola Politécnica da Universidade de São Paulo e das participações em realizações de automação industrial, mediante o Convênio EPUSP — Rockwell Automation do Brasil.

A obra se destina a estudantes de automação e a profissionais de engenharia de automação interessados no desenvolvimento de sistemas baseados nos controladores lógicos programáveis (CLPs).

A Parte I introduz os conceitos de controle dinâmico, de controle lógico e de automação.

A Parte II apresenta os princípios de construção dos CLPs e dos sensores discretos pelos quais os CLPs observam os processos físicos; descreve em detalhes as rotinas de programação dos CLPs nas linguagens de programação denominadas lader, bloco de função e grafcet. Trata também das interfaces homem-máquina, dos sistemas supervisórios e dos conceitos básicos das redes de comunicação empregadas em automação. Esta parte contém também recomendações de variada natureza para auxiliar o projetista em sua comunicação com o usuário e na organização de seu trabalho técnico. Em todos os temas há abundante informação visual, bem como exercícios propostos.

A Parte III dedica-se a aspectos mais conceituais do projeto de automação. Inicialmente são analisadas ferramentas para o modelamento dos sistemas industriais a serem automatizados, no intuito de abreviar e tornar seguro o trabalho do engenheiro. O modelamento preferido em engenharia de automação, para sistemas a eventos de amplitude discreta (*discrete event systems*), tem sido o das Redes de Petri. Sua análise pode ser feita por métodos gráficos ou algébricos, porém a mais eficiente é por simulação em computador.

Em seguida, é dada ênfase ao método do projeto dos controladores (programas computacionais) que realizam a automação. Esse projeto é metodizado com o auxílio das Redes de Petri, partindo das especificações e chegando passo a passo à programação final dos CLPs. Também nesta parte estudam-se configurações usuais para proteção dos processos industriais e para aumento da confiabilidade por redundância, apresentando-se também uma introdução ao diagnóstico automático pós-falha.

A Parte IV discute o importante tema da gestão do processo de automação industrial do ponto de vista da empresa de engenharia.

O livro pode ser utilizado de várias maneiras, em cursos de graduação e de especialização. Para cursos de Engenharia Elétrica ou Engenharia Mecânica, ou nos correspondentes cursos de atualização, as quatro partes são pertinentes, mas a ordem e a ênfase com que são apresentadas dependem do curso e das demais disciplinas antecedentes. Para Engenharia de Produção, sugerem-se as Partes III e IV.

Cursos de Engenharia de Computação e de Matemática Aplicada podem utilizar a Parte III como texto de apoio ou como estímulo a pesquisas.

O sinal [ ] indica referências bibliográficas.

Este trabalho recebeu a colaboração preciosa de professores e profissionais ligados à Escola Politécnica e a empresas de automação. Desejamos agradecer especificamente aos engenheiros Marcos

Yukio Yamaguchi, Altamiro Mann Prado, Cláudia Tomie Yukishime, Alexandre Acácio de Andrade e Reinaldo Burian. Foi também fundamental o empenho de Flávia de Castro S. Franquelin e de Marcos Almeida de Lacerda no preparo dos originais e das figuras. Agradecemos também ao Professor Bernardo Severo da Silva Filho e sua equipe pelo apoio editorial.

São Paulo, maio de 2006

SUMÁRIO

PARTE I

INTRODUÇÃO

CAPÍTULO

1

A ENGENHARIA DE AUTOMAÇÃO

O desenvolvimento dos estudos de engenharia de automação requer o estabelecimento de alguns conceitos pertinentes a modelos matemáticos de sistemas de processos industriais.

1.1 SISTEMAS DINÂMICOS

Em Automação, nosso interesse focaliza-se em sistemas que são dinâmicos em um sentido especial. A palavra "dinâmico" é entendida em geral como relativa a "forças e energias produzindo movimento" [Ox]. Portanto, o termo refere-se originalmente à mecânica newtoniana: forças aplicadas a massas geram acelerações que definem os movimentos dos corpos no espaço; tais fenômenos são regidos por equações diferenciais, em que o tempo é a variável independente. Por analogia, estende-se o termo "dinâmico" a todos os fenômenos térmicos, químicos, fisiológicos, ecológicos etc. que também sejam regidos por equações daquele tipo. São sistemas *intrinsecamente dinâmicos***,** como que *"acionados pelo tempo" ("time-driven")*.

No entanto, um segundo significado tornou-se essencial nas últimas décadas, devido a inúmeros e importantíssimos outros tipos de sistemas, tais como os de chaveamento manual ou automático, as manufaturas, as filas de serviços, os computadores etc. Sua estrutura impõe principalmente regras lógicas, de causa e efeito, para eventos; seus sinais são números naturais representando estados lógicos (*on-off*, sim-não) ou quantidades de recursos ou de entidades. Tais sistemas não são descritos por equações diferenciais ou de diferenças. São sistemas dinâmicos em um sentido especial, *dinâmicos latu sensu*, *"acionados por eventos"* ("*event-driven*").

Em resumo, têm-se duas grandes classes de sistemas:

Classes de Sistemas Dinâmicos

Acionados por	Descritos por	Nomes
Tempo ("*time-driven*")	Equações diferenciais na variável tempo	Contínuos no tempo
	Equações de diferenças na variável tempo	Discretos no tempo
Eventos ("*event-driven*")	Álgebra de Boole, álgebra dióide, autômatos finitos, redes de Petri, programas computacionais	A eventos discretos

Uma classificação geral dos sistemas pode ser a da Figura 1.1.

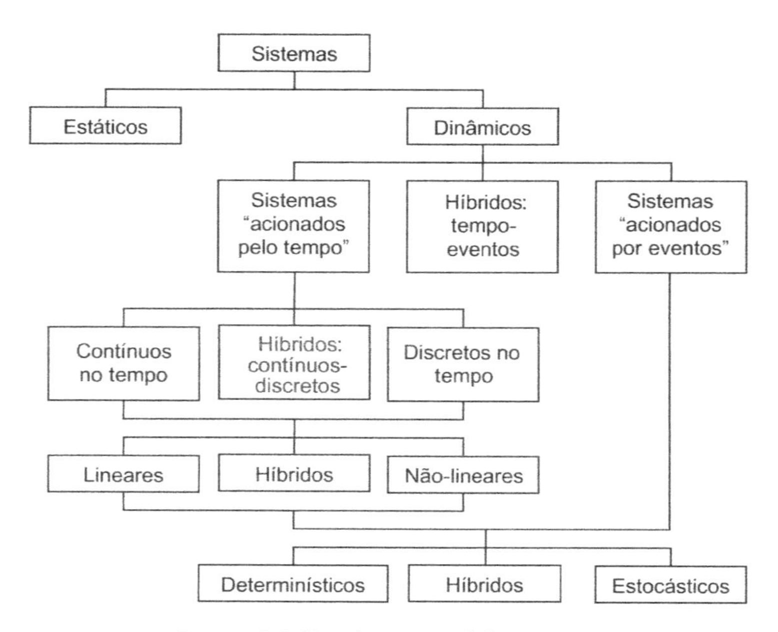

FIGURA 1.1 Classificação geral dos sistemas.

1.1.1 Sistemas dinâmicos convencionais

Um critério importante para classificar esses sistemas decorre da *observação dos seus sinais*. Um sinal $x(t)$ pode ser *de amplitude contínua* ($x \in R$, x percorre os números reais) ou *de amplitude discreta* ($x \in E$, x percorre um subconjunto enumerável de R, por exemplo, o conjunto I dos números inteiros). Analogamente, a variável independente t pode ser *contínua* ($t \in R$) ou *discreta* ($t \in E$ ou I). Note que nesse contexto a palavra "contínua" nem sempre significa função contínua no sentido da Análise Matemática.

Algumas das possibilidades de sinais estão indicadas na Figura 1.2.

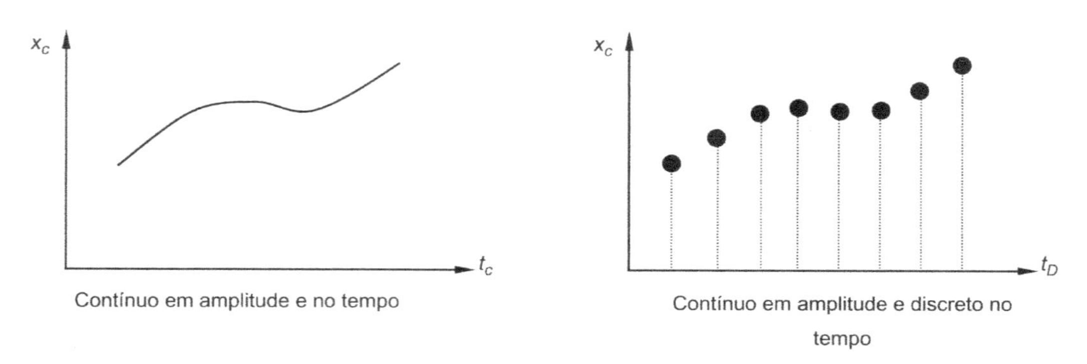

FIGURA 1.2

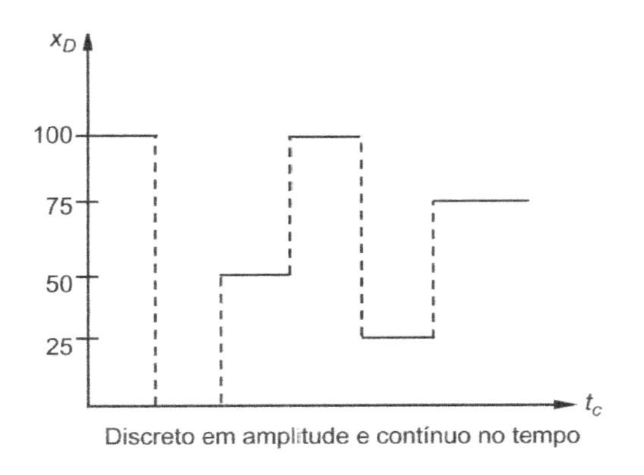

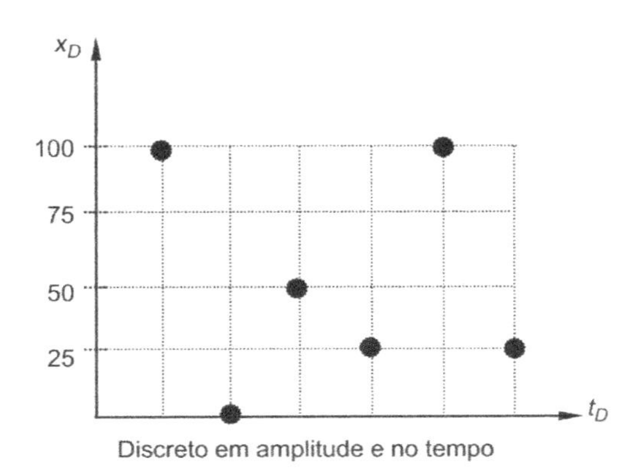

FIGURA 1.2 Continuação

Outro importante divisor de classes nos sistemas é a *linearidade*. Para constatar sua presença não basta observar sinais isolados, é necessário estudar as relações de causa/efeito entre entradas e saídas. São lineares aqueles sistemas em que a resposta à soma de dois sinais de entrada é igual à soma das respostas aos dois sinais isoladamente, isto é, quando vale a *superposição* de entradas e de saídas. Exemplos:

$$y(t) = x_1(t) + x_2(t)$$
$$y(t) = x(t) + dx(t)/dt \qquad x, y, t \in R$$
$$y(t) = x(t) + x(t-1) \qquad x, y \in R; t \in I$$

Por muitas razões, a análise dos sistemas lineares é muito mais simples do que a dos não-lineares.

Para que haja comportamento não-linear basta que, por exemplo, a saída seja igual à soma da variável de entrada com uma constante (verifique, aplicando a definição!) ou, então, que a saída seja igual ao produto de duas variáveis ou igual a uma função de amplitude limitada (saturação). Exemplos:

$$y(t) = x(t) + 5$$
$$y(t) = \text{sen}(x(t))$$
$$y(t) = x_1(t) \cdot x_2(t).$$

A maioria dos sistemas físicos reais é não-linear, embora muitos deles admitam aproximações lineares geralmente quando os sinais de interesse são pequenas flutuações em torno de dados níveis de operação. Como veremos adiante, os sistemas a eventos discretos são essencialmente não-lineares, isto é, não admitem aproximação linear.

Outra classificação importante dos sistemas é em *determinísticos* e *estocásticos*; estes últimos são caracterizados pela presença de alguma variável ou de algum parâmetro cuja definição se faz por meios estatísticos. Por exemplo:

- sinal de entrada, contínuo no tempo, de origem atmosférica
- sinal de entrada, discreto no tempo, em que os intervalos entre pulsos ou impulsos sucessivos são aleatórios, como a chegada de clientes a uma fila de serviço
- alguma transmissão interna ao sistema se altera em função de probabilidades, como a parada da produção por falha de máquina e o retorno após o tempo de reparo.

1.1.2 Sistemas dinâmicos a eventos discretos

Sistemas dinâmicos a eventos discretos — SEDs — são sistemas cuja evolução decorre unicamente de eventos instantâneos, repetitivos ou esporádicos.

São sistemas em que:

a) os sinais assumem valores num conjunto enumerável, como {on, off} {verde, amarelo, vermelho} {1, 2, 3, ...};
b) as alterações de valor, quando ocorrem, são tão rápidas que se podem modelar como instantâneas, em qualquer instante $t \in R$;
c) eventos instantâneos externos constituem sinais de entrada que causam eventos discretos internos e de saída.

Sistemas a eventos discretos são sistemas que respondem aos eventos discretos externos e internos com sinais também discretos, de acordo com rígidas *regras de causa e efeito* ou, então, com *regras estatísticas*. No primeiro caso, as regras traduzem-se perfeitamente por meio da teoria matemática dos conjuntos; quando os sinais são todos binários (1 ou 0, ON ou OFF etc.), são *sistemas lógicos*. No segundo caso, os sistemas incluem-se entre os chamados *sistemas estocásticos*.

Por exemplo, o contator da Figura 1.3 é energizável pela chave L_1 ou pelas chaves L_2 e L_3, simultaneamente. Os eventos de entrada possíveis são combinações dos elementos L_1, L_2, L_3, assumindo valores 0 ou 1. O estado do sistema é naturalmente o do contator, definido em {0, 1}. É, portanto, sistema lógico.

A equação $C = L_1 + L_2 \cdot L_3$ exprime o funcionamento da rede por meio da *álgebra de Boole*, na qual o sinal de operação + significa OU e o sinal · significa E; a equação informa, portanto, que $C = 1$ (C energizado) se e somente se $L_1 = 1$ (L_1 fechada) ou $L_2 = 1$ (L_2 fechada) simultaneamente com $L_3 = 1$ (L_3 fechada).

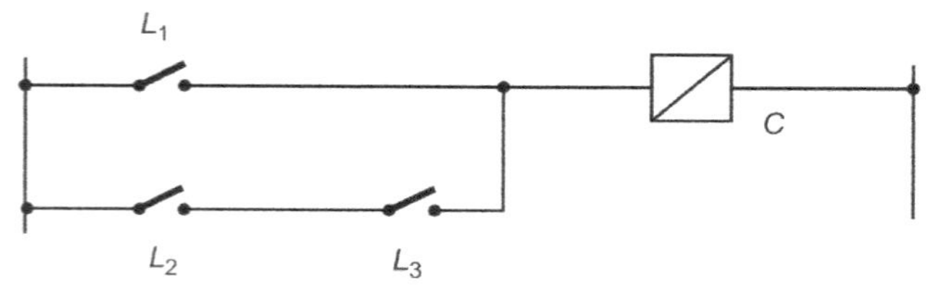

FIGURA 1.3

O sistema é não-linear. De fato, o fechamento de L_1 implica $C = 1$; o fechamento de L_2 e L_3 implica $C = 1$; o fechamento das três chaves, ou seja, a soma das entradas anteriores, resulta também em $C = 1$, valor que difere da soma dos valores das saídas anteriores.

Uma questão de nomenclatura: na linguagem comum, *eventos* são sucessos, acontecimentos na vida ou na história, por natureza instantâneos ou discretos no tempo; *eventos discretos* contêm, além da idéia de instantaneidade, o fato de que as amplitudes possíveis pertencem a um conjunto de números naturais, um conjunto discreto. Em inglês é corrente o uso da sigla "DES", que significa *Discrete Event Systems*; por analogia, em português devemos adotar a sigla SED.

Não se deve confundir sistemas a eventos discretos com sistemas discretos no tempo; estes são sistemas dinâmicos do tipo *time-driven* em que os sinais são contínuos, amostrados periodicamente, ou são essencialmente discretos no tempo (como acontece em Economia e Administração).

Nos sistemas SED, há que considerar diferentes métodos de análise conforme circunstâncias específicas. Se os eventos externos são *raros* e, portanto, de inexpressiva descrição estatística (por exemplo, o aperto de um botão Emergência) e se, de outro lado, o funcionamento interno desses sistemas obedece a regras lógicas rígidas e tempos de reação fixos, o método de análise deve ser determinístico. Se os eventos externos ocorrem *freqüentemente*, aleatoriamente, a ferramenta ideal de análise é a Estatística. Portanto, na realidade, tanto a análise determinística quanto a estatística são desejáveis, desde que utilizadas no momento certo.

1.2 O CONTROLE

1.2.1 Controle dinâmico

O controle dinâmico tem por objetivo estabelecer o comportamento estático e dinâmico dos sistemas físicos, tornado-o mais obediente aos operadores e mais imune às perturbações dentro de certos limites. Utiliza sempre medidas de variáveis internas e/ou de saída do sistema, num esquema de *realimentação* ou *feedback* em torno do sistema original. Este é um conceito de incalculável poder tecnológico para o aperfeiçoamento de inúmeros processos, seja em velocidade e precisão, seja em custo.

Chama-se de *realimentação negativa* aquela em que, pelo menos numa faixa de freqüências, o erro da saída do processo em relação ao seu valor ideal passa por uma *inversão intencional de sinal algébrico*, antes de ser aplicado à entrada. É sob essa forma que a realimentação serve para controle. Quando o valor ideal é fixo, o controle é dito *regulador*; quando é um sinal qualquer fornecido ao sistema, tem-se um servomecanismo, ou *servocontrole*.

Realimentação positiva também é muito útil, mas para realizar osciladores, não para fins de controle dinâmico.

Outro princípio fundamental da técnica do controle dinâmico é a *pré-alimentação, alimentação avante*, *feedforward* ou *controle por antecipação*: consiste em injetar na entrada do processo um sinal proporcional a alguma perturbação externa relevante, com polaridade tal que ajude a reduzir os efeitos da perturbação. A ação da alimentação avante se antecipa e reduz os efeitos da perturbação.

O ponto forte do controle por realimentação é que não se necessita conhecê-lo antecipadamente nem medir as perturbações que afetam o processo. A Figura 1.4 mostra um processo simples, de uma só variável C de saída, sobre a qual age um sistema de controle dinâmico completo, composto de realimentação e de alimentação avante; R é o valor desejado para a variável C; P é uma perturbação relevante, que merece ser objeto de uma pré-alimentação; N representa um ruído aditivo na medida da variável C.

Por norma, essas variáveis têm nomes específicos:

C: *variável controlada*, de qualquer natureza física (vazão, nível, pressão, temperatura, velocidade, posição, corrente elétrica etc.), associada a um nível significativo de energia ou potência;

P: *perturbação*, significativa no processo que leva a C;

R: *variável de referência* (*set point*), geralmente um sinal elétrico, analógico ou digital;

M: variável *manipulada*, de natureza em geral diferente da de C, mas influenciando-a fortemente (por exemplo, a tensão elétrica de alimentação de um motor, a abertura da válvula que injeta combustível em um forno a óleo);

E: *erro atuante*, a diferença entre C e R que a malha de realimentação procura reduzir;

N: ruído na medida da variável de saída C.

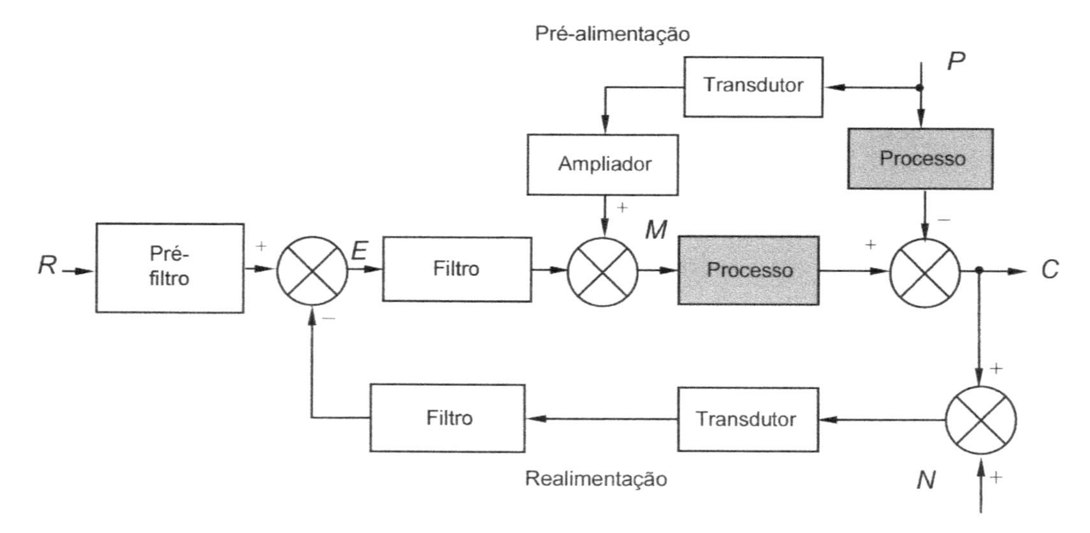

FIGURA 1.4

EXEMPLO 1 Considere o controle dinâmico por realimentação de um acionamento eletromecânico (Figura 1.5); a velocidade ω é variada por meio da freqüência da energia trifásica que o conversor produz; a perturbação relevante é o torque oposto pela carga ao torque do motor.

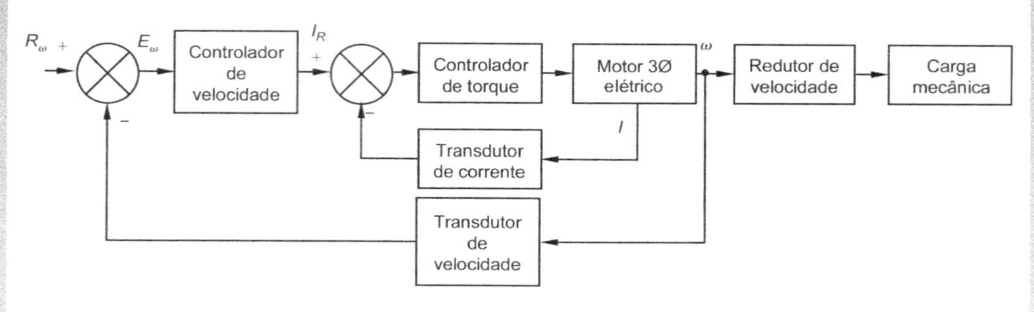

FIGURA 1.5

EXEMPLO 2 Considere o controle dinâmico por alimentação avante do trocador de calor industrial esquematizado na Figura 1.6a. Um líquido que passa pelo trocador é aquecido por um fluxo de vapor; a variável controlada é a temperatura T_o na saída do trocador; a variável manipulada é a vazão F de vapor, que está sendo variada por meio de uma válvula de comando elétrico FIC. O controlador por antecipação é calculado para elevar aproximadamente a temperatura do líquido de T_i na entrada até T_{sp} na saída. Sendo V_f a vazão de líquido medida, F deve ser ajustada automaticamente para atender à equação de balanço de energia

$$V_f C(T_{sp} - T_i) = FH,$$

onde V_f é a vazão de líquido e C o calor específico do líquido; H é o calor latente do vapor.

Se a temperatura de saída do líquido deve ser precisamente regulada, é necessário recorrer também a um controlador por realimentação a partir do erro atuante ($T_{sp} - T_o$), onde T_o seria a temperatura de saída do líquido, medida. Ver Figura 1.6b, malha tracejada.

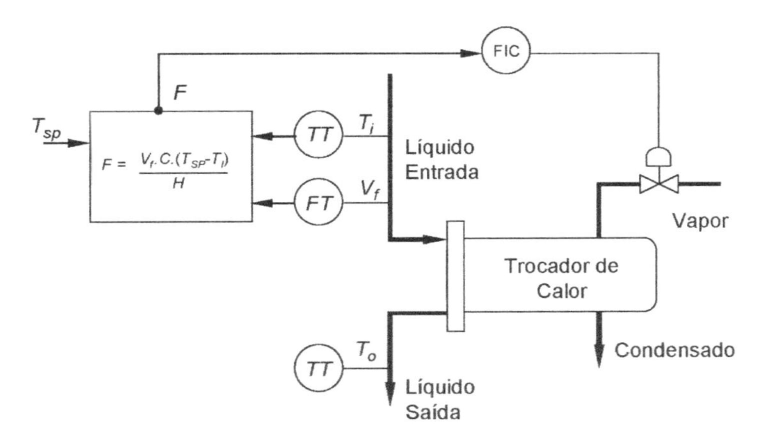

FIGURA 1.6a Diagrama P&ID.

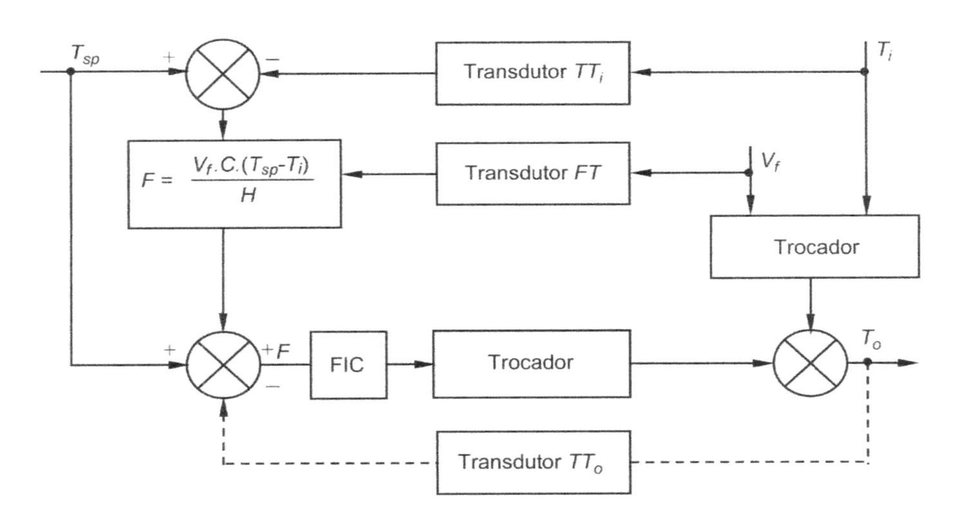

FIGURA 1.6b Diagrama de blocos.

As teorias de controle têm evoluído em vários campos importantes, a maioria delas em controle de posição em máquinas, robôs e trajetórias aeroespaciais: o *controle ótimo por critério quadrático* tem como pioneiro N. Wiener (1943), desenvolvido para o caso multivariável com enorme sucesso por R. Kalman (1960); o controle *não-linear multivariável*, com base nos clássicos teoremas de Liapunov (1895); o *controle preditivo*; o *controle adaptativo*; o *estocástico*; o *robusto*, e outros.

O controle de processo, ligado principalmente aos processos industriais contínuos, tem sido sem dúvida mais conservador. Embora o controle ótimo não-linear e o preditivo tenham aplicações muito relevantes, persiste na imensa maioria dos casos o uso do *controle* $P + I + D$ (proporcional + integral + derivativo), variável por variável, dentro de uma hierarquia de objetivos estabelecida pela prática do processo. Predominam também certos esquemas especiais conhecidos como *controle em cascata*, *controle de razão* e *controle seletivo*. Em processos de grande significado econômico, é usual a *otimização estática* ou *off-line*, isto é, a otimização em computador dos valores de referência das malhas de controle das variáveis importantes.

1.3 CONTROLE DE EVENTOS OU CONTROLE LÓGICO

O *controle lógico* tem por objetivo complementar sistemas lógicos de maneira que eles respondam a eventos externos ou internos de acordo com novas regras que são desejáveis de um ponto de vista utilitário. O engenheiro-projetista de sistemas de controle de eventos discretos precisa, antes de tudo, garantir conseqüências bem definidas, seguras, em presença de eventos externos, sejam eles raros ou freqüentes; somente depois de garantidas essas conseqüências é que ele pode desejar analisar desempenhos de confiabilidade por meio da Estatística e de simulações.

O controle lógico é um meio de automatização que surgiu no início do século XX por necessidade prática, quando contatores, disjuntores, relés de proteção, chaves manuais etc. tinham de ser interligados de maneira a dar partida, proteger componentes e vigiar dia e noite a segurança nos processos cuja eletrificação se implementava. O controle lógico realiza-se por meio de circuitos (elétricos, hidráulicos, pneumáticos etc.) em que as variáveis são binárias (valor 0 ou 1); esses circuitos são chamados, genericamente, de redes lógicas.

Redes lógicas combinatórias são redes sem memórias nem temporizações; ao projetá-las, basta a álgebra booleana (G. Boole, 1715-64) para descrever, analisar e simplificar as redes, e com alguma técnica de "organização do raciocínio" ou de "registro padronizado e compacto", tais como a Tabela da Verdade e o Diagrama de Relés.

Redes lógicas seqüenciais são as redes com memórias, temporizações e entradas em instantes aleatórios.

EXEMPLO 1 Considere o controle lógico que realiza a partida automática do processo trocador de calor da Figura 1.6, de acordo com a seguinte especificação da engenharia de processo. Quando o operador aperta o botão Start, o controlador lógico deve: a) por razões de segurança, verificar se existe pressão de vapor $P_v > P_{mín}$, no gerador de vapor, e se existe nível no reservatório de líquido frio $H_f > H_{mín}$; b) em caso afirmativo, energizar a bomba B_f que movimenta o líquido frio; c) confirmada vazão de líquido $V_f > V_{mín}$, fechar o circuito elétrico C da válvula FIC que comanda o vapor; d) em qualquer momento da operação, ocorrendo $P_v < P_{mín}$ ou $H_f < H_{mín}$ ou $V_f < V_{mín}$ ou $T_o > T_{máx}$, caracteriza-se uma emergência E: o sinal de comando da válvula FIC de vapor deve ser zerado ou chaveado para interromper o fluxo de vapor, e a bomba B deve ser desenergizada.

Esse controle lógico pode ser representado por equações em álgebra de Boole, desde que definamos variáveis booleanas associadas às diversas condições da especificação:

$P = 1$	se $P_v > P_{mín}$;	$P = 0$	se $P_v < P_{mín}$;
$H = 1$	se $H_f > H_{mín}$;	$H = 0$	se $H_f < H_{mín}$;
$V = 1$	se $V_f > V_{mín}$;	$V = 0$	se $V_f < V_{mín}$;
$T = 1$	se $T_o > T_{máx}$; ...		
$B = 1$	se B_f energizada; ...		

As equações seriam

$$B = \text{Start} \cdot P \cdot H + B \cdot \overline{E}$$

$$C = B \cdot V \cdot C \cdot \overline{E}$$

$$E = \overline{P} + \overline{H} + \overline{V} + T$$

onde são introduzidas variáveis booleanas de negação, como $\overline{P}$ ($\overline{P} = 1$ se e apenas se $P = 0$). O sistema é uma rede combinatória; se tivesse temporizadores, por exemplo, seria seqüencial.

A Figura 1.7 mostra uma realização primitiva desse controlador, por meio de relés eletromecânicos.

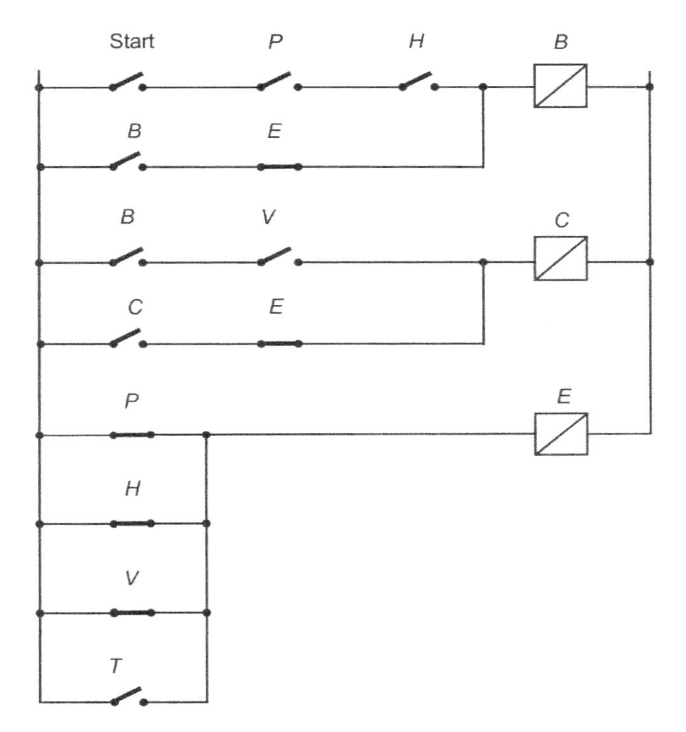

FIGURA 1.7

Ao projetar controladores de eventos discretos são em geral bastante úteis as representações por *redes de Petri* (1962), dada a sua grande adequação ao modelamento, à simulação e à busca de algumas propriedades relevantes. Já as representações por *autômatos finitos* têm maiores possibilidades teóricas.

Entretanto, os marcos teóricos são muito recentes e estão geralmente imersos no imenso tema do software dos computadores (que são redes lógicas seqüenciais). Eles ainda estão longe do nível de resultados existentes em controle dinâmico: o problema do controle dos sistemas a eventos só veio a ser *conceituado* com rigor teórico por W. M. Wonham em 1989.

Quando os eventos de entrada têm definição estatística, o desempenho dos sistemas em termos econômicos ou de confiabilidade tem sido analisado pelas cadeias de Markov e por simulação em computador.

As teorias do controle dinâmico e do controle lógico têm-se desenvolvido de forma totalmente independente entre si, por força de suas próprias naturezas. Aliás, é interessante observar que enquanto o controle dinâmico objetiva evitar a instabilidade — geralmente associada ao crescimento ilimitado de sinais —, em controle lógico o objetivo é evitar o conflito, o *deadlock*, a parada total da evolução dos sinais.

1.4 AUTOMAÇÃO

A palavra *automation* foi inventada pelo *marketing* da indústria de equipamentos na década de 1960. O neologismo, sem dúvida sonoro, buscava enfatizar a participação do computador no controle automático industrial.

O que significa automação, hoje? Entende-se por automação qualquer sistema, *apoiado em computadores*, que substitua o trabalho humano em favor da segurança das pessoas, da qualidade dos produtos, da rapidez da produção ou da redução de custos, assim aperfeiçoando os complexos objetivos das indústrias e dos serviços. Exemplos: automação da mineração, da manufatura metálica, dos grandes processos químicos contínuos, automação bancária, metroviária, aeroportuária.

É comum pensar que a automação resulta tão-somente do objetivo de reduzir custos de produção. Isso não é verdade: ela decorre mais de necessidades tais como maior nível de qualidade, expressa por especificações numéricas de tolerância, maior flexibilidade de modelos para o mercado, maior segurança pública e dos operários, menores perdas materiais e de energia, mais disponibilidade e qualidade da informação sobre o processo e melhor planejamento e controle da produção.

A automação envolve a implantação de sistemas interligados e assistidos por redes de comunicação, compreendendo sistemas supervisórios e interfaces homem-máquina que possam auxiliar os operadores no exercício da supervisão e da análise dos problemas que porventura venham a ocorrer.

A vantagem de utilizar sistemas que envolvam diretamente a informatização é a possibilidade da expansão utilizando recursos de fácil acesso; nesse contexto, são de extraordinária importância os controladores lógicos programáveis (CLPs), que tornam a automação industrial uma realidade onipresente.

Quando se visita uma instalação automatizada é difícil distinguir as contribuições da engenharia, tanto a de controle dinâmico quanto a de controle lógico; o que se vê são computadores de interface homem-máquina, cabos de sinal e de energia e componentes físicos do processo, tais como motores, válvulas, tubulações, tanques, veículos etc. A rigor, coexistem contribuições das duas especialidades de controle, assim como de outras engenharias.

Por exemplo, no caso de uma planta química pioneira de processo contínuo é claro que uma reação química teórica deve ser inicialmente comprovada em laboratório. Confirmada sua viabilidade, a engenharia química deve montar uma planta-piloto para estabelecer as condições operacionais mais eficientes. Segue-se um projeto químico industrial, em plena escala, para depois virem a engenharia civil do prédio, a mecânica e a hidráulica dos vasos e tubulações, e a de instrumentação. Paralelamente, a engenharia de *controle dinâmico* deve pesquisar modelos matemáticos do processo e projetar as malhas de realimentação capazes de manter as condições operacionais nos valores eficientes, a despeito das perturbações previsíveis no processo e na qualidade dos insumos. Deve talvez pesquisar um algoritmo de controle que otimize a eficiência e ainda simular o conjunto em computador. Finalmente, intervém a *engenharia de automação* priorizando o *controle lógico*, através da implementação das regras desejadas para os eventos discretos no processo (a chamada "receita" do processo), ou seja, das manobras capazes de levá-lo aos níveis da operação eficiente. Deve ainda considerar os níveis de segurança para os componentes e para as pessoas, assim como os requisitos de monitoração, alarme e intervenção por parte dos operadores e os relatórios gerenciais. A engenharia de automação deve selecionar os equipamentos de computação e de redes, depois programá-los, testá-los em bancada e acompanhar o desempenho no *start-up*. Em plantas químicas pioneiras como esta, com os recursos tecnológicos digitais de hoje, a implementação das malhas do controle dinâmico é usualmente uma parte pequena das tarefas da engenharia de automação.

Em outros exemplos, como um laminador de tiras a frio ou uma aeronave, a dificuldade do controle dinâmico pode ser bem maior que a do controle de eventos associado.

Em outros casos freqüentes, a engenharia de automação é solicitada a implementar simplesmente uma receita operacional definida exclusivamente em termos de eventos (processo dito "de batelada"); exemplo: energizar um forno; ao chegar a tal temperatura, energizar tal motobomba, desenergizar quando certo nível de tanque seja atingido; então energizar o motor do agitador e aguardar tantos minutos para desligá-lo; e assim por diante. Neste exemplo, obviamente, quase inexiste problema de controle dinâmico.

Em automação há uma combinação dos dois tipos de controle, numa proporção infinitamente variável. O desafio maior da sua engenharia, no entanto, parece ser *implementar com segurança todas as necessidades de controle lógico, de controle dinâmico e de comunicação digital.*

1.5 ARQUITETURA DA AUTOMAÇÃO INDUSTRIAL

A Pirâmide de Automação

A automação industrial exige a realização de muitas funções. A Figura 1.8 representa a chamada *Pirâmide de Automação*, com os diferentes níveis de automação encontrados em uma planta industrial.

Na base da pirâmide está freqüentemente envolvido o Controlador Programável, atuando via inversores, conversores ou sistemas de partida suave sobre máquinas e motores e outros processos produtivos. No topo da pirâmide, a característica marcante é a informatização ligada ao setor corporativo da empresa.

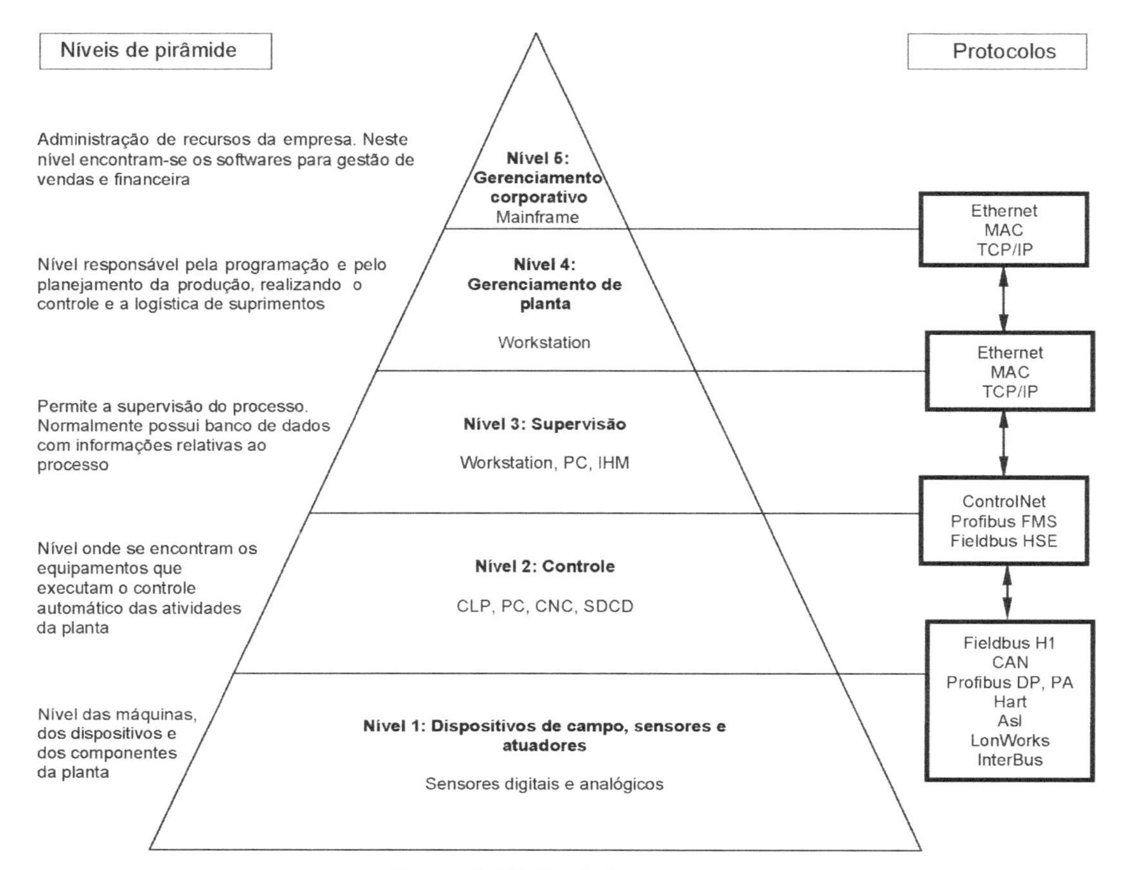

FIGURA 1.8 Pirâmide de automação.

A partir da Figura 1.8, é possível fazer uma breve descrição de cada nível:

Nível 1: é o nível das máquinas, dispositivos e componentes (chão-de-fábrica).
Ex.: máquinas de embalagem, linha de montagem ou manufatura.

Nível 2: é o nível dos controladores digitais, dinâmicos e lógicos, e de algum tipo de supervisão associada ao processo. Aqui se encontram concentradores de informações sobre o Nível 1, e as Interfaces Homem-Máquina (IHM).

Nível 3: permite o controle do processo produtivo da planta; normalmente é constituído por bancos de dados com informações dos índices de qualidade da produção, relatórios e estatísticas de processo, índices de produtividade, algoritmos de otimização da operação produtiva.
Ex.: avaliação e controle da qualidade em processo químico ou alimentício; supervisão de um laminador de tiras a frio.

Nível 4: é o nível responsável pela programação e pelo planejamento da produção, realizando o controle e a logística dos suprimentos.
Ex.: controle de suprimentos e estoques em função da sazonalidade e da distribuição geográfica.

Nível 5: é o nível responsável pela administração dos recursos da empresa, em que se encontram os softwares para gestão de vendas e gestão financeira; é também onde se realizam a decisão e o gerenciamento de todo o sistema.

Computadores para Automação

Como informação preliminar, o *Controlador Lógico Programável* (*CLP*) é um dispositivo digital que controla máquinas e processos. Utiliza uma memória programável para armazenar instruções e executar funções específicas: energização/desenergização, temporização, contagem, seqüenciamento, operações matemáticas e manipulação de dados.

O desenvolvimento dos CLPs começou em 1968 em resposta a uma necessidade constatada pela General Motors. Naquela época, freqüentemente se consumiam dias ou semanas para se alterar um sistema de controle baseado em relés, e isso ocorria sempre que se mudava um modelo de carro ou se introduziam modificações na linha de montagem. Para reduzir esse alto custo, a GM especificou um sistema de estado sólido, com a flexibilidade de um computador, que pudesse ser programado e mantido pelos engenheiros e técnicos nas fábricas. Também era preciso que suportasse o ar poluído, a vibração, o ruído elétrico e os extremos de umidade e temperatura encontrados normalmente num ambiente industrial. Os primeiros CLPs foram instalados em 1969, com sucesso quase imediato. Funcionando como substitutos de circuitos de relés, eram mais confiáveis que os sistemas originais. Permitiam reduzir os custos dos materiais, da mão-de-obra, da instalação e da localização de falhas; reduziam as necessidades de fiação e os erros a ela associados. Os CLPs ocupavam menos espaço que os contatores, temporizadores e outros componentes de controles utilizados anteriormente. Mas, talvez, a razão principal da aceitação dos CLPs tenha sido a linguagem de programação baseada no diagrama *lader*, em que os programas gerados se assemelham visualmente aos clássicos esquemas dos circuitos lógicos a relés.

Os CLPs, de extraodinária importância prática nas indústrias, caracterizam-se por:

- robustez adequada aos ambientes industriais (geralmente não incluem vídeo);
- programação por meio de computadores pessoais (PCs);
- linguagens amigáveis para o projetista de automação de eventos discretos;
- permitir tanto o controle lógico quanto o controle dinâmico ($P + I + D$);
- incluir modelos capazes de conexões em grandes redes de dados.

As Figuras 1.9 e 1.10 representam os níveis 1, 2 e 3 da pirâmide de automação, do ponto de vista físico com CLP e como diagrama de blocos.

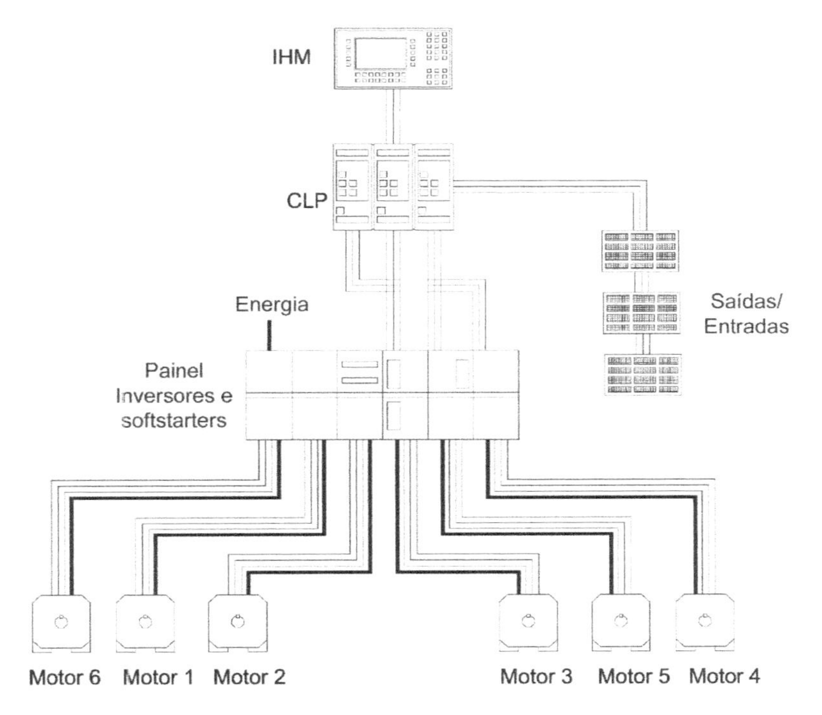

FIGURA 1.9 Níveis 1 e 2 da automação industrial.

O Controlador Programável vem substituir circuitos de relés que integravam o antigo painel industrial. Para efetuar uma modificação da lógica dos comandos, por qualquer motivo, era necessário um rearranjo na montagem, via de regra cansativo, demorado e dispendioso, modificação que, às vezes, implicava uma reforma total dos armários elétricos. Com o Controlador Programável basta modificar o programa, mantendo o hardware.

Um Controlador Lógico Programável automatiza uma grande quantidade de ações com precisão, confiabilidade, rapidez e pouco investimento. Informações de entrada são analisadas, decisões são tomadas, comandos são transmitidos, tudo concomitantemente com o desenrolar do processo.

1.6 A ENGENHARIA DE SOFTWARE NA AUTOMAÇÃO

Entende-se por *engenharia de software* a tecnologia para analisar requisitos de informação e projetar arquivos e fluxos de dados, para programar os equipamentos digitais, assim como testar e manter os programas computacionais. É um dos ramos de engenharia mais solicitados atualmente.

Os softwares ditos comerciais (para bancos e empresas comerciais) requerem grandes memórias e capacidade apenas para cálculos simples; os softwares científicos (para Física, Engenharia, Astronomia, Biologia etc.) exigem grande capacidade de cálculo e apenas pequenas memórias. Em ambos os tipos de programas a velocidade tem importância em si mesma, e ela não interfere na correção dos resultados; um programa correto numa máquina rápida também o será numa lenta, e vice-versa.

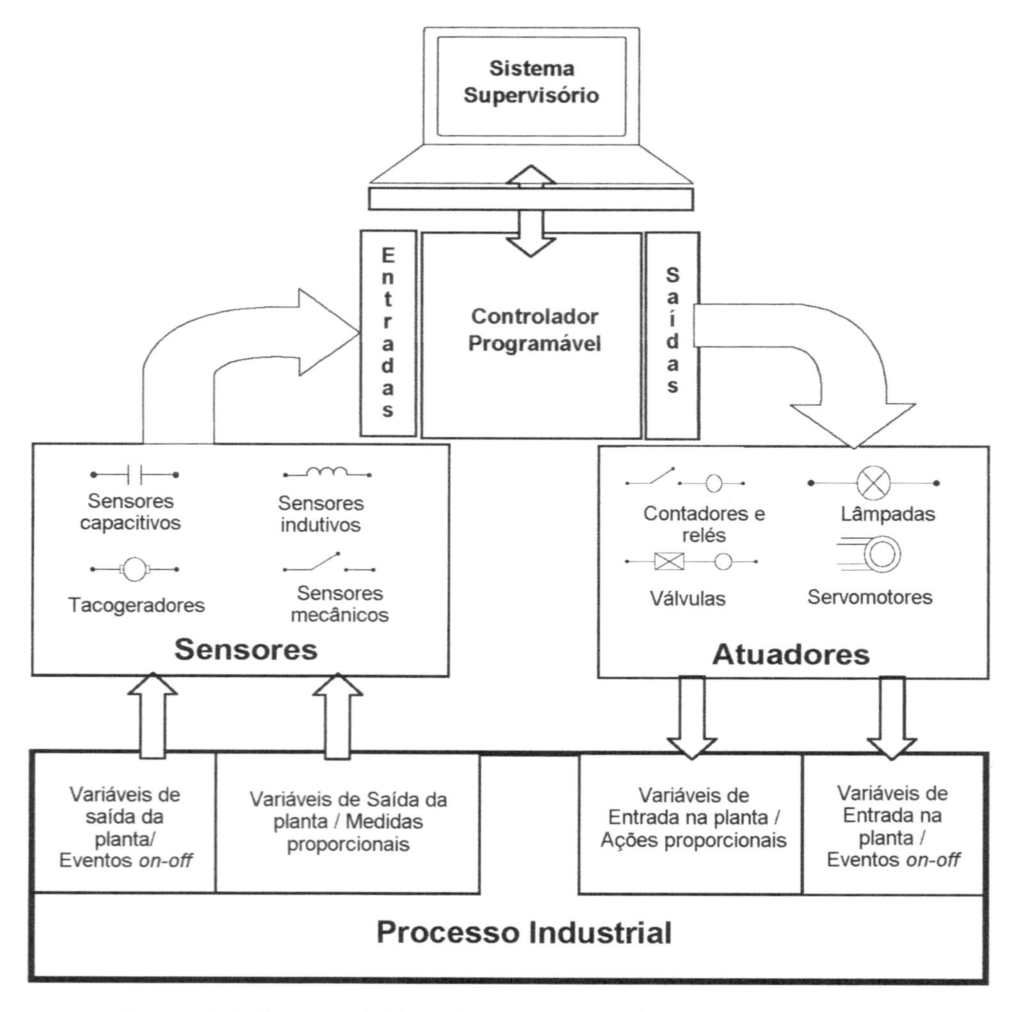

FIGURA 1.10 Diagrama de blocos dos níveis 1, 2 e 3 da pirâmide de automação.

Em muitos programas comerciais há *concorrência*, no sentido de que muitos usuários pedem serviço simultaneamente e não aceitam esperar; o problema usualmente se resolve com suficientes velocidade de processamento e número de terminais. Diz-se que tais programas são de *tempo real*.

Os softwares para automação também têm como requisito a capacidade de administrar a concorrência de tarefas, e, por isso, são ditos de tempo real; mas em automação, velocidade e correção estão interligadas: por exemplo, num programa de controle que lê medidas oriundas de um processo físico e as coloca num buffer, a velocidade de leitura não pode ser menor que a de entrada no buffer, sob pena de ocorrer perda grave da informação. Diz-se que tais programas são de *tempo real, hard*.

O problema essencial no caso da automação é o fato de que uma tarefa pode estar mudando o valor de uma variável na memória enquanto outra está lendo a mesma variável; então é preciso ter, no acesso a essa memória, um mecanismo seguro de *Mútua Exclusão*. Diz-se que uma tarefa entra na *região crítica com respeito a um recurso computacional* quando ela está a ponto de acessá-lo; o fato deve ser sinalizado com um *flag* adequado; sempre que este ocorre, é preciso verificar se há alguma outra tarefa na mesma região e, em caso afirmativo, utilizar uma regra de prioridades. Uma regra de prioridades inexistente ou inadequada pode criar um *deadlock* ou *conflito mortal*, tema que será estudado na Parte III deste livro.

Neste livro, os autores não pretendem entrar na área da engenharia de software de tempo real, pois há soluções gerais disponíveis comercialmente.

1.7 NÍVEIS DE COMPLEXIDADE DA AUTOMAÇÃO

É fácil distinguir três níveis de complexidade, nos quais se apresentam os sistemas de automação; a eles correspondem diferentes meios de projeto e de realização física.

Dentre as variedades com "menor" complexidade estão as *automações especializadas*, como as internas aos aparelhos de TV, de vídeo, telefones celulares, eletrodomésticos, automóveis etc. Realizam-se fisicamente com microprocessadores de pequenas memórias, dedicados, montados em placas de circuito impresso e instalados no interior dos equipamentos. O software escreve-se em "linguagem de máquina", como o "assembly", e se grava em memórias tipo ROM (Read Only Memory). [Le]

Entre as de "maior" complexidade estão os *grandes sistemas de automação:* estendem-se por áreas extensas e envolvem muitos computadores de vários tipos e capacidades. São, por exemplo, os sistemas de controle de vôo nos aeroportos, os de controle metroviário, os de defesa militar. Sua programação envolve, além de programas de aplicação comercial e científica, a plena engenharia de software de tempo real, com programas em C, Ada e outras linguagens específicas de tempo real. [La]

Mas há um imenso número de *automações industriais e de serviços* que consideramos de complexidade "média": são de âmbito médio, tais como sistemas transportadores industriais e portuários, manufaturas, processos químicos, térmicos, gerenciadores de energia e de edifícios etc. Podem realizar-se muito bem com o emprego dos *Controladores Lógicos Programáveis* e seus softwares aplicativos.

O foco deste livro está nos sistemas de automação de complexidade "média".

1.8 PROJETO DE AUTOMAÇÃO

Existem duas modalidades distintas de desenvolvimento de projeto em automação. Na primeira, o usuário sabe exatamente todas as ações que deseja ver automatizadas; ele define o que deve ocorrer em cada circunstância. Na segunda, ele somente define o resultado final, cabendo ao engenheiro de projeto definir toda a lógica das ações.

O diagrama de blocos a seguir descreve as etapas para implementação da automação nas duas modalidades.

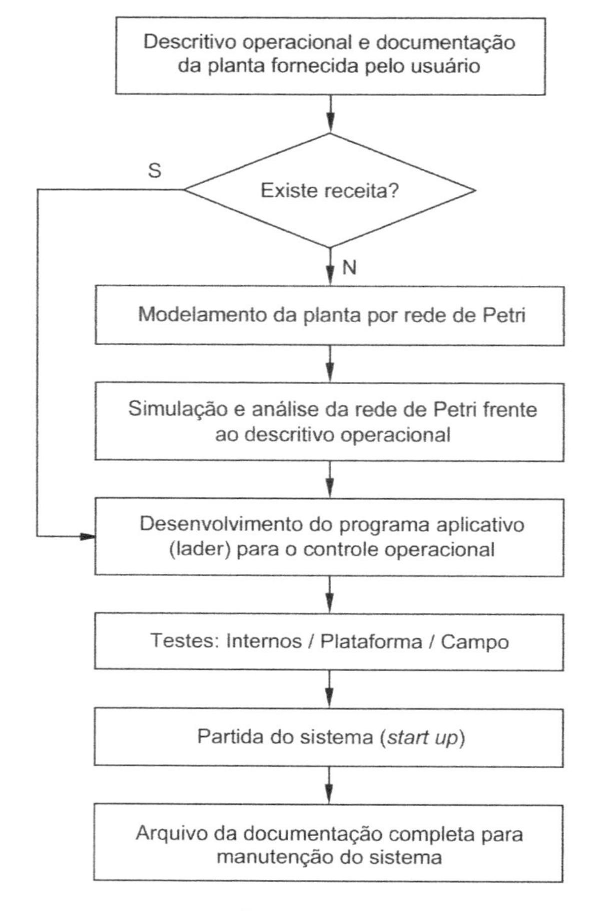

FIGURA 1.11

1.9 PLANO DO LIVRO

A variedade de conhecimentos necessários conduz à composição deste trabalho em quatro partes.

Parte I. Introdução

Conceitos gerais da Engenharia de Automação.

Parte II. Automação, Hardware e Software

Trata dos Controladores Lógicos Programáveis sob os aspectos construtivo e de programação (linguagens Lader e Grafcet). Aborda os Sensores Discretos, as Interfaces Homem-Máquina para supervisão do processo automatizado e as Redes de Dados usuais.

Parte III. Modelamento e Projeto de Automação

Utiliza as Redes de Petri como ferramenta básica e trata de modelar sistemas a eventos (processo controlado e sistema de automação completo) e simular desempenhos. Criar a Rede de Petri que o Controlador Programável deve realizar é a atividade denominada *projeto conceitual do controlador*, para diferenciar do projeto físico e do programa computacional.

Parte IV. Gestão da Automação

Examina todas as fases técnicas e administrativas de uma implantação, desde a elaboração da proposta até a manutenção, esclarecendo a importante função do gestor das transformações no cliente.

Soluções de Problemas Propostos

EXERCÍCIOS PROPOSTOS

E.1.1 Por que a automação industrial é importante nos dias de hoje? Quais seriam as razões para a sua utilização nas empresas de manufatura?

E.1.2 Descreva com suas próprias palavras os níveis e as atividades principais da pirâmide de automação. Exemplifique para uma fábrica de pneus.

E.1.3 Defina malha aberta, malha fechada com realimentações e com compensação avante. Exemplifique os três casos.

E.1.4 Explique as diferenças entre as realimentações negativa e positiva.

E.1.5 Um sistema transportador é constituído por três esteiras motorizadas com chaves de fim de curso, nove sensores de proximidade, chaves liga-desliga e sinalizadores. São utilizados um controlador programável e uma interface homem-máquina. Estabeleça uma relação de todos os componentes e suas funções identificando, conforme diagrama da Figura 1.6, onde o componente se localiza.

E.1.6 Descreva as redes de comunicação digital para uma unidade industrial e para uma corporação.

E.1.7 O que você entende por engenharia de software na automação? O que são programas que operam em tempo real? Cite um exemplo aplicado em plantas de manufatura.

E.1.8 Trace um diagrama esquemático de um controle de temperatura e umidade incluindo para cada variável seu motor e sensor específicos. O controle de temperatura deverá estar entre 20°C e 24°C, sendo realizado pelo compressor motorizado C_1. A umidade deverá ser ajustada entre 70% e 85% e garantida pelo desumidificador motorizado D_1. C_1 poderá operar independentemente de D_1, mas este só funcionará junto com C_1. Ambos serão alimentados por um quadro energizado prioritariamente pela concessionária ou, na sua falta, por banco de baterias.

E.1.9 Analise os desenhos que se seguem, identificando a técnica de controle dinâmico em cada um.
TI = sensor de temperatura;
PI = sensor de pressão.
Esquematize o diagrama de blocos e evidencie as variáveis do sistema.

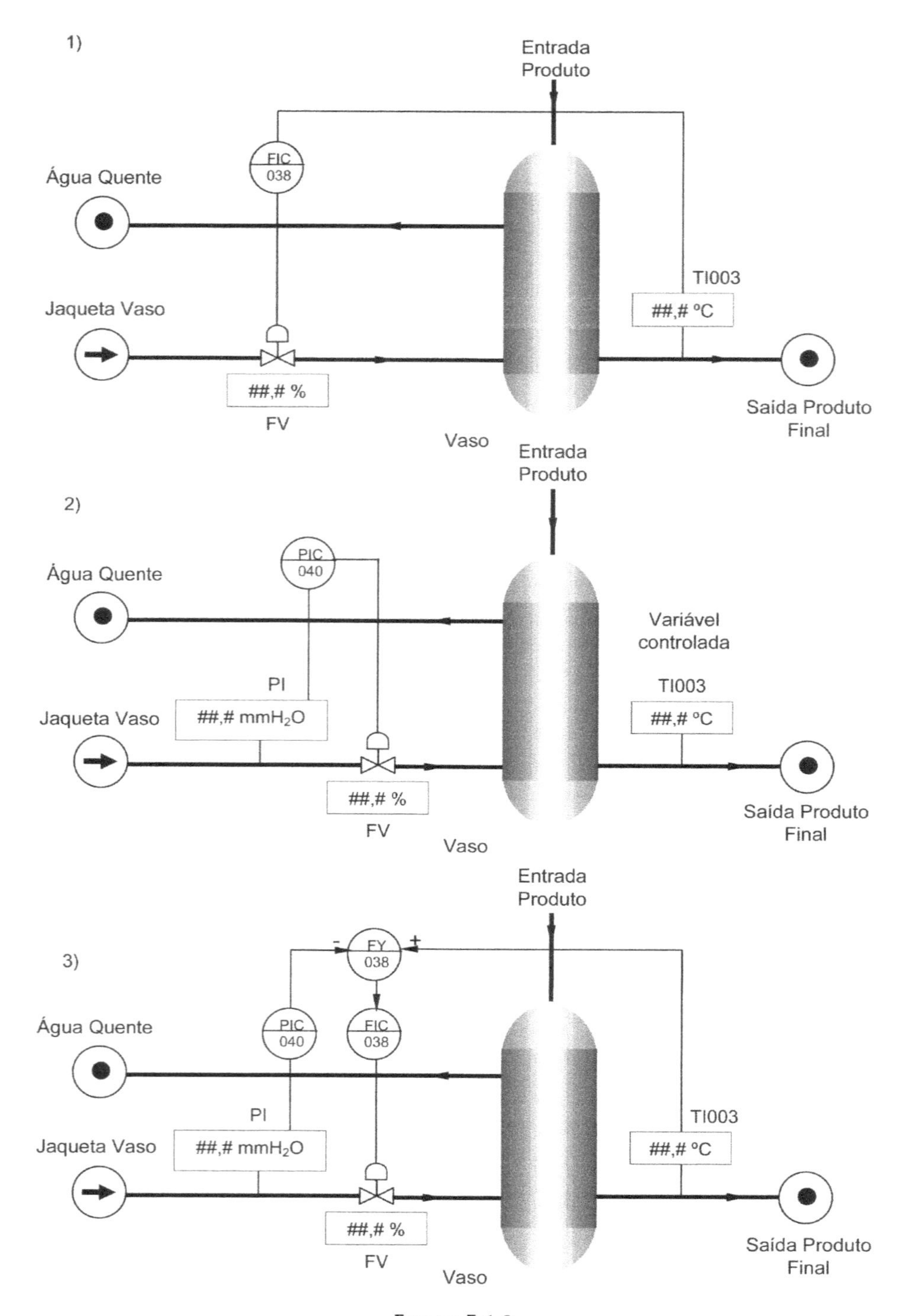
1)
Entrada
Produto
FIC
038
Água Quente
TI003
Jaqueta Vaso
##,# °C
##,# %
FV
Saída Produto
Final
Vaso
Entrada
Produto
2)
PIC
040
Água Quente
Variável
controlada
PI
TI003
Jaqueta Vaso
##,# mmH2O
##,# °C
##,# %
FV
Saída Produto
Final
Vaso
Entrada
Produto
3)
-
FY
038
+
Água Quente
PIC
040
FIC
038
PI
TI003
Jaqueta Vaso
##,# mmH2O
##,# °C
##,# %
FV
Saída Produto
Final
Vaso

FIGURA E.1.9

PARTE II

AUTOMAÇÃO: HARDWARE E SOFTWARE

CAPÍTULO

2 CONTROLADORES PROGRAMÁVEIS

Na variedade de automação chamada de "complexidade média", os elementos fundamentais para sua realização física são os Controladores Programáveis.

2.1 HISTÓRICO

No fim da década de 1960, os circuitos integrados permitiram o desenvolvimento de minicomputadores que foram logo utilizados para controle *on-line* de processos industriais. [M]

Em 1969, surgiram os primeiros controladores baseados numa especificação da General Motors, resumida a seguir:

- facilidade de programação;
- facilidade de manutenção com conceito *plug-in*;
- alta confiabilidade;
- dimensões menores que as dos painéis de relés, para redução de custo;
- envio de dados para processamento centralizado;
- preço competitivo;
- sinais de entrada de 115 Vca;
- sinais de saída de 115 Vca;
- expansão em módulos;
- mínimo de 4000 palavras na memória.

Na década de 1970, os controladores passaram a ter microprocessadores e a serem denominados Controladores Programáveis (CLPs). Na década de 1980, houve aperfeiçoamento das funções de comunicação dos CLPs, sendo então utilizados em rede. Atualmente, as principais características dos Controladores Programáveis são as seguintes:

- Linguagens de programação de alto nível, caracterizando um sistema bastante amigável com relação ao operador. Depois de concluído e depurado, o programa pode ser transferido para outros CLPs, garantindo confiabilidade na sua utilização.
- Simplificação nos quadros e painéis elétricos. Toda a fiação do comando fica resumida a um conjunto de entradas e saídas. Como conseqüência, qualquer alteração necessária torna-se mais rápida e barata. Como exemplos são mostrados na Figura 2.1 os esquemas de duas realizações físicas, sendo (a) e (b) com quadro de comando e (c) e (d) com controlador programável.
- Confiabilidade operacional. Uma vez que as alterações podem ser realizadas através do programa aplicativo, necessitando de muito pouca ou de nenhuma alteração da fiação elétrica, a possi-

bilidade de haver erro é minimizada, garantindo sucesso nos desenvolvimentos ou melhorias a serem implementadas.

- Funções avançadas. Os controladores podem realizar uma grande variedade de tarefas de controle através de funções matemáticas, controle da qualidade e informações para relatórios. Sistemas de gerenciamento de produção são bastante beneficiados com a utilização dos controladores.
- Comunicação em rede. Através de interfaces de operação, controladores e computadores em rede permitem coleta de dados e um enorme intercâmbio de troca de dados em relação aos níveis da pirâmide de automação.

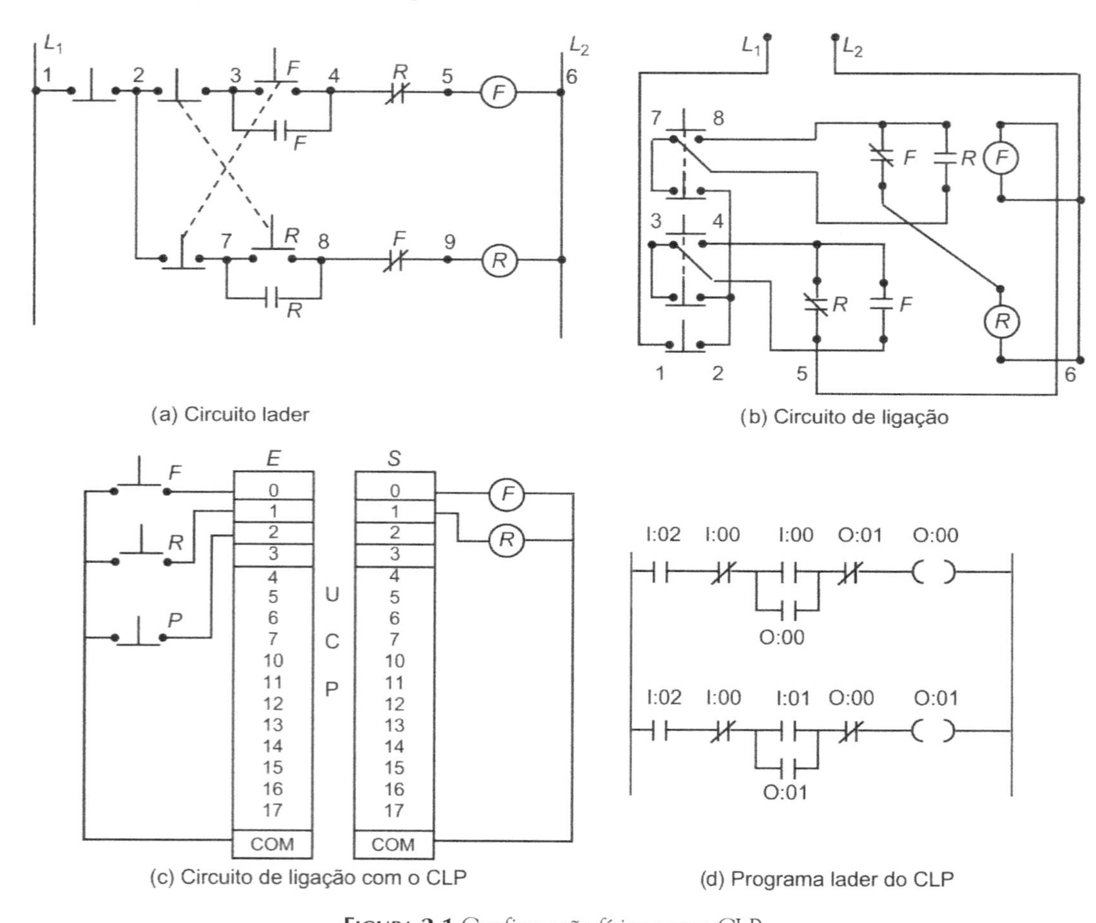

FIGURA 2.1 Configuração física e com CLP.

2.2 ARQUITETURA

Um CLP (Figura 2.2) é constituído basicamente de:

- fonte de alimentação;
- Unidade Central de Processamento (UCP);
- memórias dos tipos fixo e volátil;
- dispositivos de entrada e saída;
- terminal de programação.

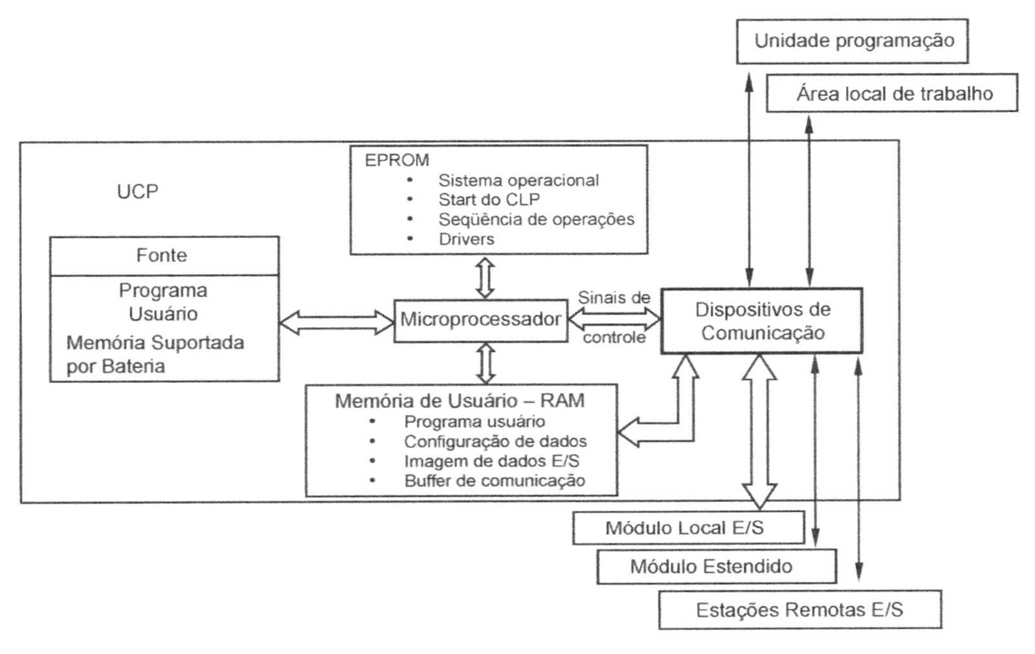

Figura 2.2 Diagrama de blocos da UCP do CLP.

Fonte de Alimentação

Converte corrente alternada em contínua para alimentar o controlador. Caso falte energia, há uma bateria que impede a perda do programa do usuário. Ao retornar a energia, o programa se reinicia.

Existem dois tipos de fontes:

- Source: fonte de energia interna ao controlador;
- Sink: fonte de energia externa ao controlador.

UCP - Unidade Central de Processamento

Responsável pela execução do programa do usuário e pela atualização da memória de dados e da memória-imagem das entradas e saídas.

Memória EPROM

Contém programa monitor elaborado pelo fabricante que faz o start-up do controlador, armazena dados e gerencia a seqüência de operações. Esse tipo de memória não é acessível ao usuário do controlador programável.

Memória do Usuário

Armazena o programa aplicativo do usuário. A CPU processa esse programa e atualiza a memória de dados internos e a de imagem E/S.

A memória possui dois estados:

- RUN: em operação, com varredura cíclica;
- PROG: parado, quando se carrega o programa aplicativo no CLP.

Memória de Dados

Encontram-se aqui dados referentes ao processamento do programa do usuário, isto é, uma tabela de valores manipuláveis.

Memória-Imagem das Entradas e Saídas

Memória que reproduz o estado dos periféricos de entrada e saída.

- Circuitos das entradas são provenientes de chaves, seletoras, limitadoras
- Circuitos das saídas são destinados a dar partida em motores, solenóides

A correspondência entre níveis 0 e 1 e níveis de tensão varia conforme a necessidade; por exemplo, pode ocorrer nível 0 para 0 volt e nível 1 para 115 volts CA.

Módulos de Entrada e Saída (E/S)

A Figura 2.3 exibe detalhes físicos típicos das barras de terminais de entrada e de saída.

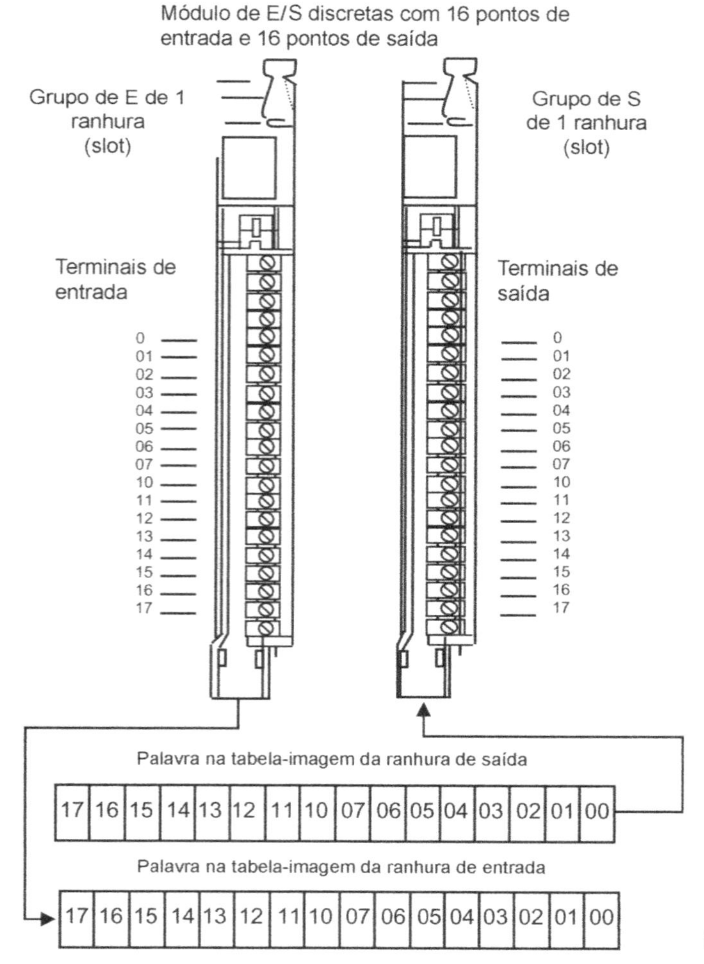

FIGURA 2.3 Módulo de E/S.

Módulos de Saída (S) do Controlador Programável

Basicamente, os módulos de saída dos controladores são acionados por três métodos:

- **Saída a Relé**: quando ativado o endereço da palavra-imagem de saída, um solenóide correspondente a ele é ativado, fechando-se o contato na borneira de saída do controlador, como mostra a Figura 2.4.

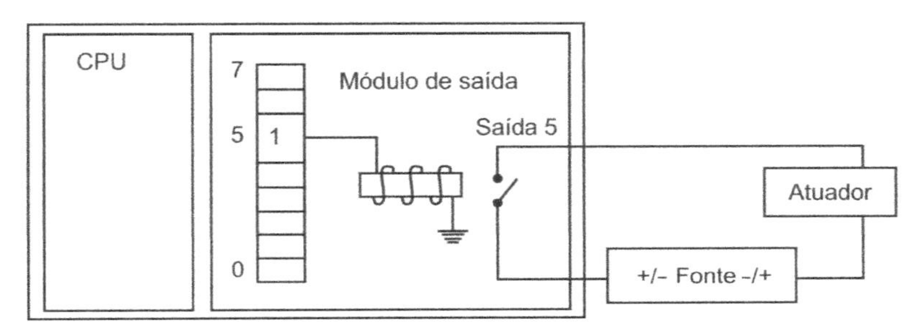

FIGURA 2.4 Módulo de saída a relé.

A grande vantagem desse tipo de saída a relé está na robustez do módulo, que é praticamente imune a qualquer tipo de transiente de rede. No entanto, ele tem uma vida útil baixa em relação aos demais módulos, permitindo um número total de acionamentos entre 150.000 e 300.000, com capacidade de até 5,0 A.

- Saída a Triac: nesse caso, o elemento acionador é um triac (estado sólido). Pela própria característica do componente, esse elemento é utilizado quando a fonte é de corrente alternada. Ao longo da vida útil, possibilita até 10×10^6 acionamentos, com capacidade de até 1,0 A.

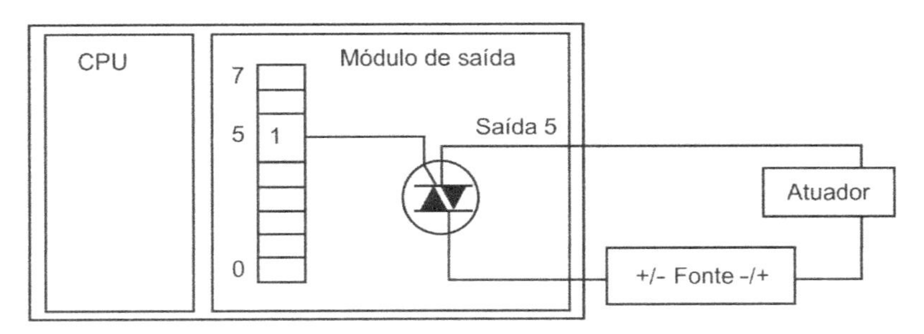

FIGURA 2.5 Módulo de saída a triac.

- Saída a Transistor: o elemento acionador pode ser um transistor comum ou do tipo efeito de campo (FET). Esse tipo de módulo, normalmente o mais usado, é recomendado quando são utilizadas fontes em corrente contínua. Sua capacidade pode chegar até 1,0 A, permitindo 10×10^6 acionamentos ao longo de sua vida útil.

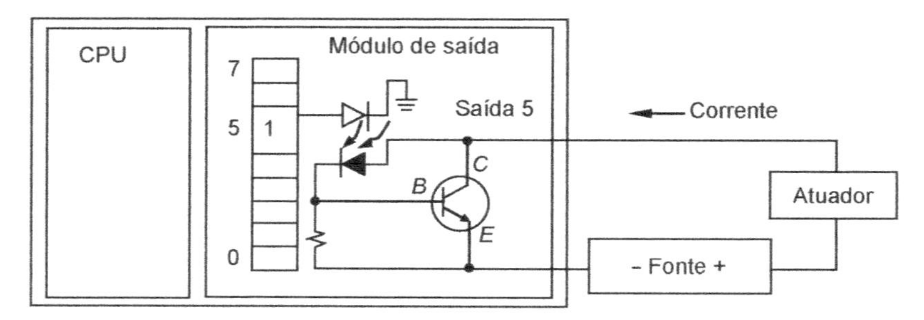

FIGURA 2.6 Módulo de saída a transistor.

Módulos de Entrada (E) do Controlador Programável

Os módulos de entrada dos controladores, por outro lado, contêm optoisoladores em cada um dos circuitos. Quando um circuito externo é fechado através do seu sensor, um diodo emissor de luz (LED) sensibiliza o componente de base, fazendo circular corrente interna no circuito de entrada correspondente.

O número de acionamentos é de 10×10^6 ao longo da vida útil, com capacidade de até 100 mA.

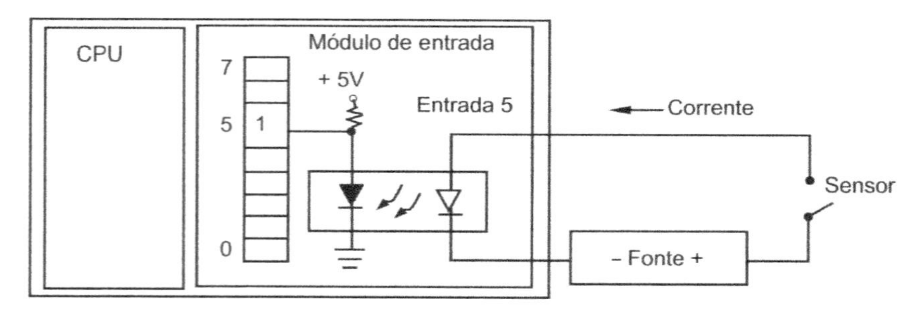

FIGURA 2.7 Módulo de entrada a optoisolador.

Endereçamento

Os métodos de endereçamento de entradas e saídas nos controladores programáveis são bastante semelhantes. Palavras ou bits podem ser endereçados. A imagem das entradas e saídas (I/O) é realizada da seguinte maneira.

Por exemplo: I:12/04 ou O:02/06

a) A primeira letra refere-se ao fato de a variável estar indexada como entrada ou como saída, ou seja, I (input) para a palavra de entrada e O (output) para a palavra de saída. Convém lembrar que a imagem da palavra de entrada é completamente separada da imagem de saída: I:12/04 e O:12/04 são endereços completamente diferentes.
b) Os dois dígitos após o ponto duplo, ":", correspondem à localização que o respectivo módulo de entrada ou saída ocupa no controlador programável ou na sua expansão. Nos exemplos os módulos imagem são respectivamente, 12 para a entrada e 02 para a saída.
c) Os dois dígitos após a barra inclinada, "/", correspondem ao endereço do bit da imagem da palavra de entrada ou saída.

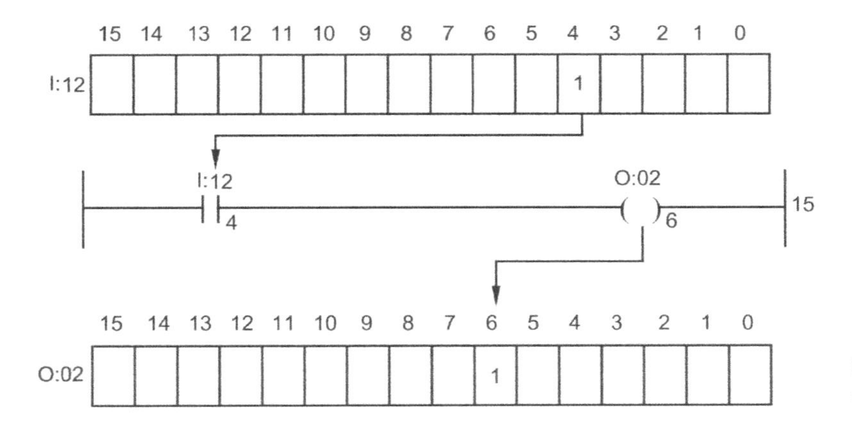

FIGURA 2.8 Endereços de entrada e de saída.

Nesse caso, o endereço de entrada corresponde ao bit 4 da ranhura nº 12 de entrada do controlador, que, ativada pela linha 15 do programa aplicativo, habilita a saída correspondente ao bit 6 da ranhura nº 02 de saída do controlador programável.

Terminal de Programação

É um periférico que serve de meio de comunicação entre o usuário e o controlador, nas fases de implementação do software aplicativo. Pode ser um computador (PC) ou um dispositivo portátil composto de teclado e display; quando instalado, permite:

- autodiagnóstico;
- alterações *on-line*;
- programação de instruções;
- monitoração;
- gravação e apagamento da memória.

Na Figura 2.9, o CLP encontra-se em fase de programação (MODO.PROG).

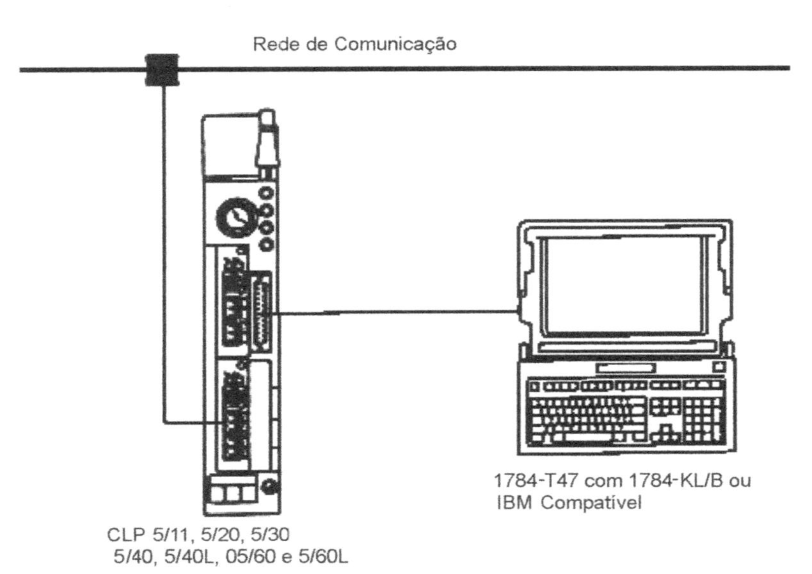

FIGURA 2.9 Exemplo de conexão do terminal de programação.

Ciclo de Execução (scan) em Operação Normal (MODO – RUN)

Em um ciclo, o CLP realiza as seguintes etapas básicas:

- atualização das entradas;
- processamento das instruções do programa;
- atualização das saídas.

A varredura é processada em ciclo fechado, como mostra a Figura 2.10.

O controlador lê a porta de entrada, gravando a informação na imagem de entrada. Em seguida ocorre o processamento, e, por fim, ele copia a imagem de saída na porta de saída. Para o primeiro ciclo, a imagem das variáveis de entrada é zerada. O processamento desenvolve-se a partir dessa situação, atualizando a palavra e a imagem de saída. Toda vez que a varredura da imagem de entrada se efetua, a palavra de entrada é atualizada. [RA]

FIGURA 2.10 Ciclo de processamento (scan).

Terminais Remotos de Entrada e de Saída

Às vezes torna-se difícil ou até mesmo inviável ligar todos os dispositivos periféricos (sensores, válvulas etc.) na interface E/S do CLP, devido às grandes distâncias e pela múltipla passagem de fios por conduítes. Utilizam-se, então, os Terminais Remotos, ou Unidades Remotas, em comunicação com o CLP por meio de cabos. Cria-se assim o conceito de Rede de Remotas.

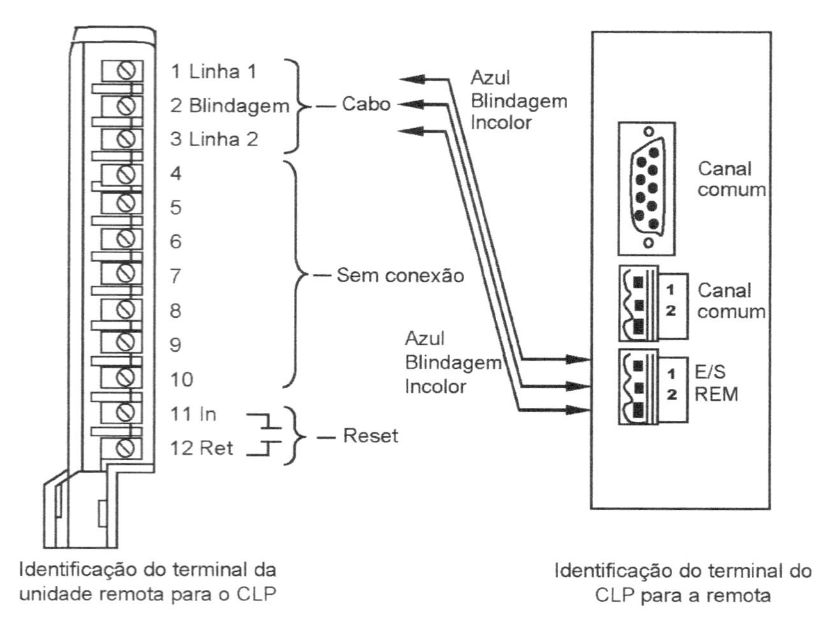

FIGURA 2.11 Conectores dos terminais de E/S na unidade remota e no CLP.

O CLP varre dados de E/S na gaveta de E/S local *em sincronismo* com a varredura do programa. No entanto, varre dados de E/S nas gavetas de E/S das remotas de forma *assíncrona* à varredura do programa. A Figura 2.12 explica o funcionamento por meio de um Diagrama de Blocos. A varredura das E/S remotas transfere dados de E/S entre os módulos adaptadores das E/S remotas e o buffer de E/S das remotas.

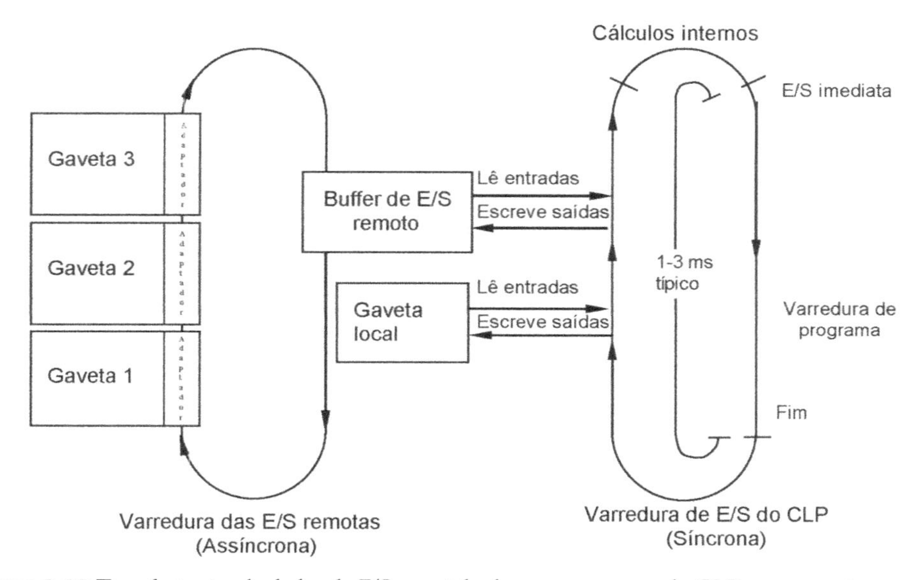

FIGURA 2.12 Transferências de dados de E/S, no ciclo de processamento do CLP com estações remotas.

2.3 ESPECIFICAÇÕES DE CONTROLADORES PROGRAMÁVEIS

Na automação com CLPs, deve-se considerar:

- compatibilidade entre instalação elétrica e pontos de E/S;
- existência de chaves de proteção de hardware;
- tipo e forma de endereçamento;
- estrutura da palavra;
- tipo e forma dos sinais aceitáveis;
- compatibilidade dos equipamentos eletromecânicos etc.

Os módulos E/S ditos analógicos incluem a conversão A/D e D/A necessária. Alguns exemplos de variáveis e sinais convertidos são provenientes de:

- transdutores de temperatura, de pressão, de células de carga, de fluxo, de unidade e de posição;
- entrada multibit, chaves tambor, leitora de códigos de barras, codificadores;
- entradas e saídas analógicas, válvulas e solenóides analógicos, registradores gráficos, drivers para motores elétricos, medidores analógicos;
- saídas multibit, drivers para display, displays inteligentes.

2.3.1 Controladores programáveis — modelos

Neste item abordam-se alguns exemplos de controladores programáveis e suas principais características construtivas e funcionais, tais como capacidade de memória, número de pontos de entradas e saídas, linguagens de programação, expressões e tempos dos ciclos de varreduras.

Controllogix 5500 – Fabricante Rockwell Automation

O controlador programável Controllogix, de grande porte, é utilizado em automações de configurações complexas.

Unidade Central de Processamento
Tempo de varredura – 1,2 ms/Kbit
Memória RAM de até 160 K palavras expansível para até 2 M palavras

Pontos de Entradas e Saídas
Suporta até 128 K variáveis discretas e 3,8 K variáveis analógicas.

Linguagens de Programação
Admite as linguagens lader, SFC e blocos de funções.

FIGURA 2.13 Controllogix 5500.

PLC 5-80 – Fabricante Rockwell Automation

É um controlador lógico programável de médio porte, de grande versatilidade e capacidade de comunicação em rede.

Unidade Central de Processamento
Tempo de varredura – 2 ms/Kbit
Memória RAM de até 16 K palavras

Pontos de Entradas e Saídas
Suporta até 1024 variáveis discretas.

Figura 2.14 Controladores PLC 5/80.

Linguagens de Programação

Admite as linguagens lader, SFC, lista de instruções e texto estruturado.

Conjunto de instruções: "a relés", contadores, temporizadores, instruções matemáticas avançadas, PID etc.

SLC-500/02 – Fabricante Rockwell Automation

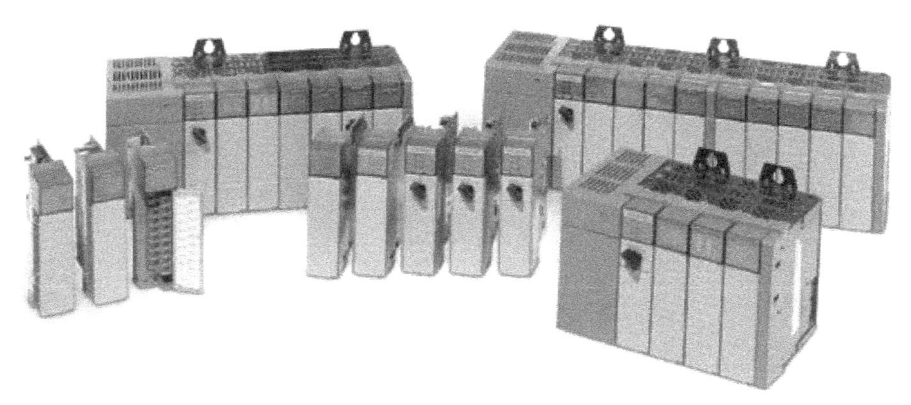

Figura 2.15 Controladores SLC 500/02.

Unidade Central de Processamento

Tempo de varredura: 2,0 ms/Kbits

Memória RAM – 4 K palavras

Pontos de Entradas e Saídas

Suporta até 960 variáveis discretas.

Linguagens de Programação

Admite as linguagens lader, SFC, lista de instruções e texto estruturado

Conjunto de instruções: "a relés", contadores, temporizadores, instruções matemáticas avançadas, PID etc.

Micrologix-1000 – Fabricante Rockwell Automation

Unidade Central de Processamento

Tempo de varredura: 1,0 ms/Kbits

Memória RAM – 1 K palavras

Pontos de Entradas e Saídas

Suporta até 32 variáveis discretas de entrada e saída.

Linguagens de Programação

Admite as linguagens lader, SFC, lista de instruções e texto estruturado.

Conjunto de instruções: "a relés", contadores, temporizadores, instruções matemáticas avançadas, PID etc.

FIGURA 2.16 Controlador Micrologix 1000.

2.4 INTRODUÇÃO ÀS LINGUAGENS DE PROGRAMAÇÃO*

São várias as linguagens de programação utilizadas em controladores programáveis. O International Electrotechnical Committee — IEC é o responsável pela padronização dessas linguagens de programação, sendo a norma IEC 1131-3 Programming Languages a recomendada para o assunto em questão. [LR]

Os estágios para o desenvolvimento de um programa são:

- escrever as instruções;
- editar o programa;
- verificar e corrigir erros de sintaxe;
- imprimir o programa;
- carregá-lo e testá-lo no controlador.

*Os autores deste livro designam a palavra *ladder* para diagramas elétricos e a palavra *lader* para linguagem de programação. (N.E.)

TABELA 2.1 Classificação das linguagens de programação, conforme IEC – 1131-3

Classes	Linguagens
Tabulares	Tabela de decisão
Textuais	IL (Instruction List)
	ST (Structured Text)
Gráficas	LD (Diagrama de Relés)
	FBD (Function Block Diagram)
	SFC (Sequential Flow Chart)

2.4.1 Tabulares/tabela de decisão

Consiste em uma Tabela-verdade. Em cada linha há um conjunto de colunas que definem em lógica binária uma condição do sistema físico; outras colunas da mesma linha definem as conseqüências lógicas da condição. Esse tipo de linguagem é atualmente pouco utilizado devido ao aparecimento de linguagens mais avançadas.

2.4.2 Textuais

Linguagem de Lista de Instruções (*Instruction List* – IL)

Consiste em uma seqüência de comandos padronizados correspondentes a funções. Assemelha-se à linguagem Assembler na maneira como os códigos são escritos. Sua aceitação é limitada, e proporciona um caminho de migração de produtos mais velhos para os novos padrões. É uma linguagem de difícil aprendizado.

Correções de programa são complexas, pois essa linguagem não permite visualização clara.

EXEMPLO Tomemos uma equação em lógica booleana

$$(O5) = (I1) \cdot (I2 \text{ negado}) \cdot (I3) + (I4)$$

Em lista de instruções, teríamos:

```
LOAD    I1    = tome I1
ANDN    I2    = e não I2
AND     I3    = e I3
OR      I4    = ou I4
ST      O5    = saída é O5
```

As principais instruções dessa linguagem de programação são:

TABELA 2.2 Resumo de alguns comandos da linguagem Instruction List

AND	operação lógica e
BID	converte de binário para BCD
CPMm	inicia execução da função módulo
CPL	complemento de dois
DEC	decrementa
DEB	converte de BCD para binário
EXOR	exclusive or
IF	parte condicional
INC	incrementa
INV	complemento de um
JMP TO	execução de um determinado passo
LOAD	carrega operando ou constantes
NOP	instrução verdadeira na parte condicional
OR	lógica ou
OTHRW	otherwise — senão
PSE	seção final do programa
RESET	coloca nível 0 em um operando
ROL	roda todos os bits para a esquerda
ROR	roda todos os bits para a direita
SET	coloca nível 1 em um operando
SHIFT	troca entre operando e acumulador
SHL	muda bits para esquerda e LSB recebe 0
SHR	muda bits para direita e MSB recebe 0
SWAP	troca bytes de alta pelos de baixa ordem
TO	destino do operador
THEN	então; parte executiva da condição
WITH	para passar parâmetros com a instrução

Linguagem de Texto Estruturado (*Structured Text* — ST)

É uma linguagem de alto nível em forma de texto que não impõe ordem de execução. Utiliza-se atribuindo novos valores às variáveis no lado esquerdo das instruções, como ocorre nas linguagens Pascal e Basic. Por exemplo: O5 = (I1 AND NOT I2 AND I3) OR I4

2.4.3 Gráficas

Linguagem de Diagrama Seqüencial (*Sequential Flow Chart/Grafcet*/SFC)

Nesta linguagem representam-se em seqüência, graficamente, as etapas do programa. Isso permite uma visualização objetiva e rápida da operação e do desenvolvimento da automação implementada. É uma linguagem gráfica que se originou das Redes de Petri, a serem estudadas na Parte III.

O SFC é programado em PASSOS P_1, P_2, P_3 (estados operacionais definidos) e TRANSIÇÕES T_1, T_2 (condições definidas). Os passos contêm as ações booleanas, e as transições contêm os eventos necessários para autorizar a mudança de um passo a outro.

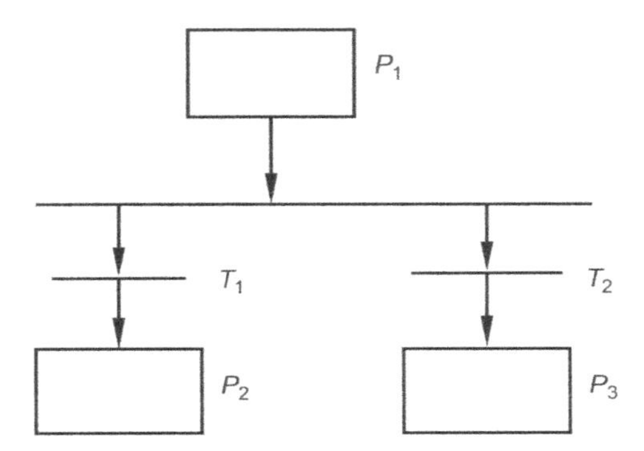

FIGURA 2.17 Exemplos de representação SFC.

Linguagem de Diagrama de Blocos de Função (*Function Blocks Diagram*)

É uma linguagem de programação gráfica, também bastante conveniente para programar controladores programáveis. Pelo fato de ser de alto nível, como o SFC, e bastante familiar para os engenheiros, sua utilização é muito difundida.

Utiliza blocos da lógica booleana, com comandos padronizados. A Figura 2.18 mostra o diagrama de blocos de função para produzir O5=I1 AND NOT I2 AND I3 OR I4.

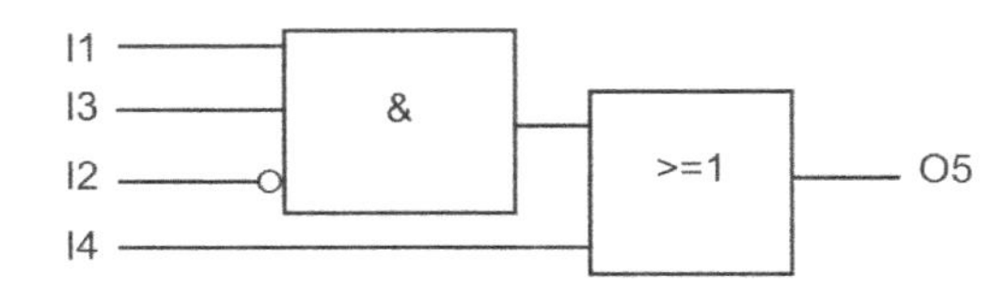

FIGURA 2.18 Exemplos de diagrama de blocos de função.

Os blocos mais avançados permitem os seguintes programas:

- operações numéricas;
- deslocamento;
- operações com seqüência de bits;
- seleção de bits;
- comparação;
- processamento de caracteres;
- tempo;

- conversão de tipos;
- operações de flip-flop, contador, temporizador e comunicação;
- regras de controle dinâmico, como atraso, média, diferença, monitoração, PID etc.

Linguagem de Diagrama de Contatos (*Ladder Diagram*)

Permite programar desde funções binárias até funções matemáticas complexas. A sua representação originou-se dos diagramas elétricos em ladder (escada), cujo princípio provém da lógica de relés e contatos (ver Figura 2.1d).

Graficamente, as regras que constituem os elementos básicos – bobinas, contatos e linhas – são:

- bobinas sempre ficam totalmente à direita das linhas horizontais;
- linhas verticais são denominadas linhas-mãe;
- das linhas verticais partem linhas horizontais que podem ligar-se a mais linhas verticais, e assim por diante;
- as seqüências de causa e efeito orientam-se da esquerda para a direita e de cima para baixo;
- a habilitação das linhas horizontais, da qual decorre o acionamento das bobinas, depende da afirmação dos contatos à sua esquerda.

TABELA 2.3 Instruções para diagrama ladder

Instrução	Representação
Contato normalmente aberto — NA	-| |-
Contato normalmente fechado — NF	-|/|-
Bobina	-( )-
Bobina inversa (acionada, desenergiza)	-(I)-
Bobina set	-(S)-
Bobina reset	-(R)-

As instruções na Tabela 2.3 são as básicas, presentes em qualquer controlador programável. A seguir, citam-se algumas instruções que variam de um modelo de controlador para outro.

Temporizador

Possui:

- indicações do estado da temporização em curso e concluída
- valor final
- palavra de temporização (tempo restante)

Contador

Possui:

- indicação do estado de contagem, em curso e concluída
- valor final
- palavra de contagem

Operações algébricas
Soma, subtração, multiplicação e divisão entre dados de memória.

Operações lógicas
AND, OR, EXCLUSIVE OR, entre dados de memória.

ANEXO 2.1

A.2.1 Introdução

Neste anexo serão apresentados alguns conceitos que oferecem base técnica para o conhecimento e a inspeção de painéis elétricos de baixa tensão para automação industrial. As normas NBR / IEC definem *conjunto de manobra* e *comando de baixa tensão* como sendo uma *estrutura mecânica dotada de uma combinação de equipamentos de manobra, controle, medição, sinalização, proteção, regulação etc. completamente montados, com todas as interconexões internas elétricas.*

Os painéis elétricos têm várias aplicações, das quais as mais significativas são voltadas para alimentação, interligação e distribuição de energia; sistemas de controle e acionamentos elétricos; bancos de capacitores, filtros de harmônicas e centros de controle de motores – CCMs. Cada aplicação apresenta requisitos técnicos específicos, que variam em função de:

- local de instalação;
- condições de instalação com respeito à mobilidade;
- grau de proteção;
- tipo de invólucro;
- método de montagem: partes fixas ou removíveis;
- medidas para a proteção de pessoas;
- forma de separação interna.

A.2.2 Painéis de distribuição e subdistribuição de energia

Painéis completos que acomodam equipamentos para proteção, seccionamento e manobra de **energia elétrica**. As aplicações vão desde aquelas de pequeno porte, como utilizadas nas células de trabalho, até painéis de grande porte, autoportantes, formados por diversas colunas.

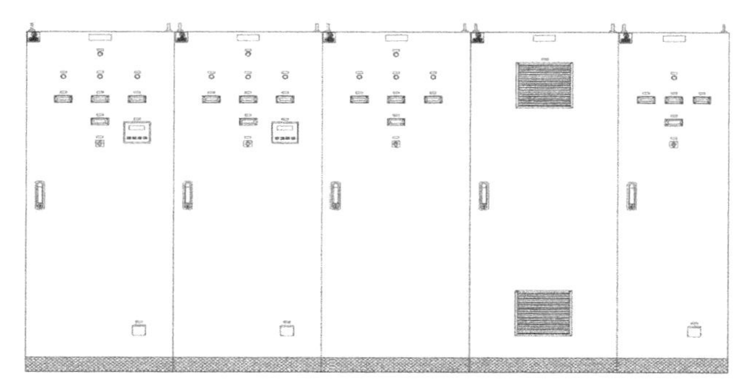

FIGURA A.2.1 Conjunto tipo múltiplas colunas – desenho e vista externa.
Cortesia: Indústria e Comércio Lavill Ltda.

A.2.3 Painéis de comando e controle

Painéis de comando e controle podem ser montados com equipamentos de controle digital (ex: Controladores Lógicos Programáveis – CLPs) ou, simplesmente, com contatores e relés, com a função de comandar e intertravar um determinado processo.

Em grandes aplicações, os painéis de comando e controle são encontrados com uma ou mais colunas, podendo estar ou não fisicamente conectadas às colunas que contêm equipamentos de potência. Devido aos efeitos da compatibilidade eletromagnética (EMC) e perturbações nas redes de alimentação, não é recomendável que se tenha equipamentos de controle e potência instalados dentro de um mesmo compartimento no conjunto. Entretanto, em sistemas pequenos é comum encontrar essa construção, necessitando-se de um cuidado extra quanto ao posicionamento de componentes e de cabos, de potência e de controle. Existem vários requisitos técnicos que precisam ser observados de modo a minimizar as influências por parte de ruídos e EMC, tanto para equipamentos do próprio conjunto quanto equipamentos instalados próximos ao mesmo.

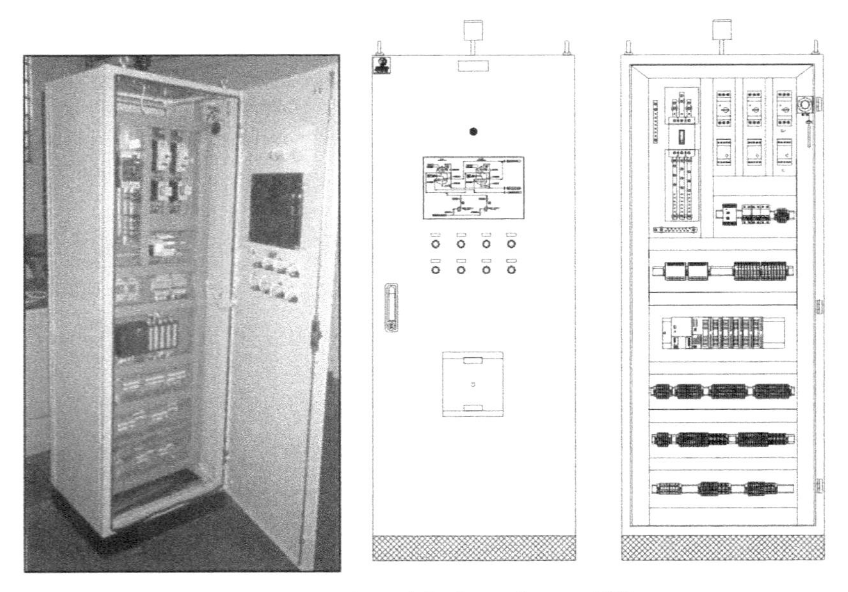

FIGURA A.2.2 Painel de Controle com CLP.
Cortesia: Indústria e Comércio Lavill Ltda.

A.2.4 Painéis para acionamentos – drives

Além dos equipamentos específicos para alimentação, proteção e comando de motores, esses painéis também possuem os equipamentos para controle de velocidade de motores, como inversores e softstarts. Para cada circuito tem-se, na seqüência, as funções de: seccionamento (chave seccionadora), proteção de curto circuito (fusíveis), comando (contatores) e, finalmente, o drive (conversor, inversor ou softstart). Internamente o drive funciona com sinais de alta freqüência, e por esse motivo o projeto de painel para acionamentos precisa atender requisitos técnicos para minimizar as influências causadas pelo conversor nas demais partes do painel, tanto para a compatibilidade eletromagnética como para a dissipação térmica do calor internamente gerado pelo drive.

Os principais cuidados que devem ser tomados ao instalar um drive no painel são:

- Correta disposição de componentes na placa de montagem, para a dissipação de calor de cada equipamento no interior do painel, assim como os dispositivos de ventilação forçada;
- Correta disposição dos cabos de comando e potência das cargas;
- Correta seleção de filtros de entrada e saída;
- Correta especificação das proteções elétricas dos drives, como reatores, capacitores e fusíveis.

A.2.5 Centro de controle de motores – CCMs

CCMs são painéis completos que acomodam equipamentos para proteção, seccionamento e manobra e cuja parte frontal apresenta **portas específicas para as cargas alimentadas**. Apesar de aproximadamente 85% dessas cargas industriais serem motores (motivo do nome **Centro de Controle de Motores**), o termo "cargas" é abrangente, podendo significar qualquer equipamento que consuma energia elétrica, como resistências, fornos, válvulas, freios, bancos de capacitores, filtros de harmônicas etc. Os CCMs se destinam a instalações industriais que se caracterizam por:

- grande número de cargas que devam ser comandadas;
- máxima continuidade de operação da planta;
- necessidade de acesso rápido de pessoal qualificado ou não;
- exigência de alto nível de segurança para os operadores e pessoas de manutenção.

Os CCMs podem ser classificados como:

			Características Básicas
CCMs	**Não-compartimentados**		Portas específicas com interior comum
	Compartimentados	**Fixos**	Portas específicas e gavetas fixas
		Extraíveis	Portas específicas e gavetas extraíveis

FIGURA A.2.3 CCM não-compartimentado, vistas interna e externa.
Cortesia: Indústria e Comércio Lavill Ltda.

O **CCM não-compartimentado** apresenta, no seu interior, uma placa de montagem única, onde os conjuntos de proteção e manobra de cada carga individual estão montados todos na placa. Externamente ele possui as portas de acesso que contêm individualmente os comandos e sinalizações das cargas.

O **CCM compartimentado** apresenta os equipamentos de proteção e manobra de cada carga montados em gavetas separadas dentro do painel, as quais, por sua vez, podem ser fixas ou extraíveis. O operador, nesse caso, ao abrir uma porta terá acesso somente aos componentes de proteção e comando da respectiva carga alimentada. No **CCM compartimentado fixo**, dentro de cada gaveta é montada uma placa fixa não-removível e, no **CCM compartimentado extraível**, a gaveta pode ser removida do painel sem o auxílio de ferramenta. Os equipamentos para proteção e manobra da carga são instalados nessas gavetas, que podem ser substituídas rapidamente, minimizando o tempo de manutenção.

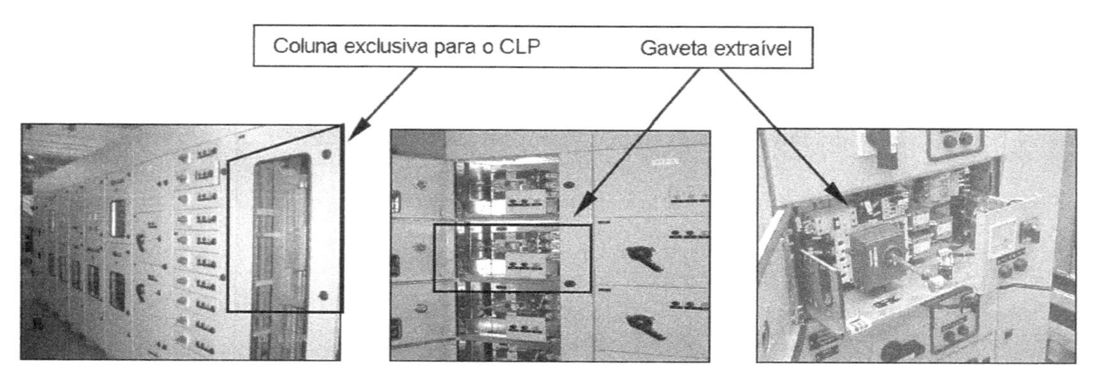

FIGURA A.2.4 CCM compartimentado com gavetas extraíveis.
Cortesia: Indústria e Comércio Lavill Ltda.

CCMs que comandam solenóides, válvulas, acionamentos de motores, inversores de freqüência, softstarts, sistemas de partida-frenagem e que recebem sinais de sensores da planta contendo controladores lógico-programáveis *conectados em rede de comunicação*, são denominados **"CCMs inteligentes"**. Com a associação a sistemas supervisórios é possível aos operadores da planta receber em tempo real alarmes de problemas potenciais, eliminar desligamentos totais desnecessários do sistema e isolar falhas de modo a redistribuir as cargas enquanto o problema está sendo solucionado. O CCM pode ser construído para receber equipamentos com comunicação em rede dentro das gavetas, possibilitando que o comando e a sinalização das partidas sejam conectados ao sistema de controle através de redes de comunicação industrial. As redes são conectadas através das tomadas de comando, permitindo que as gavetas sejam operadas remotamente. Em conjunto com a fiação de comando pode-se facilmente implementar estratégias de acionamento do tipo LOCAL / REMOTO.

Os CCMs inteligentes são conjuntos essenciais para monitoramento e controle da produção, possibilitando reduzir tempo de parada com diagnósticos mais completos, que localizam precisamente os pontos com falhas no processo industrial.

A.2.6 Sinalização em painéis elétricos

Indicadores Luminosos e Displays

Indicadores luminosos e displays fornecem informações:

- de indicação: para atrair a atenção do operador ou indicar que determinada tarefa deverá ser executada. As cores vermelha, amarela e azul são normalmente utilizadas para este modo de sinalização.
- de confirmação: para confirmar um comando, uma condição ou o fim de uma alteração ou período de transição. As cores azul e branca são normalmente utilizadas neste modo, e a cor verde poderá ser utilizada em alguns casos.

Cores de Indicadores Luminosos

A não ser que seja determinado entre as partes, os sinalizadores luminosos deverão estar relacionados com a cor no que diz respeito à condição (estado) da máquina, de acordo com a seguinte tabela:

TABELA A.2.1 Cores para indicadores luminosos

Cores de indicadores luminosos e seus significados			
Cor	**Significado**	**Explicação**	**Ação por operador**
Vermelha	Emergência	Condições perigosas	Ação imediata para atuar com condições perigosas (ex.: operando parada de emergência)
Amarela	Anormal	Condição anormal	Monitorar e/ou intervir (ex.: restabelecendo a função pretendida)
Verde	Normal	Condição normal	Opcional
Azul	Obrigatório	Indica condição que requer a ação do operador	Ação obrigatória
Branca	Neutro	Outras condições: pode ser usada quando existe dúvida quanto à aplicação das outras cores	Monitorar

Cores de Atuadores de Botoeiras

Salvo outra determinação, os atuadores de botoeiras deverão ser relacionados com a cor de acordo com a seguinte tabela:

TABELA A.2.2 Cores para botoeiras

Relação das cores e significados das botoeiras			
Cor	**Significado**	**Explicação**	**Exemplos de aplicação**
Vermelha	Emergência	Atuar no caso de condições perigosas ou emergência	Parada de emergência. Início de uma função de emergência
Amarela	Anormal	Atuar no caso de um evento anormal	Intervenção para suprir condições anormais. Intervenção para rearmar um ciclo automático interrompido
Verde	Normal	Atuar no caso de um evento normal	
Azul	Obrigatório	Atuar em condições que requerem ações obrigatórias	Função de reset
Branca	Sem designação específica	Para uso geral, menos emergência	Marcha / ON (preferível) Parada / OFF
Cinzenta	Sem designação específica	Para uso geral, menos emergência	Marcha / ON Parada / OFF
Preta	Sem designação específica	Para uso geral, menos emergência	Marcha / ON Parada / OFF (preferível)

A.2.7 Ensaios de rotina

Os ensaios de rotina são destinados a detetar falhas de materiais e na fabricação de painéis elétricos. Eles são realizados em todos os conjuntos, após a finalização da montagem, sob responsabilidade do fabricante. Ensaios de rotina incluem inspeção visual, dimensional, elétrica e de componentes, conforme se segue:

a) Lista dos componentes, conforme discriminado no projeto;
b) Inspeção visual, quando é conferida toda distribuição interna dos componentes, suas fixações mecânicas e elétricas;
c) Dimensional, quando são observadas todas as dimensões externas e internas, no tocante às tensões de isolação e escoamento, distâncias para dissipação térmica dos componentes etc.;
d) Elétrica, quando se verificam: continuidade, endereçamento, resistências de isolação, tensão aplicada, funcionalidade dos circuitos de comando, proteção e força.

Esses ensaios podem ser realizados em qualquer ordem.

TABELA A.2.3 Ensaios de rotina para painéis elétricos

Relatório de inspeção - painel elétrico		
Cliente / Obra:		
Painel:		Série:
OP:	Data:	NF:

Inspeção visual

Parâmetro	Laudo
1. Identificação do equipamento (Plaquetas):	
2. Componentes internos:	
3. Cores dos barramentos:	
4. Verificação de fusíveis / Disjuntores	
5. Características dos cabos (Cor e posição):	
6. Identificação dos cabos:	
7. Acabamento nos terminais:	
8. Réguas de bornes (Posição / Identificação):	

Inspeção dimensional

Dimensão	Valor nominal	Tolerância	Laudo
1. Altura [mm]:			
2. Largura [mm]:			
3. Profundidade [mm]:			
4. Espessura da chapa [mm]:			

TABELA A.2.3 Ensaios de rotina para painéis elétricos (Continuação)

Inspeção elétrica

Parâmetro		Valor / Laudo
1. Comando:		
2. Funcionamento:		
3. Aterramento:		
4. Teste de sinalização:		
5. Condutividade dos disjuntores:		
6. Tensão aplicada de comando [60Hz / 1min]:		
7. Tensão aplicada de potência [60Hz / 1min]:		
8. Teste de isolação 500V / 1000MOhms:	R/S	MOhm
	S/T	MOhm
	T/R	MOhm
	R-S-T/TERRA	MOhm
		MOhm

EXERCÍCIOS PROPOSTOS

E.2.1 Liste as principais partes de um equipamento constituído por CLP com unidade de processamento de 16E e 16S e uma expansão acoplada com 20E e 16S.

E.2.2 Desenvolva um diagrama elétrico de fiação utilizando um controlador programável de 16E e 16S, cuja relação vem a seguir:
Para as entradas do controlador

Item	Descritivo	Qt.
1	Botoeira contato NA	3
2	Botoeira contato NF	2
3	Chave fim-de-curso NA	1
4	Sensor ótico NA	2

Para as saídas do controlador

Item	Descritivo	Qt.
1	Bobina de contatores	3
2	Lâmpada-piloto	4
3	Válvula solenóide	1
4	Sirene	1

E.2.3 Sejam A, B e C eventos de um processo automatizado, em que a saída S é habilitada quando:
a) B ou C são verdadeiros e A é falso.
b) B e A são falsos.
c) Somente A é verdadeiro.

Esquematize a tabela-verdade, a expressão booleana e o diagrama ladder correspondentes a cada caso.

E.2.4 Esquematize o diagrama ladder da expressão:

$$S_1 = (a + \bar{b}) \cdot c + (a \cdot b) \cdot \bar{c} + \overline{b \cdot c}$$

$$S_2 = \overline{a \cdot b} + \overline{b \cdot c}$$

$$S = S_1 \cdot \overline{S_2} + \overline{S_1} + S_2$$

E.2.5 Considere o sistema automatizado para carregamento de silos de um entreposto agropecuário, conforme descrito a seguir. Esquematize o diagrama elétrico de interligação dos sensores, atuadores, chaves L/D e o controlador programável (Figura E.2.5).

S_1, S_2 e S_3: Silos

D_1: damper de descarregamento do silo S_1.

D_2: damper de desvio da caixa desviadora de duas vias (permite a mudança do fluxo do material para S_1 ou S_2).

m_1 e m_2: motores das correias transportadoras.

S_1 mín, S_2 mín e S_3 mín: detetores de nível mínimo de material dos silos.

S_2 máx e S_3 máx: detetores de nível máximo de material dos silos.

CS_1 e CS_2: chaves fim-de-curso da caixa desviadora de duas vias (indicam a posição da caixa).

Operação do sistema: os transportadores de correias são ligados e desligados automaticamente, funcionando de modo constante. O damper D_1 do primeiro silo S_1 despeja o material no desviador até que o detetor de nível máximo de silo que está sendo carregado entre em ação e o desligue. O damper do primeiro silo é ligado novamente pela atuação do detetor de nível mínimo de um dos dois silos.

O detetor de nível mínimo do silo vazio também liga o damper de desvio D_2 da caixa, desviando o material adequadamente para esse respectivo silo.

Defina as variáveis de entrada e de saída no CLP e desenvolva o diagrama de fiação elétrica.

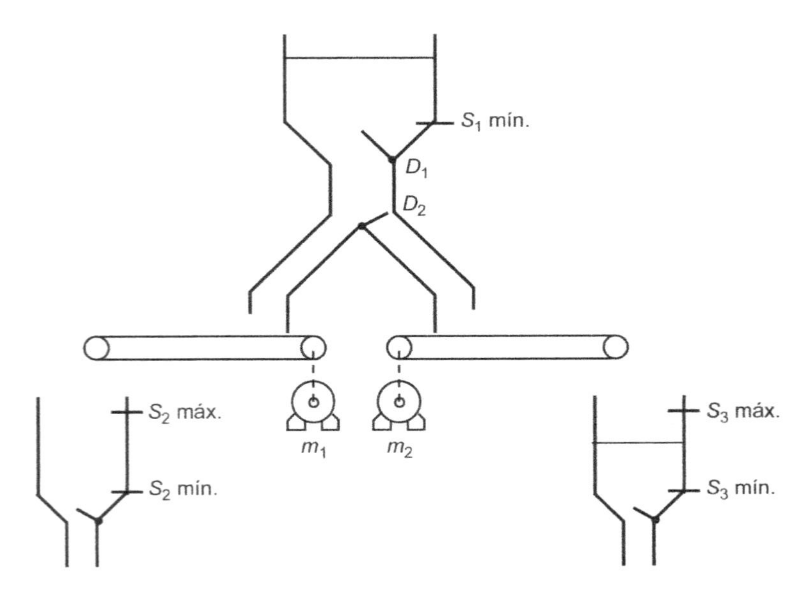

FIGURA E.2.5

Capítulo 3

Sensoreamento

3.1 INTRODUÇÃO

Sensores são dispositivos amplamente utilizados na automação industrial que transformam variáveis físicas, como posição, velocidade, temperatura, nível, pH etc., em variáveis convenientes. Se estas são elétricas, a informação propriamente dita pode estar associada à tensão ou à corrente; o segundo caso é mais usual, porque implica um receptor de impedância baixa e, portanto, maior imunidade à captação de ruídos eletromagnéticos. Modernamente, em ambientes mais ruidosos e com distâncias maiores é amplamente utilizada a transmissão ótica via fibras óticas.

Há sensores em que a amplitude do sinal elétrico de saída reproduz a amplitude do sinal de entrada; são os **sensores de medição ou transdutores**, fundamentais no campo do controle dinâmico dos processos (realimentação ou alimentação avante). Sua saída pode ser analógica ou digital.

Para a automação o principal objetivo é comandar eventos, por exemplo, a chegada de um objeto a uma posição, um nível de um líquido a um valor etc. Suas saídas são então do tipo 0-1, "*on*"-"*off*", isto é, binárias. É a esses sensores que conferimos o nome de **Sensores Discretos.**

Entre os sensores discretos há duas grandes classes: **de contato mecânico** (entre o processo e o sensor) e **sem contato,** também denominados **sensores de proximidade**. Esta última classe é mais importante, tanto pela flexibilidade na solução de problemas de instalação quanto pelo menor desgaste em uso, o que significa maior confiabilidade.

Sensores de Contato Mecânico: nesses sensores, uma força entre o sensor e o objeto é necessária para efetuar a detecção do objeto. Um exemplo é a chave de contato, um dispositivo eletromecânico que consiste em um atuador mecanicamente ligado a um conjunto de contatos. Quando um objeto entra em contato físico com o atuador o dispositivo opera os contatos para abrir ou fechar uma conexão elétrica. Esses dispositivos têm um corpo reforçado, para suportar forças mecânicas decorrentes do contato com os objetos. Apresentam rodas e amortecedores para diminuir o desgaste do ponto de contato.

As chaves de contato apresentam diversas configurações, podendo ser agrupadas pelos seguintes critérios:

- Chaves de contato elétrico normalmente aberto (NA) ou normalmente fechado (NF);
- Contatos que após acionados podem ser momentâneos ou permanentes;
- Dois ou quatro pares de contatos elétricos;
- Atuação por pressão;
- Abertura e fechamento lento de contatos.

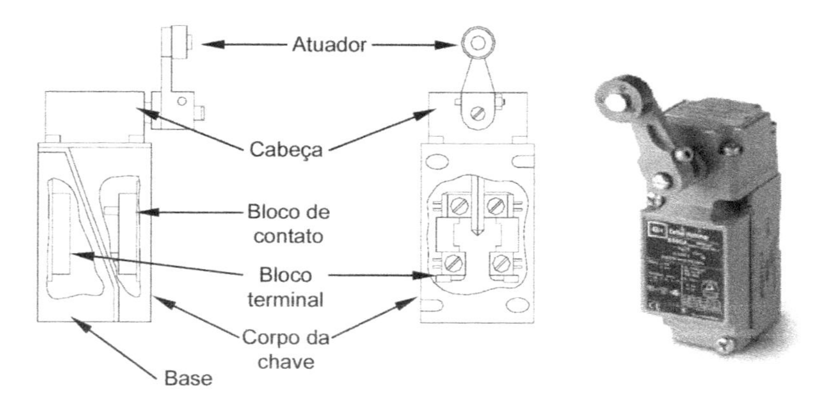

FIGURA 3.1 Sensor tipo chave de contato.

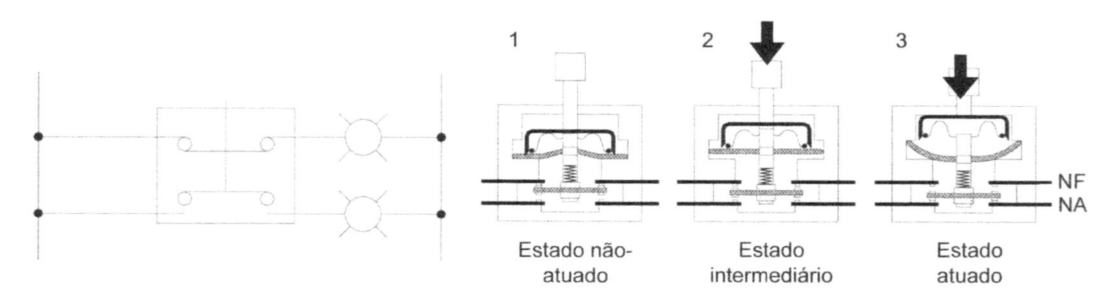

FIGURA 3.2 Tipos de contato nos sensores de contato.

***Sensores de Proximidade*:** nestes sensores, o objeto é detectado pela proximidade ao sensor. Existem cinco princípios de funcionamento para sensores discretos "sem contato":

- **Indutivo:** detecta alterações em um campo eletromagnético; é próprio para objetos metálicos;
- **Capacitivo**: detecta alterações em um campo eletrostático; é próprio para objetos isolantes;
- **Ultra-sônico:** usa ondas acústicas e ecos; é próprio para objetos de grandes proporções;
- **Fotoelétrico:** detecta variações de luz infravermelha recebida;
- **Efeito Hall:** detecta alterações de campo magnético.

Na Tabela 3.1 listam-se os sensores mais usados e suas principais vantagens e desvantagens.

TABELA 3.1 Os sensores mais usados e suas principais vantagens e desvantagens

Classificação	Sensores	Vantagens	Desvantagens
Sensores de contato	Chaves de contato	• Capacidade de corrente • Imunidade à interferência • Baixo custo • Tecnologia conhecida	• Requer contato físico com o alvo • Resposta lenta • Contatos apresentam *bounce* e vida curta • Movimento produz desgaste
Sensores de proximidade	Indutivos	• Resiste a ambientes severos • Muito previsível • Vida longa • Fácil instalação • Não depende da superfície do objeto	• Limitação de distância • Detecta principalmente materiais metálicos • Sensível a interferências eletromagnéticas
	Capacitivos	• Detecção através de algumas embalagens • Pode detectar materiais não-metálicos • Vida longa	• Distâncias curtas de detecção • Muito sensível a mudanças ambientais • Não é seletivo em relação ao alvo
	Óticos	• Pode ser usado com qualquer material • Vida longa • Faixa grande de medição • Resposta rápida • Pode retirar o ruído ambiente • Permite o uso de fibras óticas	• Lentes sujeitas à contaminação • Faixa afetada pela cor e refletividade do alvo • Mudança de ponto focal pode modificar o desempenho • Objetos brilhantes podem interferir
	Ultra-sônicos	• Pode medir distâncias longas • Pode ser usado para detectar muitos materiais • Resposta linear com a distância	• Requerem um alvo com área mínima • Apresentam distâncias mínimas de trabalho • Resolução depende da freqüência • Sensível a mudanças do ambiente • Não funciona com materiais de baixa densidade
	Hall	• Vida longa • Fácil instalação • Resposta rápida • Baixo custo	• Não é seletivo em relação ao alvo • Sensível a interferências eletromagnéticas • O alvo deve ter um ímã fixado

3.2 SENSORES DISCRETOS

3.2.1 Sensores de contato

Chaves Eletromecânicas

Chaves eletromecânicas são dispositivos primários para comunicar uma detecção de evento, seja uma intervenção do operador, seja um aviso de que um certo estado foi atingido por alguma variável física do processo. O sinal decorrente do fechamento de uma chave está sujeito ao ruído provocado pela vibração da parte mecânica (*chatter*). Para que essa sucessão rápida de sinais 0 e 1 não cause erros lógicos na automação, os CLPs devem possuir rotinas de filtragem em seus programas aplicativos.

Chaves Manipuladas pelo Operador do Processo

A botoeira, ou chave *push-button*, é uma das formas mais simples usadas para comando pelo operador. As chaves de pé são usadas quando o operador necessita das mãos para exercer outra atividade, enquanto opera o equipamento.

Chaves seletoras são as que incorporam uma operação e um mecanismo de chaveamento que apresenta várias posições.

FIGURA 3.3 Chaves

Chaves-limite ou de Fim de Curso

As chaves-limite ou de fim de curso são usadas para detectar a posição de objetos ou materiais. Os transportadores, portas, elevadores, válvulas etc. usam as chaves de fim de curso para fornecer informações sobre a posição física do equipamento. Os mecanismos de acionamento mais comuns são a alavanca rolante e a alavanca de forquilha.

A "alma" desses dispositivos é o *micro-switch* (Figura 3.4), uma chave de extraordinárias qualidades e longa tradição industrial: um movimento de pequena amplitude do pino central provoca um salto irreversível de uma mola interna e o fechamento firme de contato elétrico. A vida média dos *micro-switches* é de 10 milhões de operações.

Chaves de Nível

As chaves de nível têm a função de monitorar o nível de líquido em um reservatório. São usadas normalmente em tanques, depósitos e, à medida que se altera o nível do líquido, o dispositivo de flutuação se desloca, abrindo ou fechando um contato elétrico. Para essa finalidade é usado geralmente um bulbo de mercúrio.

FIGURA 3.4 a

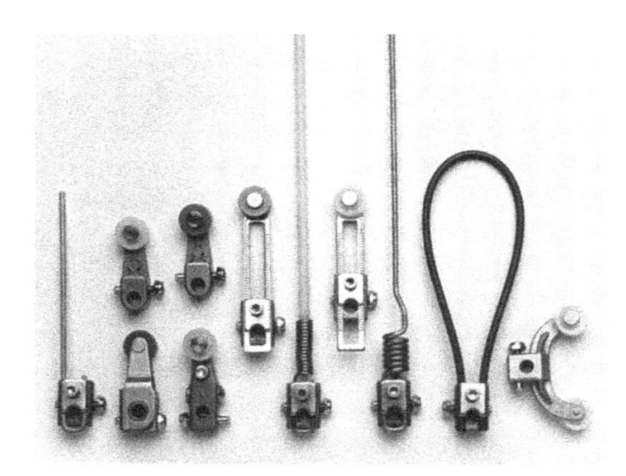

FIGURA 3.4 b

Chaves de Fluxo

Uma chave de fluxo é utilizada para detectar vazão de um fluido tal como ar, água, óleo ou gás. O rotor se movimenta com a vazão do fluido e ativa um contato.

Chaves de Pressão

As chaves de pressão são utilizadas para detectar o nível de pressão de um fluido em um recipiente. As chaves de pressão usam um fole que aciona contatos elétricos; quando a pressão no fole ultrapassa a tensão predeterminada em mola, o contato é ativado.

Chaves de Temperatura

As chaves de temperatura são normalmente dos tipos bimetálico e bulbo/capilar. Em qualquer caso, quando a temperatura do processo ultrapassa um valor especificado um contato se movimenta, transmitindo o evento.

3.2.2 Sensores de proximidade

Operam com vários princípios físicos e podem detectar a proximidade, a presença ou a passagem de corpos sólidos, líquidos ou gasosos. São geralmente eletroeletrônicos e, por conseguinte, pouco sensíveis a vibrações mecânicas.

Os principais tipos de sensores de proximidade serão explicados a seguir.

Sensores Indutivos

Os sensores indutivos usam correntes induzidas por campos magnéticos com o objetivo de detectar objetos metálicos por perto. Os sensores indutivos utilizam uma bobina (indutância) para gerar um campo magnético de alta freqüência, como mostrado abaixo.

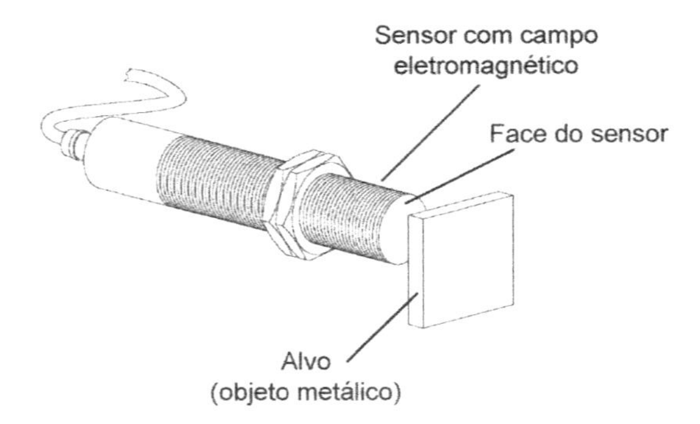

FIGURA 3.5 Sensor de proximidade indutivo.

Se existe um objeto metálico perto do campo magnético do sensor uma corrente flui nesse objeto, devido à indução de correntes parasitas. Essa corrente resultante gera um novo campo magnético que se opõe ao campo magnético original. Esses sensores detectam vários tipos de metais e podem detectar o objeto a vários centímetros de distância.

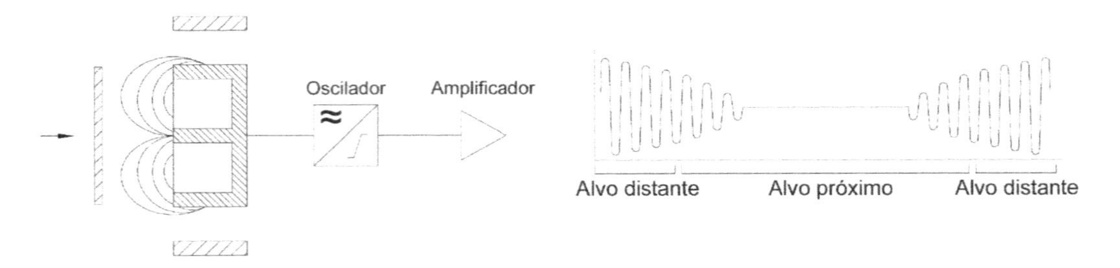

FIGURA 3.6 Diagrama de blocos de um sensor indutivo.

Este tipo de sensor discreto consiste em quatro elementos, a saber:

- uma bobina;
- um oscilador;
- um circuito de disparo;
- um circuito de saída.

O oscilador é um circuito LC sintonizado. O campo eletromagnético produzido pelo oscilador é emitido pela bobina que se encontra na parte anterior do sensor. Este circuito é realimentado para manter a oscilação.

Quando um alvo metálico entra no campo, correntes parasitas induzidas circulam no objeto metálico. Essa interação carrega o circuito oscilador, diminuindo a amplitude do campo eletromagnético. Este é o princípio chamado ECKO (*Eddy Current Killed Oscillator*).

Quando o alvo se aproxima do sensor as correntes parasitas aumentam a carga no oscilador, e o campo eletromagnético diminui. O circuito de disparo monitora a amplitude de sinal no oscilador e, num nível predeterminado, chaveia o estado de saída da sua condição normal (On ou Off) para sua condição de disparo (Off ou On).

Os sensores indutivos podem ter seu campo magnético blindado; assim, o campo magnético diminui e fica mais direcionado, contribuindo para a melhoria da precisão, da direcionalidade e da distância de operação do sensor.

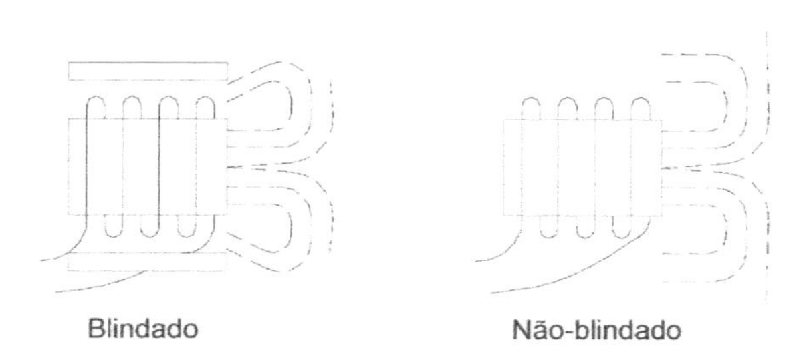

FIGURA 3.7 Blindagem dos sensores indutivos.

Efeitos do material do objeto em sensores indutivos

A distância de operação (S_n) designa a distância na qual um alvo-padrão que se aproxima do sensor causa mudança do sinal da saída. Um alvo-padrão de aço é utilizado para obter essa distância S_n, e seu valor deve ser corrigido de acordo com o material do alvo usado (Figura 3.8).

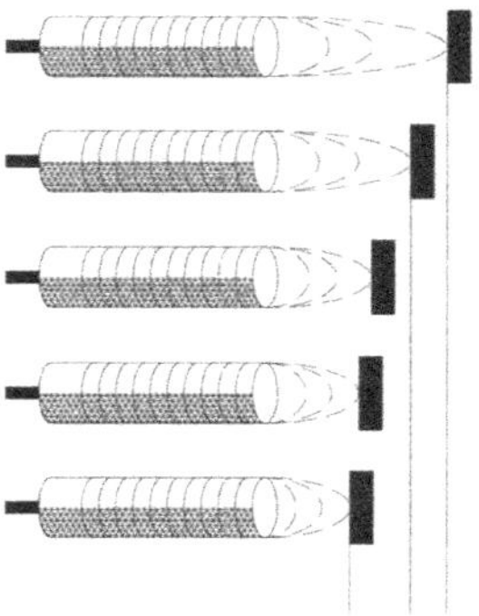

Material	Distância operacional do alvo
Aço doce	$1{,}0 \times S_n$
Aço inox	$0{,}9 \times S_n$
Latão	$0{,}5 \times S_n$
Alumínio	$0{,}45 \times S_n$
Cobre	$0{,}5 \times S_n$

S_n = Distância nominal de operação do dispositivo

FIGURA 3.8 Efeito do material do alvo nos sensores indutivos.

Sensores Reed

Assim como o *micro-switch*, são os mais robustos, duráveis e clássicos da indústria. Consiste em duas lâminas de contato elétrico no interior de uma ampola preenchida com gás inerte; quando o relé é colocado em um campo magnético, as lâminas se unem e fecham contato (Figura 3.9).

Com a aproximação de um ímã externo à ampola, fecha-se o contato e sinaliza-se o evento.

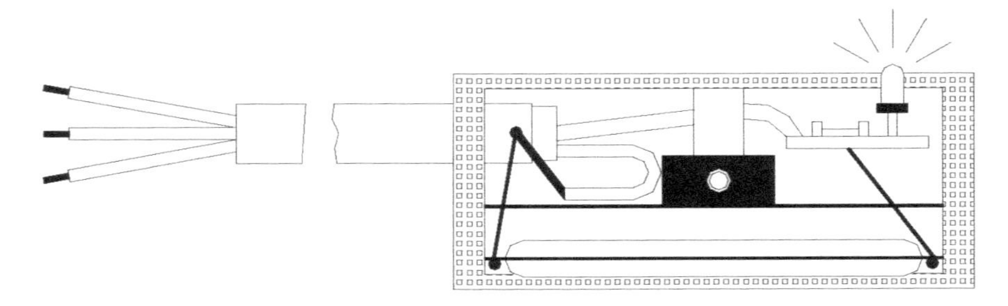

FIGURA 3.9 Sensor tipo Reed.

As chaves tipo Reed são similares a relés, com a diferença de que um ímã permanente é usado, em vez de uma bobina. Quando o ímã está longe da chave seu contato está aberto, quando está na região sensível o contato é fechado; o objeto deve ter um ímã fixado a ele (Figura 3.10a).

São dispositivos muito baratos, usados para detecção de abertura de portas e janelas e em aplicações de segurança. São muito utilizados em detecção de fim de curso de cilindros (Figura 3.10b).

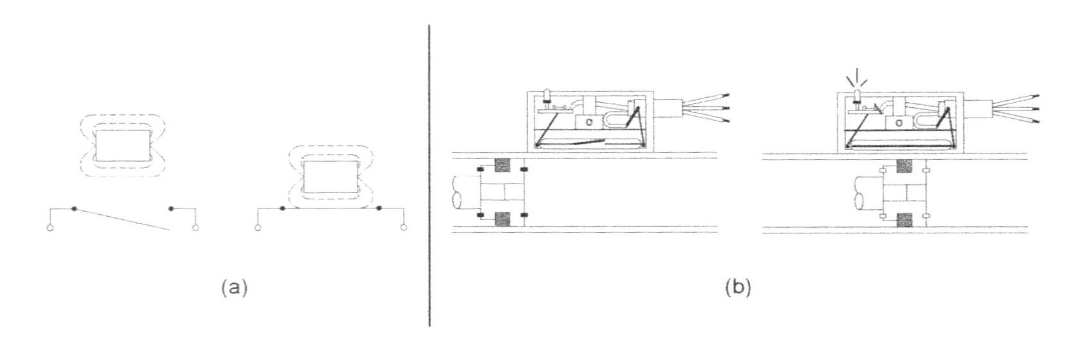

FIGURA 3.10 *Reed switch.*

Sensores Capacitivos

Um sensor capacitivo é formado por duas placas paralelas separadas por um material dielétrico, sendo que sua capacitância é dada por

$$C = \frac{\varepsilon \cdot A}{\delta}$$

onde: C = capacitância (F), ε = permitividade do dielétrico (F/m), δ = separação entre as placas (m), A = área comum entre as duas placas (m^2).

As estruturas utilizadas para a implementação de sensores capacitivos podem ser agrupadas da seguinte forma:

- elementos com variações na separação das placas;
- elementos com variações na área comum;
- elementos com variações do dielétrico.

Sensores capacitivos são similares aos sensores indutivos. Sua principal diferença é que o sensor capacitivo produz um campo eletrostático, em lugar de um campo eletromagnético. Os sensores discretos capacitivos podem detectar objetos metálicos e não-metálicos, como papel, vidro, líquidos e tecidos, a distâncias de até alguns centímetros.

Num sensor de proximidade discreto capacitivo em geral a área das placas e sua distância são fixas, porém a constante dielétrica ao redor deste varia de acordo com o material do objeto que se encontra na proximidade do sensor.

Um sensor capacitivo típico é apresentado na Figura 3.11.

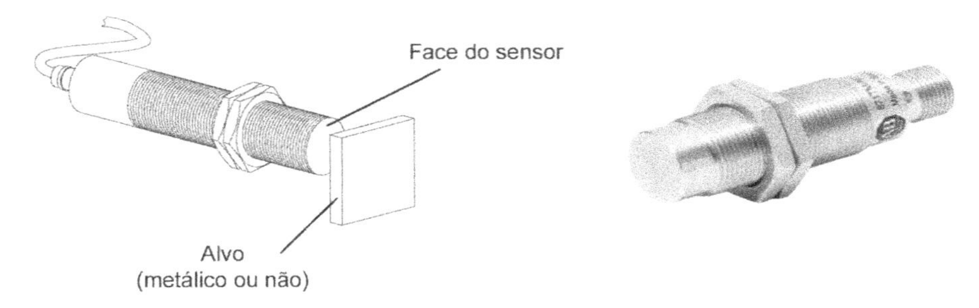

FIGURA 3.11 Sensor capacitivo discreto.

O sensor discreto capacitivo consiste em quatro elementos, a saber:

- uma placa dielétrica;
- um oscilador;
- um circuito de disparo;
- um circuito de saída.

A superfície sensível do dispositivo é constituída por dois eletrodos de metal concêntricos. Quando um objeto perto da sua superfície sensível atinge o campo eletrostático dos eletrodos, a capacitância do circuito oscilador aumenta e, como resultado, obtém-se uma oscilação, como mostrado na Figura 3.12.

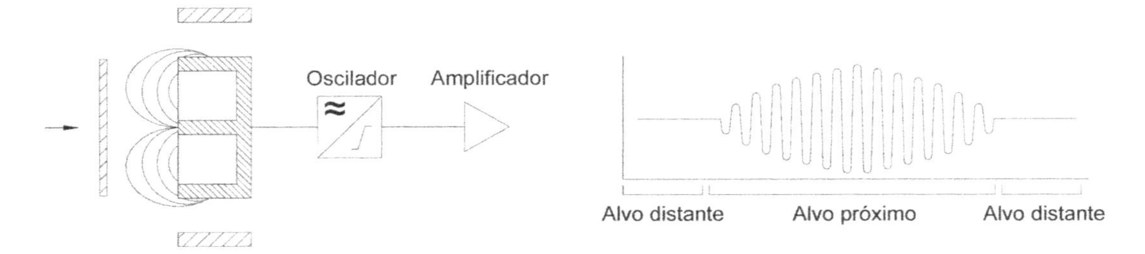

FIGURA 3.12 Diagrama de blocos de um sensor capacitivo.

O circuito de disparo do sensor verifica a amplitude da oscilação, e quando esta chega num nível predeterminado o estado lógico da saída muda. Na medida em que o alvo se afasta a amplitude da oscilação decresce, obrigando a um novo chaveamento pelo circuito de disparo, levando o estado lógico do sensor a seu estado inicial.

Esses sensores funcionam bem com materiais isolantes, como plásticos (Figura 3.13a). Também podem ser usados com alvos metálicos, já que devido à condutividade destes a capacidade entre eletrodos também varia (Figura 3.13b). As variações de capacitância desses sensores são extremamente pequenas, da ordem de pF.

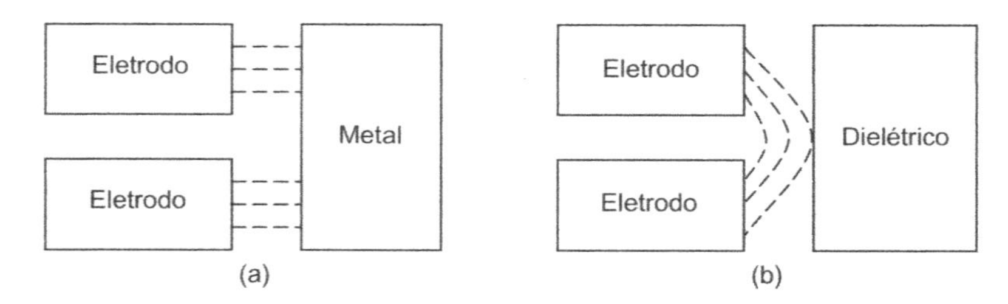

FIGURA 3.13 Dielétricos e metais aumentam a capacitância.

A distância de operação (S_n) designa, como no caso dos sensores indutivos, a distância na qual um alvo-padrão que se aproxima do sensor causa mudança no sinal de saída. No caso da água como material a ser detectado, a distância necessária em relação ao alvo (no caso a água) não necessita da utilização do fator de correção em função da alta permissividade dielétrica. Para outros materiais isolantes, com menor permissividade E_r, o fator de correção S_r dever ser aplicado, conforme a Tabela 3.2

TABELA 3.2 Constantes dielétricas típicas

Distância de operação em função da constante dielétrica do material

ε_r: 0 10 20 30 40 50 60 70 80

0 10 20 30 40 50 60 70 80 90 100

Fator de correção de distância S_r (%)

Material	ε_r	Matrial	ε_r
Álcool	25,8	Polipropileno	2,3
Ar	1,0	Plistirol	3,0
Araldite	3,6	PVC	2,9
Baquelite	3,6	Porcelana	4,4
Cabos isolantes	2,5	Cartão prensado	4,0
Celulóide	3,0	Cristal de quartzo	3,7
Vidro	5,0	Areia de silício	4,5
Mica	6,0	Polietileno	2,3
Mármore	8,0	Teflon	2,0
Papel parafinado	4,0	Aguarrás	2,2
Papel	2,3	Óleo de trafo	2,2
Petróleo	2,2	Vácuo, ar	1,0
Plexiglás	3,2	Água	80
Poliamida	5,0	Madeira	2,0

Sensores Óticos

São sensores que emitem um feixe de luz e detectam as alterações da intensidade de luz recebida em conseqüência do movimento de objetos opacos. Possuem um emissor de impulsos rápidos de luz infravermelha e um receptor.

Podem detectar objetos desde distâncias bastante grandes (10 metros) até outros de apenas 1 mm, conforme o tipo construtivo. Escolhidos adequadamente, detectam qualquer tipo de material.

Os principais tipos construtivos, para diversas aplicações e características técnicas, são:

Sensor ótico de reflexão difusa ou sensor difuso

O receptor reage ao sinal luminoso refletido pela superfície do objeto a detectar. Nesse caso, a distância de detecção depende das qualidades reflexivas da sua superfície. O emissor e o receptor estão numa mesma peça (Figura 3.14).

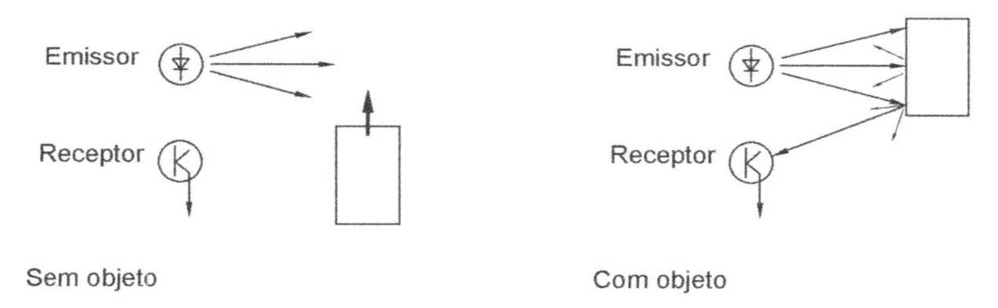

FIGURA 3.14 Sensor de reflexão difusa.

Sensor ótico de barreira

O receptor e o emissor são montados separadamente. O objeto a ser detectado interrompe o feixe de luz enviado ao receptor. Esse tipo de sensor alcança distâncias de até 10 metros (Figura 3.15).

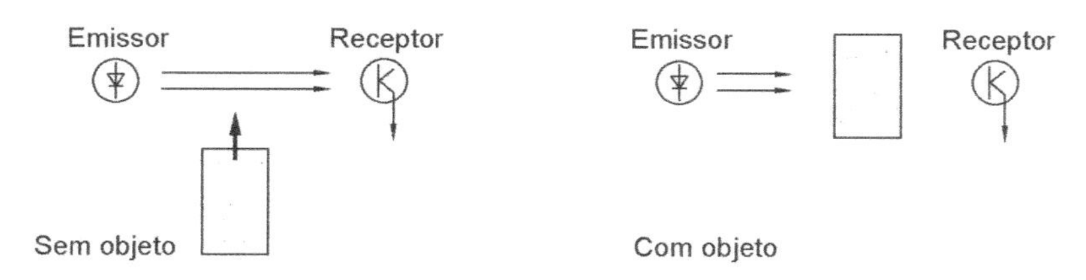

FIGURA 3.15 Sensor de barreira.

Sensor de retrorreflexão ou retrorreflexivo

O emissor e o receptor estão montados juntos, o que é uma vantagem na instalação. O feixe de luz emitido é refletido de volta ao receptor, por uma superfície refletora, enquanto não houver nenhum objeto interposto. Uma vez interrompida a reflexão pela presença do objeto a detectar, fecha-se ou abre-se um contato elétrico (Figura 3.16).

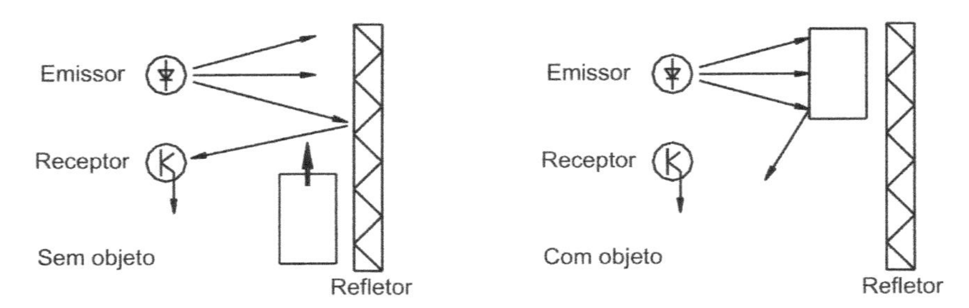

FIGURA 3.16 Sensor retrorreflexivo.

Sensores com fibra ótica

São dispositivos de grande utilidade. A função do cabo de fibra ótica é fazer a transmissão do sinal luminoso do sensor ao local onde se deseja a detecção do objeto. Os cabos de fibra ótica reproduzem os efeitos dos sensores por reflexão difusa, retrorreflexão ou barreira de luz (ver Figura 3.17).

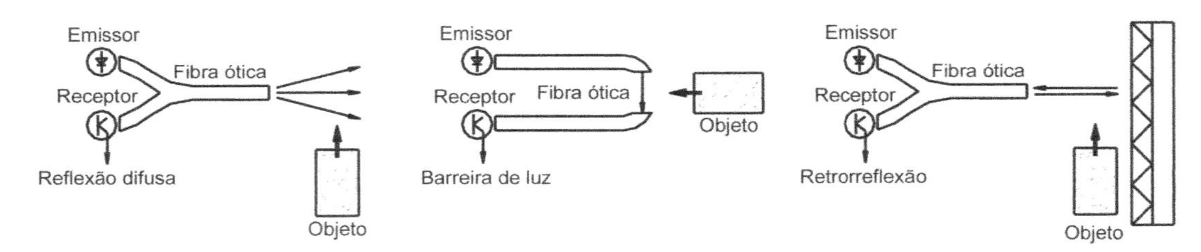

FIGURA 3.17 Cabos de fibra ótica para sensores fotoelétricos.

Encoders

Um método direto para medição da posição ou deslocamento angular em eixos é a utilização de codificadores digitais angulares (*encoders*).

Os codificadores digitais são de dois tipos:

- **Incrementais:** são aqueles que requerem um sistema de contagem de incrementos gerados por um disco girante.
- **Absolutos**: fornecem uma saída digital para qualquer posição angular do eixo; existem diversas formas de realizar esses dispositivos, usando técnicas de *Slip Ring* (anel com contatos deslizantes), magnéticas e óticas.

Na Figura 3.18 pode-se verificar um *encoder* incremental típico.

Na Figura 3.19 apresenta-se um *encoder* absoluto, com uma codificação binária no disco e um sistema de extração da informação ótico; usa uma fonte de iluminação (lâmpada, LED, Emissor UV ou IV) e um sistema de dispositivos fotossensíveis (fotocélulas, fotodiodos, detectores de UV ou IV) com uma fenda ou máscara para definir a região ativa.

Um dos códigos binários mais utilizados é o chamado código de Gray, o qual permite a mudança de um bit por vez; na tabela abaixo se verifica o código de Gray de 0 até 7 para um sinal binário de três bits.

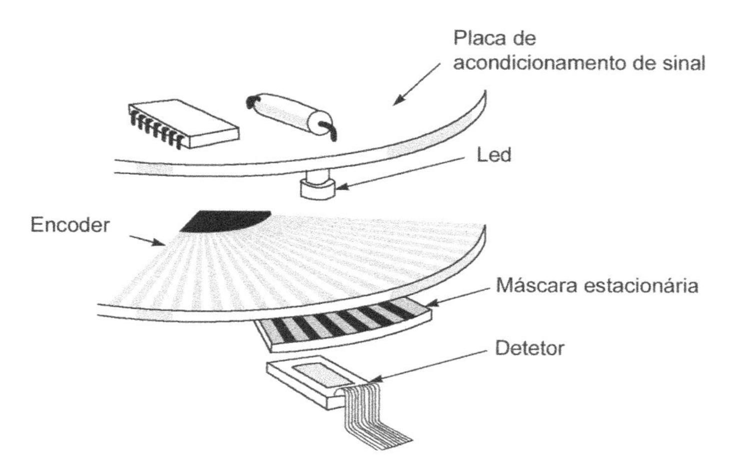

FIGURA 3.18 *Encoder* incremental, desenho esquemático.

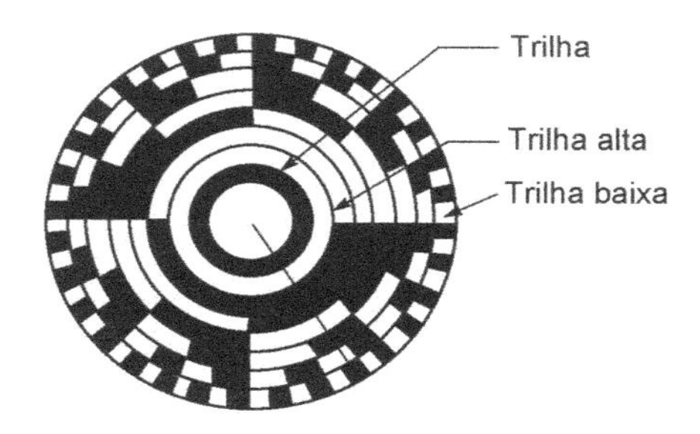

FIGURA 3.19 *Encoder* digital.

TABELA 3.3 Códigos Gray e binário de três bits

Decimal	Binário	Gray
0	000	000
1	001	001
2	010	011
3	011	010
4	100	110
5	101	111
6	110	101
7	111	100

Sensores Ultra-sônicos

O método ultra-sônico para medida de deslocamentos utiliza um circuito eletrônico que fornece um trem de pulsos para excitar um transdutor piezoelétrico; este gera um pulso de pressão acústica que se propaga no ar até atingir o alvo ou objeto. Parte da energia acústica do pulso retorna para o transdutor em forma de um eco após um certo intervalo de tempo (Figura 3.20).

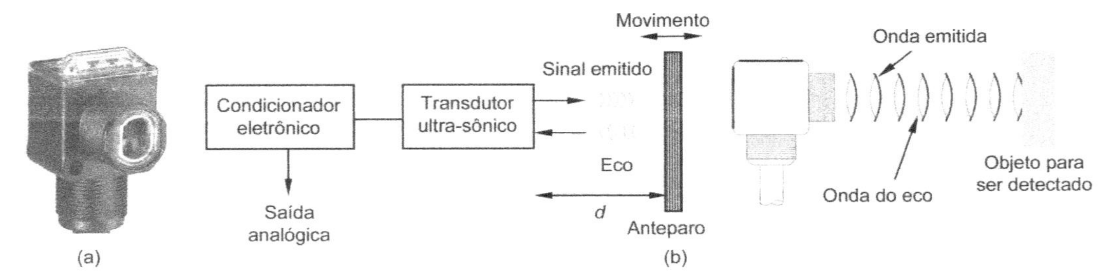

FIGURA 3.20 Sensor ultra-sônico para medição de distância.

Medindo-se esse intervalo de tempo e conhecendo a velocidade do som no ar pode-se calcular a distância entre o transdutor e o anteparo, de acordo com a seguinte equação:

$$d = \frac{C_0 \cdot \tau}{2}$$

Sendo C_0 = velocidade do som no ar (m/s), $\tau = (t_{r1} - t_{r2})$, t_{r1}: início da transmissão (s) e t_{r2}: recepção do eco (s).

A velocidade do som no ar é uma função da temperatura T (°K), da pressão barométrica, da umidade relativa e da viscosidade do ar. Dessas variações as mais significativas são as devidas à temperatura, que podem ser expressas como:

$$C_0 = 331{,}31 \cdot \sqrt{\frac{T}{273{,}16}}$$

Assim, compensando devidamente as variações de temperatura, é possível medir nível de líquidos ou deslocamentos de anteparos através dos sensores ultra-sônicos.

O transdutor alojado num receptáculo é apoiado num material adequado para fornecer amortecimento posterior, isto é, absorver ou refletir a energia em sua parte traseira.

Na Figura 3.21 verifica-se a aplicação desse método para medição de proximidade. O sensor emite pulsos de ultra-som numa freqüência acima de 18 kHz, retornando um eco cujo tempo de trânsito é proporcional à distância do objeto ao sensor.

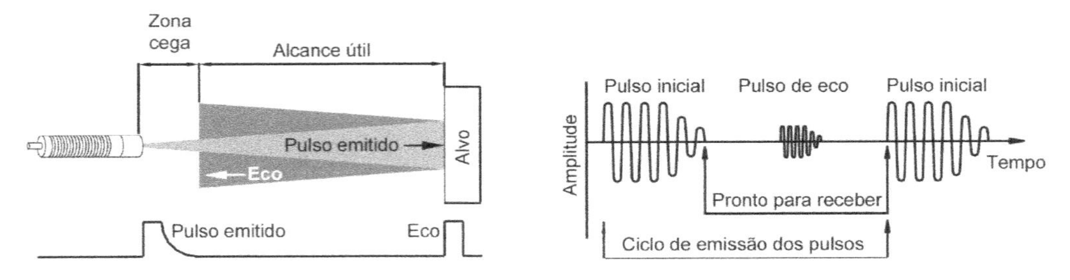

FIGURA 3.21 Medidas de proximidade usando ultra-som.

Existem dois tipos básicos de geradores ultra-sônicos:

- **Eletrostáticos**: utilizam efeitos capacitivos para a geração do ultra-som. Apresentam fundos de escala maiores, maior banda passante, porém são muito sensíveis a parâmetros ambientais, como umidade;
- **Piezoelétricos**: baseiam-se nas tensões mecânicas que cristais e cerâmicas sofrem quando submetidos a campos elétricos. São bastante resistentes e baratos.

Modos de operação

Há dois modos básicos de operação:

- modo por oposição ou feixe transmitido (Figura 3.22): um sensor emite a onda sonora e um outro, montado do lado oposto do emissor, recebe a onda sonora;
- modo difuso ou por reflexão, ou por eco (Figura 3.23): o mesmo sensor emite a onda sonora e escuta o eco refletido por um objeto.

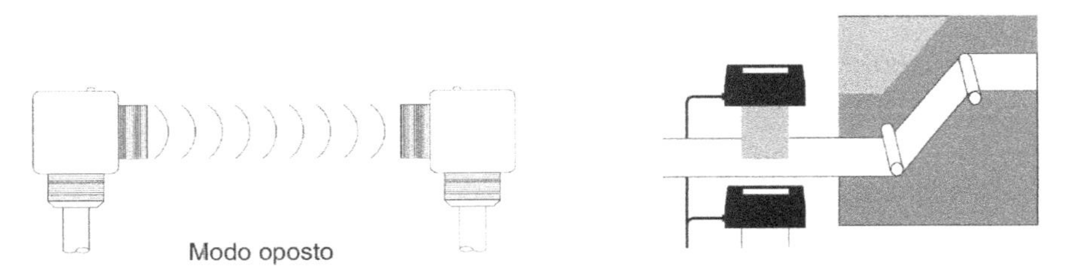

FIGURA 3.22 Modo por oposição.

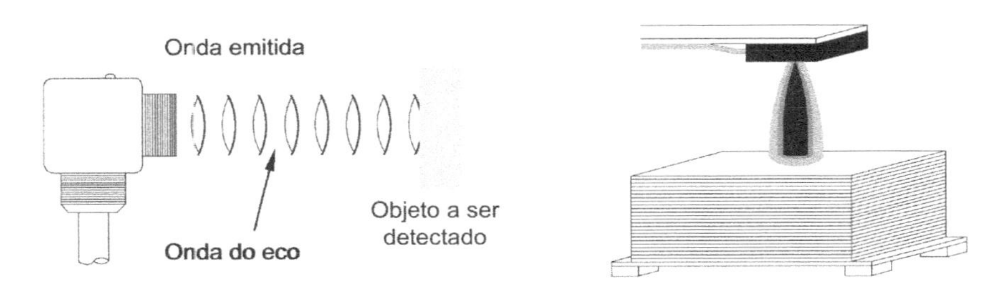

FIGURA 3.23 Modo difuso ou por eco.

Faixa de detecção

A faixa de detecção é o alcance dentro do qual o sensor ultra-sônico detecta o alvo, sob flutuações de temperatura e tensão (Figura 3.24).

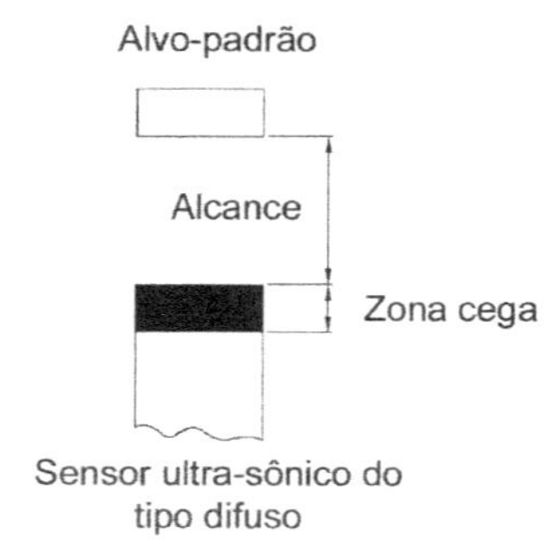

FIGURA 3.24 Faixa de trabalho de um sensor ultra-sônico.

Zona cega

Os sensores ultra-sônicos possuem uma zona cega, que depende da freqüência do transdutor (Figuras 3.24 e 3.25).

Considerações sobre o alvo

Certas características do alvo devem ser consideradas ao se usar os sensores ultra-sônicos: forma do alvo, material, temperatura, tamanho e posicionamento. Materiais macios, como tecido ou espuma de borracha, são difíceis de detectar com tecnologia de ultra-som difuso porque eles não são refletores de som adequados.

O alvo-padrão para um sensor ultra-sônico de tipo difuso é estabelecido pela Comissão Eletrotécnica, padrão IEC 60947-5-2. O alvo-padrão é uma forma quadrada, possuindo uma espessura de 1 mm e feito de metal. O tamanho do alvo depende da faixa de detecção. Para os sensores ultra-sônicos por oposição não há padrão estabelecido.

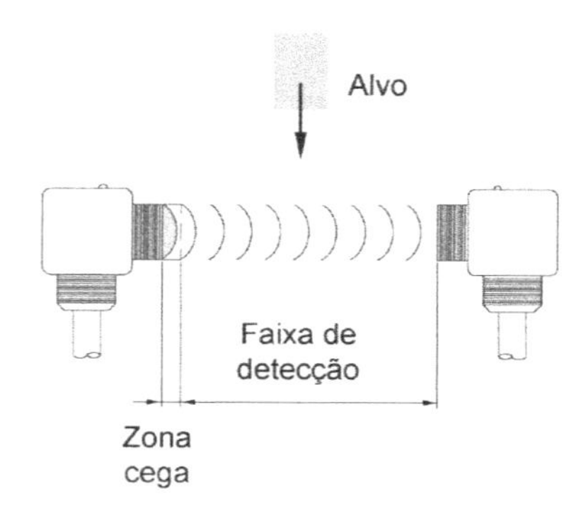

FIGURA 3.25 Alvo para sensores por oposição.

Os alvos-padrão são usados para estabelecer o desempenho dos parâmetros dos sensores. O usuário deve levar em consideração as diferenças no desempenho devido aos alvos não padronizados.

Sensores Hall

Um dispositivo Hall constitui-se tipicamente de uma placa pequena de metal ou semicondutor de comprimento *l*, espessura *t* e largura *w*. Quando uma corrente I_x passa pela placa, estando sujeita a uma densidade de fluxo magnético B_z perpendicular ao plano da placa, uma tensão Hall aparecerá nos contatos laterais (Figura 3.26). Essa tensão é dada por:

$$V_H = \frac{R_H I_x B_z}{t}$$

sendo R_H = constante Hall do material,

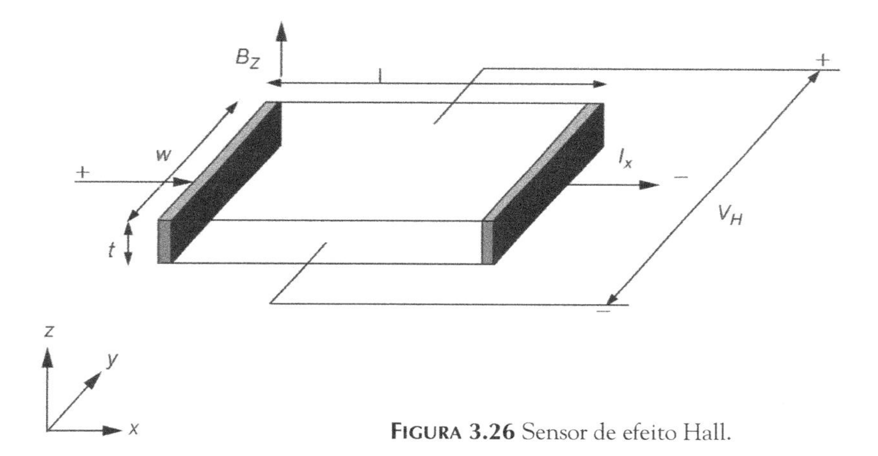

FIGURA 3.26 Sensor de efeito Hall.

A Figura 3.27 ilustra o desempenho dos sensores Hall. A Figura 3.28 mostra a sua constituição. Os sensores de efeito Hall combinam os geradores de tensão Hall, amplificadores de sinal, circuitos de disparo tipo Schmitt e circuitos de saída com transistores num só circuito integrado. Apresentam saídas rápidas e sem *bounce*. Operam em freqüências de até 100 kHz, com custo muito menor que o das chaves eletromecânicas.

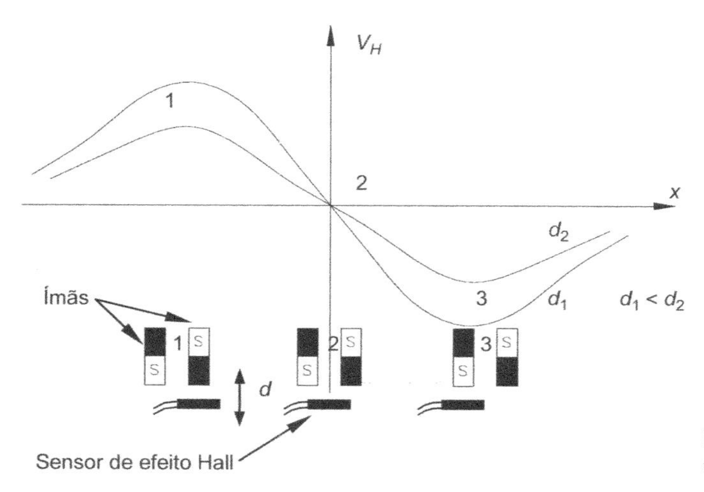

FIGURA 3.27 Sensor de deslocamento usando dispositivo Hall.

Suas aplicações são similares às dos *Reed Switches*, porém com a vantagem de serem elementos de estado sólido, apresentando maior resistência à vibração e ao choque.

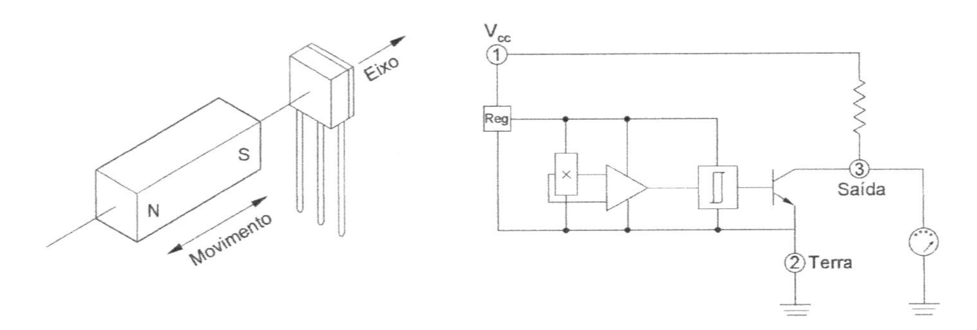

FIGURA 3.28 Atuação de um sensor Hall.

3.3 INTERFACEAMENTO DOS SENSORES DISCRETOS COM OS CLPs

Os sensores têm como sinal de saída, em geral, uma corrente (oriunda de coletor de um transistor) e não uma tensão elétrica; esta característica reduz consideravelmente a corrupção por ruídos eletromagnéticos do ambiente.

Com relação à ligação dos sensores aos CLPs e fontes, pode-se dizer que são a dois ou a três fios. Aqueles a dois fios são, por exemplo, do tipo contato seco, ao passo que aqueles a três fios são transistorizados, PNP ou NPN. Em qualquer caso a corrente poderá fluir para a entrada do CLP, caracterizando a montagem tipo *sourcing* ou, então, fluir para o sensor, caracterizando a montagem tipo *sinking*.

Nos sensores do tipo chamado de *sourcing* o transistor interno é PNP, conforme a Figura 3.29; o circuito de saída, portanto, deve ser fechado entre o terminal de saída do sensor e o terminal negativo da fonte. Para a segurança do sinal "zero" é necessário que exista o resistor *R* (*pull-down resistor*) mostrado na figura.

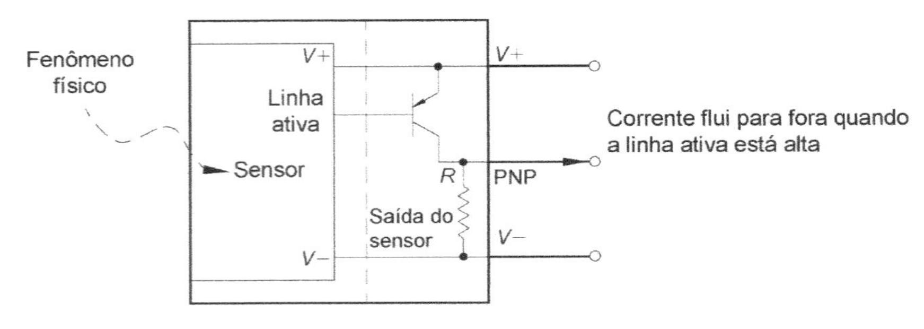

FIGURA 3.29 Sensor *sourcing*.

Os sensores do tipo *sinking* são complementares aos do tipo *sourcing*; usam um transistor NPN, conforme a Figura 3.30. O circuito de saída deve ser fechado pela carga entre o terminal de saída e o terminal positivo da fonte. O resistor R é dito *pull-up*.

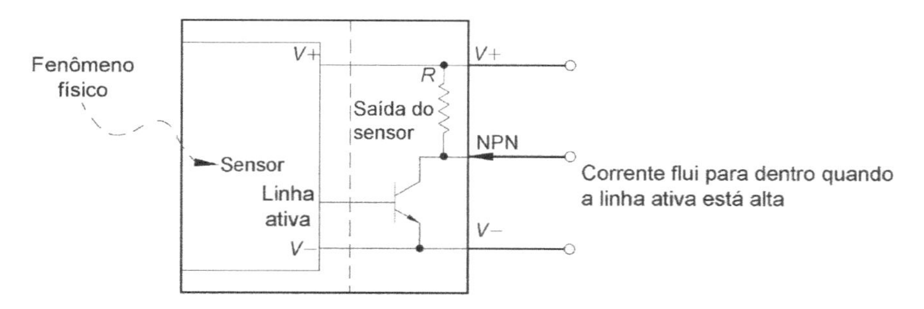

FIGURA 3.30 Sensor *sinking*.

É comum que sensores possam chavear correntes de alguns ampères e, portanto, comandar as cargas diretamente. Existem cartões de adaptação de PNP para NPN e vice-versa.

Na automação industrial, as saídas dos sensores estão ligadas a entradas de um CLP. Ver alternativas na Figura 3.31.

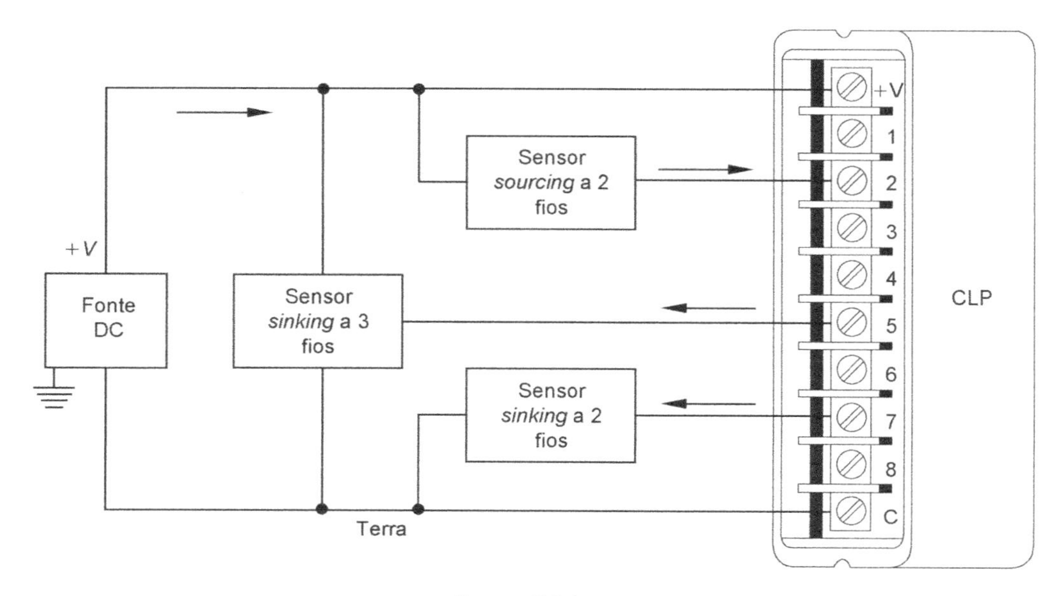

FIGURA 3.31

Outra técnica usual é entrar no CLP com isolação galvânica entre o sensor e CLP, via fotoacoplador, conforme Figura 3.32.

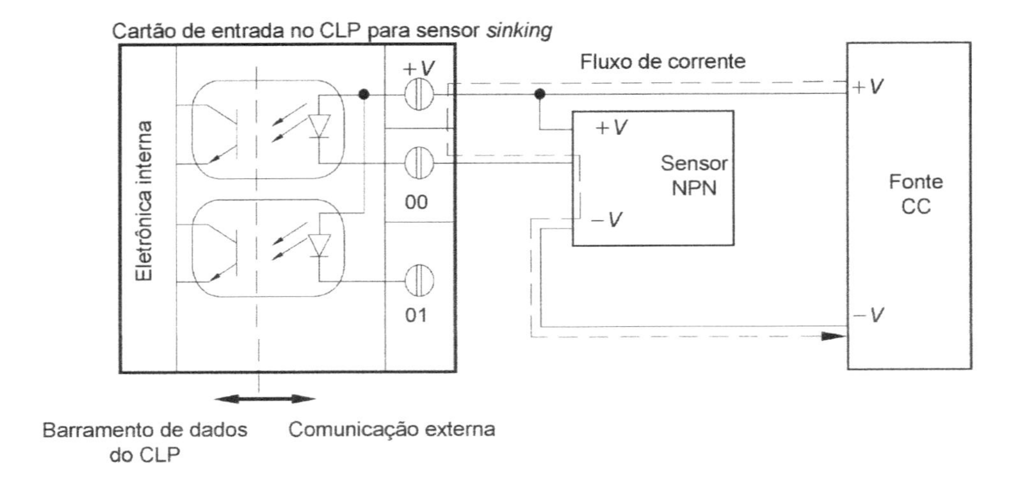

FIGURA 3.32

3.4 TRANSDUTORES (SENSORES DE MEDIÇÃO)

3.4.1 Transdutores de posição

Os transdutores de posição fornecem um sinal de tensão proporcional ao deslocamento linear do objeto ou ao deslocamento angular do objeto.

Potenciômetros resistivos

Consistem em um elemento resistivo com um contato móvel. O contato móvel pode ser de translação, rotação ou uma combinação dos dois. O elemento resistivo é excitado com tensão A-C ou D-C, e a saída é, idealmente, uma função linear do deslocamento de entrada.

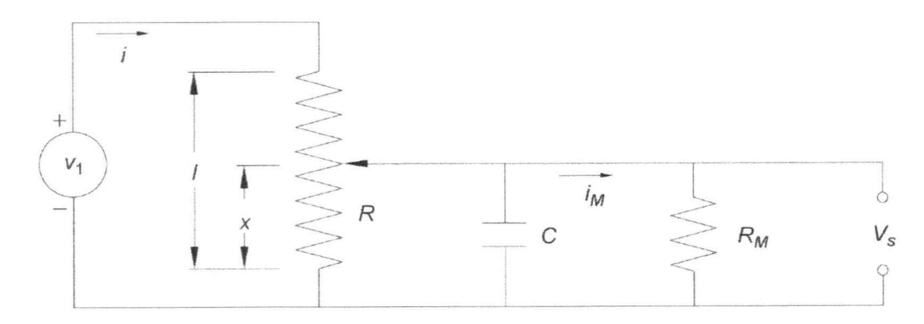

FIGURA 3.33 Potenciômetro resistivo.

Sensor de posição com múltiplos resistores

Outro meio de medir posição consiste em uma seqüência de resistores em paralelo que são sucessivamente removidos do circuito, causando de alguma forma a variação da tensão de saída (Figura 3.34).

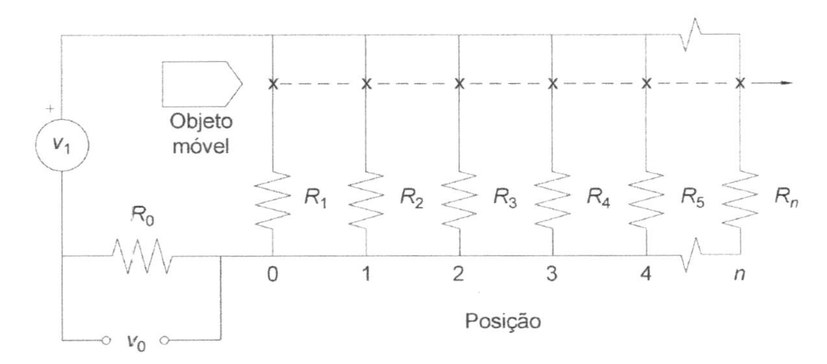

FIGURA 3.34 Sensor de múltiplos resistores.

Transformadores diferenciais

São conhecidos como LVDT (*linear variable-differential-transformer*), Figura 3.35. A excitação é fornecida pelo enrolamento da esquerda. A movimentação do objeto a sensorear causa variação da indutância mútua entre o primário e cada um dos secundários, e, portanto, das tensões nestes enrolamentos. Quando os enrolamentos secundários estão ligados em série e oposição, o objeto posicionado no centro produz tensão nula na saída.

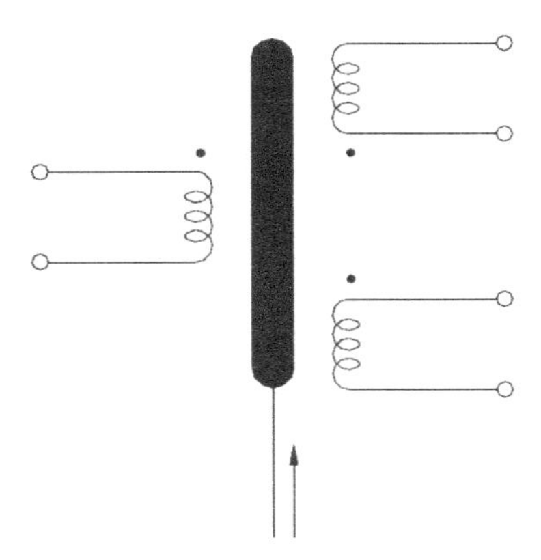

FIGURA 3.35 Transformadores diferenciais.

A movimentação do objeto causa maior indutância mútua entre o primário e um dos secundários, o que faz a amplitude da tensão de saída tornar-se função linear da posição.

Potenciômetros síncronos e indutivos

Sincros (*synchros*) são muito usados para a medição de ângulos de componentes de servomecanismos, seja a posição real, seja a desejada. Dois tipos de sincro são usados, o *control transmitter* e o *control transformer*. A saída do sistema é a tensão de erro, uma tensão A-C de mesma freqüência que a tensão de excitação e amplitude proporcional à diferença entre o ângulo de entrada e o ângulo obtido para diferenças menores que 60 graus (Figura 3.36).

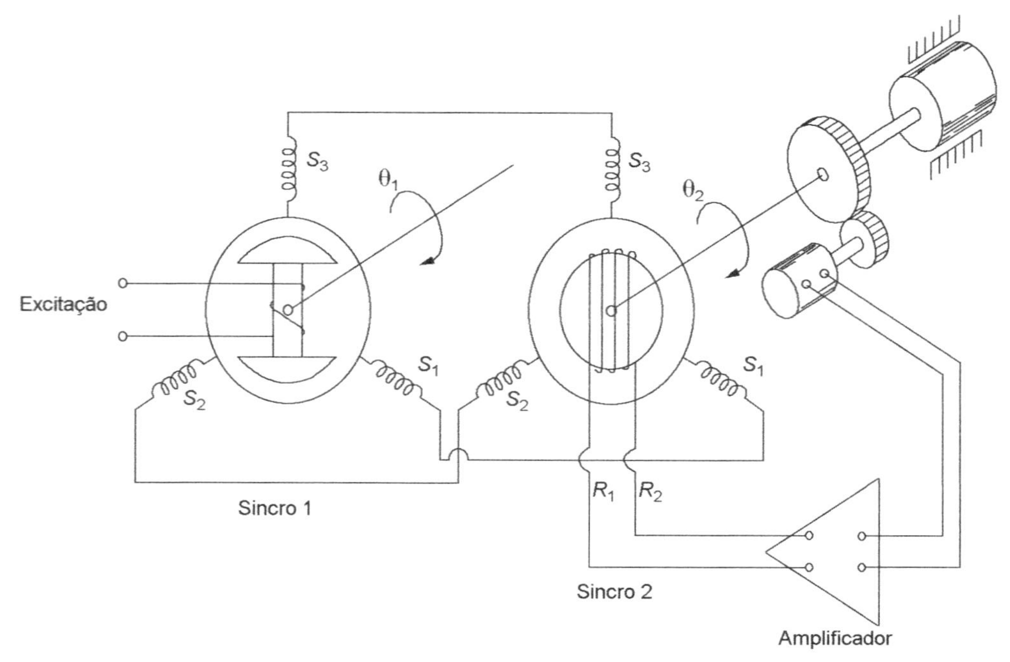

FIGURA 3.36 Potenciômetro síncrono.

Já nos potenciômetros de indução existe uma bobina no rotor e uma no estator. A bobina primária (rotor) é excitada com uma corrente alternada. Isso induz uma tensão na bobina secundária (estator). A amplitude da tensão de saída varia com a mútua indutância entre os dois enrolamentos e, portanto, com o ângulo de rotação (Figura 3.37).

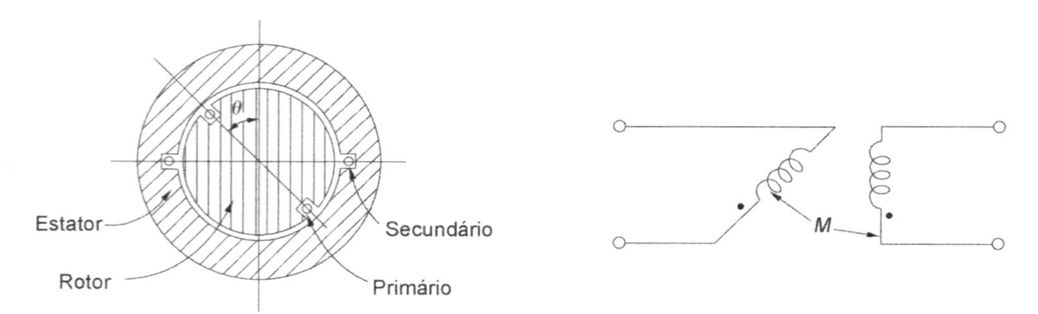

FIGURA 3.37 Potenciômetro indutivo.

Pickups de indutância e relutância variáveis

Os transdutores de indutância variável são muito parecidos com os LVDTs. No entanto, existem dois enrolamentos presentes que formam duas pernas de uma ponte que é excitada com uma corrente alternada. Com o objeto na posição central, a indutância dos dois enrolamentos é igual, a ponte está balanceada e a saída é zero. Um movimento do objeto aumenta a relutância de um e diminui a do outro. A ponte fica desbalanceada, e aparece uma tensão na saída.

Pickups capacitivos

Movimentos de translação ou rotação podem ser medidos através da variação da capacitância de um capacitor. A mudança na capacitância pode ser convertida em sinal elétrico por meio de um circuito em ponte alimentado por uma fonte de corrente alternada.

Transdutor indutivo de velocidade linear

Um campo magnético associado à velocidade a ser medida move-se em relação a um condutor fixo (Figura 3.38a).

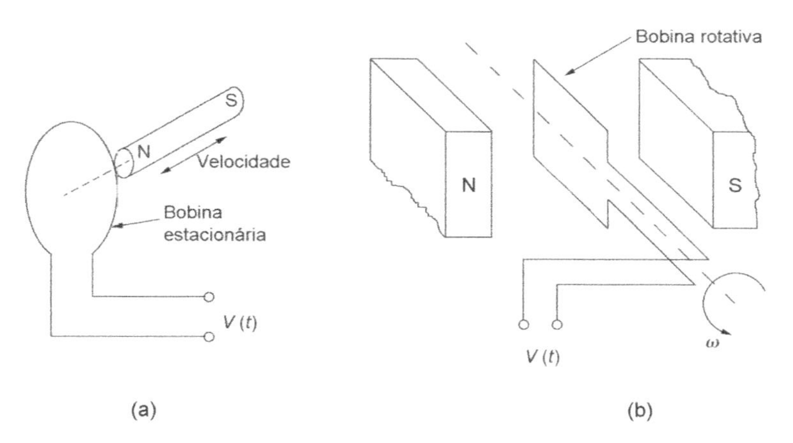

FIGURA 3.38 Transdutor indutivo linear e angular.

Transdutor indutivo de velocidade angular

Nesse tipo de transdutor, um condutor móvel associado à velocidade a ser medida move-se em relação a um campo magnético fixo (Figura 3.35b).

Tacogerador D-C

Um gerador D-C produz uma tensão de saída proporcional à velocidade angular Figura 3.39a.

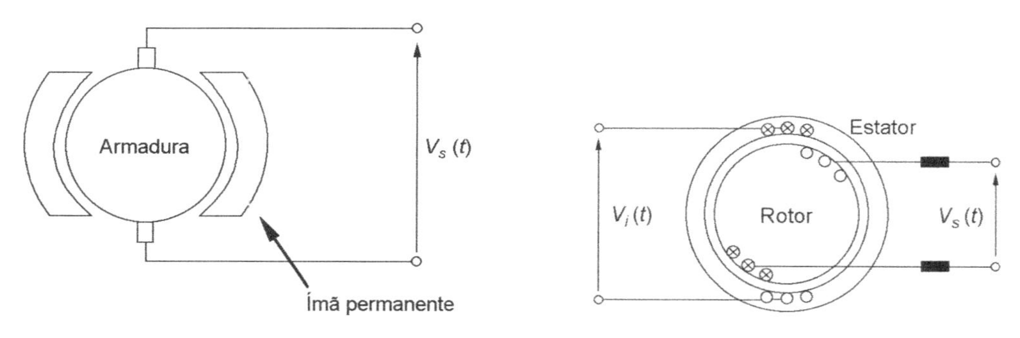

FIGURA 3.39a Tacogerador D-C.

FIGURA 3.39b Tacogerador A-C.

Tacogerador A-C

Um motor de indução A-C de duas fases pode ser usado como um tacômetro, excitando-se uma das fases com sua tensão A-C normal e tomando-se a tensão da outra fase como saída Figura 3.39b.

Transdutores por contagem de pulsos

Os dentes da engrenagem, ao passarem perto do pickup magnético ou ótico, produzem pulsos elétricos nos terminais do pickup. Esses pulsos são contados, e o resultado aparece no display (Figura 3.40).

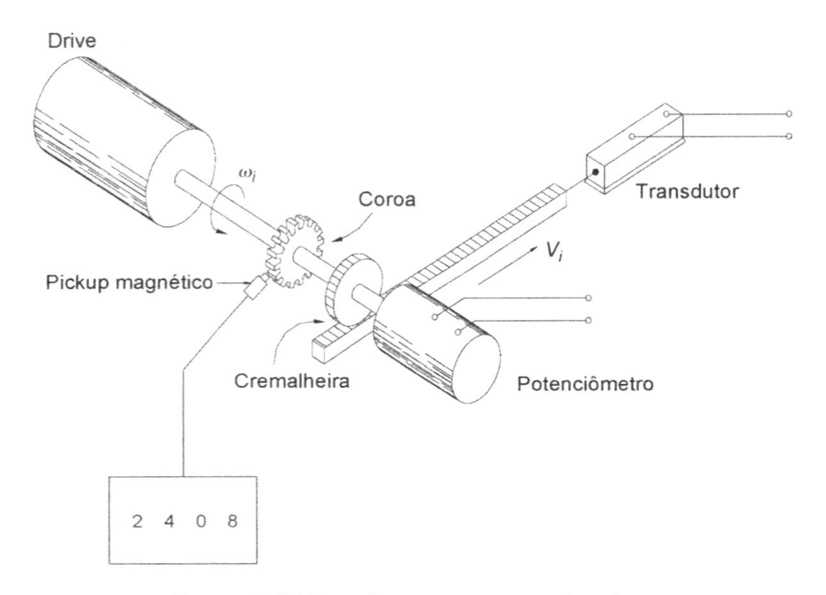

FIGURA 3.40 Transdutor por contagem de pulsos.

Transdutor estroboscópico

A velocidade angular pode ser medida usando-se lâmpadas estroboscópicas, isto é, que piscam a uma freqüência ajustável constante. A luz é direcionada para o objeto rotativo. A freqüência com que as lâmpadas piscam é elevada gradualmente até que o objeto pareça estar parado. Nesse instante, a freqüência da lâmpada e a validade do objeto, em unidades convenientes, são iguais.

3.5 ESPECIFICAÇÃO TÉCNICA DE SENSORES E TRANSDUTORES

3.5.1 Introdução

A especificação técnica dos sensores e dos transdutores depende de um grande número de parâmetros, cujo conhecimento e correta interpretação são muito importantes para o desempenho e a confiabilidade dos sistemas de automação industrial. Afinal, os sensores e os transdutores são os canais de comunicação dos processos físicos, reais, com os sistema de controle, automação e supervisão. São os "olhos e ouvidos" desses sistemas.

3.5.2 Erros

Basicamente, os erros em instrumentação podem ser classificados como:

- **Erros absolutos**: são definidos como a diferença entre o valor atual medido e um valor suposto livre de erro, obtido em instrumento-padrão ou de melhor qualidade.
- **Erros relativos**: são definidos como os erros absolutos normalizados, ou seja, o erro absoluto dividido pelo valor da medida. Costumam ser expressos em porcentagem.
- **Erros sistemáticos**: são aqueles que não variam de uma leitura para outra.
- **Erros randômicos**: são aqueles que variam de forma aleatória entre medidas sucessivas da mesma quantidade.

As fontes de erro em sistemas de medida são, de acordo com a classificação anterior:

a) **Erros sistemáticos**
   - **de construção**: decorrentes da fabricação do instrumento, de problemas com tolerâncias de dimensões, com componentes fora de valor etc.
   - **de aproximação**: devidos a suposições, como linearidade entre duas variáveis.
   - **de envelhecimento**: erros resultantes de variações em materiais e componentes integrantes do instrumento, com o tempo; componentes se deterioram e variam seu valor; materiais com processos de fadiga mudam características mecânicas.
   - **de inserção**: são erros de carregamento, isto é, decorrentes da alteração da variável que está sendo medida por causa da inserção do instrumento de medida.
   - **aditivos**: são erros superpostos ao sinal de saída do instrumento e não dependem do valor numérico da saída, portanto provocam somente uma modificação no valor de zero no instrumento.
   - **multiplicativos**: caracterizados pela multiplicação da variável de entrada por um valor, p.ex., variações da sensibilidade devido a diversos fatores.

b) **Erros randômicos**
   - **de operação**: podem ter várias causas, como erros de paralaxe e de incerteza nas medidas, dependendo principalmente do operador.
   - **ambientais**: como mudanças de temperatura, interferência eletromagnética etc.
   - **por ruídos**: como resultado de processos de ruído em materiais e componentes do instrumento.
   - **dinâmicos**: são erros devidos a múltiplos fatores que modificam o comportamento temporal do instrumento, como carregamentos dinâmicos variáveis, inércias, atritos etc.

3.5.3 Estatística de erros

Os resultados de uma série de medições da mesma quantidade podem ser analisados como uma distribuição de freqüência, sendo freqüência o número de vezes que um valor particular ou faixa de valores ocorre. Esta distribuição é usualmente próxima da normal ou gaussiana. A Figura 3.41 ilustra uma distribuição normal, bem como os erros sistemáticos e os aleatórios.

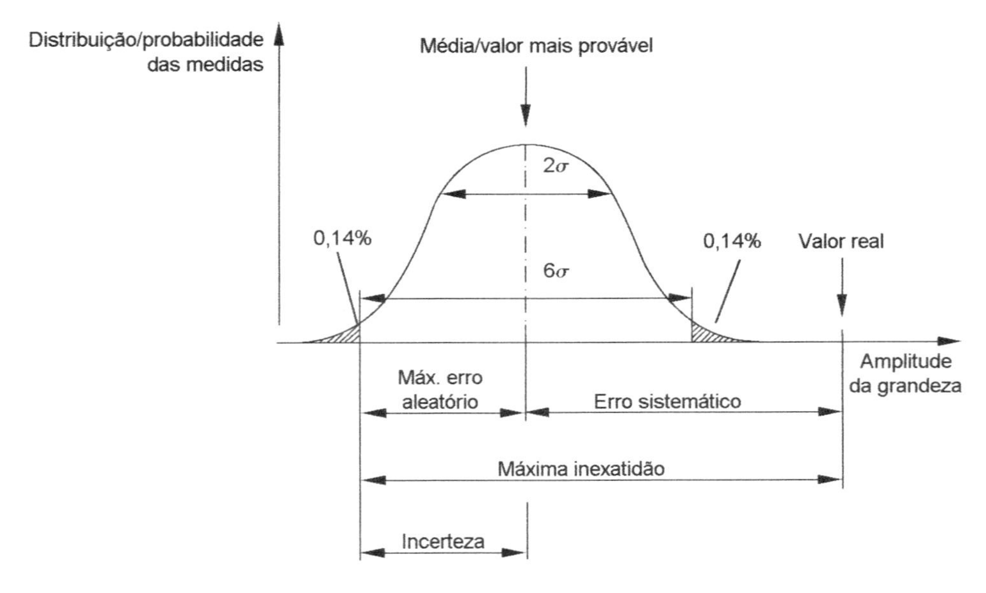

FIGURA 3.41 Distribuição de medidas.

3.5.4 Propagação de incertezas

Quando se executam operações aritméticas com valores acompanhados de incertezas, estas se propagam aos resultados. Numa análise inicial, valem as seguintes propriedades, onde δX representa a incerteza no valor X:

Soma ou subtração: a incerteza do resultado é a soma das incertezas.

Seja $X = A \pm B$

Tomando em conta as incertezas, $X \pm \delta X = A \pm \delta A \pm B \pm \delta B$

Portanto, $\delta X = \delta A + \delta B$

Multiplicação e divisão: a incerteza percentual do resultado é a soma das incertezas percentuais.

Seja $X = A \cdot B$

Tomando em conta as incertezas, $X \pm \delta X = (A \pm \delta A)\cdot(B \pm \delta B) = A \cdot B \pm A \cdot \delta B \pm B \cdot \delta A$

Portanto, $\delta X = A \cdot \delta B + B \cdot \delta A$, e ainda

$$\frac{\delta X}{X} \cdot 100 = \frac{\delta B}{B} \cdot 100 + \frac{\delta A}{A} \cdot 100$$

Esta abordagem vale para estimar incertezas máximas em X, dadas incertezas máximas em A e B, mas é muito pessimista. Partindo de distribuições estatísticas como a da Figura 3.37 e admitindo independência estatística entre as fontes de erro, a teoria justifica a adoção da composição "quadrática" das incertezas. Assim, sendo $X = \sum_{i=1}^{n} a_i x_i$, e sendo δx_i os desvios-padrão nos valores X_i, o desvio-padrão X pode ser estimado por meio de:

$$\delta X = \left[\sum_{i=1}^{n} (a_i \cdot \delta X_i)^2 \right]^{1/2}$$

3.5.5 Características estáticas

Sensibilidade

A sensibilidade de um instrumento define-se como a razão entre a mudança Δy na saída, causada por uma mudança Δx na entrada, e a própria mudança Δx:

$$S = \frac{\Delta y}{\Delta x}$$

Ganho

O ganho de um sistema ou instrumento define-se como a saída dividida pela entrada:

$$G = \frac{\text{Saída}}{\text{Entrada}} = \frac{y}{x}$$

Fundo de Escala

É a faixa de valores de entrada e saída onde o dispositivo de sensoreamento ou medida pode ser utilizado.

A *faixa de operação de entrada* é definida com a entrada variando de $x_{mín}$ até $x_{máx}$, ou seja, a faixa de entrada (*Input Span*) é: F.E.= $x_{máx} - x_{mín}$.

Similarmente, a faixa de operação de saída é definida com a saída variando de $y_{mín}$ até $y_{máx}$, ou seja, a faixa de saída (*Full Scale Output*) é: F.S.= $y_{máx} - y_{mín}$.

Resolução

Se a entrada é acrescentada gradualmente a partir de um valor diferente de zero, nenhuma mudança na saída ocorrerá até que a entrada alcance a resolução do sensor.

Define-se como o menor incremento de entrada aquele que gera uma saída perceptível e repetitiva, quantificando-se como porcentagem do fundo de escala.

$$\%\ \text{Resolução} = \left[\frac{\text{Valor mínimo de entrada}}{\text{(F.S.)}} \right] \cdot 100$$

Como, por exemplo, tem-se o caso de multímetros digitais, nos quais a resolução depende do número de dígitos decimais no visor.

Exatidão

Assegura que a medida *coincide com o valor real* da grandeza considerada. O valor representativo desse parâmetro é o valor médio.

$$\%\ \text{Exatidão} = \left(1 - \left[\frac{\text{Erro absoluto}}{\text{Valor real}} \right] \right) \cdot 100$$

Precisão

Qualidade da medição que representa a *dispersão* das repetidas medições da mesma variável, em torno do seu valor médio. É usualmente associado ao erro-padrão. Esse parâmetro é expresso, em geral, como porcentagens do fundo de escala. Na Figura 3.38 apresenta-se a relação entre precisão e exatidão.

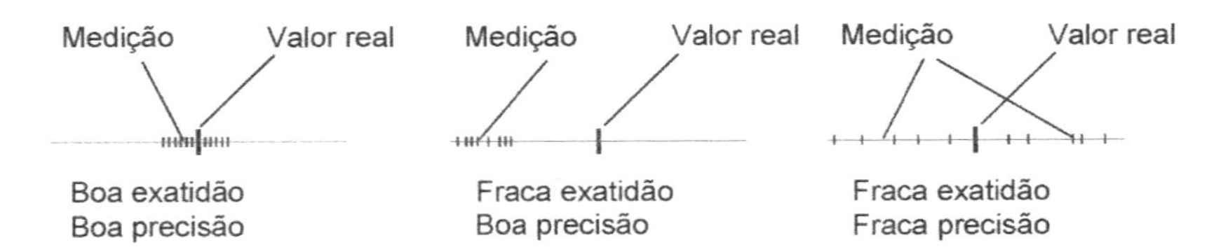

FIGURA 3.42 Relação entre precisão e exatidão.

Linearidade

A linearidade de um instrumento indica o grau de aproximação entre a função entrada/saída e uma reta. Geralmente quantifica-se a não-linearidade expressando-a como porcentagem do fundo de escala (Figura 3.43).

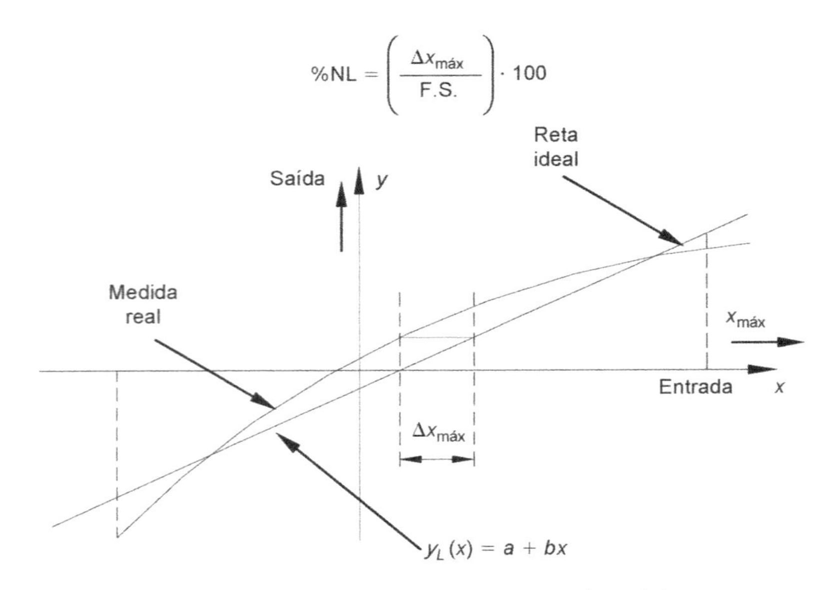

FIGURA 3.43 Não-linearidade num sistema de medida.

Offset

Define-se o desvio de zero do sinal de saída quando a entrada é zero.

Drift ou Deriva do Zero

Descreve a mudança da leitura em zero do instrumento com variáveis ambientais como tempo, temperatura, posição etc.

Repetibilidade

É a capacidade do instrumento de reproduzir as mesmas saídas quando as mesmas entradas são aplicadas, na mesma seqüência e nas mesmas condições ambientais (Figura 3.44).

Esse valor é expresso como sendo o valor pico da diferença entre saídas, em referência ao fundo de escala e em porcentagem:

$$\% \text{ Repetitividade} = \left(\frac{\text{Valor pico de } (y_1 - y_2)}{\text{F.S.}} \right) \cdot 100$$

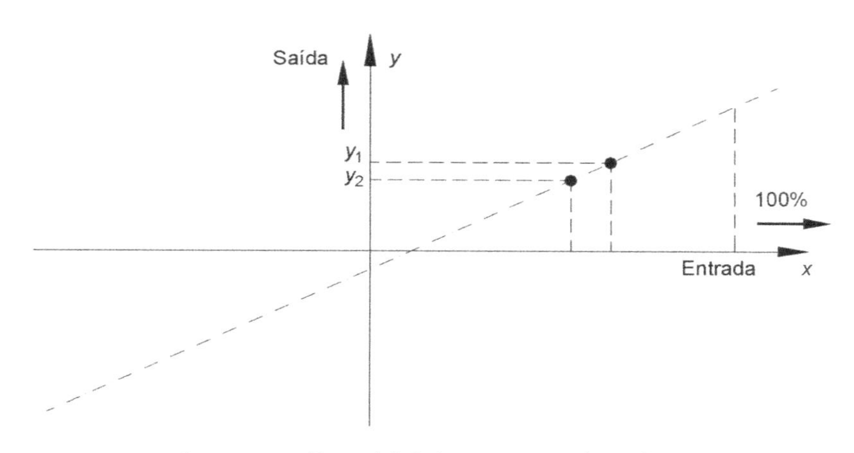

FIGURA 3.44 Repetibilidade em sistemas de medida.

Reprodutibilidade

O grau de aproximação entre os resultados das medições de uma mesma grandeza quando as medições individuais são efetuadas fazendo variar condições tais como:

- método de medida;
- observador;
- instrumento de medida;
- local;
- condições de utilização;
- tempo.

Observe que reprodutibilidade é diferente de repetibilidade. A reprodutibilidade não é uma característica do instrumento, mas da medida como um todo.

Histerese

A histerese ocorre quando para um mesmo valor de entrada observam-se valores deficientes para a saída, em função de a entrada ter aumentado ou diminuído (Figura 3.45).

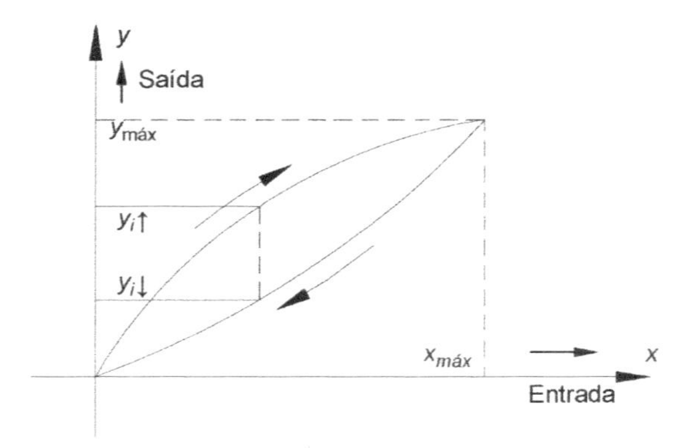

FIGURA 3.45 Histerese em sistemas de medida.

Calcula-se esse parâmetro como sendo o valor de pico da diferença das saídas, em referência ao fundo de escala e em porcentagem.

$$\% \text{ Histerese} = \left(\frac{\text{Valor pico de } (y_1 - y_2)}{\text{F.S.}} \right) \cdot 100$$

Banda Morta

Define-se como a faixa de valores de entrada para os quais não existe variação na saída (Figura 3.46).

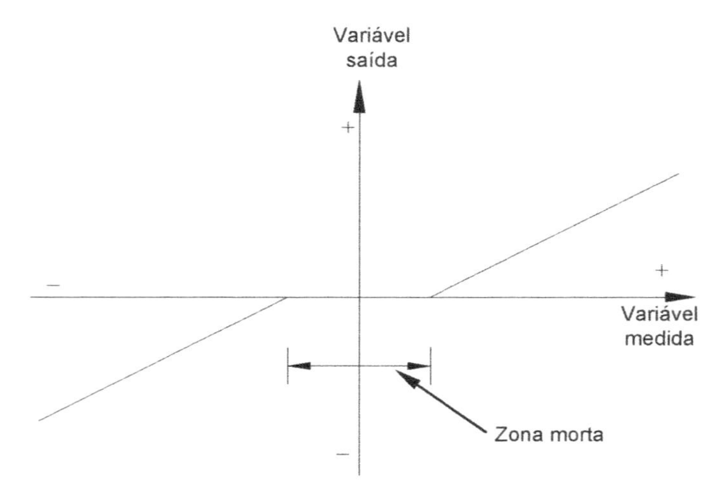

FIGURA 3.46 Banda Morta em sistemas de medida.

Banda de Erro Estática

Para estimar o erro total produzido por todos os efeitos que causam desvios em um instrumento (histerese (e_h), não-linearidade (e_L), repetitividade (e_R) e variações com outros parâmetros), utiliza-se a seguinte expressão:

$$e_e = \left[e_L^2 + e_n^2 + e_R^2 + e_S^2\right]^{1/2}$$

Define-se assim a banda de erro estática, onde os valores admissíveis de erro estão dentro de uma faixa limitada por duas retas paralelas; os valores mais prováveis são indicados por uma reta mediana a essa faixa (Figura 3.47).

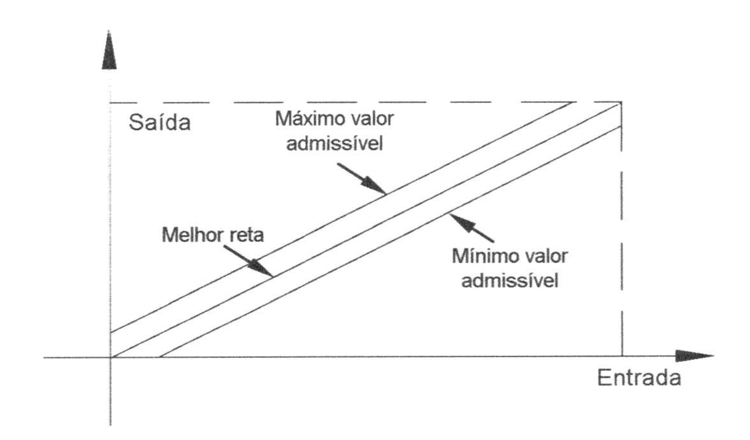

FIGURA 3.47 Banda de erro estático em sistemas de medida.

3.5.6 Características dinâmicas dos instrumentos

Quando um sistema é submetido a uma entrada que apresenta uma variação em degrau, a saída toma um certo tempo para atingir seu valor final. Usualmente a dinâmica de sensores e transdutores é, por projeto, de primeira ordem; portanto, é definida por um único parâmetro, que é a constante de tempo (Figura 3.48).

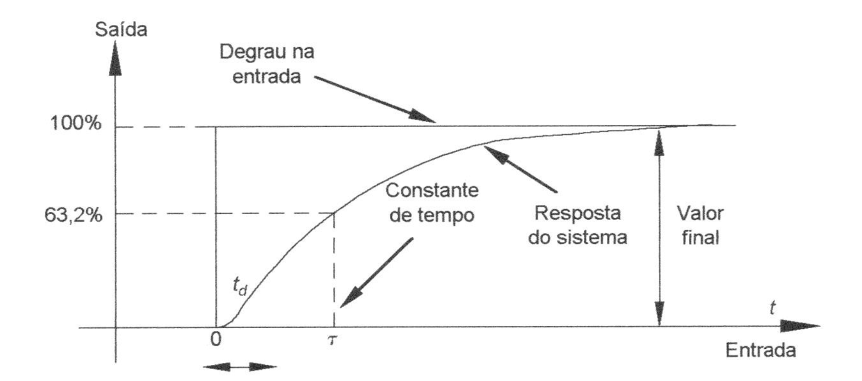

FIGURA 3.48 Sistema de primeira ordem, com tempo morto.

A *constante de tempo* (τ) de um sistema é definida como o intervalo de tempo que a saída leva para atingir 63,2% do seu valor final, quando a entrada é um sinal-degrau.

O *retardo* (t_d) é o tempo que o sistema leva para reagir à entrada, o chamado *tempo morto*. Para respostas dinâmicas de qualquer ordem, definem-se os seguintes parâmetros:

Tempo de resposta: tempo para a saída atingir de 0% a 95% do estado estacionário.

Tempo de subida: tempo para a saída atingir de 10% a 90% do estado estacionário (Figura 3.49).

Tempo de acomodação: tempo para a saída ficar numa certa faixa do estado estacionário (entre 2% e 5%) (Figura 3.49).

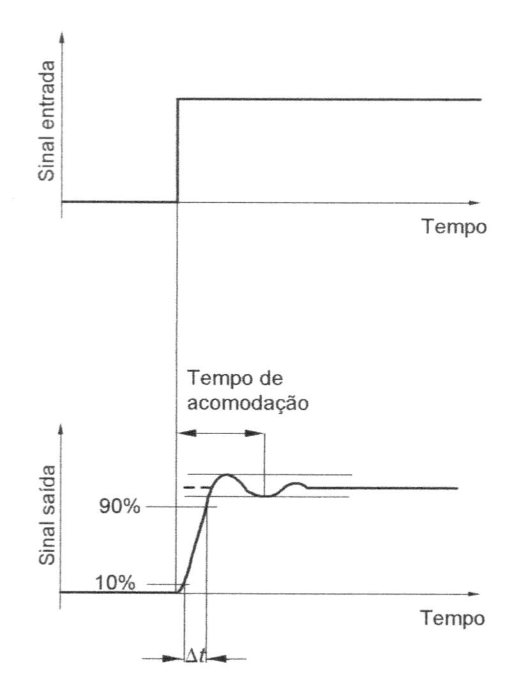

FIGURA 3.49 Resposta dinâmica geral.

3.5.7 Confiabilidade

Em termos amplos, confiabilidade de um equipamento de sistema é a qualidade que exprime a estatística de suas falhas. A teoria da confiabilidade é o corpo de conhecimentos que permite prever ou aumentar a probabilidade de vida útil dos equipamentos e sistemas; também permite aperfeiçoar meios e rotinas de manutenção.

Num conceito tradicional, confiabilidade (*reliability*) é a probabilidade de um dispositivo desempenhar o seu objetivo adequadamente, por um período de tempo previsto, sob as condições de operação encontradas (Radio Electronics Television Manuf. Association, 1955). Geralmente, o período é $[0, t]$ e a confiabilidade resulta, matematicamente, numa função $G(t)$.

É claro que os cálculos de confiabilidade para um dado dispositivo ou sistema vão requerer, além de teoria estatística, o conhecimento das *taxas de falha* dos seus componentes; taxas de falha são as probabilidades *medidas* de falha, por unidade de tempo. Mas, essas taxas não são usualmente constantes no decorrer de vida do componente: é fato universal que no início da vida útil a taxa é maior, assim como no fim. O primeiro fenômeno é chamado de "mortalidade infantil", e o segundo de "envelhecimento" ou "fadiga". Dada essa complexidade, a teoria da confiabilidade costuma ser aplicada à fase "normal" ou "útil" do componente, na qual as taxas de falha são constantes no decorrer do tempo.

Aplicada aos instrumentos, a teoria da confiabilidade permite afirmar alguns fatores universais de bom desempenho:

- O instrumento deve possuir o mínimo número de componentes necessários para realizar a função.
- Os componentes usados devem possuir uma história de confiabilidade bem conhecida.
- O uso de integração em larga escala aumenta a confiabilidade do instrumento, já que a confiabilidade de um circuito integrado depende muito pouco de sua complexidade.
- Os componentes devem estar operando nas faixas ambientais em que foram sujeitos à avaliação de falhas; a confiabilidade cai rapidamente quando aumenta o estresse, a temperatura, a umidade, a tensão, a vibração etc.
- Os componentes devem ter passado por um período de *burn-in* para ultrapassar o estágio de mortalidade infantil.

Redundância

A confiabilidade de um instrumento pode ser aumentada usando-se componentes mais confiáveis ou introduzindo-se redundância de algum tipo – dois ou mais componentes para a mesma função, de maneira que o instrumento continue a funcionar mesmo com a falha de um deles.

A redundância apresenta os seguintes tipos básicos:

Redundância paralela

No caso o sistema, ou parte dele, é operado usando-se dois ou mais componentes ou subsistemas em paralelo (ex., contatos de um relé, contatores, sensores discretos, em paralelo).

Considere a Figura 3.50; se as probabilidades de falha A e de B, num dado período de tempo, são q_A e q_B e se as falhas são independentes estatísticamente, a probabilidade de ambas, A e B, falharem é o produto $q_A \cdot q_B$. Então a confiabilidade do sistema é:

$$R = 1 - q_A \cdot q_B = 1 - (1 - R_A)(1 - R_B) = R_A + R_B - R_A R_B$$

Por exemplo, $R_A = R_B = 0{,}9$ então $R = 0{,}99$.

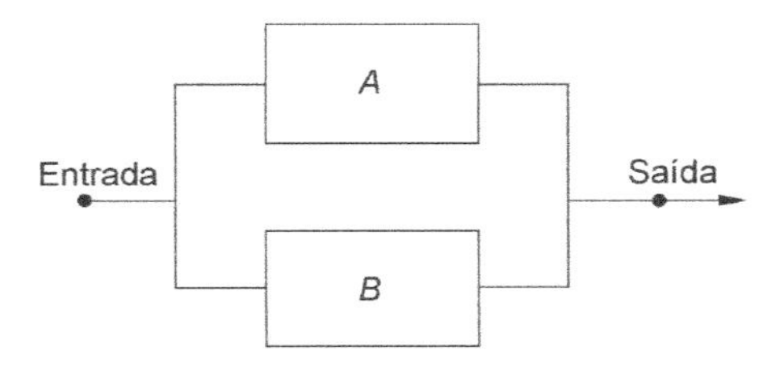

FIGURA 3.50 Redundância paralela.

Redundância stand-by

Neste caso existem dois subsistemas idênticos, mas em cada momento somente um deles está ligado à saída através da chave Figura 3.51. Se o sistema A falha e *existe um detector de falha adequado*, a chave é levada a mudar de estado e o sistema *B* entra em funcionamento. Prova-se que, neste caso,

$$R_{SB} = R \cdot (1 - \ln R)$$

Se $R_A = R_B = R = 0{,}9$, então $R_{SB} = 0{,}9948$.

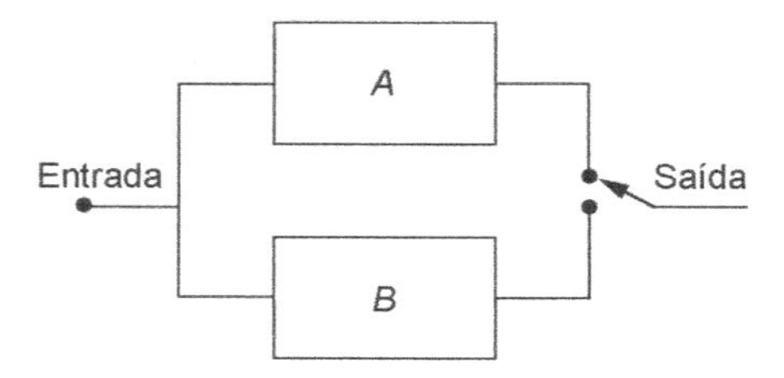

FIGURA 3.51 Redundância "Stand-by".

EXERCÍCIOS PROPOSTOS

E.3.1 A esteira de uma linha de produção transporta canecas nas cores vermelha, branca, azul e preta. As canecas devem ser automaticamente separadas e contadas conforme sua cor. Quantos sensores óticos trabalhando por reflexão seriam necessários para tornar esse projeto tecnicamente viável?

E.3.2 O que deve ser considerado na escolha de sensores do tipo capacitivo e do tipo indutivo?

E.3.3 Uma prensa industrial, quando aberta, apresenta um vão de 1 m de largura por 1,2 m de altura, por onde o operador insere continuamente peças para serem estampadas. Como garantir que a prensa não seja acionada enquanto as mãos do operador estiverem na área de prensagem? Explique as características do equipamento utilizado nesse projeto.

E.3.4 No depósito de um supermercado queremos separar automaticamente, na esteira transportadora, papel higiênico de garrafas de água. Que sensor utilizar e por quê?

E.3.5 Em um entreposto de produtos industrializados é necessário identificar quatro tipos de produtos que são colocados, por um braço robótico, bem no centro de uma esteira transportadora, com uma distância mínima de 50 cm entre eles. Temos disponíveis três (03) sensores capacitivos e um (01) sensor indutivo. Determine:

a) A regulagem de sensibilidade dielétrica de cada sensor capacitivo (detecta materiais a partir de qual constante dielétrica);
b) As posições onde serão montados os três sensores (indicar no desenho).

Produtos	Constante dielétrica	Dimensões dos produtos (cm)
Cerveja (em garrafa de vidro)	72	15 (d) × 30 (h)
Água (em garrafa de plástico)	80	15 (d) × 28 (h)
Caixa de madeira c/ peças de pláastico	2 a 7	15 × 15 × 15
Caixa de papelão com colher de pau	5	15 × 15 × 30

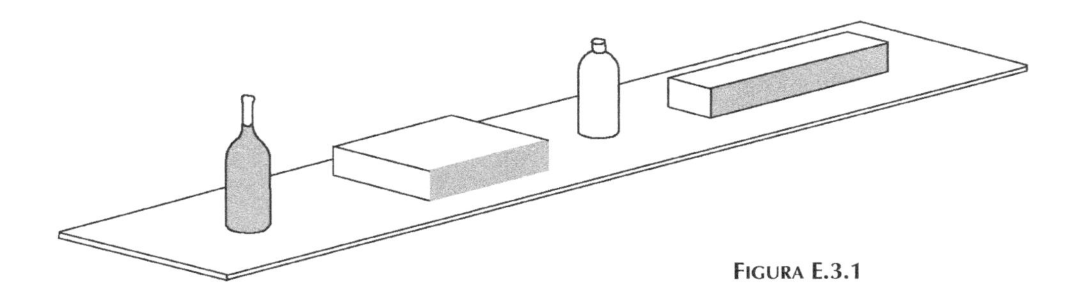

FIGURA E.3.1

E.3.6 Em uma linha de produção, um sensor ultra-sônico é instalado para detectar peças que passam a 1,7 m de distância por meio do eco. Sabendo-se que o ciclo de emissão de pulso do sensor é de 100 Hz, calcule qual a temperatura mínima de trabalho para este sensor.

E.3.7 O nível de um tanque (aberto) contendo óleo está sendo monitorado por um medidor do tipo deslocador composto por um cilindro fechado e uma célula de carga, conforme a Figura E.3.2. Considere: diâmetro do cilindro = 100 mm; comprimento do tubo = 2 m; capacidade máxima da célula de carga = 18 kg; densidade do óleo = 1650 kg/m^3.

a) Qual o princípio de funcionamento do deslocador?

b) Qual a variação máxima de nível que pode ser percebida pelo medidor aqui descrito?

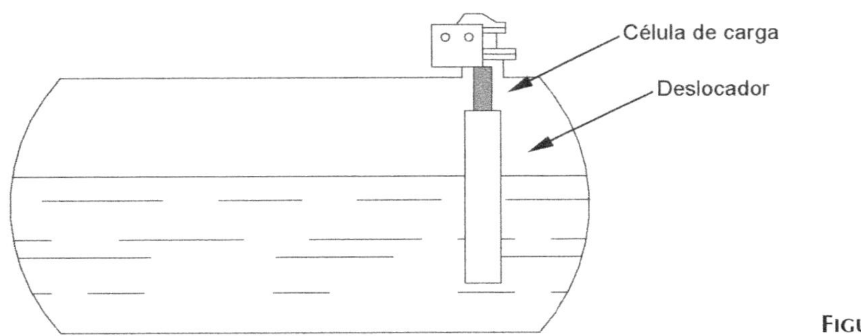

FIGURA E.3.2

E.3.8 Considere a Figura E.3.3. Sabendo que:

a) Velocidade do som no fluido = 900 m/s;

b) Tempo de passagem do sinal ultra-sônico de 2 para 1 = 0,0048 s;

pergunta-se: quanto vale V em m/s?

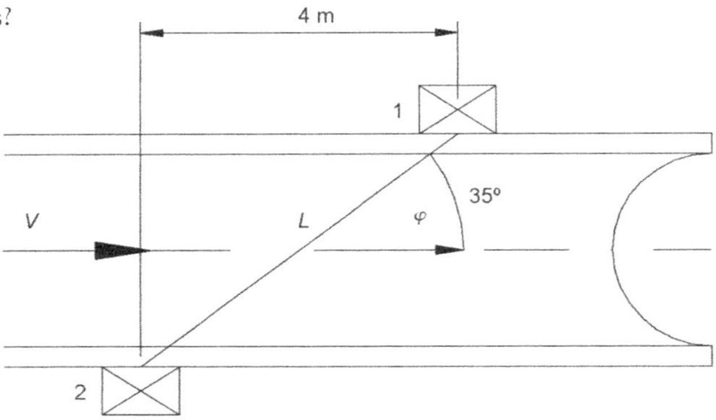

FIGURA E.3.3

CAPÍTULO 4

LINGUAGENS DE PROGRAMAÇÃO DOS CONTROLADORES PROGRAMÁVEIS

4.1 LINGUAGEM DE DIAGRAMA DE CONTATOS (LADER)

Considerações Gerais

Nos circuitos de relés, cada contato, ao assumir dois estados (fechado ou aberto), representa uma variável booleana, ou seja, uma variável que assume dois estados: verdadeiro ou falso. Na Figura 4.1 recapitula-se a conexão entre álgebra de Boole e circuitos elétricos.

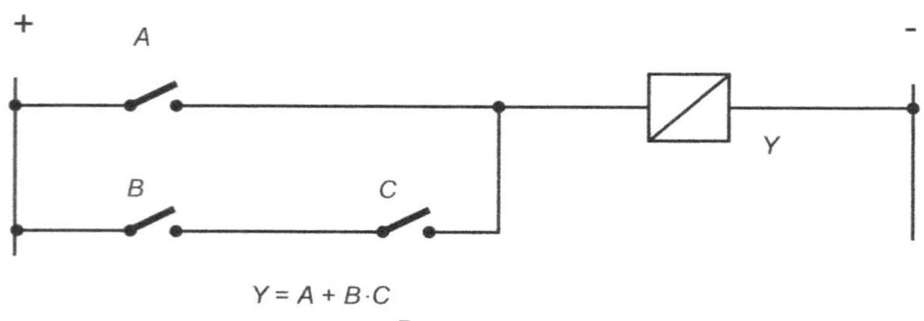

$Y = A + B \cdot C$

FIGURA 4.1

Pela facilidade do desenho e da inspeção de circuitos, e pela longa experiência e tradição dos engenheiros projetistas dos quadros de comando elétrico, uma das primeiras técnicas de programação dos CLPs foi chamada de linguagem "*de relés*" ou *lader* (que quer dizer em escada ou cascata). Essa técnica mantém regras e símbolos tradicionais do projeto de quadros de comando.

Assim, o diagrama lader parte de duas linhas verticais, também chamadas de barras de alimentação. Cada representação de causalidade é feita por uma linha horizontal. Esta linha, por sua vez, é formada por pelo menos um elemento controlado (bobina de relé) e um conjunto de condições para o controle desse elemento (rede de contatos).

O diagrama lader é apenas uma representação lógica, trabalhando somente com símbolos, não considerando a tensão envolvida nas barras de alimentação nem a intensidade da corrente pelo circuito. Os contatos e outros dispositivos, no diagrama, estão em cada momento abertos ou fechados, e as bobinas, por conseqüência, ficam desenergizadas ou energizadas.

O Controlador Lógico Programável examina a continuidade de cada linha, isto é, verifica se todas as variáveis de entrada são verdadeiras. Trata-se de uma "continuidade lógica". Cada linha lader permite programar desde funções binárias até funções digitais complexas.

Vamos detalhar as principais instruções e comandos utilizados nessa linguagem.

4.2 INSTRUÇÕES E COMANDOS DA LINGUAGEM LADER [Ra]

A linguagem lader é uma linguagem gráfica de alto nível que se assemelha ao esquema elétrico de um circuito de comando ou diagrama de contatos. No lader todos os tipos de instruções pertencem a dois grandes grupos: instruções de entrada e instruções de saída. Nas instruções de entrada são formuladas perguntas, enquanto as instruções de saída executam algum tipo de ação em função das respostas afirmativas ou negativas das instruções de entrada que estão representadas na mesma linha lógica da instrução de saída.

A CPU do Controlador Programável executa todas as instruções, começando pela primeira instrução da primeira linha do programa e indo até a última instrução da última linha do programa do usuário. Essa execução se chama um SCAN, ou varredura do programa.

Na linguagem lader os comandos têm mesmo a estrutura de um esquema de circuito de intertravamento baseado em lógica de relés. Entretanto, convém lembrar que essa estrutura de linguagem assemelha-se, mas não opera exatamente como um circuito de relés. Ao longo do SCAN de programa, se alterado o estado de uma variável essa mudança será considerada tão-somente nas linhas subseqüentes desse próprio SCAN. A atualização das linhas anteriores somente ocorrerá no SCAN seguinte.

As instruções básicas da maioria dos CLPs podem ser agrupadas em sete categorias:

a) lógica de relé ou instrução de bit;
b) temporização e contagem;
c) aritmética;
d) manipulação de dados;
e) controle de fluxo;
f) transferência de dados;
g) avançada.

Uma instrução de bit pode ser de entrada ou de saída. Durante a execução de uma instrução de entrada o estado de um bit em um determinado endereço é examinado. Durante a execução de uma instrução de saída de bit o estado de um bit de um determinado endereço é alterado para 0 ou 1, conforme haja ou não continuidade lógica da linha com a qual a instrução está relacionada.

As principais instruções de bit (de entrada e de saída) da linguagem lader são:

a) Lógica de Relé ou Instrução de Bit

Instrução NA (XIC) (eXamine If Closed)

A CPU executa esta instrução verificando o valor do bit endereçado pela instrução. Se o bit endereçado pela instrução estiver no estado lógico 0, a instrução retorna com o valor lógico falso e, portanto, não há continuidade lógica no trecho do lader em que a instrução está inserida. Se o bit endereçado pela instrução estiver no estado lógico 1, a instrução retorna com o valor lógico verdadeiro e, portanto, há continuidade lógica no trecho do lader em que a instrução está inserida. A representação dessa instrução na linguagem lader, juntamente com a sua operação, faz com que a mesma seja comumente interpretada como um contato normalmente aberto de um relé. A Figura 4.2 representa a instrução NA em linguagem lader e também a sua tabela-verdade de operação.

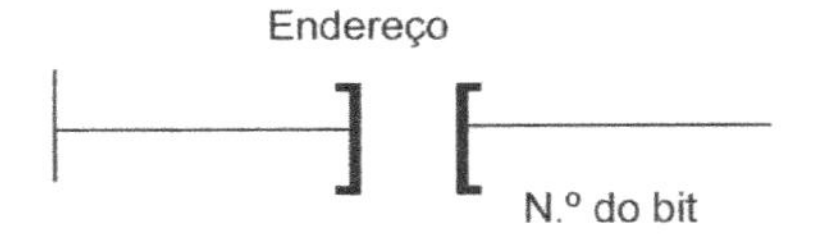

Estado do BIT	Instrução NA
0	Falsa
1	Verdadeira

FIGURA 4.2 Representação em linguagem lader da instrução XIC e a respectiva tabela-verdade de operação.

Instrução NF (XIO) (eXamine If Open)

A CPU executa esta instrução verificando o valor do bit endereçado pela instrução. Se o bit endereçado pela instrução estiver no estado lógico 1, a instrução retorna com o valor lógico falso e, portanto, não há continuidade lógica no trecho do lader. Se o bit endereçado pela instrução estiver no estado lógico 0, a instrução retorna com o valor lógico verdadeiro e, portanto, há continuidade lógica no trecho do lader. A representação gráfica desta instrução, juntamente com a sua operação, faz com que ela seja interpretada como um contato normalmente fechado de um relé. Porém, convém ressaltar que, apesar da analogia, é uma instrução lógica e não um contato de circuito elétrico. A Figura 4.3 representa a instrução NF em linguagem lader e também a sua tabela-verdade de operação.

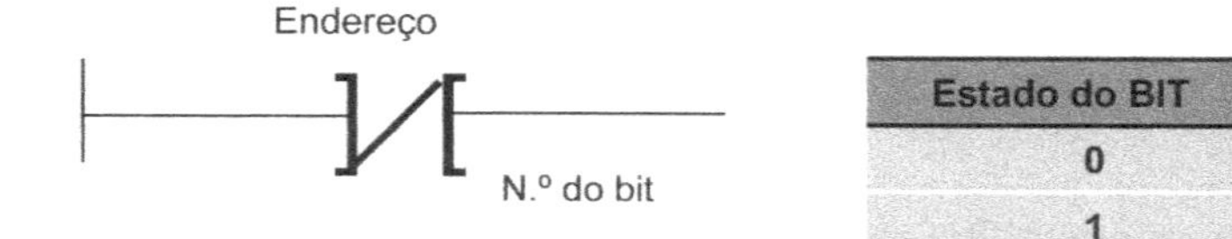

Estado do BIT	Instrução NF
0	Verdadeira
1	Falsa

FIGURA 4.3 Representação em linguagem lader da instrução XIO e a respectiva tabela-verdade de operação.

Instrução de saída – bobina energizada (OTE) (Output Terminal Energize)

A CPU executa esta instrução verificando se há ou não continuidade lógica na linha que antecede a instrução. Caso haja continuidade lógica da linha, o bit endereçado pela instrução será colocado no estado lógico 1. Se não houver continuidade na linha, o bit endereçado pela instrução será colocado no estado lógico 0.

A Figura 4.4 apresenta o aspecto gráfico da instrução OTE.

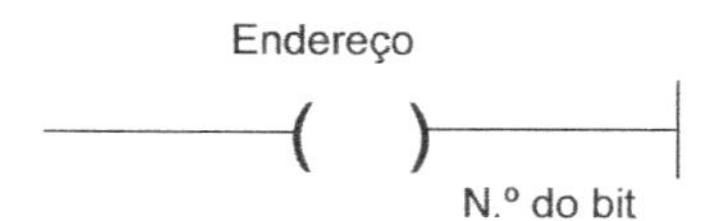

FIGURA 4.4 Representação em linguagem lader da instrução OTE.

Instrução OSR (one shot rising)

O OSR é uma instrução que faz com que uma instrução de saída seja logicamente verdadeira apenas durante um ciclo de varredura do programa lader. Essa instrução deve ser posicionada sempre imediatamente antes de uma instrução de saída, assim como representado na Figura 4.5:

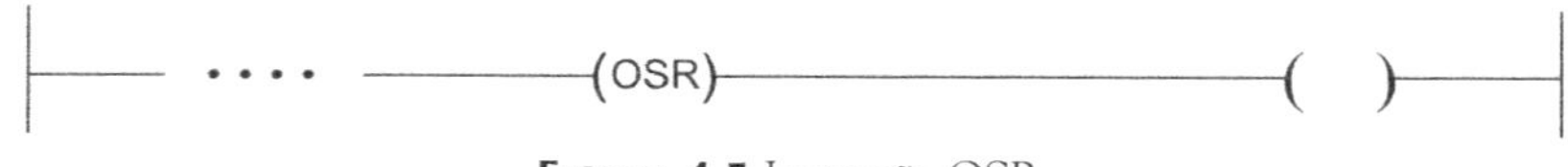

FIGURA 4.5 Instrução OSR.

É necessário que se atribua um endereço para a instrução OSR, que deve ser um bit reservado apenas para essa função. Esse endereço não deve ser utilizado em nenhum outro local do programa.

Quando a condição da linha muda de falsa para verdadeira, a instrução OSR se torna verdadeira, tornando verdadeira a condição de linha para a instrução de saída subseqüente. Após um ciclo de varredura do programa lader, a instrução OSR se torna falsa, mesmo que as condições de linha sejam verdadeiras. A instrução OSR apenas voltará a ser verdadeira quando houver, novamente, uma transição de falso para verdadeiro nas condições de linha.

Instrução de saída – bobina energizada com retenção (OTL) (Output Terminal Latch)

A CPU executa esta instrução verificando se há ou não continuidade lógica na linha que antecede a instrução. Caso haja continuidade lógica da linha, o bit endereçado pela instrução será colocado no estado lógico 1. Entretanto, uma vez habilitada a saída endereçada pela instrução, ou seja, uma vez que o bit endereçado pela instrução OTL seja colocado no valor lógico 1, o mesmo somente será desabilitado caso uma instrução OTU endereçada para o mesmo endereço da instrução OTL seja acionada. Em outras palavras, a instrução OTL opera como um "selo" de um circuito de relé. A Figura 4.6 ilustra a instrução OTL na linguagem lader. Será visto posteriormente que essa instrução é muito útil para traduzir execuções nas Redes de Petri.

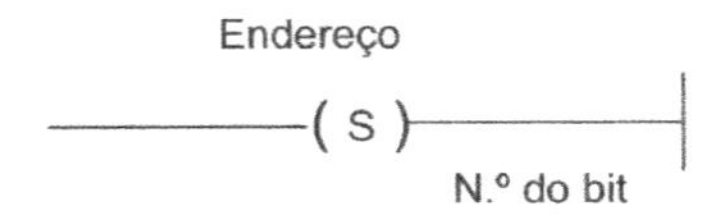

FIGURA 4.6 Representação em linguagem lader da instrução OTL.

Instrução desabilitar saída com retenção (OTU) (Output Terminal Unlatch)

A CPU executa a instrução OTU verificando se há ou não continuidade lógica na linha que antecede a instrução. Caso haja continuidade lógica da linha, a instrução OTU desabilita a saída habilitada pela instrução OTL relativa ao mesmo endereço de bit (Figura 4.7).

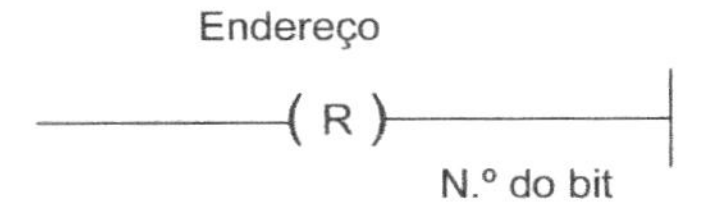

FIGURA 4.7 Representação em linguagem lader da instrução OTU.

b) Temporização e Contagem

Instrução TON – temporizador crescente sem retenção à energização

A CPU executa a instrução TON verificando se há ou não continuidade lógica na linha da instrução. Caso *haja* continuidade lógica da linha, a instrução TON inicia uma contagem de tempo, baseada nos intervalos da base de tempo que deve ter sido selecionada durante a programação da instrução. A instrução TON possui bits de controle e de sinalização do seu estado de operação.

O bit EN é colocado no estado lógico 1 cada vez que a instrução é acionada. O bit DN é colocado no estado lógico 1 quando o "valor do registrador acumulado" (valor ACCUM) for igual ao "valor do registrador pré-selecionado" (valor PRESET). A Figura 4.8 ilustra a instrução TON na linguagem lader.

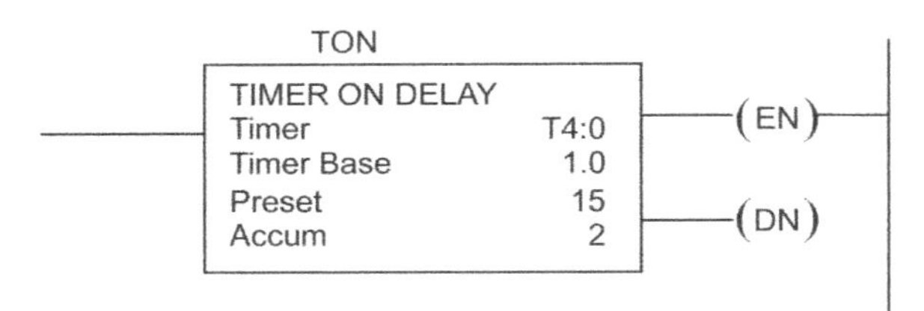

FIGURA 4.8 Representação em linguagem lader da instrução TON – Temporizador crescente sem retenção.

Instrução TOF – temporizador crescente sem retenção à desenergização

A CPU executa a instrução TOF verificando se há ou não continuidade lógica na linha da instrução. Caso *não haja* continuidade lógica da linha, a instrução TOF inicia uma contagem de tempo baseada nos intervalos de tempo da base de tempo selecionada durante a programação da instrução. A instrução TOF possui bits de controle e de sinalização do seu estado de operação.

O bit EN é colocado no estado lógico 1 cada vez que a instrução é acionada. O bit DN é colocado no estado lógico 1 quando o "valor do registrador acumulado" (valor ACCUM) for igual ao "valor do registrador pré-selecionado" (valor PRESET). A Figura 4.9 ilustra a instrução TOF na linguagem lader.

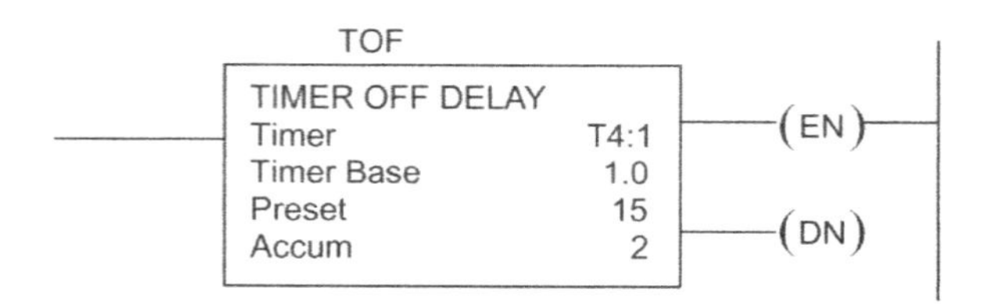

FIGURA 4.9 Representação em linguagem lader da instrução TOF – Temporizador crescente sem retenção.

Instrução RTO – temporizador crescente com retenção

A CPU executa a instrução RTO verificando se há ou não continuidade lógica na linha da instrução. Caso haja continuidade lógica da linha, a instrução RTO se inicia.

O bit EN é colocado no estado lógico 1 cada vez que a instrução é acionada após instrução RTO. O bit DN é colocado no estado lógico 1 quando o "valor do registrador acumulado" (valor ACCUM) for igual ao "valor do registrador pré-selecionado" (valor PRESET). Diferentemente das instruções sem retenção, a instrução RTO mantém o conteúdo do acumulador mesmo se o estado da linha mudar para zero. A Figura 4.10 ilustra a instrução RTO na linguagem lader. O valor do acumulador será zerado somente através de uma instrução de reset (RES).

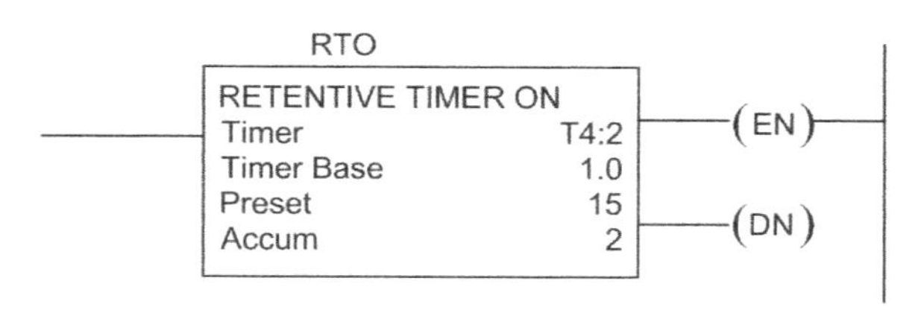

FIGURA 4.10 Representação em linguagem lader da instrução RTO – Temporizador crescente com retenção.

Instrução CTU – contador crescente

A CPU executa a instrução CTU verificando se há ou não continuidade lógica na linha da instrução. A cada transição da condição lógica da linha, de falsa para verdadeira, a instrução CTU incrementa o "valor do registrador acumulado" (valor ACCUM). Quando o valor ACCUM for igual ao "valor do registrador pré-selecionado" (valor PRESET), a instrução CTU coloca o bit DN no valor lógico 1. A instrução CTU ocupa três palavras da memória do programa do usuário. A Figura 4.11 ilustra a instrução CTU na linguagem lader.

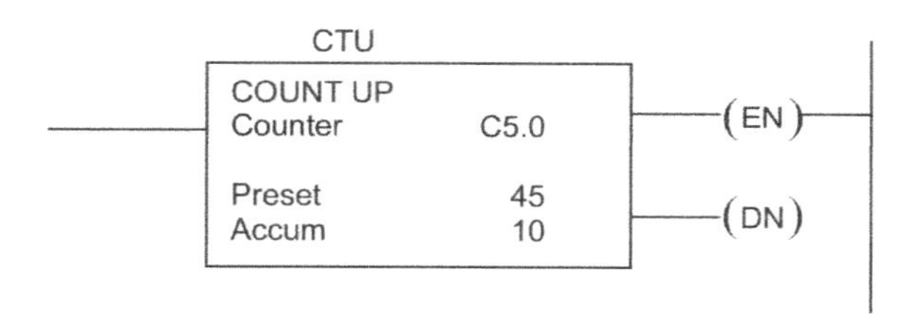

FIGURA 4.11 Representação em linguagem lader da instrução CTU. Contador crescente.

c) Aritméticas

Os modernos CLPs possuem várias instruções para cálculos aritméticos, sendo que as principais são ADD (Adição), SUB (Subtração), MUL (Multiplicação), DIV (Divisão), SQR (Raiz quadrada).

Essas instruções têm a seguinte funcionalidade: a cada ciclo de scan ela opera os dados contidos na Source A com os da Source B e coloca o resultado da operação no campo de dados Dest (Destino).

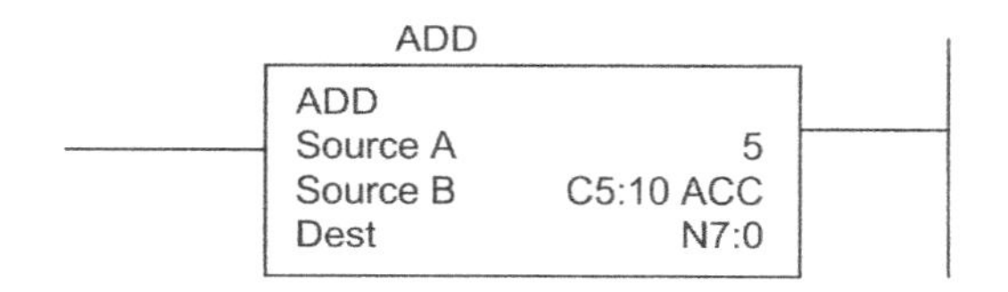

FIGURA 4.12 Representação em linguagem lader da instrução adição.

d) Manipulação de Dados

Os modernos CLPs possuem várias instruções para manipulação de dados, sendo que as principais são: MOV (Mover), MVM (Mover com máscara), AND (E lógico), OR (Ou lógico), XOR (Ou exclusivo), NOT (Não lógico), FFL (Primeiro a entrar primeiro a sair); para exemplificar, é mostrada na Figura 4.13 a instrução MOV.

A instrução MOV funciona da seguinte maneira: ela copia um valor de um endereço de fonte (Source) a um endereço de destino (Dest). Contanto que a linha seja verdadeira, a instrução move os dados a cada scan.

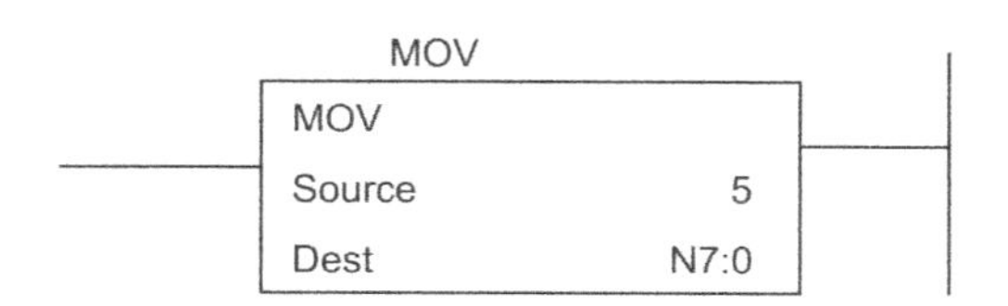

FIGURA 4.13 Representação em linguagem lader da instrução MOV.

e) Controle de Fluxo

Devido à crescente complexidade de certos aplicativos, alguns CLPs possuem instruções para tratar o fluxo de dados. As principais são: JSR (Pule para sub-rotina), RET (Retorne) e FOR NEXT (De para).

A instrução JSR funciona da seguinte maneira: ela força o scanner a desviar-se para uma área selecionada do programa lader. Quando sua linha for verdadeira essa instrução causa um desvio para uma área especificada da lógica em lader. Em alguns CLPs essa instrução deve ser usada junto com uma instrução de LBL, para indicar o fim do desvio. A título de exemplificação é mostrada, na Figura 4.14, a instrução JSR.

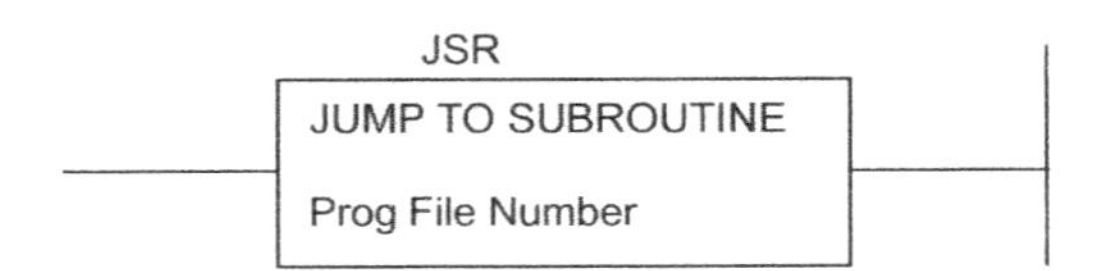

FIGURA 4.14 Representação em linguagem lader da instrução JSR.

f) Transferência de Dados

Em algumas ocasiões é necessária a troca de dados entre CLPs diferentes ou mesmo entre memórias de dispositivos especiais ou cartões de funcionalidade especial. Para tal são utilizadas instruções de troca de dados como a MSG (Message ou Mensagem) ou as BRW (Block Transfer Write) e BTR (Block Transfer Read).

A instrução MSG permite a troca de pacotes de dados entre CLPs através de uma rede de comunicação, sendo que um CLP Lê/Escreve na memória de outro. A título de exemplificação, é mostrada na Figura 4.15 a instrução MSG. Nessa figura percebem-se os campos de "Type", que no exemplo é "Peer to Peer", ou ponto a ponto, "Read/Write", ou leitura/escrita, e também o campo "Target Device", que indica o dispositivo com o qual deve ser feita a comunicação.

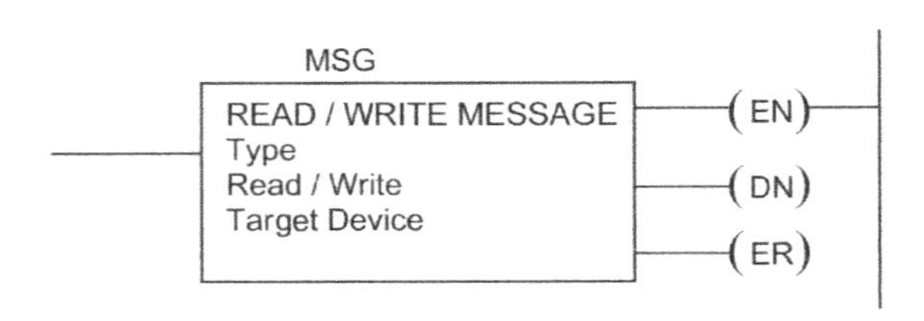

FIGURA 4.15 Representação em linguagem lader da instrução MSG.

g) Avançadas

São funções do tipo exponencial, logarítmica e trigonométricas que podem ser utilizadas para desenvolvimento de programas com estruturação matemática.

São utilizadas de forma equivalente às funções matemáticas vistas anteriormente.

4.3 INSTRUÇÕES PARA CONTROLE DINÂMICO

4.3.1 Introdução

O controle dinâmico, ou controle da dinâmica dos processos industriais, é uma tecnologia complexa baseada em extensa teoria, usualmente tratada nos cursos e textos denominados Controle. Seus dois princípios são a realimentação e a alimentação avante de certos sinais dos processos; estes, e todos os elementos do sistema final, devem ser modelados como sistemas "acionados pelo tempo".

A complexidade do assunto está ligada às dificuldades de se obter elevado desempenho dinâmico com estabilidade, especialmente quando há várias malhas de realimentação com interação intrínseca ao processo controlado ou quando há não-linearidades.

O escopo desta seção é apenas a implementação dos algoritmos de controle dinâmico por meio dos controladores lógicos programáveis convivendo com programações de controle lógico/automação de eventos.

O algoritmo mais usado é, sem dúvida, o chamado PID, ou P + I + D, ou Proporcional + Integral + Derivativo; ele gera o sinal atuante sobre o processo (U) somando os resultados de três operações sobre o sinal de erro (diferença entre a medida da saída e o seu valor desejado): a multiplicação por um ganho fixo, a integração e a derivação no tempo. Há duas expressões de uso corrente nessa tecnologia:

a) equação de ganhos independentes,

$$U = K_p \cdot E + K_i \cdot \int E \cdot dt + K_d \cdot dE/dt$$

em que K_p, K_i, K_d são, respectivamente, os ganhos proporcional, integral e derivativo;

b) equação de ganhos dependentes (padrão Instrumentation Society of America-ISA)

$$U = K_c \cdot [E + (1/T_i) \cdot \int E \cdot dt + (T_d) \cdot dE/dt]$$

em que K_c é o coeficiente de ganho, o multiplicador $1/T_i$ corresponde à constante de tempo do integrador e T_d à constante de tempo do derivador.

O efeito dinâmico teórico dos termos do controlador PID é ilustrado na Figura 4.16. O termo integral tem o mérito de ampliar a ação de controle U enquanto houver algum resíduo de erro atuante E. O termo derivativo tem a função de ampliar somente as alterações do erro no tempo e de acelerar a ação de controle correspondente. Os efeitos da dinâmica do controlador sobre a estabilidade e as qualidades do sistema controlado por realimentação são extraordinários, e seu estudo é complexo.

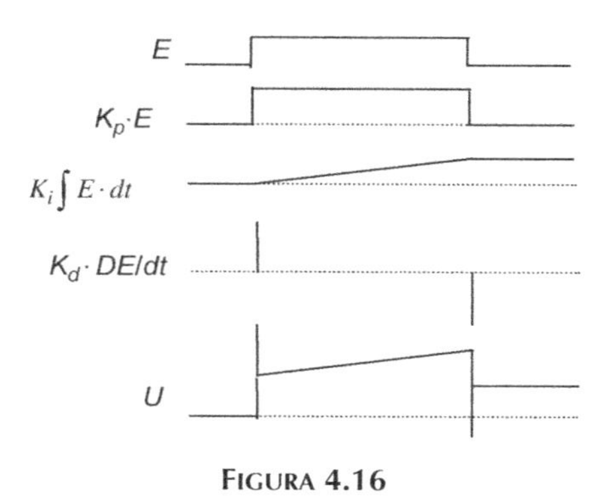

FIGURA 4.16

Naturalmente, nos controladores digitais e nos CLPs os sinais são processados apenas em determinados instantes, e os operadores $\int$ e d/dt transformam-se em taxas de variação que são atualizadas após cada período:

- Nova soma do erro = soma anterior + (erro atual) × (período)
- Nova taxa de variação do erro = (erro atual) − (erro anterior).

4.3.2 Programação lader para controle dinâmico [M]

Instrução CPT – Compute

A Figura 4.17 apresenta o diagrama de blocos de um sistema controlado por um PID que só tem o termo proporcional; a Figura 4.18 apresenta o programa lader correspondente. Por meio deste, dedicam-se as posições N2.1, N2.2 e N2.50 à memorização dos sinais R, C e do coeficiente K_p; além disso, determina-se que o resultado dos cálculos da variável de controle U seja posto na posição N2.100.

U, R e C são os sinais físicos, contínuos no tempo. O block transfer BTR converte R e C em sinais digitais, com algum erro que será examinado em (f); o block transfer BTW converte o sinal digital calculado em CPT para sinal analógico U.

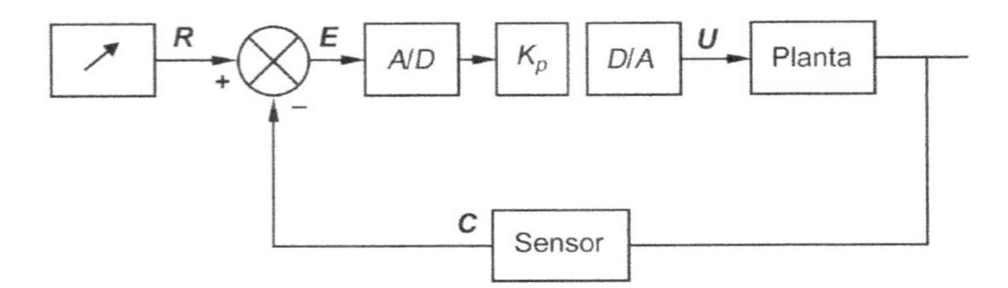

FIGURA 4.17

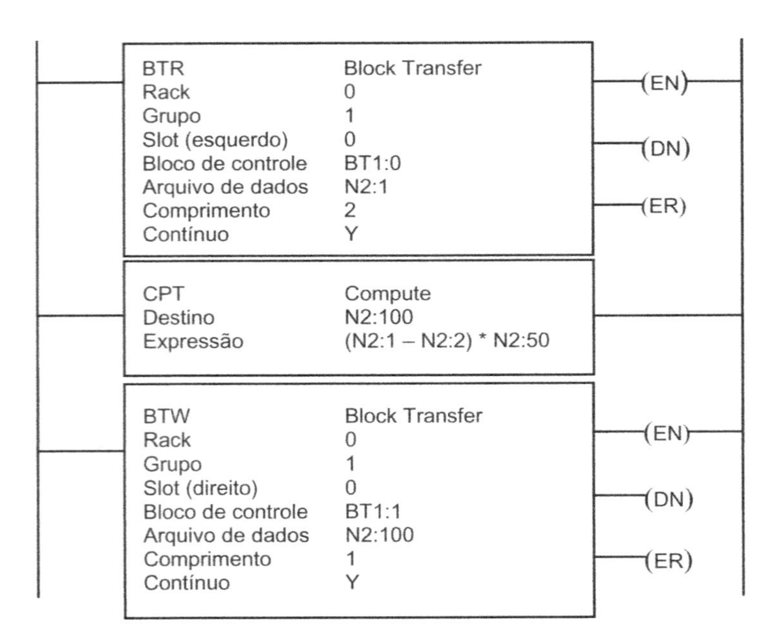

FIGURA 4.18

Ajustes na Escala dos Sinais

Variáveis podem precisar de mudança de escala antes de seu uso no estágio seguinte do programa. Exemplos: no cálculo do erro $E = R - C$, C resulta de um sensor 0-24 volts DC e R de um potenciômetro 0-10 volts DC; o algoritmo de controle calcula U com 16 bits, mas o conversor digital-analógico D/A, que a seguir processa U, transforma um número de 16 bits com sinal algébrico em um sinal de -10 a $+ 10$ volts DC.

Numa mudança de escala, duas operações algébricas são, em geral, necessárias: multiplicação (ajuste do alcance) e adição (ajuste do off-set ou zero da escala). Para estabelecê-las, convém seguir as seguintes regras:

- Variável × Multiplicador k : = Variável × (Alcance da saída da conversão) / (Alcance da entrada)
- Variável + Adicionador a : = Variável + [(Extremo inferior do alcance na saída da conversão) – (Extremo inferior do alcance na entrada, multiplicado por k)]

Exemplo: o sensor transforma o alcance da rotação C em 1-9 volts DC; o A/D converte-a em números binários de 204 a 1844; para sua utilização nos cálculos, deseja-se reescalonar a medida para -3000 a $+3000$.

$k = (-3000 - (+3000)) / (204 - 1844) = 3{,}658$
$a = -3000 - (204 \times 3{,}658) = -3746$

A Figura 4.19 mostra o programa lader no PLC-5 que realiza a mudança de escala do sinal.

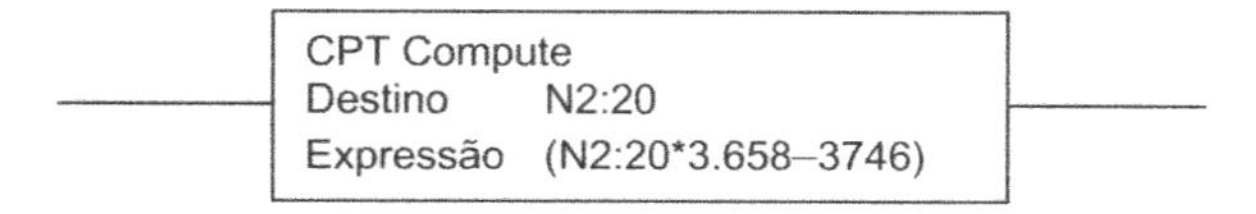

FIGURA 4.19

Limitações de Amplitude

Limitar a amplitude do sinal U é muito útil, porque evita:

- saturação do ampliador analógico que o recebe; em geral a dessaturação envolve uma perda de tempo que é inconveniente para o desempenho do processo;
- produção de esforços perigosos na planta (mecânicos, hidráulicos, térmicos etc.).

A programação de limites, mínimo e máximo, faz-se pela inserção de blocos entre o cálculo de U e o bloco BTW de transferência; na Figura 4.20, quando U (Source A) < -1500 (Source B) o valor colocado na posição N2:100 é sempre -1500, analogamente para o bloco GRT.

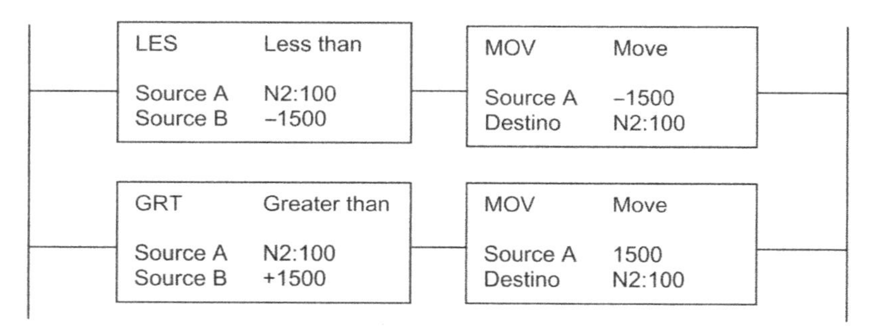

FIGURA 4.20

Duração da Varredura (*scan*) e Período de Amostragem

Os cálculos de *U* devem ser feitos em repetição periódica, excetuados os casos raros e muito simples. Prova-se [CP] que quanto mais curtos forem os intervalos entre os cálculos, mais estará propiciada a estabilidade e melhor será o desempenho transitório da malha de controle a realimentação.

O período de amostragem dos sinais e de realização dos cálculos também pode ser estabelecido independentemente da duração da varredura. É preciso utilizar a rotina STI (*Selectable Timed Interrupt*), a qual interrompe a varredura do CLP em instantes determinados nos quais se realizam as operações do controle dinâmico.

No caso de não se desejar essa interrupção (por exemplo, para garantir o processamento de emergências nos programas lógicos), então é preciso avaliar a duração da varredura e certificar-se de que o período de amostragem resultante é adequado para o controle dinâmico.

A tabela seguinte resume os tempos consumidos em tarefas elementares do lader, no PLC-5, o que permite estimar o tempo de varredura total $T_1 + T_2$.

TABELA 4.1

			Tempos de execução (μs)			
			Em inteiros		Em ponto flutuante	
Categoria	Código	Título	=1	=0	=1	=0
Lógica	AND/OR/XOR		5,9	1,4		
	NOT		4,6	1,3		
Movimento	MOV	Move	4,5	1,3	5,6	1,3
	MVM	Masked move	6,2	1,4		
	BTD	Bit distributor	10,0	1,7		
Comparação	EQU/NEQ	Equal/not equal	3,8	1,0	4,6	1,0
	LES/GRT	Less/greater than	4,0	1,0	5,1	1,0
	LEQ/GEQ	#/$	4,0	1,0	5,1	1,0
	LIM	Limit test	6,1	1,1	8,4	1,1
	MEQ	Mask compare if equal	5,1	1,1	MEQ	
Comparar/Calcular	CMP/CPT				T_1	T_2

$$T_1 = 2{,}48 + [\, \Sigma\, (0{,}8 + i)\,]$$
$$T_2 = 2{,}16 + W_i\, (0{,}56)$$

onde

T_1 = tempo do processamento das operações
T_2 = tempo do armazenamento das palavras
i = tempo de execução de cada instrução tipo ADD, SUB etc. da expressão a processar;
W_i = número de palavras de memória, usadas pela expressão a processar.

Quando o tempo de varredura é longo demais, prejudicando a dinâmica do controle, devemos usar os seguintes instrumentos de redução:

- Selecionar CLP e/ou unidades I/O com maior velocidade;
- Usar módulos I/O inteligentes, isto é, com microprocessadores dedicados às tarefas de controle dinâmico;

- Programar melhor: o uso de programação estruturada com *jumps*, *calls* e *interrupts* leva a economias de memória, mas pode tomar *mais tempo de execução* do que programas escritos com mais linhas;
- Usar linguagens diretas, como o STL da Siemens; as gráficas como o lader precisam ser compiladas automaticamente em instruções de máquina, gerando usualmente linhas inúteis;
- Usar instruções I/O imediatas (*direct access*).

Instruções PID

Por razões didáticas, decidimos concentrar a exposição da programação de controladores PID em um único modelo de controlador programável; outros modelos e fabricantes têm suas peculiaridades e capacidades, mas os princípios gerais são os mesmos.

Pela sua utilidade, destaca-se a função PID, a qual implementa o algoritmo de controle Proporcional Integral e Derivativo; essa instrução é mostrada na Figura 4.21, juntamente com um exemplo de janela de configuração. Os endereços das variáveis de saída (C), de referência (R) e de saída (U) devem ser informados no campo Control Variable.

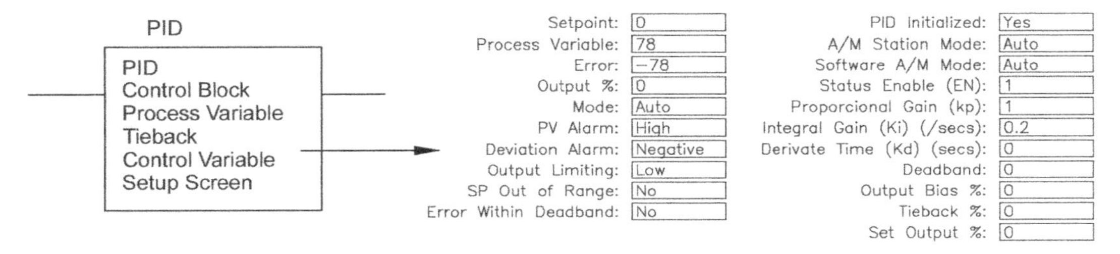

Figura 4.21 Representação em linguagem lader da instrução PID.

O usuário do PLC-5 deve entrar com as seguintes informações:

a) um endereço para a variável da planta que é controlada (C); seu valor serve para o PID calcular o erro atual, a soma dos erros (ação integral) e a taxa de mudança (ação derivativa). No PLC-5, apenas os 12 bits menos significativos são usados, gerando, portanto, inteiros de 0 a 4096;
b) um endereço para a variável de controle (U), também em 12 bits;
c) um endereço para o valor de segurança de U, chamado de *tie-back*: se por intervenção do operador o sistema for transferido do modo automático para o manual, a variável de controle U para os momentos imediatos será lida nesse endereço.
d) o endereço de um bloco de controle, isto é, um conjunto de parâmetros que configuram o algoritmo PID desejado:

- o valor do sinal de referência;
- os ganhos K_p, K_i, K_d ou os equivalentes K_c, T_i, T_d;
- valores provisórios de cálculo a armazenar, por exemplo, a soma dos erros;
- bits de seleção de modos manu/auto e de opcionais;
- resultados de cálculos e bits de status.

Observação: enquanto o controlador está no modo manual, o valor do termo Integral do PID costuma ser mantido igual ao valor de U estabelecido no *tie-back*; assim quando o controlador é chaveado para o modo automático não há alteração brusca na variável U que se aplica ao processo. É a chamada transferência suave (*bumpless*).

Blocos de Controle

Dois tipos de blocos de controle podem ser usados nos CLPs: o *Inteiro* e o *PD*.

O inteiro tem esse nome porque só opera com valores inteiros, que são expressos em 12 bits; a execução do algoritmo P + I + D ocorre uma vez apenas, sempre que o controle lógico que pede a ação P + I + D passa de 0 a 1.

O PD opera com números de 32 bits, em matemática de ponto flutuante; o algoritmo P + I + D é executado, repetitivamente, enquanto persistir o controle lógico no valor 1. Dado que o PD é hoje muito mais usual e está disponível no "enhanced PLC-5", vamos esclarecer apenas esse bloco. Um arquivo de 80 palavras de 16 bits é criado para conter o *arquivo de dados do algoritmo*. Por meio de várias telas de abertura do arquivo, muitos parâmetros podem ser lidos e, eventualmente, alterados.

Cada palavra ou dado tem um *endereço mnemônico*, em vez de numérico, como no P + I + D inteiro, o que facilita a alteração de parâmetros. A título de ilustração, uma parte da estrutura do arquivo, junto com os alcances de algumas variáveis, está na Tabela 4.2.

TABELA 4.2

Palavra	Contém	Mnem	Alcance
0	Bits de controle ou *status*		
	Bit 15 Enabled (ativado) (EN)	.EN	
	Bit 9 Seleção de cascata (mestre, escravo)	.CT	
	Bit 8 Malha em cascata (0 = não, 1 = sim)	.CL	
	Bit 6 Ação derivativa (0 = pv, 1 = erro)	.DO	
...			
	Bit 2 Ação de controle (0 = SP-PV, 1 = PV-SP)	.CA	
	Bit 1 Modo (0 = autom., 1 = manual)	.MO	
	Bit 0 Equação (0 = independente, 1 = ISA)	.PE	
1	Bit 12 PID inicializado (0 = não, 1 = sim)	.INI	
...			
	Bit 10 Alarme na saída, limite inferior	.OHL	
...			
4,5	Independente: ganho proporcional	.KP	0 a 3,4 E+38
...			
10,11	Feedforward ou bias	.BIAS	−100 a+100%
24,25	Período de atualização da malha (s)	.UPO	
...			
30,31	Saída (% de 4095 = máx. inteiro de 12 bits)	.OUT	
...			

A Figura 4.22 mostra um programa em lader com uma instrução P + I + D; a definição do tipo de P + I + D (inteiro ou PD) depende de escolha na programação do bloco PID.

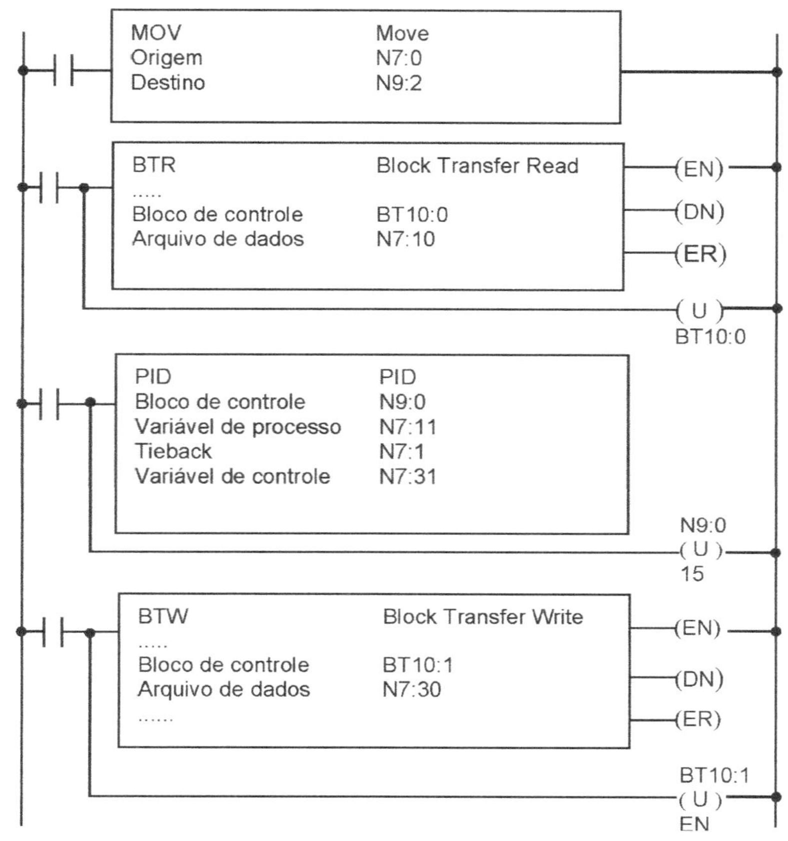

FIGURA 4.22

4.4 LINGUAGEM DE BLOCOS DE FUNÇÃO (*FUNCTION BLOCKS* – FB) [LR]

Blocos de função (*Function blocks*) são um meio de programação que permite especificar algoritmos ou conjuntos de ações aplicados aos dados de entrada.

Blocos de função são ideais para realizar algoritmos PID (Proporcional, Integrativo e Derivativo), contadores, filtros e lógica booleana, como se mostra na Figura 4.23; este diagrama de blocos produz O5 = (I1 AND NOT I2 AND I3) OR I4.

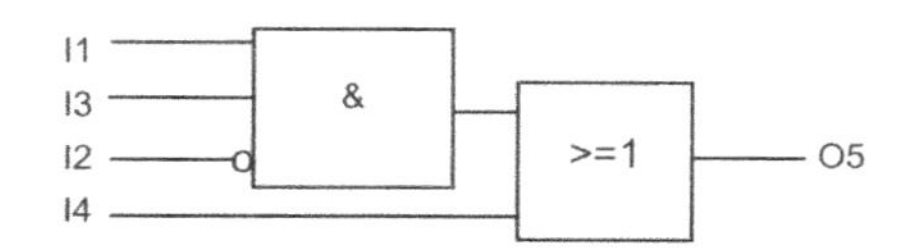

FIGURA 4.23 Exemplo de bloco de função.

Os blocos mais avançados permitem os seguintes programas:

- operações numéricas;
- deslocamento (transferência);

- operações com seqüência de bits;
- seleção de bits;
- comparação;
- processamento de caracteres;
- conversão de tipos, códigos etc;
- operações de flip-flop, contador, temporizador e comunicação;
- regras de controle dinâmico, como atraso, média, diferença, monitoração, *PID* etc.;

A Norma IEC 1131-3 define um eficiente repertório de blocos de funções.

4.4.1 Definições dos blocos de função

A definição de um bloco de função é feita em duas partes, como mostrado na Figura 4.24:

- especificação da estrutura de dados, constituída de parâmetros de entrada, variáveis internas e parâmetros de saída usando declarações textuais;
- algoritmo, que pode ser expresso usando qualquer linguagem de programação definida na IEC 1131-3 (Texto estruturado, SFC, lader etc.).

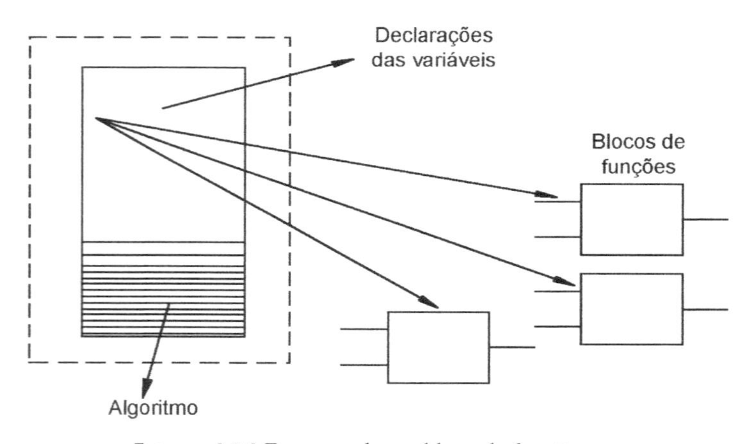

FIGURA 4.24 Estrutura de um bloco de funções.

EXEMPLO Considere o bloco de função DELAY(Atraso) mostrado na Figura 4.25.

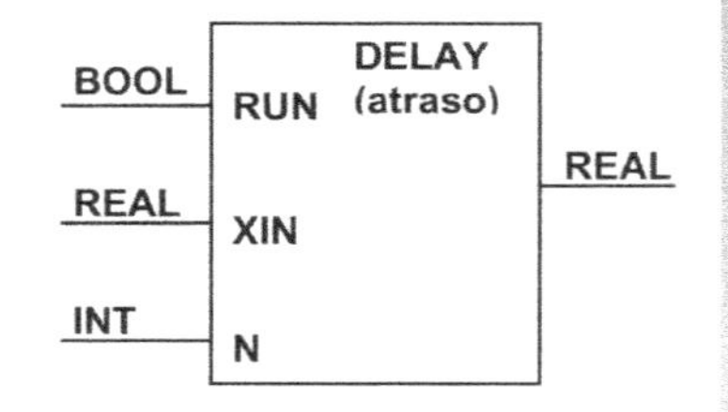

FIGURA 4.25 Bloco DELAY (atraso).

Nota-se na representação que as entradas estão na esquerda e as saídas na direita do bloco. Cada parâmetro é retratado com seu nome e tipo de dado. O tipo de bloco de função sempre está mostrado dentro da borda superior do bloco. O bloco DELAY é capaz de atrasar um sinal de entrada por um número dado de amostras; isto é alcançado usando uma memória intermediária circular. Cada vez que o bloco de função é executado, uma amostra é armazenada na memória intermediária circular. O valor de saída é obtido tomando o valor residente na memória intermediária, N posições atrás do ponto de entrada. O atraso de sinal é, portanto, proporcional ao scan de execução do bloco de função. Por exemplo, um scan de 100 ms – e um valor N de 100 – dará uma demora de 10 segundos na variável de saída.

Características Comuns aos Blocos de Função

a) Externamente, só é possível acessar as entradas e saídas de parâmetros de produção de um bloco. Variáveis internas não são acessíveis por outros elementos de programa declarados fora do bloco de função.
b) Um bloco de função só é executado se explicitamente solicitado ou por causa de:
    b1) o bloco de função é parte de uma rede de gráficos de blocos ligados que formam uma unidade organizada de programa,
    b2) o bloco de função é chamado por uma linguagem estruturada, como por exemplo, o chamado *Texto Estruturado ou Lista de Instrução.*
c) Um tipo particular de bloco de função pode ser usado em outro bloco de função. Um bloco de função não pode ser usado dentro de sua própria definição – recursão não é possível.
d) Os blocos de função que são declarados como globais, ou seja, usando o comando VAR_GLOBAL DE V, são acessíveis em qualquer lugar dentro do programa.
e) Os valores atuais de saída de um bloco de função sempre podem ser acessados dentro da mesma estrutura, por exemplo, Off_timer1.Q.

4.4.2 Principais funções-padrão dos blocos de função

Existem diversas instruções-padrão definidas pela norma IEC 1131-3. As principais são as seguintes:

Blocos Biestáveis

O **SR** *biestável* é um bloco onde o Set domina. Se os sinais de Set e Reset são ambos verdadeiros, a saída Q1 é verdadeira. A representação por blocos de função e por blocos lógicos equivalentes é dada pela Figura 4.26.

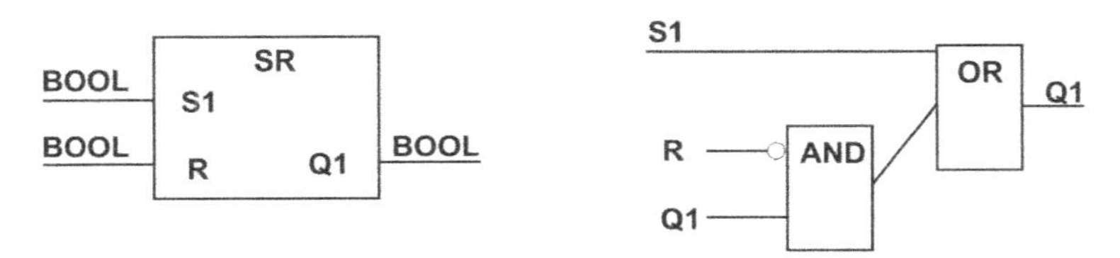

FIGURA 4.26 Biestável do tipo SR e sua equivalência lógica.

O **RS** biestável é um bloco onde o Reset domina. Se os sinais de Set e Reset são ambos verdadeiros, a saída Q1 é falsa (Figura 4.27). Nota-se a representação por blocos de função e por blocos lógicos equivalentes.

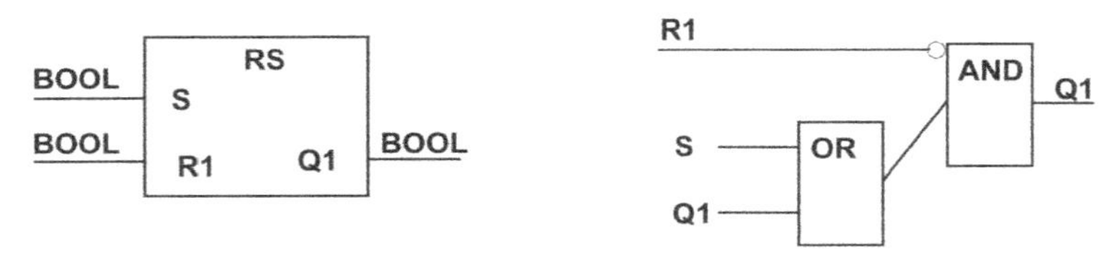

FIGURA 4.27 Biestável do tipo RS e sua equivalência lógica.

Bloco Semáforo

O Bloco Semáforo é projetado para permitir que diversas tarefas compartilhem um dado recurso. Um exemplo de Semáforo pode ser reivindicado por meio da entrada CLAIM (REIVINDICAÇÃO) colocada em 1. Se o semáforo não estava em uso, a saída BUSY (OCUPADO) retorna como falsa, indicando que o claim foi bem-sucedido. Essa funcionalidade é mostrada na Figura 4.28. Em chamadas subseqüentes do comando claim o semáforo vai retornar com BUSY em 1, indicando que o claim fracassou. O semáforo pode ser liberado por meio da entrada RELEASE em 1.

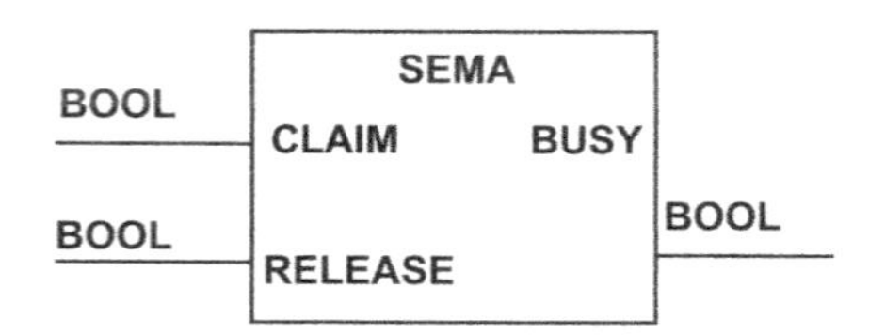

FIGURA 4.28 Bloco semáforo.

O bloco de função SEMA é um mecanismo para permitir que elementos de software mutuamente excludentes acessem um mesmo recurso.

Bloco Detector de Borda

Os blocos detectores de bordas são dois: "Borda de subida" R_TRIG e "Borda de descida" F – TRIG; eles detectam a variação de um sinal booleano. As saídas dos blocos produzem um único pulso quando uma borda é detectada (Figura 4.29 e Figura 4.30).

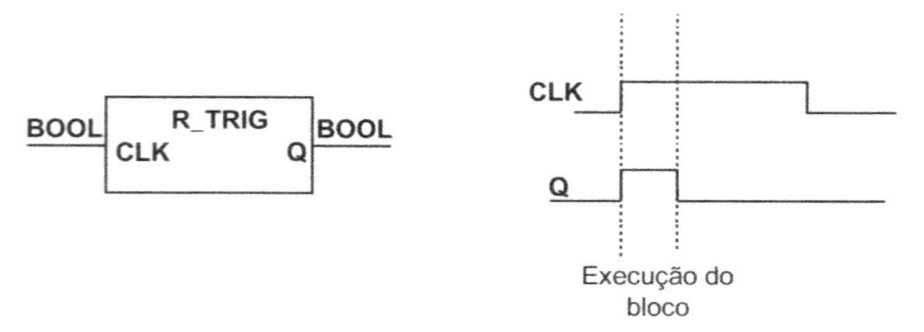

FIGURA 4.29 Bloco detector de borda de subida.

Na Figura 4.30 é mostrada a funcionalidade do bloco detector de borda de descida (F_TRIG), e seu algoritmo é o seguinte:

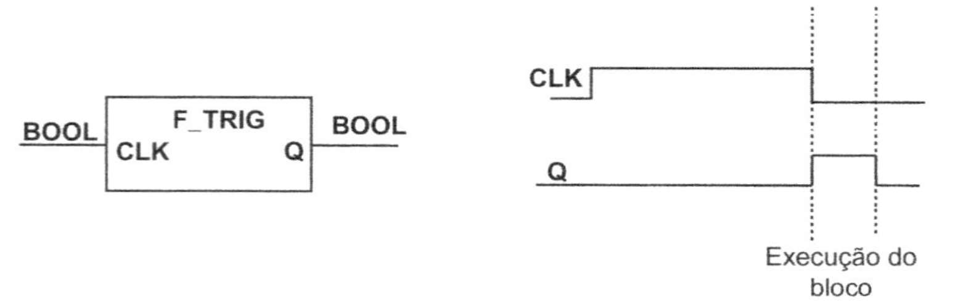

FIGURA 4.30 Bloco detector de borda de descida.

De maneira análoga aos blocos comentados anteriormente, devemos citar os seguintes blocos:

Bloco CTU

Contador crescente. Esse bloco "conta" quantas vezes um pulso digital é acionado em sua entrada.

Bloco CTD

Contador decrescente. Esse bloco conta quantas vezes um pulso digital é zerado em sua entrada.

Bloco TON

Timer que tem sua saída acionada após tempo determinado.

Bloco TOF

Timer que tem sua saída zerada após tempo determinado.

Bloco RTC

Relógio de tempo Real.

Bloco INTEGRAL

O bloco de função INTEGRAL integra o valor de XIN de entrada sobre tempo. A integração pode ser iniciada de um valor XO pré-ajustado, colocando R1 em 1. O tempo de CICLO define o tempo entre execuções do bloco. O XOUT de saída é integrado, enquanto a entrada de RUN é verdadeira; contrariamente, o valor XOUT é segurado. A saída Q é verdadeira enquanto o bloco não é resetado (Figura 4.31).

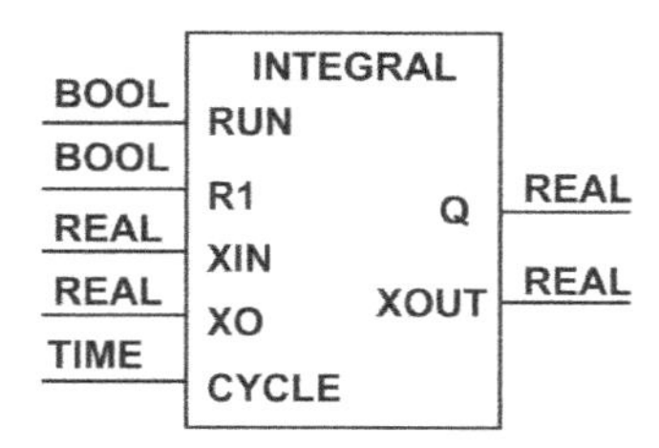

FIGURA 4.31 Bloco integral.

Bloco DERIVATIVO

O bloco de função DERIVATIVO produz um XOUT de saída proporcional ao índice de mudança do XIN de entrada. A derivada é calculada enquanto a entrada RUN é verdadeira; com RUN em zero, a saída é zero. O tempo de CICLO do bloco é exigido para se calcular a mudança de valor de entrada sobre tempo. Esse bloco é mostrado na Figura 4.32.

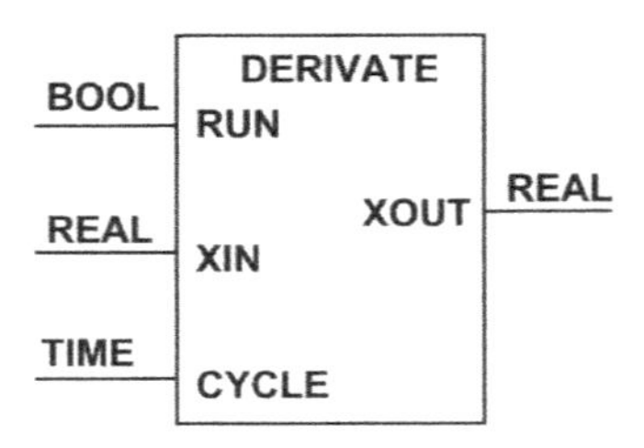

FIGURA 4.32 Bloco derivativo.

4.4.3 Projeto de bloco de função

Quando se projeta um novo tipo de bloco de função deve-se sempre considerar todos os valores e usos futuros do bloco. Há muitas vantagens em desenvolver uma biblioteca de blocos consagrados, que podem ser aplicados a um vasto leque de problemas.

Até agora consideramos somente blocos de função que estão definidos usando as linguagens de IEC. No entanto, há situações em que é necessário desenvolver um algoritmo de bloco de função usando uma linguagem tal como C ou Delphi.

4.5 LINGUAGEM *SEQUENTIAL FLOW CHART (SFC)* OU *GRAFCET* [LR]

É um método de programação, aceito pela maioria dos CLPs, que tem estreita relação com a Rede de Petri (Capítulos 8 a 11).

Esta linguagem é composta de Passos, Transições, Arcos, Ações Qualificadas e Expressões Booleanas, e graficamente é desenhada na vertical.

Cada passo representa um estado particular do sistema que está sendo descrito, e se desenha como um retângulo. Cada transição, por sua vez, é subordinada a uma condição que, uma vez satisfeita, desativa o passo anterior e ativa o passo posterior.

EXEMPLO Um sistema de ar condicionado é constituído por:

- Um motor m_1 de duas velocidades: baixa velocidade (BV) quando da ligação da chave de partida, e alta velocidade (AV) quando um sensor de temperatura é ativado. AV deve funcionar até cair a temperatura e, em seguida, voltar à baixa velocidade.
- Um motor m_2 que é acionado pelo sensor de temperatura e por um sensor de umidade, devendo também ficar ligado no máximo por uma hora.

A representação gráfica do SFC está na Figura 4.33.

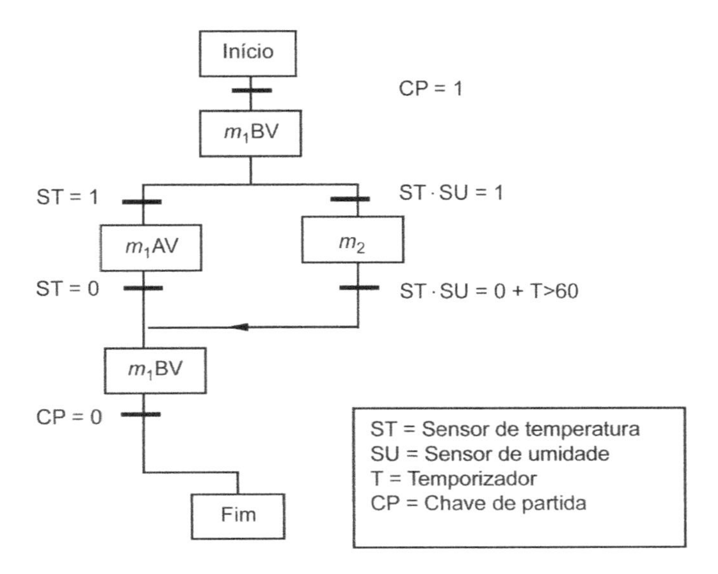

FIGURA 4.33 SFC de um sistema de ventilação.

4.5.1 Elementos estruturais do SFC (Grafcet)

Passo

Cada passo (lugar) dentro do Grafcet é um retângulo que representa um possível estado operacional do sistema e que deve ter um único nome. Quando um passo está ativo, assinala-se o fato por meio de uma **marca** (*token*) no retângulo representativo do passo.

As variáveis associadas ao passo são:

Variável FLAG: indica passo em atividade. Esta variável tem a forma (nome do passo) •X e se torna verdadeira (= 1) enquanto o passo está em atividade.

Por exemplo, a variável m_1AV•X é igual a um, quando m_1AV está em atividade, isto é, o motor m_1 está operando em alta velocidade. Essa variável, uma vez definida no Passo, pode ser utilizada em qualquer ponto do Grafcet, auxiliando a lógica do intertravamento.

Variável TEMPO: associada à duração em tempo real desde o início da entrada do passo em atividade. Essa variável tem a forma (nome do passo)•T, tornando-se extremamente útil para caracterizar a temporização do passo no seqüenciamento lógico do Grafcet.

Transição

Graficamente a transição é uma barra que corta a ligação entre passos sucessivos; representa uma barreira que é suprimida quando se satisfaz um conjunto de condições lógicas, temporais, de controle aritmético etc., resumido numa expressão booleana. Essa expressão booleana é chamada de *receptividade da transição*.

Na Figura 4.34 a barreira é suprimida quando o tempo associado ao funcionamento do motor m_1 em alta velocidade for superior a 60 minutos.

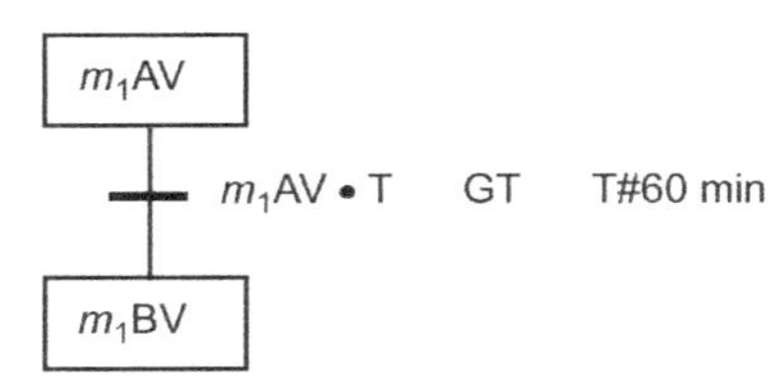

FIGURA 4.34 Temporização.

Podemos também associar um conjunto de condições simultâneas à transição entre dois passos, como mostra a Figura 4.35.

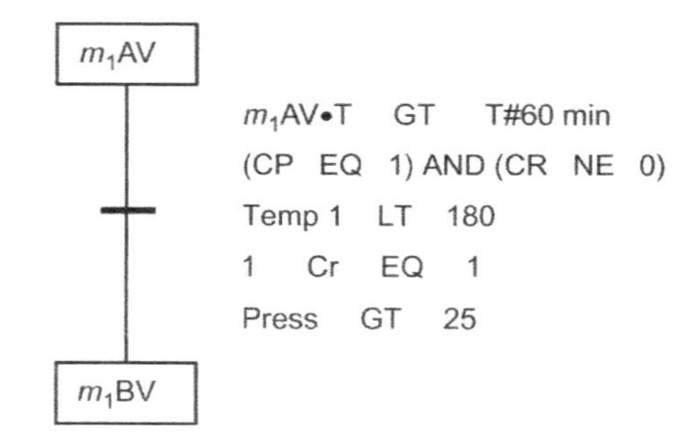

FIGURA 4.35 Transição com receptividade composta por cinco condições lógicas.

Ações

Em cada passo ocorrem ações sobre o sistema automatizado. Elas são especificadas numa etiqueta retangular, à direta do símbolo do passo.

Há vários tipos de ação, padronizados, também chamados de *Qualificadores de Ação*:

a) N: Ação Simples

A ação "Ligar motor m_1 em uma velocidade BV" é executada continuamente, enquanto o passo m_1BV está ativado, isto é, enquanto m_1BV•X é igual a 1. A Figura 4.36 exemplifica essa funcionalidade.

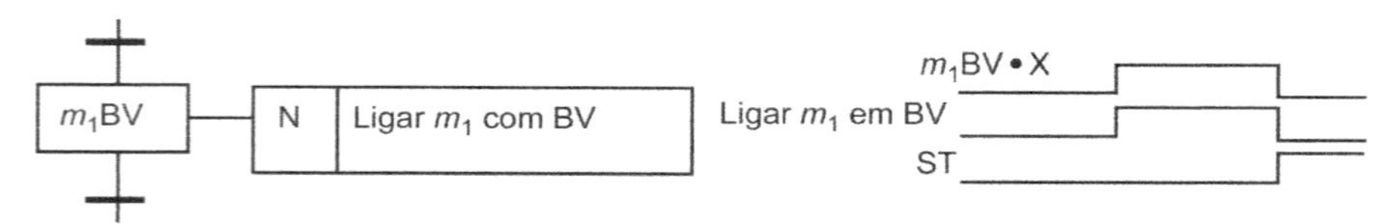

FIGURA 4.36 Qualificador de ações tipo "N" com respectivos tempos.

b) S: Set e R: Reset

A Figura 4.37 exemplifica essa funcionalidade.

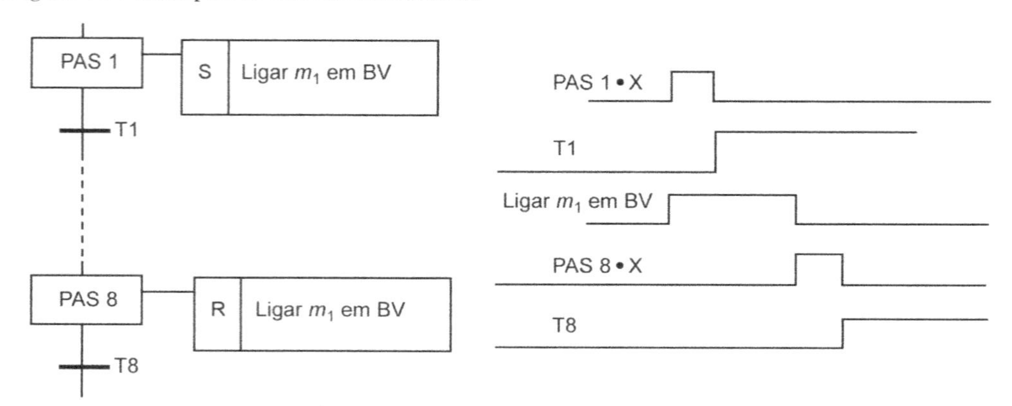

FIGURA 4.37 Qualificadores de ação tipo "S" e "R" com respectivos tempos.

No instante em que PAS1 é ativado (PAS1•X=1) inicia-se a execução da ação. Como seu qualificador é S (set), ela permanece em atividade até que um novo passo, também ligado a essa ação, seja ativado com qualificador R; no caso é o PAS8 (PAS8•X=1). Caso não haja uma qualificação R ligada à ação, esta permanece em atividade indefinidamente.

c) L: Ação com Tempo Limitado

A Figura 4.38 exemplifica essa funcionalidade.

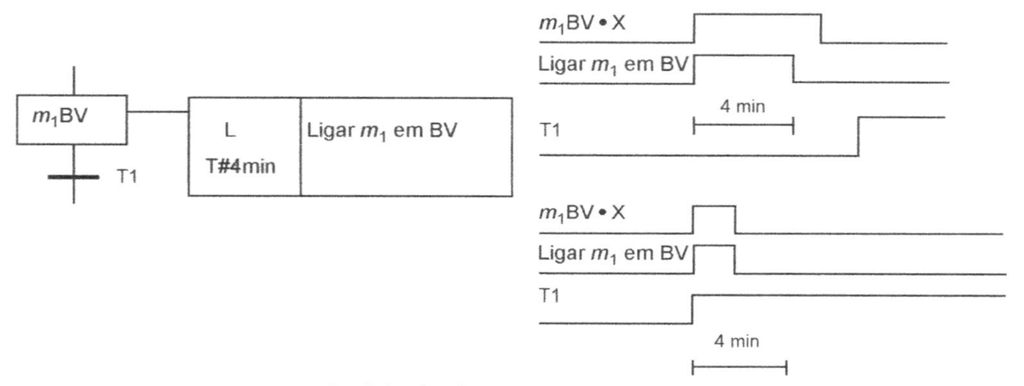

FIGURA 4.38 Qualificador de ação tipo L com respectivos tempos.

Nesse caso a ação cessa após decorridos quatro minutos ou menos, se T1 se tornar verdadeira.

d) D: Ação de Entrada Retardada

A Figura 4.39 exemplifica essa funcionalidade.

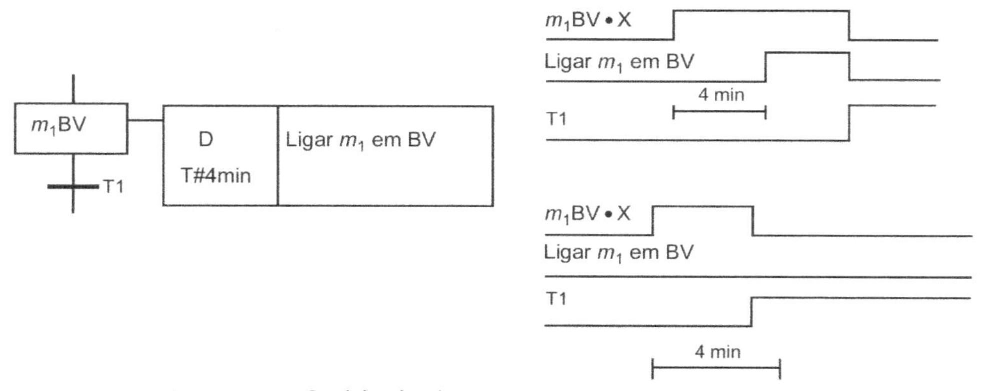

FIGURA 4.39 Qualificador de ação tipo D com respectivos tempos.

A ação relacionada com este qualificador entra em execução após um período T e termina quando a transição seguinte se torna verdadeira. Se a transição seguinte se torna verdadeira antes do período de retardo (D) a ação não entra em execução.

e) SD: Ação de Entrada com Retardo Prefixado

A Figura 4.40 exemplifica essa funcionalidade.

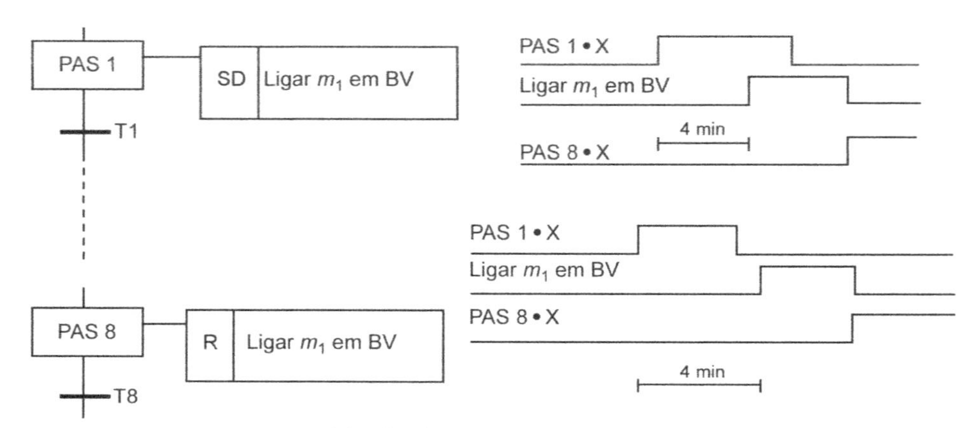

FIGURA 4.40 Qualificador de ação tipo "SD" com respectivos tempos.

Esta ação entra em atividade com o retardo prefixado, independentemente de a transição seguinte (T1) se tornar verdadeira antes. Por outro lado, a ação será interrompida ao se iniciar outro passo associado à essa mesma ação, o qual contenha o qualificador R; se o Reset entrar antes do tempo de retardo, a ação não será executada.

f) P: Ação Pulsada

A Figura 4.41 exemplifica essa funcionalidade.

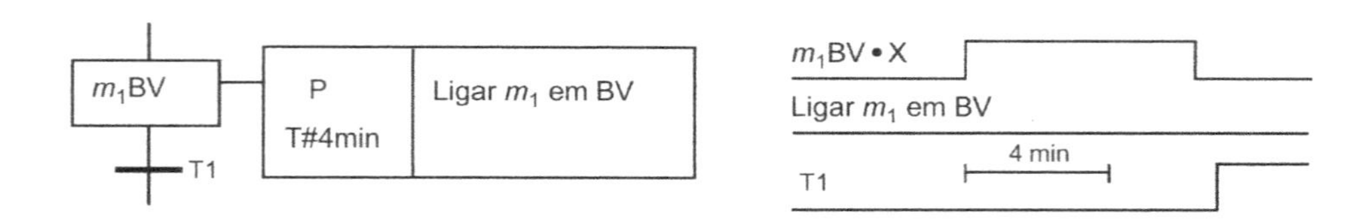

FIGURA 4.41 Qualificador de ação tipo P com respectivos tempos.

Esta ação executa apenas um Scan de programa equivalente ao OSR do diagrama Lader.

g) DS: Ação Retardada e Setada

A Figura 4.42 exemplifica essa funcionalidade.

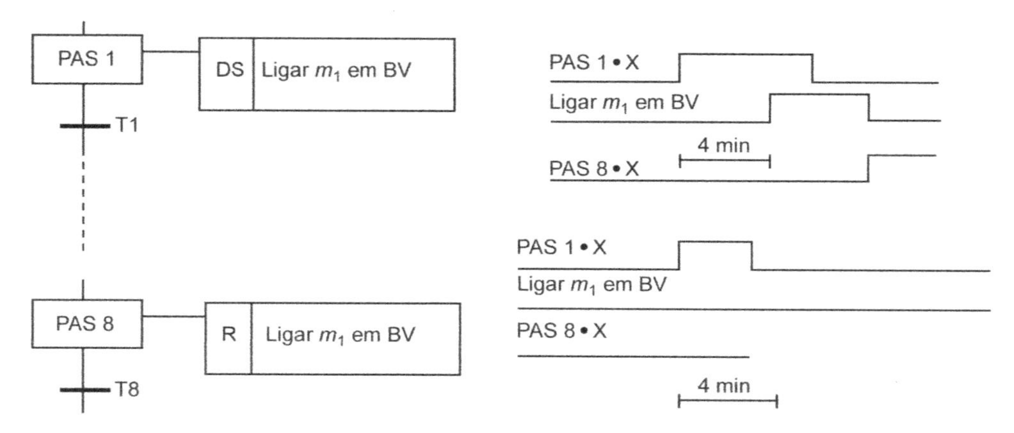

FIGURA 4.42 Qualificador de ação tipo DS com os respectivos tempos.

Este caso difere da ação SD no tocante à transição (T1), isto é, se o passo for desativado antes do período de retardo então a ação não entrará em execução.

h) SL: Ação Setada com Tempo Limitado

A Figura 4.43 exemplifica essa funcionalidade.

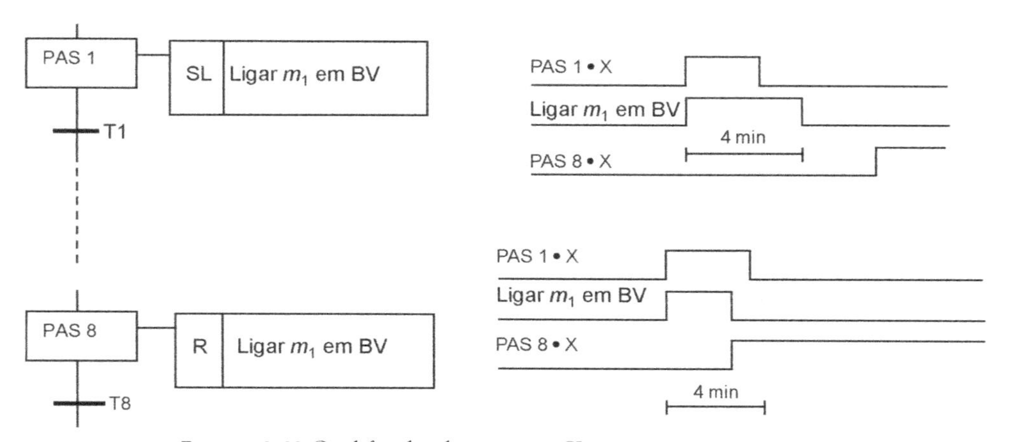

FIGURA 4.43 Qualificador de ação tipo SL com respectivos tempos.

O nível lógico do sinal PAS1•X deve ser trazido a zero(0) antes que o nível lógico do sinal PAS8•X possa ser colocado em um(1).

A Tabela 4.3 resume os qualificadores das ações na linguagem Grafcet.

TABELA 4.3 Resumo dos qualificadores das ações

• Letra L	• Temporiza o tempo de execução da ação
• Letra D	• Retarda o tempo de entrada da ação
• Letras S/R	• Vincula a entrada ou saída da ação com passos do Grafcet
• Letra N	• Vincula a ação ao próprio passo em atividade

4.5.2 Regras de evolução do SFC

O objetivo é estudar a dinâmica do SFC, isto é, a forma e as regras que governam a localização e o trânsito das marcas ou fichas.

Simultaneidade

Quando vários passos precedem ou sucedem uma mesma transição, a conexão é representada por *duas linhas em paralelo*, conforme a Figura 4.44. A habilitação da transição exige que todos os passos anteriores estejam fichados; o seu disparo requer que a receptividade esteja atendida (= 1) e resulta em que todos os passos subseqüentes à transição recebam marcas.

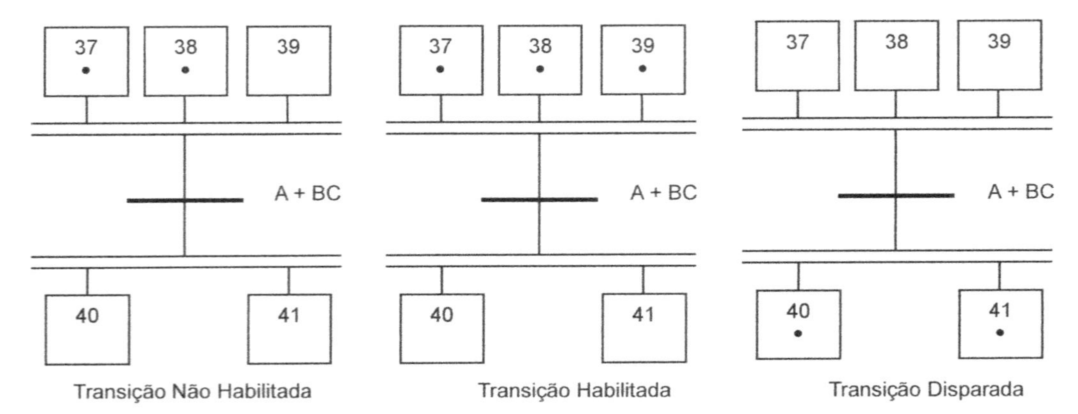

FIGURA 4.44 Regra da simultaneidade.

OU Divergente

Duas transições são saída de um único passo, sem simultaneidade. A transição a executar depende da receptividade que estiver satisfeita. A Figura 4.45 exemplifica essa regra.

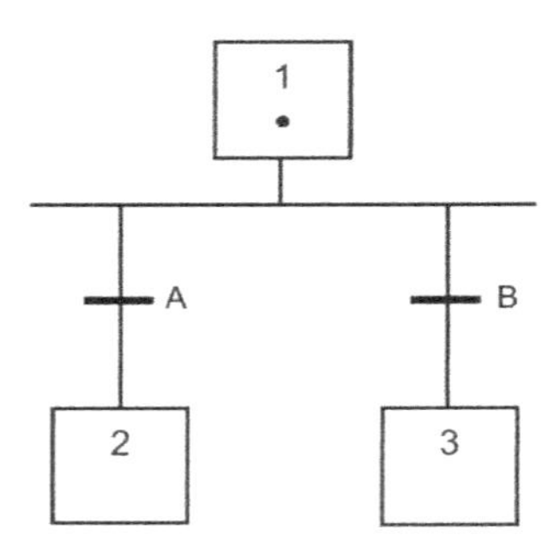

FIGURA 4.45 Regra do OU Divergente.

Se A e B estão habilitadas pelo passo anterior e se há receptividade em uma delas, a outra transição fica desabilitada.

OU Convergente

Quando duas transições possuem passos distintos de entrada e um passo único de saída. A Figura 4.46 exemplifica essa regra.

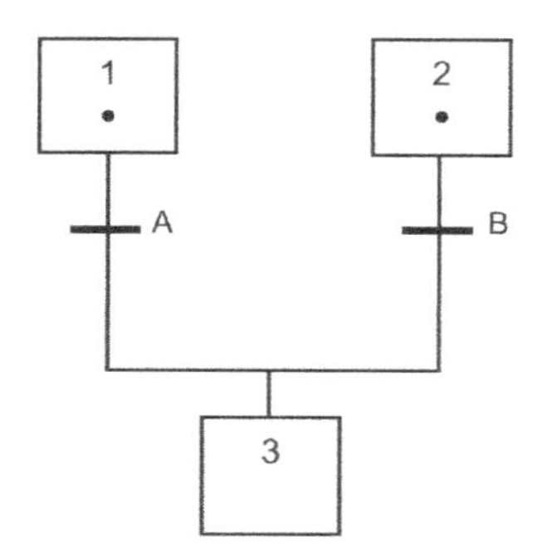

FIGURA 4.46 Regra do OU Convergente.

E Divergente

Quando uma transição é sucedida por dois ou mais passos e há traço duplo de simultaneidade. A Figura 4.47 exemplifica essa regra.

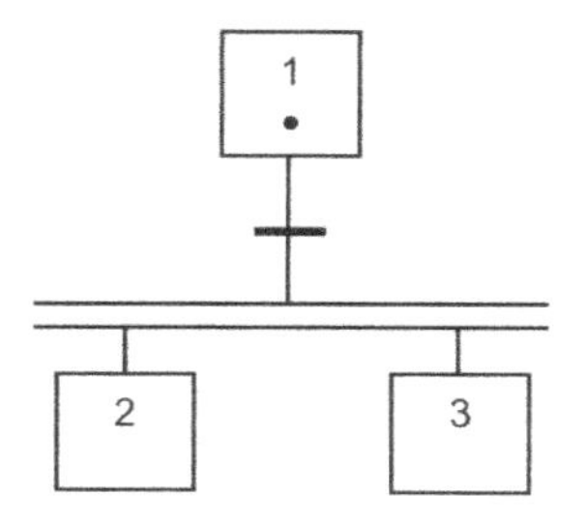

FIGURA 4.47 Regra do E Divergente.

E Convergente

Quando uma transição é precedida por dois ou mais passos e há traço duplo de simultaneidade. A Figura 4.48 exemplifica essa regra.

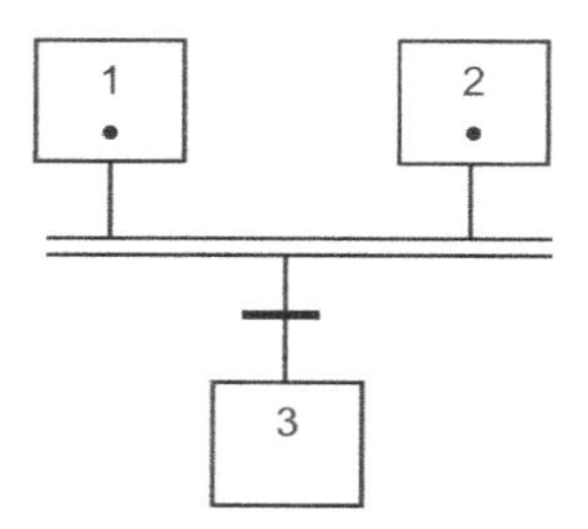

FIGURA 4.48 Regra do E Convergente.

Derivação e Malha Fechada Condicionais

São alternativas muito úteis. Definem-se como se segue:

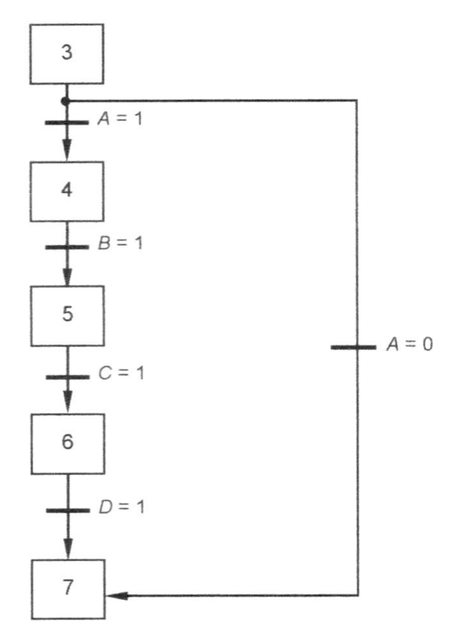

FIGURA 4.49 Derivação.

Derivação

Se A = 1, a seqüência dos passos é 4, 5 e 6; se A = 0, ao passo 3 segue-se o passo 7. A derivação é sempre tomada com o sentido à frente (Figura 4.49).

Malha Fechada

Se a transição *D* for igual a 0, a execução retorna a um passo anterior do Grafcet; se *D* for igual a 1, a execução segue em frente, para o estágio 7 (Figura 4.50).

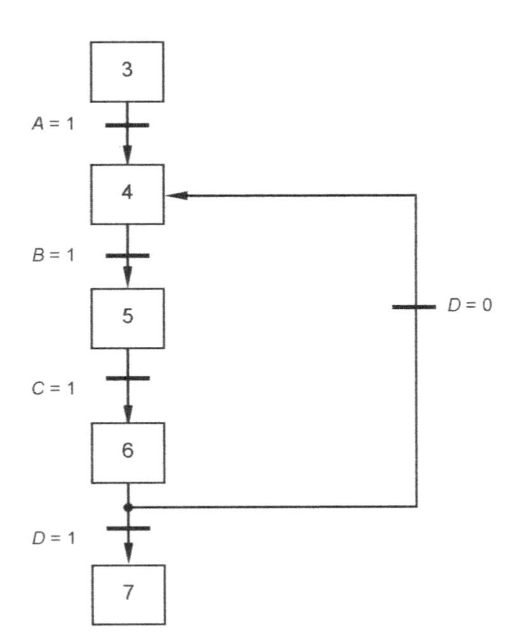

FIGURA 4.50 Malha fechada condicional.

Seqüência Repetitiva

Utiliza-se quando uma dada seqüência de passos pode ser percorrida em vários locais do Grafcet. Sua representação pode ser feita por um retângulo com duplas linhas verticais contendo os números dos passos da seqüência. No exemplo da Figura 4.51, os passos 20 a 25 são percorridos em dois momentos diferentes; o conjunto 20-25 deve ter um Grafcet próprio, que não é mostrado na figura.

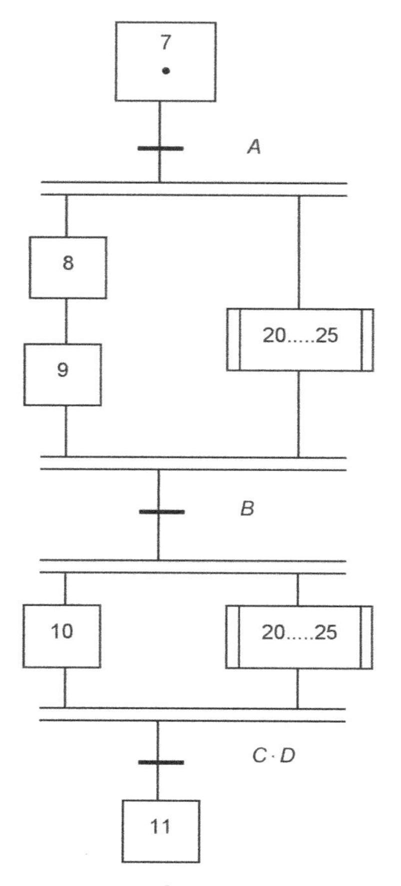

FIGURA 4.51 Seqüência repetitiva.

EXERCÍCIOS PROPOSTOS

E.4.1 Transporte de Matéria-prima: projete a automação de um sistema que se baseia em três esteiras transportadoras (acionadas por motores exclusivos), as quais dispõem caixas de tamanhos diferentes em locais diferentes, de acordo com a Figura E.4.1.

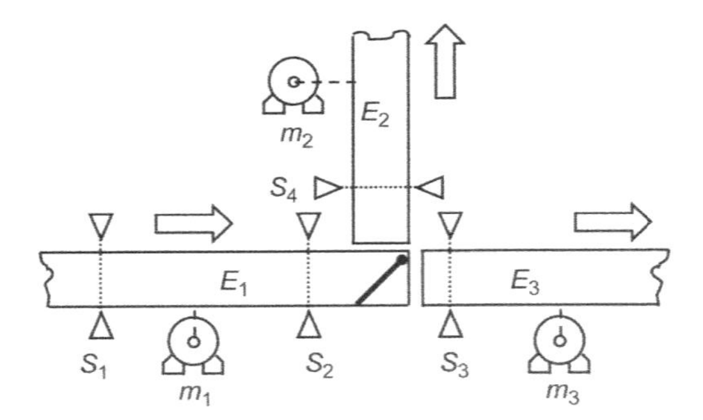

FIGURA E.4.1 Esteiras transportadoras.

As caixas são colocadas por operários na esteira E_1 e detectadas pelo sensor S_1. Ao detectar as caixas, S_1 aciona o motor m_1, pondo E_1 em funcionamento e, simultaneamente, inicia um temporizador que ao término de 40 s pára E_1, desde que não haja outra caixa sobre ela.

Ao chegar ao final de E_1 as caixas são detectadas pelo sensor S_2, que as classifica em grandes e pequenas; logo após, o dispositivo D_1 as separa. As caixas grandes são colocadas no começo da esteira E_3, e as pequenas na E_2. Essas esteiras operam por 30 s e param, a não ser que haja outras peças para transportar.

Para o projeto, detalhe:

- Lista das variáveis de entrada e saída;
- Diagrama das variáveis de entrada e saída;
- Diagrama elétrico dos atuadores, sensores e CLP;
- Programa em linguagem lader.

E.4.2 Tratamento de Efluentes: desenvolva um programa para controlar o pH do efluente de uma unidade industrial. O efluente é lançado ao meio ambiente quando apresenta um pH igual ao valor 7 (neutro). Caso o pH seja maior que 7 ($7 < pH < 14$) será adicionado a ele ácido sulfúrico, e caso seja menor que 7 ($1 < pH < 7$) será adicionada a ele cal virgem (Figura E.4.2).

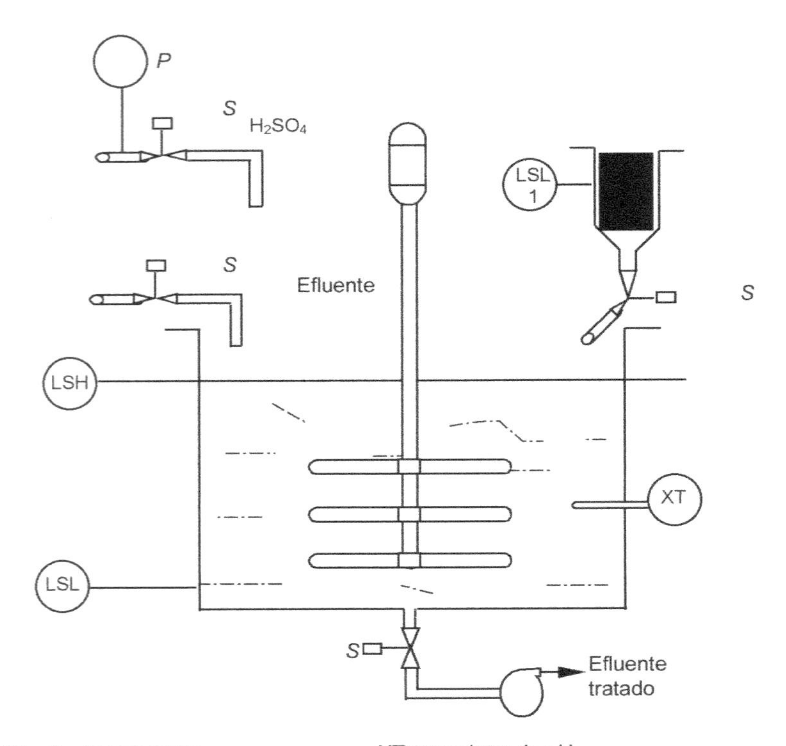

FIGURA E.4.2 Sistema de tratamento de efluentes.

O processo necessita dos seguintes pré-requisitos para a partida:

- suficiente pressão de ácido sulfúrico (PSL);
- suficiente nível de cal virgem (LSL-I);
- motor em funcionamento (M).

Especificação

1. Acionando-se o botão de partida, SV-2 abre, permitindo o enchimento do reservatório até o nível desejado (LSH).
2. A informação de pH enviada pelo transmissor XT (0 a 10 V) é comparada com o valor desejado (pH = 7).
3. Caso o pH seja maior que o valor 7 ($7 < pH < 14$), SV-1 se abre até que o pH atinja o valor 7.
4. Caso o pH seja menor que o valor 7 ($1 < pH < 7$), SV-3 se abre até que pH atinja o valor 7.
5. Uma vez que o efluente esteja estável (pH = 7) por um tempo maior que 60 segundos, SV-4 se abre ao mesmo tempo em que a bomba é acionada.
6. Quando ocorre o nível baixo (LSL), SV-4 se fecha e a bomba é desenergizada.
7. Início de um novo ciclo.
8. A seqüência operacional deve ser interrompida caso qualquer um dos pré-requisitos não seja satisfeito.

E.4.3 Estufa: necessitamos desenvolver um programa de CLP para controlar o funcionamento de uma estufa para motores, sendo que a temperatura desejada será selecionada através de um potenciômetro entre 40°C e 180°C. O aquecimento será feito através de um grupo de resistências de 15 kW, e um sistema de ventilação será responsável pela uniformização da temperatura no interior da estufa.

Especificação

1. A estufa será ligada através de um botão de pulso NA e desligada através de um botão de pulso NF.
2. A partir de um pulso no botão "liga" será acionado o ventilador que, através de um contato auxiliar, deverá afirmar ao CP a sua ligação. Somente após a ligação do ventilador poderá ser acionado o conjunto de resistências.
3. O ajuste de temperatura deverá ser feito com a estufa desligada; após a ligação do sistema não será possível regular a temperatura.
4. A medição da temperatura será feita através de um sistema analógico de 0 a 10 Vcc, proporcional a uma temperatura de 0 a 200°C.
5. A temperatura no interior da estufa admite uma variação máxima de 10°C; caso essa variação aumente, entrará em ação um alarme.
6. Prever um sistema de alarme que entre em ação caso não seja atingida a temperatura necessária em até 10 minutos após a ligação, indicando defeito no sistema.

Observação: Prever as interligações de E/S conforme esquema da Figura E.4.3.

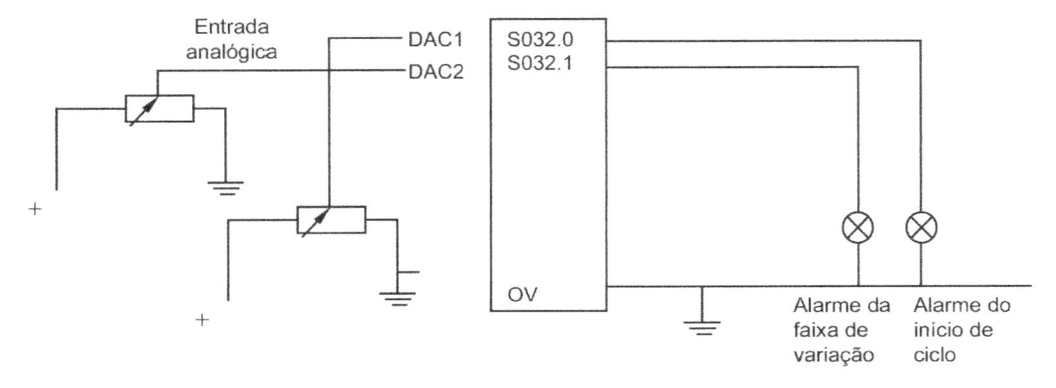

FIGURA E.4.3

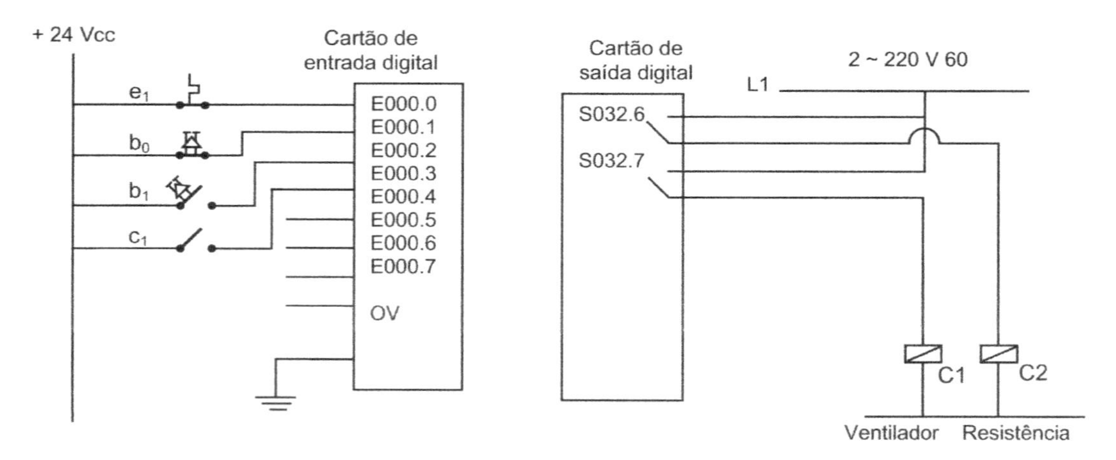

FIGURA E.4.3 Continuação

E.4.4 Sistema Automático de Mesa de Solda: realizar a automação de um sistema de solda de suporte de freio em guidão de bicicleta.

Um guidão de bicicleta deve possuir dois suportes para o freio dianteiro e duas guias para a barra de freio. Esses itens têm de ser montados no guidão através do uso de soldas manipuladas por robôs (Figura E.4.4.a).

A montagem é realizada sobre uma mesa giratória, que possibilita realizar as seis etapas do processo. Este se inicia pela colocação manual do guidão no sistema (mesa giratória). O operador, ao colocar a peça, utiliza um sistema de trava que fixa precisamente o guidão ao suporte da mesa e, ao mesmo tempo, ao fechá-la, aciona um sensor, habilitando dessa forma a

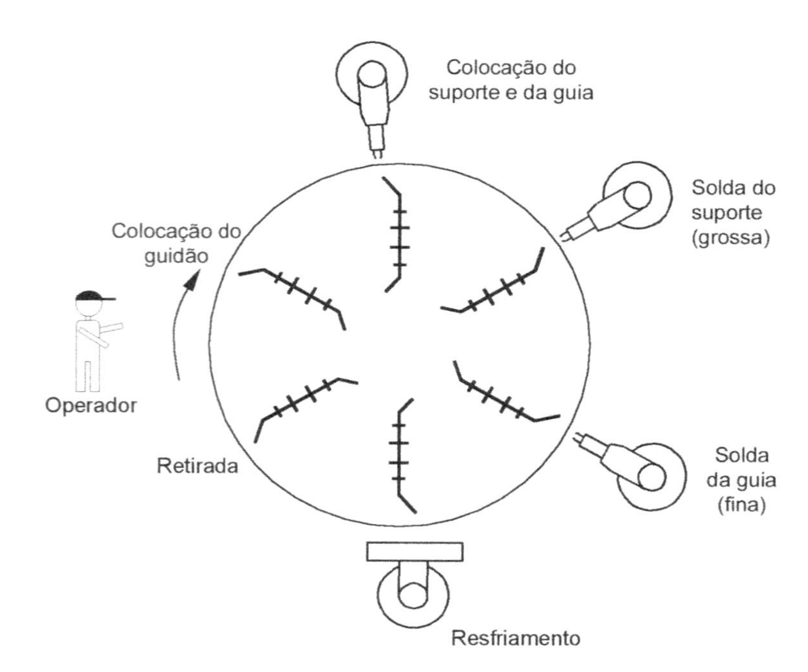

FIGURA E.4.4a Sistema de solda de suporte de freio em guidão de bicicleta.

rotação da mesa. Uma vista do perfil da mesa giratória e seu suporte para o guidão é apresentada na Figura E.4.4b.

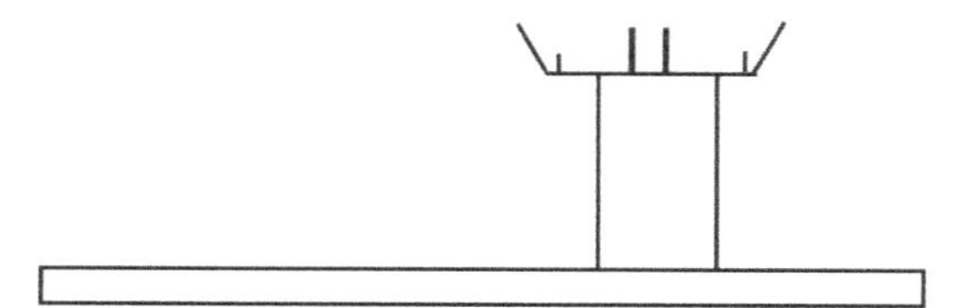

FIGURA E.4.4b Vista lateral da mesa giratória.

Com a rotação da mesa, no passo seguinte são encaixados os suportes de freio e as guias. Posteriormente, esses itens serão soldados em duas etapas. Primeiramente, utilizar-se-á a solda grossa para fixar os suportes, e depois a solda fina para fixação das guias no guidão. Nessas etapas deve haver um intertravamento que impedirá o acionamento das soldas, caso não exista peça no suporte.

Ao final do processo é necessário o resfriamento do guidão, que é realizado por meio de um ventilador continuamente ligado, o qual resfria as soldas efetuadas. Finalmente, com a chegada da peça soldada à posição do operador este destrava o guidão do suporte e retira a peça para a seqüência da linha de produção.

A passagem de uma etapa para a seguinte dá-se pela rotação da mesa, que é efetuada sempre após a execução completa de cada tarefa. A inserção e a retirada dos guidões são realizadas de forma contínua pelo operador, de modo que a cada passo de rotação (60°) é acrescentada uma nova peça e retirada outra, completa. As etapas de colocação e soldagem dos suportes e das guias são realizadas por robôs específicos para cada tarefa.

O processo requer o posicionamento preciso da mesa para a execução de cada tarefa. A fim de garantir o cumprimento dessa exigência a mesa possui seis ranhuras dispostas em sua borda, que atuam como posicionadoras (associadas à posição exata de cada robô da mesa).

E.4.5 Controle de Tráfego em Estacionamento: um estacionamento que possui somente uma via para entrada e saída de veículos requer o seguinte sistema de controle de acesso:

O estacionamento tem capacidade para 100 veículos, e emite o aviso de "lotado" quando está com todas as vagas preenchidas.

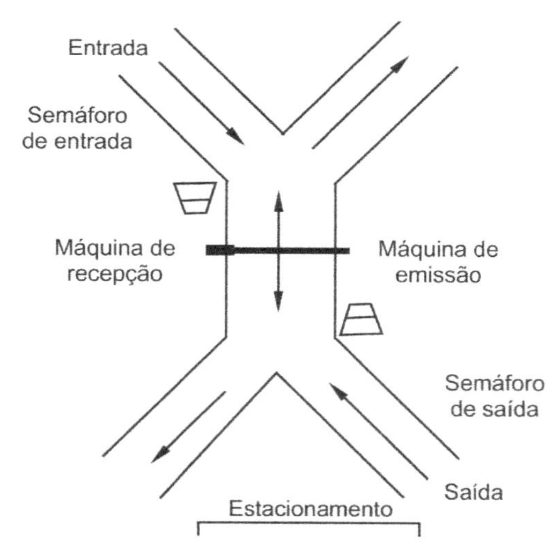

FIGURA E.4.5 Controle de estacionamento com entrada e saída por via única.

O controle de tráfego é realizado por dois semáforos, dispostos nas vias de entrada e de saída do estacionamento, e por uma cancela que se encontra no meio da via comum à entrada e saída.

Ao chegar um veículo na via de entrada ou saída o motorista deverá aguardar o sinal verde do semáforo (que indica que não há outro veículo na via) para então aproximar-se da cancela e retirar o tíquete, no caso de entrada, ou inseri-lo, no caso de saída. Essas operações são realizadas através de duas máquinas que se encontram sempre do lado esquerdo do veículo, em ambas as situações.

Com a liberação ou recepção do tíquete a cancela é levantada e o carro tem sua passagem liberada. É feita, então, a contagem crescente ou decrescente de veículos no estacionamento para entrada e saída, respectivamente.

A prioridade, na entrada ou na saída dos veículos, é estabelecida obedecendo-se a alguns critérios relacionados ao tempo de espera e à formação de fila na entrada ou na saída. A formação de uma longa fila é um fato indesejável para a operação do sistema. Dessa forma, sensores de posição colocados ao longo dos acessos de entrada e de saída detectam a presença de uma determinada quantidade de veículos nas duas vias. Atingido um certo número de veículos, o acesso (entrada ou saída) terá a prioridade sobre o acionamento da cancela.

O tempo de espera é outro requisito fundamental para a adequada operação do sistema. Sob esse aspecto, a prioridade descrita anteriormente pode ser alterada na situação em que uma grande quantidade de veículos deseje entrar ou sair. Nesse caso, o tempo de espera poderia ser muito prolongado. A fim de atender a esse requisito, para uma operação mais adequada uma temporização nas ações de entrada ou saída é necessária. Esta é realizada através do controle de tempo dos semáforos. Assim, mesmo que haja uma grande quantidade de veículos para sair ou entrar, o tempo de espera no outro acesso não supera um valor preestabelecido (os motoristas não podem esperar muito tempo para entrar ou sair do estacionamento).

E.4.6 Desenvolver um programa lader para o Exercício Proposto E.2.5.

E.4.7 Desenvolva um programa de automação em lader para o processo de pintura, controle de qualidade e embalagem que está descrito a seguir e na Figura E.4.7.

Uma linha de produção automática transporta peças com distâncias fixas entre si e realiza várias tarefas em postos igualmente espaçados que realizam a pintura eletrostática, a secagem em estufa, o controle de qualidade, o ensacamento e a embalagem automática.

Quando a peça se posiciona em frente ao sistema de pintura o sensor de presença S_1 programa a parada da linha por um tempo de 20 s, e assim todas as peças em seus postos de trabalho recebem respectivamente as atividades dos mesmos.

A válvula solenóide E_1 aplica a tinta eletrostática por 3 s, a secagem tem a temperatura regulada para se completar em 60 s e o sistema é alarmado caso a temperatura atinja valores extremos. A inspeção retira da linha as peças rejeitadas. O sensor de presença S_2 comanda o acionamento da válvula solenóide E_2 de ensacamento pneumático durante 5 s. O sinal S_2 permite a contagem de peças rejeitadas e gera um sinal Au = 1 quando ocorre duas peças consecutivas rejeitadas ou três peças rejeitadas num lote de 12. Quando Au = 1 o sistema geral deve ser desenergizado instantaneamente.

A máquina de embalagem acionada pelo sensor de presença S_3 termina a tarefa nos 20 s de parada da linha.

E.4.8 Automação de Partida de Motor

1) Criar um arquivo lader número ______ com nome MOTORES.
2) Programar o acionamento seqüencial para a partida de cinco motores a cada 2 s da seguinte forma:
   - Quando pressionarmos o botão I:3.0/0, acionaremos a cada 2 s um motor que deverá ser representado pelas lâmpadas 10, 11, 12, 13 e 14.
   - Quando pressionarmos o botão I:3.0/0, deveremos desligar um motor a cada 3 s.

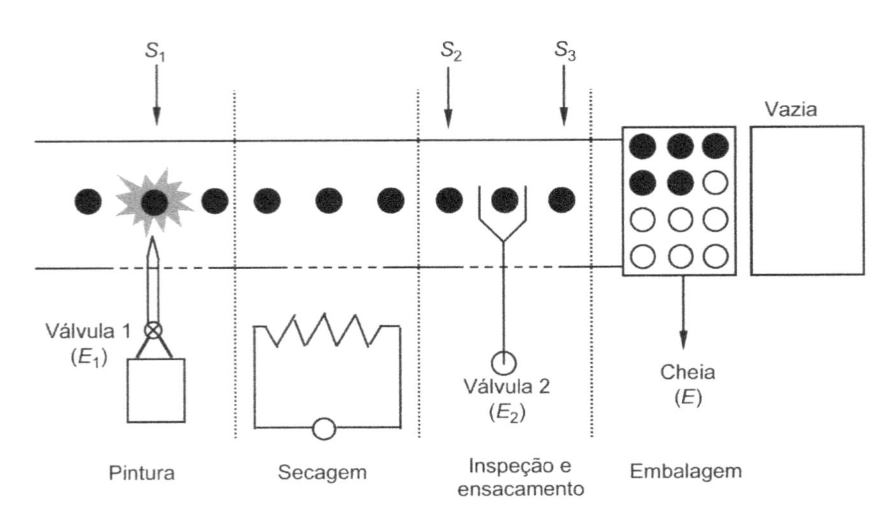

FIGURA E.4.7 Controle de qualidade de embalagem de produto.

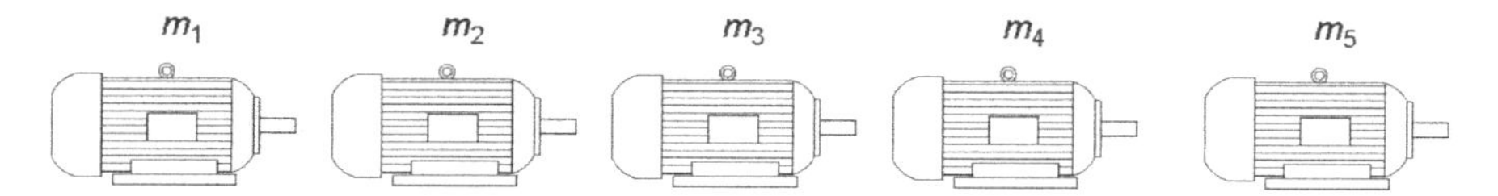

FIGURA E.4.8

- Quando pressionarmos o botão I:3.0/7, deveremos desligar todos os motores ao mesmo tempo.

E.4.9

1) Dentro do projeto, criar um arquivo de programa número ____ , com o nome FURADEIRA.
2) No arquivo FURADEIRA criar um programa para controlar a furadeira com os dados a seguir:
   - Com FC_1, I:3.0/0 acionado e um pulso dado no botão BL_1 , I:3.0/4, deve-se ligar o motor de descida m_1, O:4.0/1, juntamente com o motor de giro m_2, O:4.0/2.
   - Quando o FC_2, I:3.0/1 for acionado deve-se desligar o motor m_1, manter o m_2 ligado e ligar o motor de subida m_3, O:4.0/3.
   - Ao acionarmos o FC_1 devem ser desligados os motores m_2, m_3.

E.4.10 Dois sistemas de abastecimento de água são constituídos por duas torres (T_1, T_2), cada uma com uma caixa de água superior (CX_1, CX_2), um reservatório no nível térreo (R_1 e R_2) e um poço artesiano único. Um motor m tira água

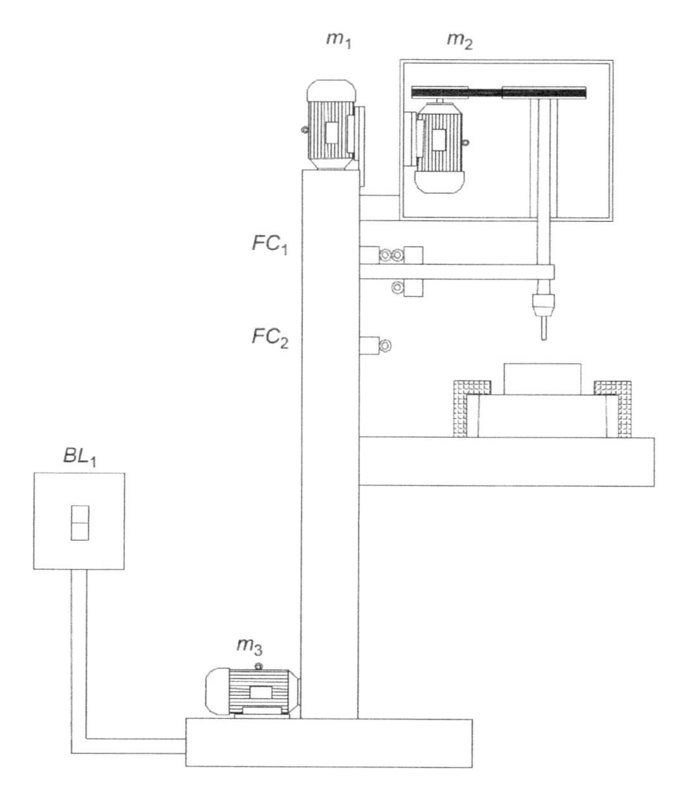

FIGURA E.4.9

do poço para R_1 e R_2 através de válvulas V_1 e V_2 que desviam para R_1 e R_2 quando abertas não simultaneamente. Dois motores m_1 e m_2 independentes recalcam água dos reservatórios para as caixas. Considerando as caixas e os reservatórios com sensores de nível mínimo e máximo, projete um sistema de automação que procure manter cheias as caixas e os reservatórios, desligando o sistema enquanto não houver água no poço.

1. Execute a lista de E/S e o diagrama elétrico.
2. Execute o programa em lader.

E.4.11 Desenvolva um programa em lader para controlar o sistema de silos do Exercício Proposto E.2.5.

CAPÍTULO 5 SISTEMAS SUPERVISÓRIOS

5.1 INTRODUÇÃO

Sistemas Supervisórios são sistemas digitais de monitoração e operação da planta que gerenciam variáveis de processo. Estas são atualizadas continuamente e podem ser guardadas em bancos de dados locais ou remotos para fins de registro histórico.

Como exemplo, tomemos um circuito elétrico hipotético constituído de um interruptor e uma lâmpada-piloto situada a 500 metros de distância.

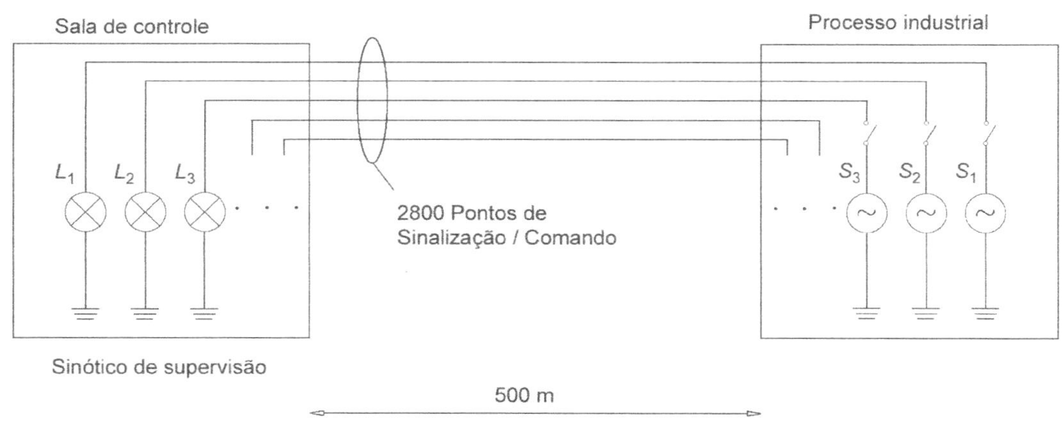

FIGURA 5.1 Circuito elétrico.

Estando o operador junto à lâmpada, esse circuito permite acompanhar a abertura ou o fechamento dos sensores e atuadores, instantaneamente, no processo industrial.

O interruptor poderia ser substituído por qualquer outro sinal a ser monitorado: um contato auxiliar do contator de um motor; uma chave de nível de um tanque; um sensor de presença de segurança; sensores óticos etc.

No caso de haver muitos circuitos desses (Figura 5.1), onde seja preciso realizar a supervisão com a finalidade de sinalização da planta, é necessário que haja um processamento bastante rápido e em tempo real. Essas necessidades são satisfeitas pelos computadores atuais, cujos softwares ficam responsáveis pelo monitoramento de todos os circuitos e também pela indicação de eventuais estados de alarme.

Em todos os processos industriais existentes há dois tipos básicos de variáveis:

- **Digitais**
  Quando as variáveis podem ser interpretadas por apenas dois estados discretos.
  Exemplo: motor ligado ou motor desligado; lâmpada acesa ou apagada; motor em falha ou normal etc.
- **Analógicas**
  Quando as variáveis assumem valores que percorrem uma determinada faixa estabelecida.
  Exemplo: velocidade de um carro; temperatura de um forno; corrente de um motor.

Por outro lado, os sistemas supervisórios podem ser classificados basicamente quanto a complexidade, robustez e número de entradas e saídas monitoradas.

Os dois grandes grupos atualmente conhecidos são:

- IHM / HMI (Interface Homem-Máquina/*Human Machine Interface*)
- SCADA (*SUPERVISORY CONTROL AND DATA ACQUISITION* - Aquisição de Dados e Controle Supervisório)

5.2 IHM / HMI (INTERFACE HOMEM-MÁQUINA / *HUMAN MACHINE INTERFACE*)

São sistemas normalmente utilizados em automação no chão-de-fábrica, geralmente caracterizado por um ambiente agressivo. Possuem construção extremamente robusta, resistente a jato de água direto, umidade, temperatura e poeira de acordo com o IP (grau de proteção) necessário.

Algumas IHMs modernas têm incorporado às suas características-padrão a capacidade para o gerenciamento de uma quantidade maior de variáveis.

A aplicação de IHMs pode ir desde simples máquinas de lavar pratos até cabines (*cockpits*) das aeronaves e helicópteros. Neste último caso as IHMs são extremamente especializadas para atender à função a que se destinam.

Assim, a IHM está normalmente próxima à linha de produção, instalada na estação de trabalho, traduzindo os sinais vindos do CLP para sinais gráficos de fácil entendimento (Figura 5.2).

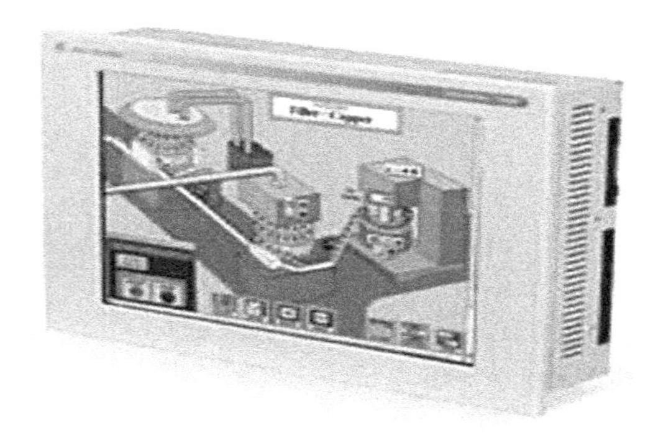

FIGURA 5.2 Exemplo de IHM com visão do processo.

Antigamente a melhor integração do homem com o processo industrial era constituída por um grande painel sinótico que utilizava com freqüência anunciadores de alarmes, sinaleiros, chaves seletoras e botoeiras que permitiam comandar ou visualizar estados definidos como ligado ou desligado, alto ou baixo, temperatura elevada ou normal.

Com o desenvolvimento tecnológico para atender a essa demanda, surgiram os *displays* e as chaves digitais (*thumbweel switches*). Os displays permitiam visualizar os valores das variáveis do processo e as chaves mudar parâmetros predefinidos, como, por exemplo, valores temporizados ou contadores.

No entanto, esse tipo de interface trazia dois problemas claros: o primeiro era a dimensão da superfície do painel, que muitas vezes necessitava ser ampliada somente para alojar tantos botões ou informações que eram necessárias, e o segundo toda a complexa fiação para interligar os sensores e atuadores aos displays e chaves digitais.

O desenvolvimento das interfaces homem-máquina, com visores alfanuméricos, teclados de funções e comunicação serial, trouxe consigo os seguintes benefícios:

- economia de fiação e acessórios, pois a comunicação com o Controlador Programável se baseia em uma transmissão serial com um ou dois pares de fio trançados, economizando vários pontos de entrada ou saída e a fiação deste com os sinaleiros e botões;
- redução da mão-de-obra para montagem, pois em vez de vários dispositivos apenas a IHM é montada;
- eliminação física do painel sinótico;
- aumento da capacidade de comando e controle, pois a IHM pode auxiliar o CLP em algumas funções, como, por exemplo, massa de memória para armazenar dados etc;
- maior flexibilidade frente a alterações necessárias no campo;
- operação amigável;
- fácil programação e manutenção.

Uma IHM é um hardware industrial composto normalmente por uma tela de cristal líquido e um conjunto de teclas para navegação ou inserção de dados que utiliza um software proprietário para sua programação.

Há várias aplicações e utilizações para uma IHM:

- visualização de alarmes gerados por alguma condição anormal do sistema;
- visualização de dados dos motores e/ou equipamentos de uma linha de produção;
- visualização de dados de processo da máquina;
- alteração de parâmetros do processo;
- operação em modo manual de componentes da máquina;
- alteração de configurações de equipamentos.

Temos exemplos de máquinas operatrizes que contêm IHMs e chamadas de CNC (Comando Numérico Computadorizado).

Com o CNC pode-se automatizar tornos, fresadoras, retíficas, centros de usinagem, ou seja, qualquer máquina em que haja necessidade de se interpolar eixos.

Em máquinas automatizadas com o emprego de CNC é imprescindível o uso de IHMs dedicadas, pois existe uma necessidade real de que o operador interaja com a máquina diretamente nas seguintes situações:

- referenciamento dos eixos;
- ajuste de ferramentas;
- carga de programa de uma peça a ser usinada;
- acompanhamento da execução do programa enquanto a máquina está usinando a peça;
- parametrização dos acionamentos dos servomotores;
- ajuste de velocidade de avanço das ferramentas sobre a peça;
- visualização de alarmes;

- tela de manutenção em que pessoas preparadas podem intervir no funcionamento da máquina;
- realização de movimentos manuais.

5.3 SCADA – *SUPERVISORY CONTROL AND DATA ACQUISITION* (AQUISIÇÃO DE DADOS E CONTROLE SUPERVISÓRIO)

O sistema SCADA foi criado para supervisão e controle de quantidades elevadas de variáveis de entrada e saída digitais e analógicas distribuídas (Figura 5.3).

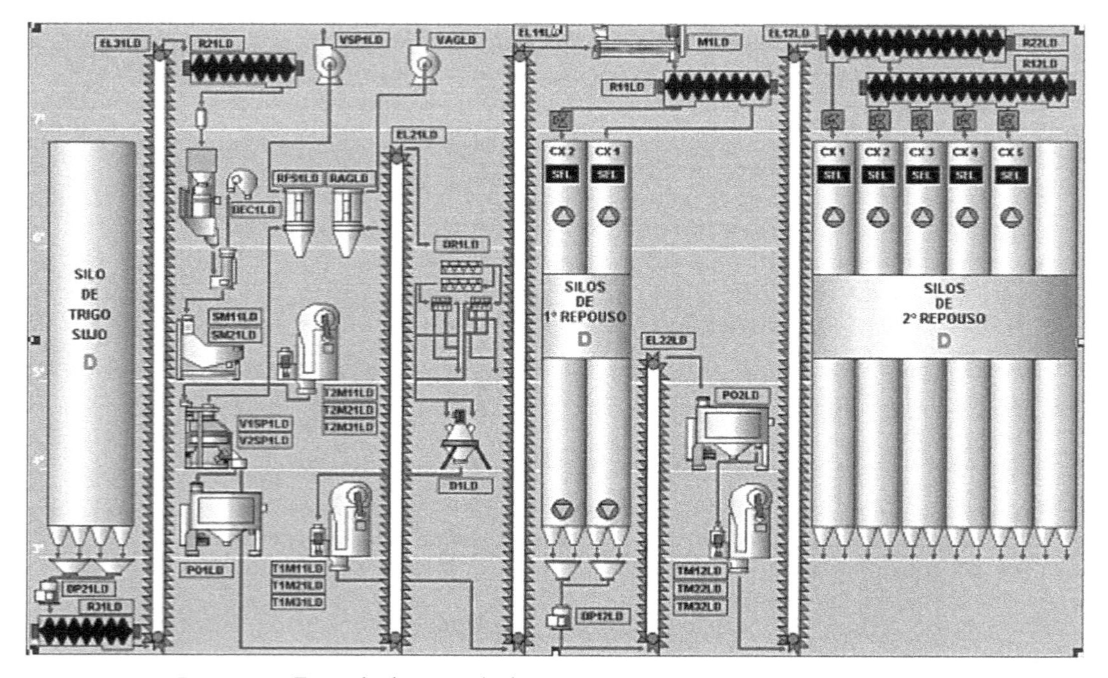

FIGURA 5.3 Exemplo de uma tela de supervisório para controle e monitoração.

Sua aplicação tem sido implementada tanto na área civil quanto na industrial. Esses sistemas visam à integridade física das pessoas, equipamentos e produção, consistindo muitas vezes em sistemas redundantes de hardware e meio físico (canal de informação) e permitindo pronta identificação de falhas. Alguns sistemas permitem a troca a quente do hardware danificado, facilitando o reparo sem necessitar de parada do sistema.

Hoje pode-se interpretar sistemas constituídos por IHM e UTR inteligente (CLP) como sendo um sistema SCADA (redundância, volume de informações, robustez etc).

Em alguns processos especiais há a necessidade de várias IHMs solicitarem informações de um mesmo CLP. Geralmente utiliza-se uma rede ponto a ponto, o que faz com que possa haver perda de desempenho devido ao fato de as solicitações serem feitas ao mesmo tempo e independentemente. Muitas vezes cada IHM pode ter sua região de memória no CLP. Talvez o único benefício real gerado por essas estruturas seja a redundância devido ao fato de uma IHM independer totalmente das demais.

5.3.1 Arquiteturas dos sistemas supervisórios da automação industrial

Os sistemas de supervisão e controle comumente chamados de sistemas SCADA são sistemas configuráveis, destinados à supervisão, ao controle e à aquisição de dados de plantas industriais, apresentando custo menor que os SDCD (Sistemas Digitais de Controle Distribuído) e, por essa razão, sendo muito populares nas indústrias.

A interação do operador com o processo é garantida através de interfaces gráficas que permitem uma interação amigável. A base de hardware pode ser um PC comum, que facilita e otimiza os custos com hardware.

Esses sistemas possibilitam configurar os arquivos de alarmes e eventos, além de relatórios e interfaces para controle de receitas e funções avançadas através da escrita de *scripts*, que são trechos de programas que permitem ampliar as funcionalidades inerentes do produto.

Na Figura 5.4 é apresentado um sistema SCADA fazendo a aquisição de dados de quatro CLPs.

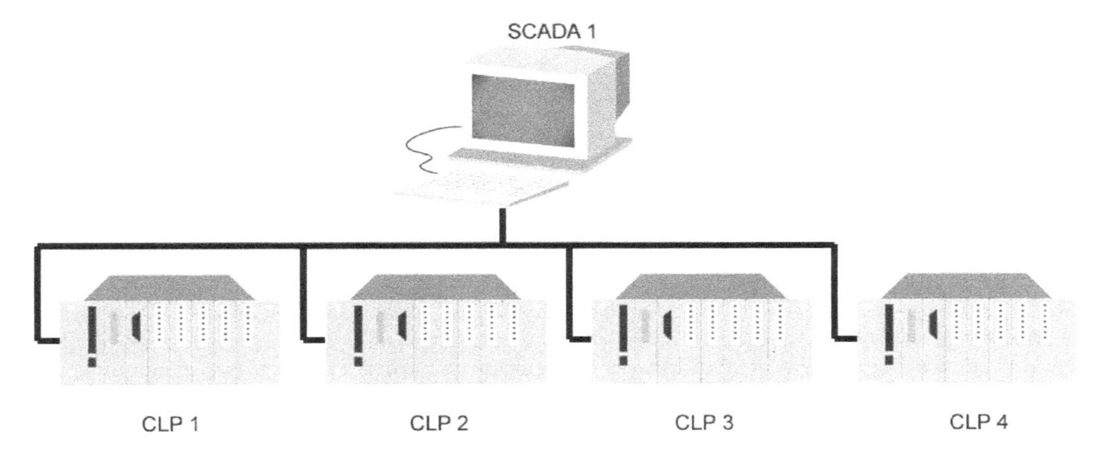

FIGURA 5.4 Sistema SCADA fazendo a aquisição de dados de quatro CLPs.

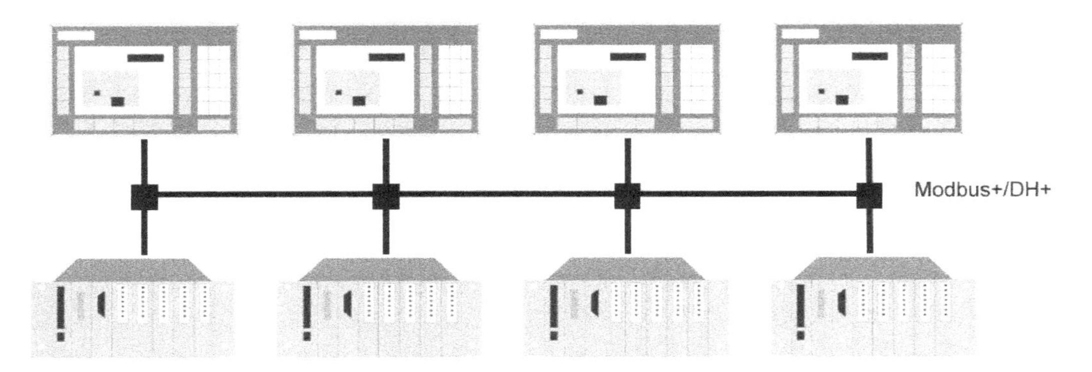

FIGURA 5.5 Exemplo de Arquitetura com protocolo Modbus+ / DH+.

Os sistemas SCADA utilizam dois modos de comunicação: comunicação por *polling* e comunicação por interrupção, normalmente designada por *Report by Exception*.

5.3.2 Comunicação por consulta (*polling*)

Neste modo de comunicação designado por mestre/escravo a estação central (Master) tem o controle absoluto das comunicações, efetuando seqüencialmente a leitura dos dados de cada estação remota (Slave), que apenas responde à estação central após a recepção de um pedido, ou seja, em half-duplex. Detalhes dessa forma de comunicação serão vistos no próximo capítulo.

Uma limitação clássica dos CLPs é o número máximo de conexões por CPU: para diminuir custos, os fabricantes de CLPs usam a mesma CPU para processamento e comunicação, tendo esta que partilhar o tempo de processamento com o de comunicação de dados. Infelizmente esses problemas são agravados quando há a utilização de áreas de blocos de memória não compactados ou mesmo pelo simples fato de estar usando uma arquitetura IHM Cliente-simplificado.

Cada estação remota é identificada por um endereço único. Caso uma estação remota não responda durante um período de tempo predeterminado às solicitações que lhe são dirigidas pela estação central, novas tentativas de *polling* serão realizadas antes de se declarar *time-out* e se avançar para a próxima estação.

Vantagens

- Simplicidade no processo de aquisição de dados.
- Inexistência de colisões no tráfego da rede.
- Permite, devido ao seu caráter determinístico, calcular a largura de banda utilizada pelas comunicações e garantir tempos de resposta.
- Facilidade na detecção de falhas de ligação; permite o uso de estações remotas não-inteligentes.

Desvantagens

- Incapacidade, por parte das estações remotas, de comunicar situações que requeiram tratamento imediato por parte da estação central.
- O aumento do número de estações remotas tem impactos negativos no tempo de espera.
- A comunicação entre estações remotas tem obrigatoriamente que passar pela estação central.

5.3.3 Comunicação por interrupção (*report by exception*)

Neste modo de comunicação, a estação remota monitora os seus valores de entrada e, quando detecta alterações significativas ou valores que ultrapassem os limites definidos, inicia a comunicação com a estação central e a conseqüente transferência de dados.

O sistema é implementado de modo a permitir a detecção de erros e a recuperação de colisões.

Antes de iniciar a transmissão, a estação remota verifica se o meio está ocupado por outra estação, aguardando um tempo programado antes de efetuar nova tentativa de transmissão. Em caso de colisões excessivas, em que o sistema é gravemente afetado, a estação remota cancela a transmissão, aguardando que a estação central proceda à leitura dos seus valores através de *polling*.

Vantagens

- Evita a transferência de informação desnecessária, diminuindo o tráfego na rede.
- Permite uma rápida detecção de informação urgente.
- Permite comunicação entre estações remotas, escravo para escravo.

Desvantagens

- A estação central apenas consegue detectar falhas na ligação após um determinado período de tempo, ou seja, quando efetua *polling* no sistema.
- É necessária a existência de ação por parte do operador para obter os valores atualizados.

Este sistema é típico para controle de pequenos processos ou máquinas.

Para o controle de grandes processos industriais é necessária uma arquitetura mais robusta, com disponibilização dos dados de processo, formatados e manipulados de modo a assegurar a qualidade da informação para os diversos sistemas de controle, planejamento e acompanhamento da produção (democratização da informação).

Para se atingir esse objetivo é preciso que no nível 2 da pirâmide da automação (Figura 1.8) sejam analisados os diversos dados que vêm do processo para distinguir quais os usuários que precisarão de cada um deles, ou seja, quais dados vão para cada profissional capacitado, como, por exemplo, o gerente de manutenção, o gerente de qualidade, o supervisor de produção, o gerente industrial, o pessoal da contabilidade e os acionistas.

Para que o acesso às informações do sistema SCADA seja "democratizado" este sistema precisa alimentar um banco de dados, sendo fundamental organizá-lo em um formato que outros aplicativos possam utilizar. A forma mais utilizada é o sistema SCADA abastecer um banco de dados relacional (SQL Server®, Oracle®, Informix®, Sybase®, entre outros), para que a partir dele as informações possam ser utilizadas em tempo real e por outros softwares do sistema de gestão da empresa.

Para grandes aplicações, onde vários computadores operam a planta, existe a necessidade de se estabelecer um critério de como será feita a aquisição de dados dos CLPs, de estações remotas e demais equipamentos inteligentes do chão-de-fábrica, levando em consideração a forma das várias interfaces IHMs. Uma maneira simples de fazer isso é colocar todas as interfaces para se comunicar com os equipamentos inteligentes do chão-de-fábrica. Isso terá uma desvantagem imediata, que será a baixa performance de comunicação, uma vez que todos os computadores precisam acessar os dados ao mesmo tempo, e nunca terão uma base exatamente igual.

Outra forma é um sistema SCADA acessando os dados dos CLPs e disponibilizando-os para outros sistemas através de uma rede entre computadores, totalmente independente da rede de CLPs. Essa transferência de dados entre computadores é feita a grande velocidade, empregando rede de alto desempenho com filosofia cliente/servidor. A máquina que acessa os dados do CLP passa a ser o servidor de dados para as demais que funcionam como clientes.

A Figura 5.6 exemplifica uma solução típica. De acordo com a figura, na queda do SCADA 1 o SCADA 2 poderá ativar seu driver de comunicação e começar a fazer a leitura dos dados dos CLPs.

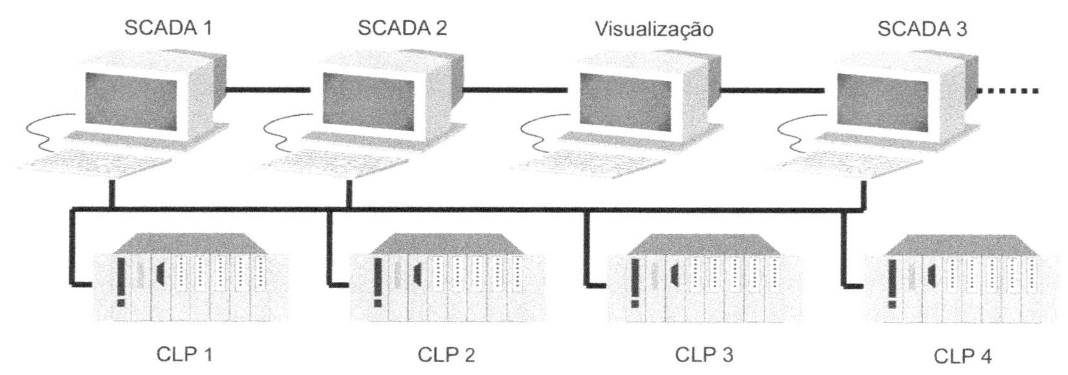

FIGURA 5.6 Sistemas SCADA acessando os dados e transferindo-os para outras estações de supervisão.

Essa arquitetura possibilita que os nós SCADA 1 e SCADA 2 trabalhem em regime de redundância a quente, ou *Hot Stand By*. Nesse caso, um nó denominado "visualização" lê os dados do nó SCADA que estiver ativo. O nó SCADA 3 está acessando os do CLP3, e pode repassar esses dados para os demais nós através da rede de computadores.

Separar a rede de computadores da rede dos CLPs melhora o desempenho da comunicação com o chão-de-fábrica (Figura 5.7).

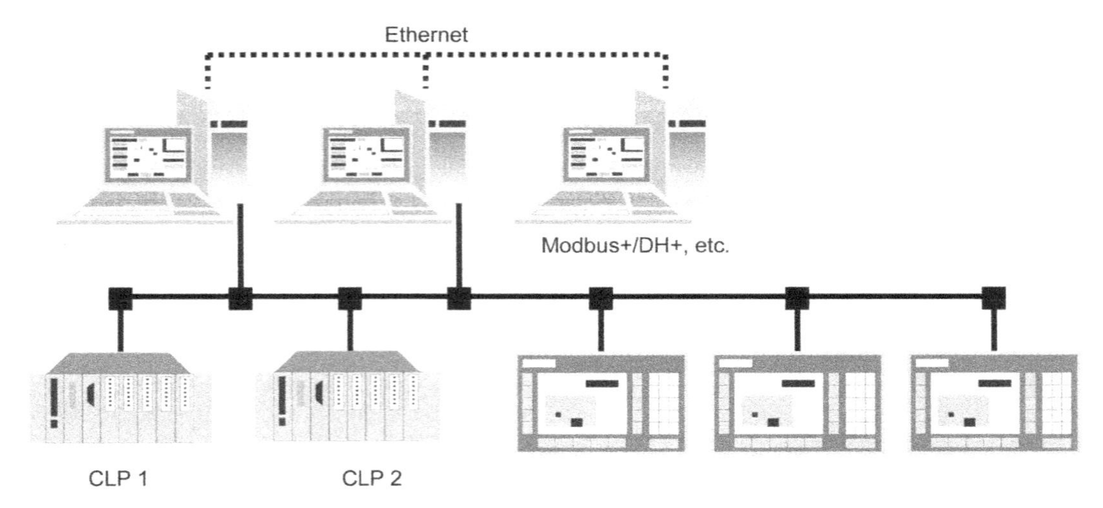

FIGURA 5.7 Exemplo de sistema híbrido cliente, supervisório e CLP em uma rede ModBus/Ethernet.

5.3.4 Supervisão através da Internet

Um recurso muito importante, para uma supervisão *de caráter não-crítico*, é disponibilizar parte dos dados do sistema supervisório por Intranet ou por Internet.

A Figura 5.8 dá um exemplo dessa aplicação:

Quando os dados fluem facilmente do processo de produção para os desktops, as decisões de negócios podem ser feitas de forma mais rápida e inteligente, independentemente do tamanho do processo a ser controlado. Nos dias atuais, o sucesso comercial depende da qualidade e da acessibilidade dos dados de produção.

O problema enfrentado por muitos fabricantes é encontrar um método rápido, barato e fácil de coletar grande quantidade de dados não-críticos do processo e convertê-los em uma forma coerente, de maneira que esses dados auxiliem na gerência do processo e na tomada de decisões, oferecendo uma vantagem competitiva no mercado.

Existem softwares de supervisão que fornecem a solução de apresentar os dados históricos de produção de forma amigável, via Internet, possibilitando transferir dados da produção para gerenciar a empresa de modo mais inteligente e eficaz. O usuário pode analisar esses dados on-line através de um browser como o Internet Explorer® ou Netscape®. Os sistemas permitem troca bidirecional de informações entre o chão-de-fábrica e os sistemas de operação e gerenciamento de processos. O browser comunica-se com o servidor Web através do protocolo HTTP. Após o envio do pedido referente à operação, o browser recebe a resposta na forma de uma página HTML.

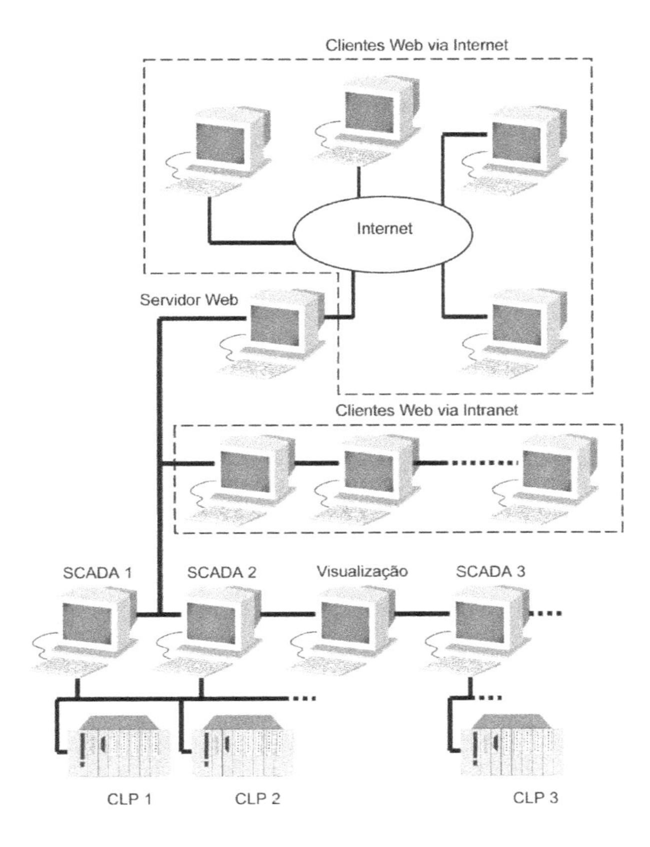

FIGURA 5.8 Servidor web sendo utilizado para permitir supervisão de plantas via intranet e internet.

Vantagens

- O browser disponibiliza um modo de interação simples, ao qual os usuários já estão habituados, podendo incluir ajuda on-line, imagens, som e vídeo.
- Não é necessária a instalação de nenhum cliente, pois geralmente todos os computadores têm browsers instalados, o que simplifica a administração do sistema.
- Apenas é necessário efetuar manutenção de páginas, applets e scripts do lado do servidor.

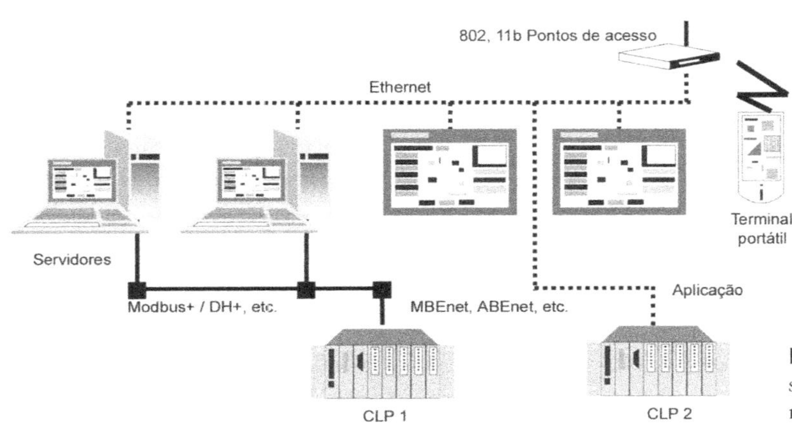

FIGURA 5.9 Sistema cliente, supervisório e CLP em uma rede ModBus/Ethernet.

Tabela de Comparação

Apesar de sempre haver lugar para uma IHM tradicional ligada diretamente ao CLP, as aplicações multiponto/cliente – servidor apresentam vantagens que são a seguir comparadas:

TABELA 5.1 Matriz IHM padrão X IHM servidor cliente simplificado

	Único nó	Único nó	Vários nós	Vários nós	Vários nós
	IHM tradicional não-Windows	IHM tradicional Windows	IHM tradicional não-Windows	Arquitetura híbrida	Cliente-simplificado
Confiabilidade	Alta	Média/Alta	Alta	Média/Alta	Alta
Utilização da CPU do CLP para comunicação	Baixa	Baixa	Alta	Alta	Baixa
Facilidade de operação remotamente	Baixa	Alta	Baixa	Baixa IHM e alta Windows IHM	Alta
Facilidade de configuração	Alta	Alta	Alta	Baixa	Alta
Facilidade de manutenção	Alta	Alta	Média	Baixa	Alta
Capital inicial	Baixo	Médio	Médio	Médio/Alto	Médio
Custo total do projeto	Baixo	Baixo	Médio	Muito/Alto	Baixo

5.4 VARIÁVEIS DOS SISTEMAS SUPERVISÓRIOS

Quando se trabalha com sistemas automatizados complexos surge a necessidade de se criar uma interface amigável, de maneira a facilitar o trabalho de operação da equipe encarregada do sistema.

Em sistemas complexos é muito difícil avaliar o que está acontecendo quando a análise é feita diretamente na programação dos CLPs, ou seja, na representação baseada em lógica de relés, muito comum no mercado.

O sistema supervisório A IHM somente responde a sinais vindos do CLP ou envia sinais ao CLP. Traduz também os sinais vindos do CLP para sinais gráficos, de fácil entendimento.

Como então o CLP envia sinais para o Sistema Supervisório atuar?

O CLP envia esses sinais acompanhados de TAGs (etiquetas). Esses TAGs levam consigo informações como o endereço dentro do CLP e o tipo de TAG. São tipos de TAG:

- DEVICE, significa que os dados se originam dos CLPs para o sistema supervisório.

- DDE (*Dynamic Data Exchange*), significa que os dados se originam de um outro computador da rede.
- MEMORY significa que os dados existem localmente no supervisório.

5.5 MODOS OPERACIONAIS

O sistema supervisório é caracterizado por duas fases:

- Modo de Desenvolvimento (*Development Time*), em que se cria o desenho que será animado, as telas, os programas, os bancos de dados etc.
- Modo de Execução (*Run Time*), em que se mostra o sistema em operação.

5.5.1 Modo de desenvolvimento

É o ambiente onde se criam as telas gráficas, isto é, onde são desenhadas as telas de processo e onde os tags são vinculados às propriedades dos objetos gráficos e aos efeitos de animação. No modo de desenvolvimento é possível criar, copiar e modificar telas e tags conforme as especificações do projeto. Nesse modo são programadas as freqüências com que dados são salvos, para efeito histórico, ou são atualizados para demais necessidades do processo (Figura 5.10).

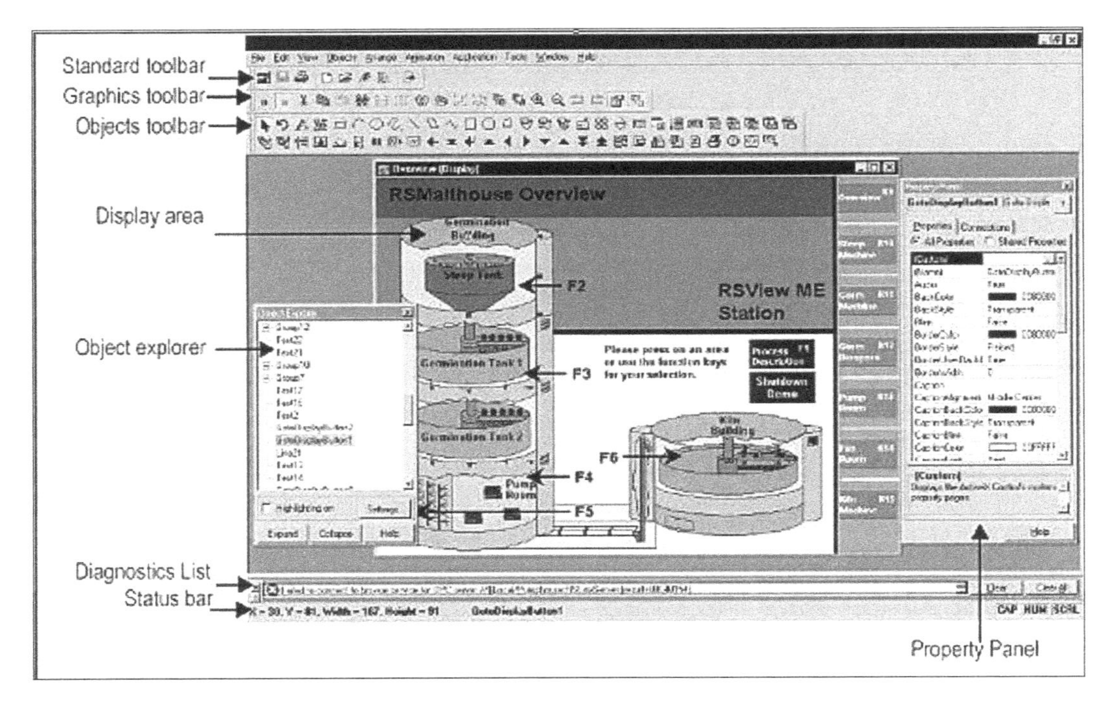

FIGURA 5.10 Tela em modo de desenvolvimento.

5.5.2 Modo de execução

Neste modo de operação uma versão compilada do código-fonte é executada pelo programa supervisório, executando toda a funcionalidade programada no modo Desenvolvimento. Nele se dará a operação integrada com o CLP, durante a automação da planta em tempo real (Figura 5.11).

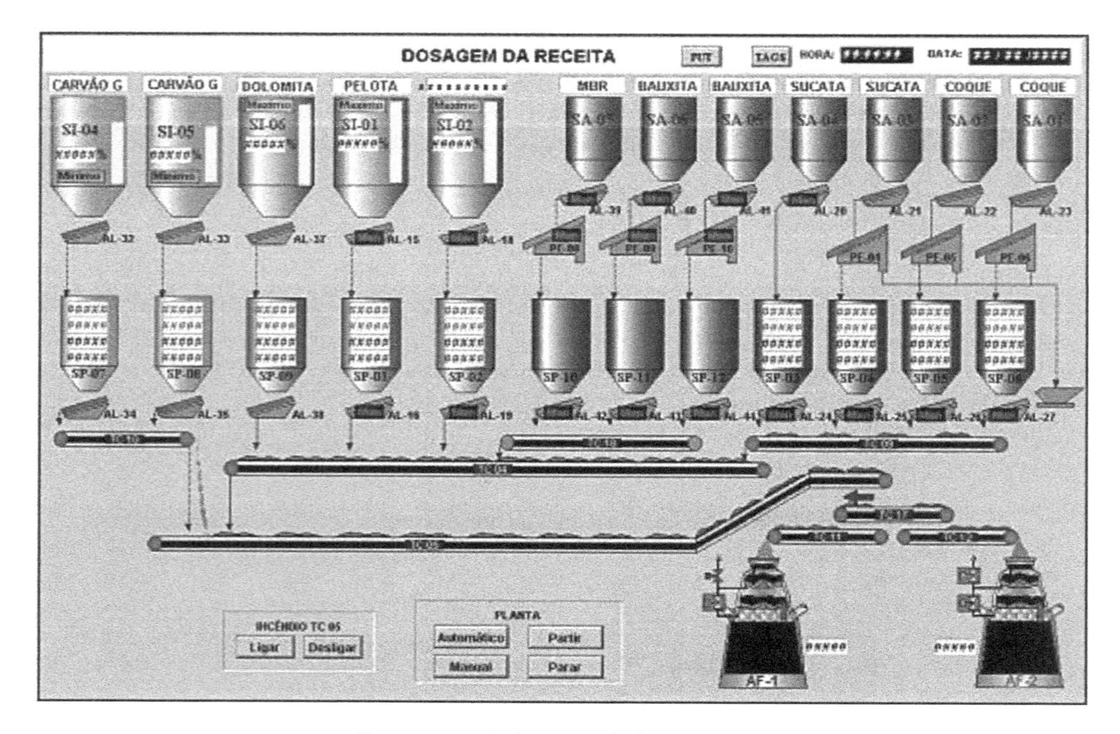

FIGURA 5.11 Tela em modo de execução.

5.6 ATIVIDADES DOS OPERADORES

É interessante observar que as interfaces devem ser amigáveis, isto é, desenvolvidas para facilitar o trabalho de profissionais envolvidos na área. Faz-se, então, necessário classificar o papel de cada profissional dentro do processo pela atividade que ele exerce.

Entre as atividades dos operadores podemos citar:

- Operador externo – trabalhador que interfere, quando programado, diretamente sobre a instalação (manutenção).
- Operador de processo – trabalhador encarregado de conduzir o processo a partir de painéis, telas ou mostradores em sala de controle.
- Chefe de posto – responsável pela equipe de operadores de processo.
- Instrumentista – operador que intervém de modo direto sobre a regulagem e a manutenção dos instrumentos da instalação.

5.6.1 Operação normal e operação sob contingência

Operação Normal

É caracterizada quando a atividade dos supervisores é essencialmente de vigilância, ou seja, atividade que visa detectar defeitos em vias de se produzir antes que possam causar conseqüências graves. Nesses períodos os operadores procedem à observação sistemática dos indicadores essenciais à visualização sintética sobre o estado geral do processo em uma parte da instalação.

Mais detalhadamente, percebemos que nem todos os parâmetros são observados com a mesma freqüência, pois:

- alguns parâmetros são mais sintéticos e fornecem informações sobre o estado global da unidade;
- alguns aparelhos são mais estáveis que outros – o operador sabe que algumas partes se desregulam ou quebram mais freqüentemente que outras;
- algumas desregulagens são mais graves que outras – nesse caso os parâmetros correspondentes também deverão receber vigilância adequada e o trabalho de recuperação será mais acentuado;
- alguma unidade específica está em uma fase de operação particular, ou seja, o operador sabe que consertos estão sendo realizados em determinado equipamento.

Sendo assim, a vigilância do operador está condicionada pela imagem que ele faz do estado do processo em um dado instante, tendo como base de informação o conhecimento que tem do funcionamento da planta e do processo como um todo. Porém, surge um problema: considerando que o sistema está sendo monitorado por um sistema de supervisão que recebe dados de um conjunto de CLPs dentro da planta e trabalha esses sinais transformando-os em sinais de uma interface amigável, o que fazer para que o operador confie sua segurança e a segurança da planta em dependência dos sinais provindos do campo? Os sinais que chegam são realmente um espelho da realidade funcional do sistema ou são apenas parte de uma máscara que pode comprometer todo o conjunto?

Vale ressaltar que a capacidade de vigília do operador tende a diminuir com o decorrer do tempo que passa quando não há ocorrências, em particular em turnos noturnos.

Operação sob Contingência

É caracterizada pela simultaneidade de vários eventos simples, causadores de perturbações no processo, por exemplo, pequenos ajustes em equipamentos exigindo a presença do operador. O ponto em questão é o operador ter que gerenciar várias atividades simultâneas.

Surge então uma nova questão: quando o operador deve optar pela operação manual ou pela automática? O operador deve ter esse tipo de autonomia dentro da sala de controle?

Muitas vezes tal operação deve se basear em um diagnóstico do operador sobre o estado do processo, e não somente sobre aquilo que está visualizando. O sistema deve ser concebido de maneira a permitir o acompanhamento temporal dos parâmetros, facilitando ao operador diagnosticar problemas ocorridos no campo e a todo instante possibilitar o conhecimento do estado do processo buscando assim uma confiabilidade cada vez maior.

5.6.2 Veracidade dos valores apresentados na tela

O operador sabe que a instalação pode apresentar defeitos, logo deve se perguntar sobre a confiabilidade da informação que lhe chega.

Procedimentos que ajudam o operador na diminuição do grau de incerteza são:

- confrontação entre diversos indicadores;
- análise do valor baseado em sua experiência profissional na planta em questão e seus conhecimentos técnicos;
- o conhecimento de operações particulares em curso, como equipamentos fora do ar ou em estado de manutenção, que o farão desconsiderar o sinal lido;
- comparação com aquilo que se passa externamente à sala de controle. Os operadores externos podem possuir outros índices sobre o estado do processo, podendo observar o estado de uma válvula ou qualquer outro equipamento pelo simples fato de estarem no local. Daí a importância de o operador ser autorizado e incentivado a percorrer a planta regularmente, para senti-la como um mecanismo vivo em transformação.

5.7 CARACTERÍSTICAS DOS SISTEMAS SUPERVISÓRIOS

5.7.1 Facilidade de interpretação

A representação da planta por áreas e equipamentos de processo facilita a sua rápida interpretação, assim como a atuação por parte da equipe de operação, especialmente quando a tela é animada com cores e movimentos.

As propriedades de animação dos softwares de desenvolvimento disponíveis permitem a configuração das principais propriedades dos objetos do processo. Essas propriedades variam desde a cor dos objetos até a largura, posição, espessura, visibilidade, podendo chegar até o envio de mensagens do tipo e-mail contendo informações sobre o estado da planta.

A Figura 5.12 é um exemplo de queimador utilizado nas indústrias para controle da temperatura nos reatores de processo. Observar na figura os detalhes da chama e das entradas de combustível.

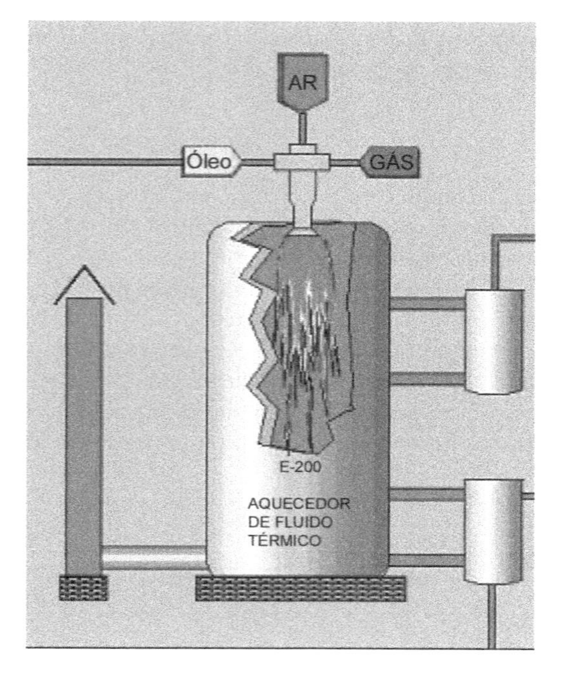

FIGURA 5.12 Tela de supervisório com objetos animados.

Um outro exemplo de facilidade de interpretação é a tela da Figura 5.13, que se refere a uma parte de uma planta de lingotamento contínuo.

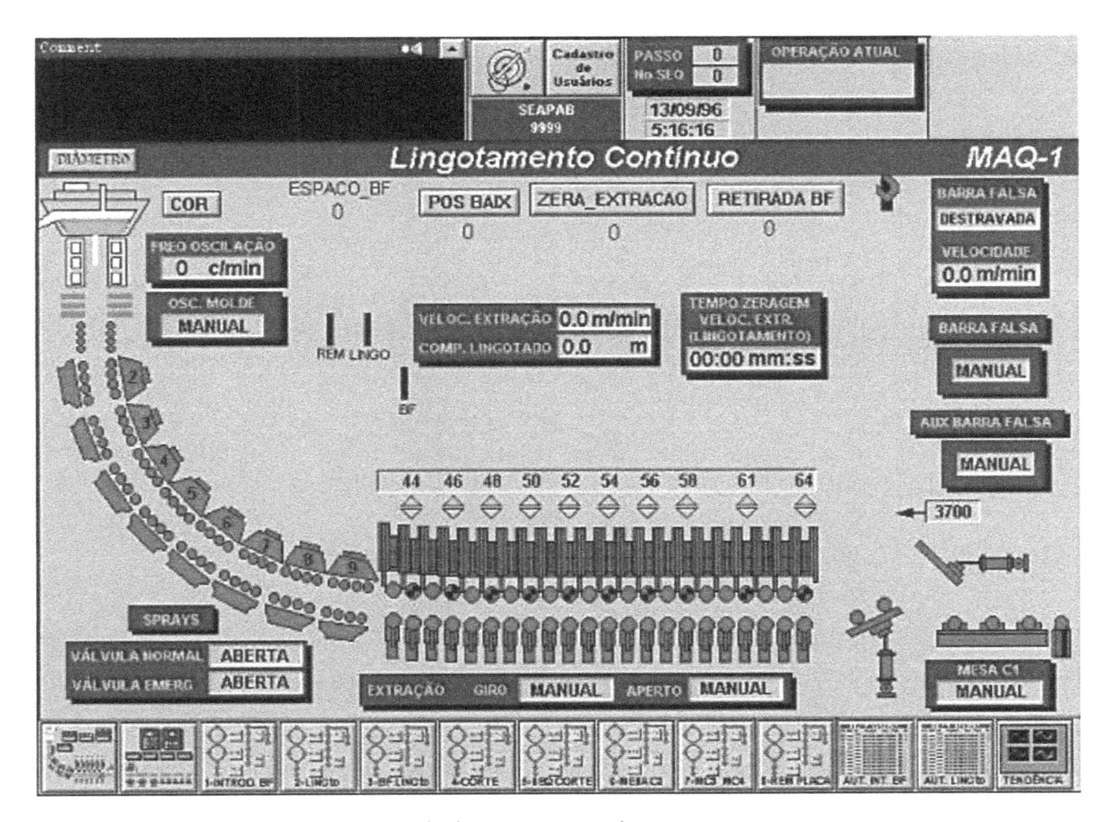

Figura 5.13 Tela de supervisório – lingotamento contínuo.

Observar os detalhes dos elementos físicos que compõem o processo.

A Figura 5.14 é do mesmo processo, sob o ponto de vista do Sistema de Informação: nela se documenta a troca de dados importantes para o processo.

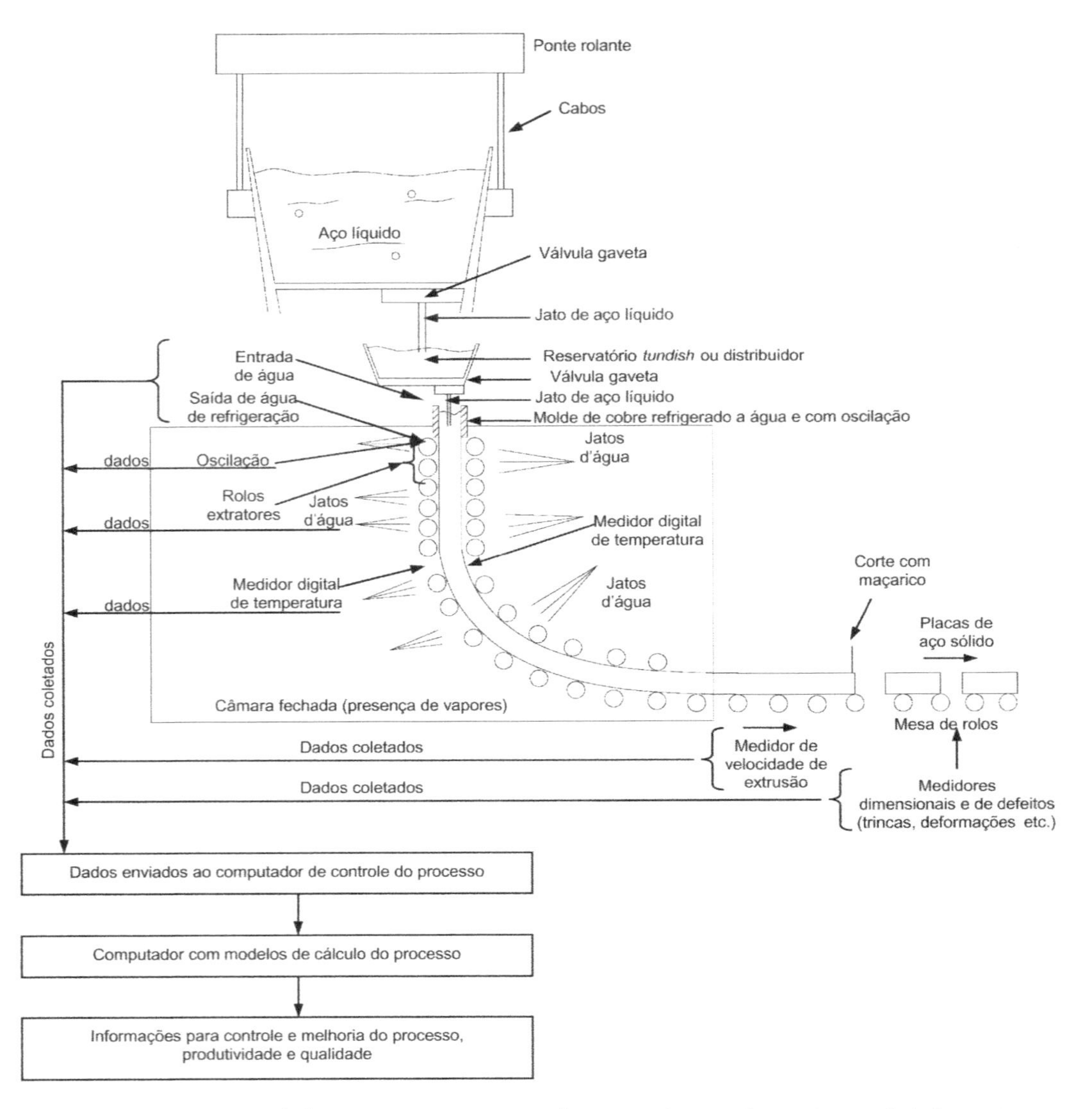

FIGURA 5.14 Esquema de lingotamento contínuo, sob o ponto de vista de um sistema de informação.

5.7.2 Flexibilidade

Alterações no processo, correções ou implementações são facilmente realizáveis por meio de softwares de sistemas supervisórios. Alguns permitem a alteração de telas sem interromper a operação normal do dispositivo em que a alteração está sendo feita (Alteração On Line). É como se o sistema supervisório operasse nos dois modos simultaneamente.

5.7.3 Estrutura

Toda planta de produção é naturalmente dividida em áreas; é recomendável que a estrutura das telas do supervisório acompanhe essa divisão natural. Nas telas são mostrados os principais equipamentos e os instrumentos de medição e atuação do subsistema, permitindo a sua visualização e controle.

A visualização nessa forma sistêmica permite uma navegação objetiva pelo processo, diminuindo o tempo de acesso do operador às variáveis supervisionadas.

Na Figura 5.15 é mostrada uma típica tela de dosagem e segregação de carvão de uma planta siderúrgica:

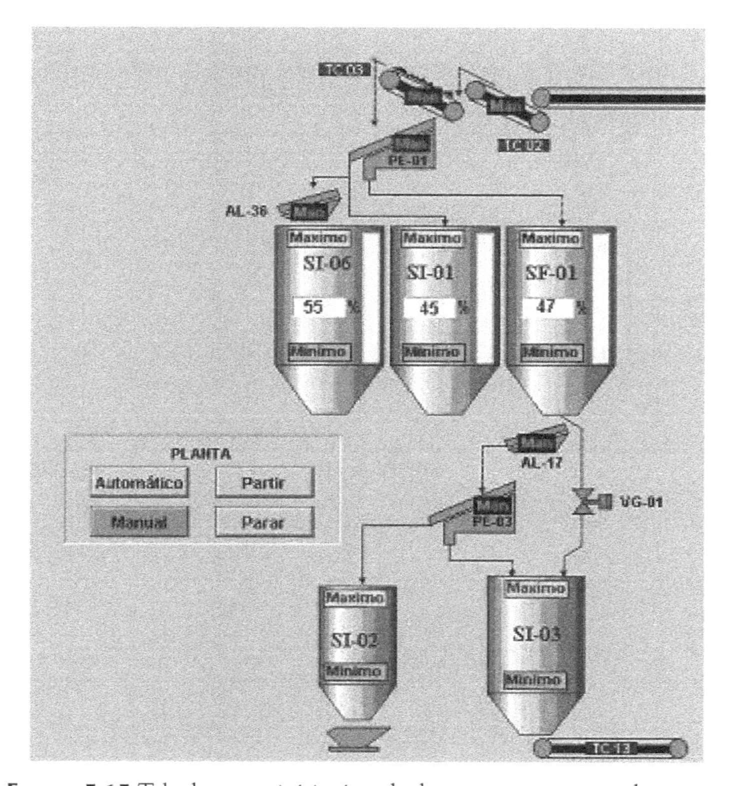

FIGURA 5.15 Tela de supervisório-área de dosagem e segregação de carvão.

Na Figura 5.16 mostra-se o diagrama de blocos de parte de um processo, que pode ser tanto implementado no CLP quanto trabalhado graficamente no Sistema Supervisório.

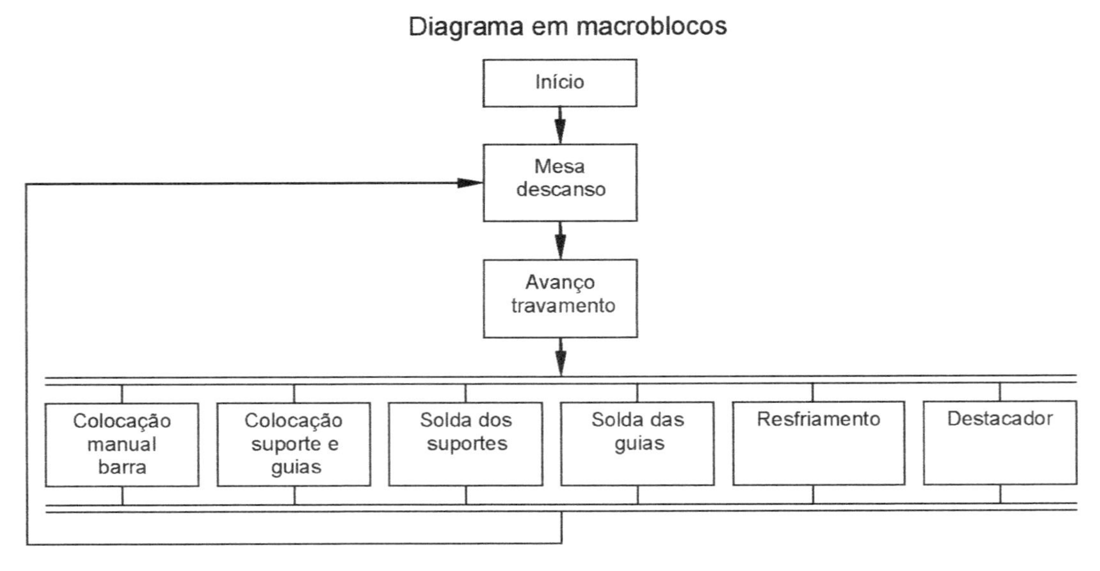

FIGURA 5.16 Exemplo de diagrama de blocos.

5.7.4 Geração de receitas de produção

Os softwares atuais permitem a criação, alteração ou mesmo importação, em tempo real, de parâmetros da receita de produção: *set points* das malhas de controle, tempos de duração dos estágios etc. (Figura 5.17).

RECEITA AF 1 — HORA: — DATA:

SOPRO
VAZÃO DE AR: Nm3/h
TEMPERATURA DE SOPRO: °C
VAZÃO DE OXIGÊNIO: Nm3/h

CARGA METÁLICA
BASE DE MINÉRIO: Kg
SINTER: Kg
PELOTA: Kg
SUCATA: Kg

CARGA MINÉRIO
FERTECO: %
MBR: %
CSN: %

COMBUSTÍVEL SÓLIDO
MISE AU MILLE PADRÃO: Kg/t
MISE AU MILLE REAL: ##### Kg/t
UMIDADE CARVÃO: %
COQUE: Kg
CARVÃO GROSSO: %
CARVÃO MÉDIO: %
CARVÃO FINO: %
CARVÃO TOTAL A ENFORNAR: ##### Kg

COMBUSTÍVEL GASOSO
VAZÃO DE GÁS NATURAL: Nm3/h
TAXA DE SUBSTITUIÇÃO GN:
GÁS RATE: ##### Kg/t

COMBUSTÍVEL TOTAL
FUEL RATE: ##### Kg/t
CARBONO TOTAL: ##### Kg/t

ESCÓRIA TEÓRICA
CaO: #####%
MgO: #####%
SiO2: #####%
Al2O3: #####%
(CaO+MgO)/SiO2: #####%

GUSA POR CARGA
GUSA POR CARGA: ##### Kg

FUNDENTES
CALCÁRIO: ##### Kg
SEIXO: ##### Kg
DOLOMITA: Kg
DUNITO: Kg
ESCORIA de Fe-Si: Kg
BAUXITA: Kg

VOLUME DE ESCÓRIA: Kg/t
FeO+OUTR. DA ESCÓRIA: %
CaO / SiO2 DESEJADO:
Si DESEJADO GUSA: %
CARBONO:

TABELA DE DEFINIÇÕES

BALANÇA	PRODUTO	DIVISÃO	SEQUEN.
SP 01	$$$$$$$$$$	##### ##### ##### ##### #####	
SP 02	$$$$$$$$$$	##### ##### ##### #####	
SP 03	$$$$$$$$$$	##### ##### #####	
SP 04	$$$$$$$$$$	##### ##### #####	
SP 05	$$$$$$$$$$	##### ##### #####	

TABELA DE DEFINIÇÕES

BALANÇA	PRODUTO	DIVISÃO	SEQUEN.
SP 06	$$$$$$$$$$	##### ##### #####	
SP 07	$$$$$$$$$$	##### ##### #####	
SP 08	$$$$$$$$$$	##### ##### #####	
SP 09	$$$$$$$$$$	##### ##### ##### #####	
SP 10	$$$$$$$$$$	##### ##### #####	
SP 11	$$$$$$$$$$	##### ##### #####	
SP 12	$$$$$$$$$$	##### ##### #####	

Salvar

FIGURA 5.17 Exemplo de receita de produção.

Na Figura 5.18 mostra-se um exemplo de receita usada em uma planta metalúrgica:

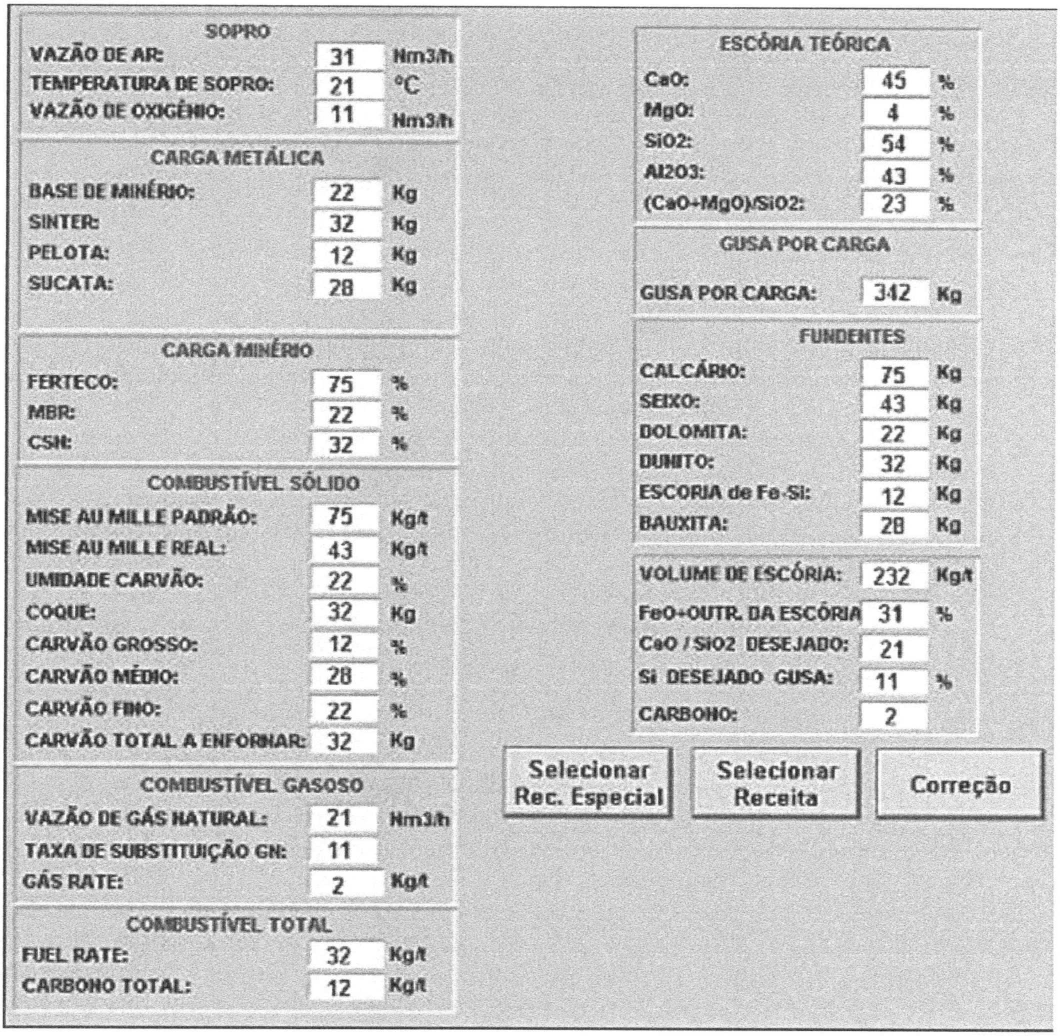

SOPRO
VAZÃO DE AR: 31 Nm3/h
TEMPERATURA DE SOPRO: 21 °C
VAZÃO DE OXIGÊNIO: 11 Nm3/h

CARGA METÁLICA
BASE DE MINÉRIO: 22 Kg
SINTER: 32 Kg
PELOTA: 12 Kg
SUCATA: 28 Kg

CARGA MINÉRIO
FERTECO: 75 %
MBR: 22 %
CSN: 32 %

COMBUSTÍVEL SÓLIDO
MISE AU MILLE PADRÃO: 75 Kg/t
MISE AU MILLE REAL: 43 Kg/t
UMIDADE CARVÃO: 22 %
COQUE: 32 Kg
CARVÃO GROSSO: 12 %
CARVÃO MÉDIO: 28 %
CARVÃO FINO: 22 %
CARVÃO TOTAL A ENFORNAR: 32 Kg

COMBUSTÍVEL GASOSO
VAZÃO DE GÁS NATURAL: 21 Nm3/h
TAXA DE SUBSTITUIÇÃO GN: 11
GÁS RATE: 2 Kg/t

COMBUSTÍVEL TOTAL
FUEL RATE: 32 Kg/t
CARBONO TOTAL: 12 Kg/t

ESCÓRIA TEÓRICA
CaO: 45 %
MgO: 4 %
SiO2: 54 %
Al2O3: 43 %
(CaO+MgO)/SiO2: 23 %

GUSA POR CARGA
GUSA POR CARGA: 342 Kg

FUNDENTES
CALCÁRIO: 75 Kg
SEIXO: 43 Kg
DOLOMITA: 22 Kg
DUNITO: 32 Kg
ESCORIA de Fe-Si: 12 Kg
BAUXITA: 28 Kg

VOLUME DE ESCÓRIA: 232 Kg/t
FeO+OUTR. DA ESCÓRIA 31 %
CaO / SiO2 DESEJADO: 21
Si DESEJADO GUSA: 11 %
CARBONO: 2

Selecionar Rec. Especial | Selecionar Receita | Correção

FIGURA 5.18 Tela de entrada de valores de receita de produção.

5.8 PLANEJAMENTO DO SISTEMA SUPERVISÓRIO

Recomendam-se as nove etapas seguintes no desenvolvimento dos sistemas supervisórios:

- Entendimento do processo.
- Variáveis do processo.
- Planejamento da base de dados.
- Planejamento de alarmes.
- Planejamento da hierarquia de navegação entre telas.
- Desenho de telas.

- Gráfico de tendências.
- Planejamento do sistema de segurança.
- Padrão industrial de desenvolvimento.

5.8.1 Entendimento do processo

Para o completo e detalhado entendimento de um processo de automação, faz-se necessária a reunião de uma grande variedade de informações vindas de várias fontes.

O que deve ser feito?

- Após estudar a documentação escrita existente, informar-se com os operadores do sistema a ser automatizado (no caso de já existir uma planta em funcionamento) ou com os especialistas no processo para conhecer as operações da futura planta, registrando as observações por escrito.
- Conversar com a gerência e o corpo administrativo para descobrir quais informações necessitam para garantir o suporte de suas decisões, e registrá-las.
- Separar o processo em suas partes constituintes, respeitando a divisão natural estabelecida na cultura da empresa. Colocar o processo em uma estrutura do tipo diagrama de blocos de modo a entender as interações entre os sistemas para se ter uma idéia do volume de informações a serem trocadas entre eles. Quebrar o processo em etapas e dar-lhes nomes precisos.
- Descobrir qual o melhor tipo de comunicação a ser utilizado — quais redes, servidores de dados e dispositivos, e quais as variáveis que precisam ser monitoradas e/ou controladas, identificando sua posição nos CLPs.

5.8.2 Variáveis do processo

A comunicação entre o CLP e um sistema supervisório é feita utilizando endereços de memória do próprio CLP. Cada variável é acompanhada por um tag. Este tag é utilizado em vários locais: na lista de materiais; nos desenhos e diagramas do projeto; na plaqueta física do equipamento junto ao instrumento e nas listas de tags do supervisório.

No supervisório, o valor da variável convertido para uma unidade de engenharia apropriada é apresentado em um campo localizado na tela de processo, podendo formar um gráfico histórico.

Por exemplo, em uma linha de produção de bobinas de tiras de aço (Figura 5.19) é importante medir a vazão de soda cáustica (NaOH) para controle do pH do banho, cuja função é a limpeza alcalina da folha de aço.

O conhecimento da vazão da soda cáustica é um importante sinal, uma vez que indica tanto um eventual vazamento quanto um mau controle da malha do pH. Por isso o engenheiro de processo deve especificar um instrumento de medição magnético de fluxo e nomear sua variável por meio de um tag (FT116, por exemplo).

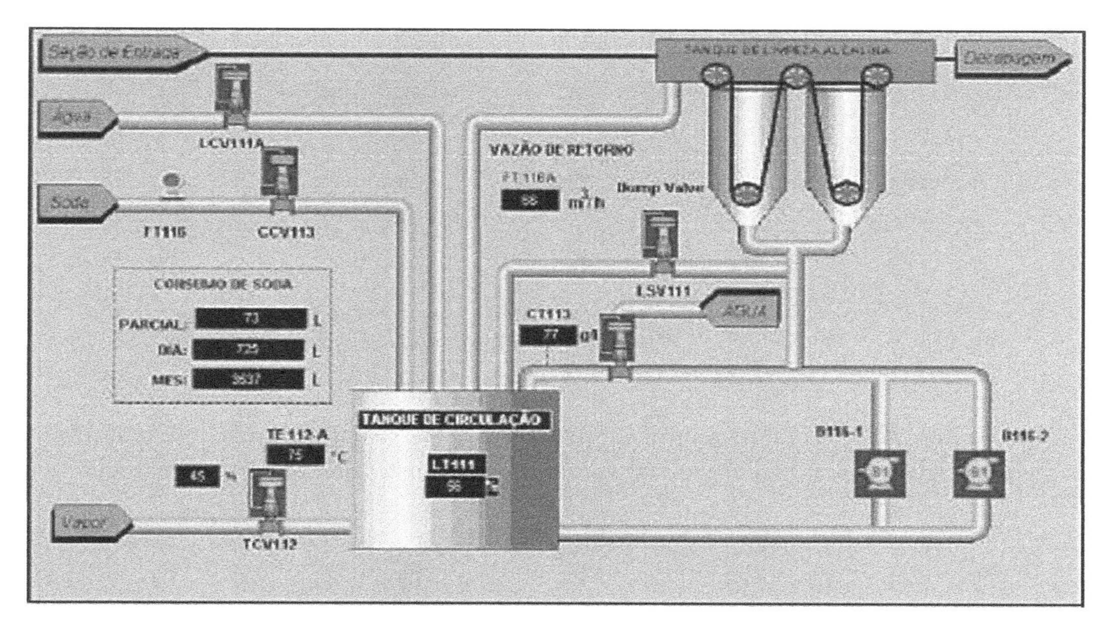

FIGURA 5.19 Tela do IHM do sistema de limpeza alcalina – planta metalúrgica.

Este tag é particular desta planta, e sua interpretação é feita da seguinte forma, de acordo com o Código ISA da Tabela 5.2:

1º dígito (F):
Tipo: Medidor de fluxo;

2º dígito (T):
Tipo: Transmissor de sinal;

3º dígito (1):
Número da linha de processo onde foi colocado o instrumento;

4º dígito (1):
Área onde o produto está sendo utilizado. No caso, a soda está na área de limpeza alcalina, conhecida na empresa como área 1;

5º dígito (6):
Natureza da variável lida: vazão.

TABELA 5.2 Código para instrumentação – ISA

Variável de processo	Símbolo	Tipo de instrumento	Símbolo
Analyses	A	Alarm	A
Burner	B	Users Choice	B
Combustion	B	Controller	C
Users Choice	C	Control valve	CV
Users Choice	D	Trap	CV
Voltage	V	Sensor (primary element)	E
Flow Rate	F	Rupture disc	E
Users Choice	G	Sight or gage glass	G
Current (electric)	I	Monitor	G
Power	J	Indicator	I
Time	K	Control Station	K
Level	L	Light (pilot/operation)	L
Users Choice	M	Users Choice	N
Users Choice	N	Flow Resistance Orifice	O
Users Choice	O	Test point (sample point)	P
Pressure / Vacuum	P	Recorder	R
Radiation	R	Switch	S
Speed (or Frequency)	S	Transmitter	T
Temperature	T	Multifunction	U
Multivariable	U	Valve/Damper	V
Vibration	V	Well	W
Weight (force)	W	Unclassified	X
Unclassified	X	Relay	Y
Event	Y	Driver	Z
Position, dimension	Z	Actuator	Z

De forma geral, a correta interpretação do tag é mais complexa, conforme mostra a Figura 5.20, envolvendo vários campos:

a) Campos que representam as características do tag:
   - **Campo Nome**: "apelido" ou "tag" propriamente dito. Esse nome engloba em alguns supervisórios o caminho das pastas onde o tag está localizado. No exemplo da Figura 5.20 o tag do peso do Silo de Pesagem 1, "ENT\ANA\SP_1_ATUAL", está incorporando a **ENT**rada **ANA**lógica do **S**ilo de **P**esagem número 1 **ATUAL**izada em tempo real.

– **Campo Tipo**: este campo indica ao supervisório qual o tipo de interpretação que deve ser dada ao endereço lido ou escrito. Exemplo: Analógico, Digital ou String (Texto).
– **Campo Segurança**: nível mínimo de acesso que o operador deve ter a fim de estar habilitado a manipular o conteúdo desse tag. Esse campo garante acesso e interferência em graus distintos de operadores referentes às áreas de produção, manutenção, projeto etc. da indústria em relação ao sistema supervisório.
– **Campo Descrição**: breve descrição funcional da informação do tag.
– **Campos Mínimo, Máximo, Escala, Offset, Unidade e Tipo de dado**: campos utilizados para a correta interpretação da variável recebida ou enviada para o CLP.

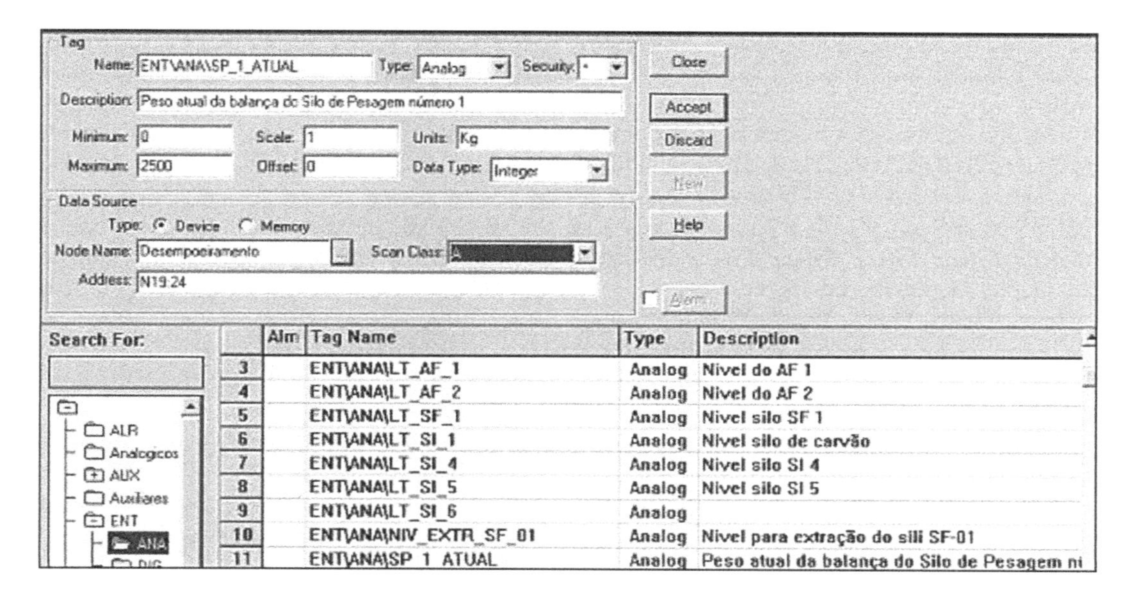

FIGURA 5.20 Exemplo de tela para criação da base de dados do supervisório.

b) Campos que representam a origem e a finalidade da informação contida no tag:
– Tipo da variável: os dados utilizados no supervisório podem ser de dois tipos, como já visto:
  • Para fins internos ou *memory*. Geralmente essas variáveis são usadas para informações de utilidade apenas para o próprio supervisório. Por exemplo: variáveis de animação para "piscar" objetos para fins de sinalização, variáveis internas de gráficos de tendências etc.
  • Para comunicação com os CLPs ou *Device*. Essas correspondem à quase totalidade das variáveis, e são tratadas na comunicação com os nós (CLPs).
– Nome do nó do dispositivo a receber a comunicação, por exemplo CLPs, unidades remotas inteligentes etc. O nome do nó é também um apelido para o endereço físico do dispositivo, por exemplo, "Desempoeiramento".

- Taxa de atualização dos dados ou classe de scan (Scan Class). Permite um maior ou menor intervalo de tempo para atualização dos dados trazidos ou escritos nos CLPs. Esse parâmetro interfere diretamente na qualidade da comunicação devido ao fato de influir no tráfego de informações na rede. Em uma rede altamente congestionada este é um dos primeiros campos a serem alterados, visando a diminuir a taxa de atualização das informações.
- Endereço: posição da memória no programa do CLP onde a informação será escrita ou lida. Em alguns supervisórios atuais esse campo pode ser preenchido com os próprios tags do programa aplicativo do CLP.

5.8.3 Planejamento da base de dados

Quando se planeja a Base de Dados é interessante escolher para apresentação somente os dados essenciais, de maneira que o sistema supervisório se torne conciso. É necessário ter em mente um limite superior para o número de dados, principalmente em se tratando de sistemas que envolvam redes.

Um grande tráfego na comunicação pode prejudicar o desempenho total (velocidade e integridade de informação). As variáveis devem ser divididas em classes de varredura segundo suas mínimas taxas de atualização e sua importância para o processo.

Em sistemas com grande número de variáveis a contribuição da taxa de atualização das variáveis analógicas na performance geral da comunicação costuma ser o primeiro parâmetro verificado na otimização da rede de comunicação

O responsável pela tomada de dados deve ter em mente de que forma as variáveis serão mostradas no sistema supervisório, em sintonia com o projetista da IHM. Isso ajuda a otimizar o resultado final, reduzindo informações redundantes que nada contribuem para a melhoria do sistema.

O processo de busca das informações consome grande energia de processamento e grande volume de tráfego na rede. A quantidade de dados deve sempre ser levada em consideração na escolha do CLP do supervisório e na distribuição das variáveis ao longo do programa. *Invista tempo no projeto da base de dados*. A preparação da base de dados deve levar em conta que não importa quão rápido o seu sistema seja, uma base de dados otimizada representa maior eficiência de troca de dados, permitindo tempos de atualização menores e menor chance de problemas futuros.

No início da coleta de dados de um supervisório alguns documentos são indispensáveis:

- Levantamento das informações das variáveis a serem controladas ou monitoradas. Isso exige uma visualização do processo, que pode ser fornecida pelos P&ID (Piping and Instrumentation Diagram) ou mesmo um diagrama de blocos de cada processo da planta (Figuras 5.21 e 5.22).

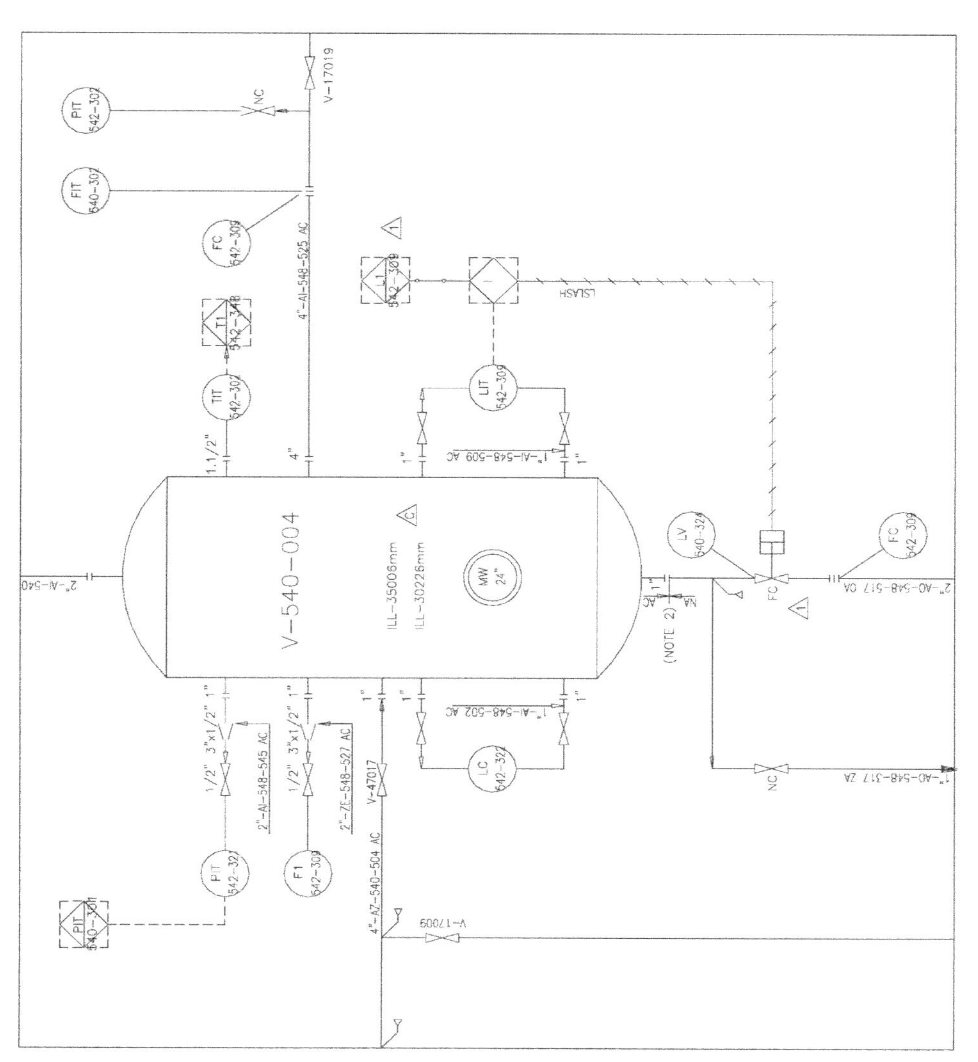

Figura 5.21 Exemplo extraído de um diagrama de processo (P&ID).

- Mapa de memória dos CLPs e registradores que serão lidos ou escritos (Figura 5.22).

MEMORY MAP																2857 NN SE 066 Rev. 3
130 KT/Y PP																
LOCATION ON SWITCHGEAR		ITEM	P&I TAG	DESCRIPTION		Node Nr.13 ELECT. - PLC (Serial link)								DCS/ESD/PK - PLC (Serial link)		
						file	word	bit / scale	D / A	from	to	node	PLC	file	word	bit / scale
40HVS01		INC. LINE A		INCOMING LINE A	C.B. STATUS	N110	000	00	D		X	25	DCS	N170	000	00
40HVS01		INC. LINE A			C.B. POSITION	N110	000	01	D		X	25	DCS	N170	000	01
40HVS01		INC. LINE A			C.B. TRIP	N110	000	02	D		X	25	DCS	N170	000	02
40HVS01		INC. LINE A			E.S. STATUS	N110	000	03	D		X	25	DCS	N170	000	03
40HVS01	<3>	INC. LINE A			V MEAS.	N210	000	0-40000V	A		X	25	DCS	N210	000	0-40000V
40HVS01	<3>	INC. LINE A			A MEAS.	N210	001	0-1250A	A		X	25	DCS	N210	001	0-1250A
40HVS01		INC. LINE A			COSf MEAS.	N210	002	-0.5 0 +0.5	A		X	25	DCS	N210	002	-0.5 0 +0.5
40HVS01	<3>	INC. LINE A			W MEAS.	N210	003	0-45000kW	A		X	25	DCS	N210	003	0-45000kW
40HVS01	<3>	INC. LINE A			WH MEAS.	N210	004	xxxxx,x kWh	A		X	25	DCS	N210	004	xxxxx,x kWh
40HVS01	<3>	INC. LINE A			VARH MEAS.	N210	005	xxxxx,x kvarh	A		X	25	DCS	N210	005	xxxxx,x kvarh
40HVS01		INC. LINE B		INCOMING LINE B	C.B. STATUS	N110	000	04	D		X	25	DCS	N170	000	04
40HVS01		INC. LINE B			C.B. POSITION	N110	000	05	D		X	25	DCS	N170	000	05
40HVS01		INC. LINE B			C.B. TRIP	N110	000	06	D		X	25	DCS	N170	000	06
40HVS01		INC. LINE B			E.S. STATUS	N110	000	07	D		X	25	DCS	N170	000	07
40HVS01	<3>	INC. LINE B			V MEAS.	N210	006	0-40000V	A		X	25	DCS	N210	006	0-40000V
40HVS01	<3>	INC. LINE B			A MEAS.	N210	007	0-1250A	A		X	25	DCS	N210	007	0-1250A
40HVS01		INC. LINE B			COSf MEAS.	N210	008	-0.5 0 +0.5	A		X	25	DCS	N210	008	-0.5 0 +0.5
40HVS01	<3>	INC. LINE B			W MEAS.	N210	009	0-45000kW	A		X	25	DCS	N210	009	0-45000kW
40HVS01	<3>	INC. LINE B			WH MEAS.	N210	010	xxxxx,x kWh	A		X	25	DCS	N210	010	xxxxx,x kWh
40HVS01	<3>	INC. LINE B			VARH MEAS.	N210	011	xxxxx,x kvarh	A		X	25	DCS	N210	011	xxxxx,x kvarh
40HVS01		BUS-TIE		BUS-TIE	C.B. STATUS	N110	000	08	D		X	25	DCS	N170	000	08
40HVS01		BUS-TIE			C.B. POSITION	N110	000	09	D		X	25	DCS	N170	000	09
40HVS01		BUS-TIE			C.B. TRIP	N110	000	10	D		X	25	DCS	N170	000	10
40HVS01	<3>	AUX.VOLTAGE		AUX.VOLTAGE	ALARM	N110	000	15	D		X	25	DCS	N170	000	15
40HVS01		40TR01		FEEDER	C.B. STATUS	N110	000	11	D		X	25	DCS	N170	000	11
40HVS01		40TR01			C.B. POSITION	N110	000	12	D		X	25	DCS	N170	000	12
40HVS01		40TR01			C.B. TRIP	N110	000	13	D		X	25	DCS	N170	000	13
40HVS01		40TR01			E.S. STATUS	N110	000	14	D		X	25	DCS	N170	000	14
40HVS01		40TR06		FEEDER	C.B. STATUS	N110	001	00	D		X	25	DCS	N170	001	00
40HVS01		40TR06			C.B. POSITION	N110	001	01	D		X	25	DCS	N170	001	01
40HVS01		40TR06			C.B. TRIP	N110	001	02	D		X	25	DCS	N170	001	02
40HVS01		40TR06			E.S. STATUS	N110	001	03	D		X	25	DCS	N170	001	03

FIGURA 5.22 Exemplo de mapa de memória dos CLPs supervisionados em uma planta química.

- Diagramas de conexão das máquinas, subsistemas autônomos a serem monitorados e seus pontos de comunicação (Figura 5.23).

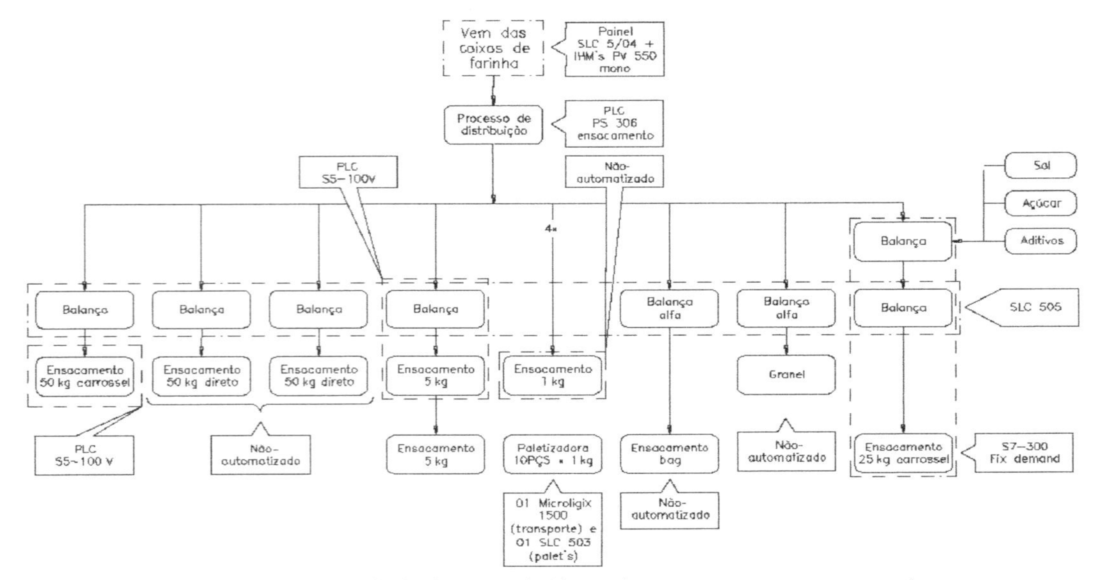

FIGURA 5.23 Exemplo de diagrama de blocos do processo a ser supervisionado.

- Lista da necessidade de alarmes a serem mostrados no supervisório. Deve-se dar especial atenção aos alarmes, pois é comum que no início haja uma sobrecarga do número de alarmes, gerando um posterior abandono, descrédito ou mesmo desabilitação dos mesmos na fase de implantação.

5.8.4 Planejamento dos alarmes

Para criar os alarmes é necessário estabelecer definições com a aprovação dos responsáveis técnicos do processo. Essas definições referem-se a:

- quais as condições que irão disparar a indicação dos alarmes (nível, valor, composição de eventos etc.);
- como os alarmes irão indicar ao operador a informação desejada (alarme sonoro, alarme visual, composição sonoro-visual, banner na área, e-mail, pager etc.);
- quais informações estarão descritas no alarme (valor alarmado, hora da atuação, hora do reconhecimento etc.);
- como o operador fará o reconhecimento do alarme.

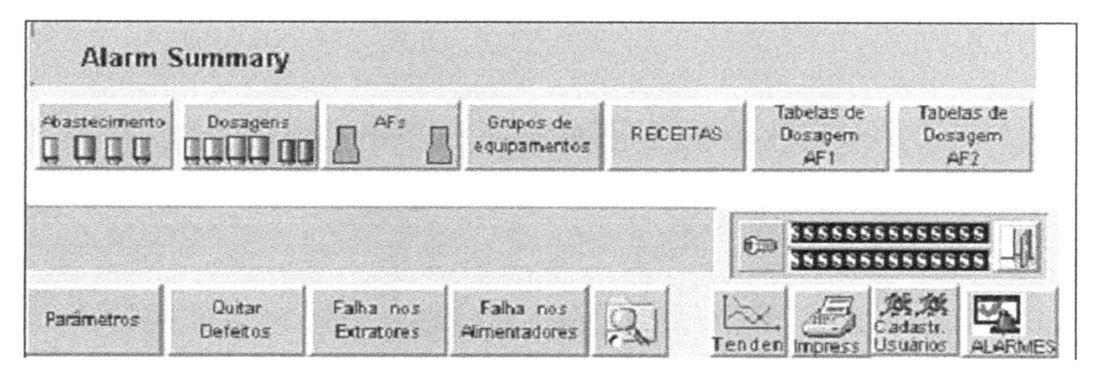

FIGURA 5.24 Exemplo de aplicação com alarmes.

Nas condições normais de operação as variáveis mostradas ou registradas não são consideradas como alarmes, por exemplo: variáveis mostradas nas curvas de tendências, variáveis mostradas para elaboração de receitas, variáveis físicas como temperaturas, nível, pressão, vazão, processo. Quando estas saem da faixa considerada normal, novas variáveis, além destas, precisam ser evidenciadas para o operador: são os *alarmes*.

Os alarmes numa planta automatizada não se restringem somente às sinalizações visuais das telas do sistema supervisório ou IHMs. É muito importante ter em mente alarmes auditivos realizados por sirenes ou alto-falantes ligados ao computador.

São características importantes dos alarmes:

- Escolha e notificação de operadores.
- Envio de mensagens.
- Providência de ações.
- Chamar a atenção do operador para uma modificação do estado do processo.
- Sinalizar um objeto atingido.
- Fornecer indicação global sobre o estado do processo etc.

Alarmes Normais ou Pré-alarmes

São alarmes que não requerem qualquer necessidade de intervenção em relação ao seu funcionamento, exigindo apenas o estado de atenção do operador da planta.

Esses alarmes não implicam o aparecimento de uma situação perigosa, ou seja, uma situação anormal que requeira análise cuidadosa na tomada das decisões ou pessoal especializado.

Alarmes de Fato

Os alarmes propriamente ditos requerem a intervenção do operador sobre a planta para que a mesma volte à condição normal de operação (Figura 5.25).

A intervenção em face de alarmes caracteriza um importante procedimento que não venha a ser uma carga suplementar ao operador em períodos agitados.

Modos possíveis de resposta do operador em presença de alarme:

- Supressão do sinal sonoro, indicando o reconhecimento do alarme pelo operador.
- Intervenção direta na tela do terminal supervisório, também com reconhecimento por parte do operador.
- Aceitação do alarme, indicando que o operador sabe da existência do problema e iniciando a fase de providenciamento.

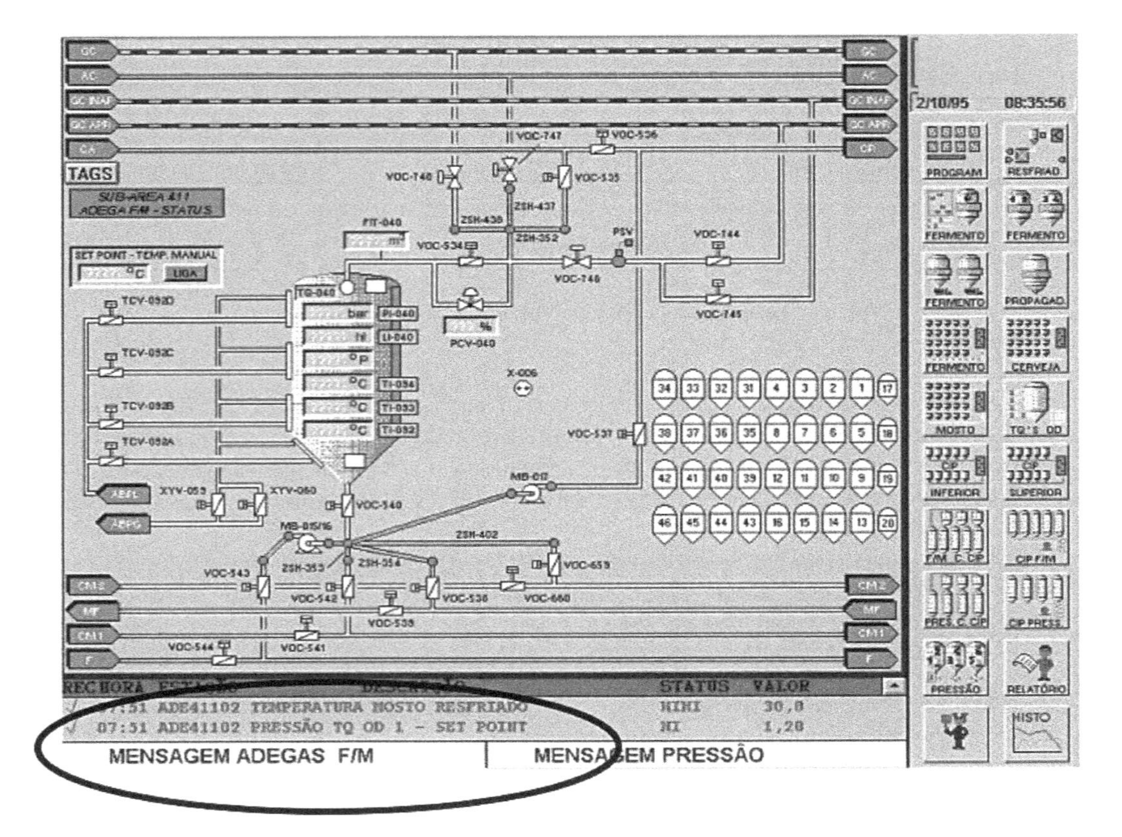

FIGURA 5.25 Exemplo de tela com ocorrência de alarme.

- Não-reconhecimento por parte do operador.
- A observação dos horários em que o alarme foi acionado (*time stamp*) e o seu reconhecimento precisam ficar registrados junto ao sistema supervisório.

Alarmes e Seu Contexto

Pontos críticos em questão são o aparecimento simultâneo de um número elevado de alarmes e a repetição excessiva de certos alarmes.

A fim de prosseguir o estudo da implantação do sistema, é necessário analisar o problema da hierarquização de alarmes e inseri-lo dentro do contexto de projeto.

São necessários, então, uma análise e a posterior filtragem da informação:

- para identificar um número elevado de alarmes e até mesmo alarmes com comportamento pulsante;
- para criar artifícios como uma faixa morta, em que o alarme só aparece com uma variação significativa;
- para montar *scripts* de programação, que farão o trato das informações a serem enviadas para a tela.

O critério para a filtragem deve levar em conta o número de ocorrências do sinal e o seu nível de prioridade, distribuindo e otimizando tarefas. Parâmetros como nível hierárquico dos funcionários e divisão estratégica dos alarmes e eventos devem ser objeto de estudo das autoridades responsáveis pela planta.

Pontos Críticos – Hierarquização de Alarmes

Em relação à hierarquização dos alarmes, é recomendável planejar um questionário prévio para tentar detectar pontos críticos dentro do conjunto:

- Quais as configurações de alarmes que impõem ao operador dirigir-se a um grupo de indicadores a fim de julgar o estado real do processo?
- Como conceber o aparecimento do alarme para que este guie o operador em direção ao grupo de indicadores envolvidos?
- Como agrupar os indicadores para que o operador possa facilmente realizar uma representação do estado do processo, podendo escolher entre diversas opções?

É necessário então partir de uma concepção voltada para as causas do aparecimento dos alarmes e chegar a uma concepção orientada no sentido de antecipar as ações que permitirão restabelecer a situação desejada.

5.8.5 Planejando a hierarquia de navegação entre telas

A hierarquia de navegação consiste em uma série de telas que fornecem progressivamente detalhes das plantas e seus constituintes à medida que se navega através do aplicativo. A hierarquia é estruturada de maneira completa através da definição de acesso restrito à navegação pelos gerentes, supervisores e operadores etc.

A boa estratégia de organização da navegação torna o sistema claro e consistente com a realidade, guiando o serviço dos usuários.

Geralmente são projetadas barras de navegação, com botões que dêem uma idéia do conteúdo da tela a ser chamada, como a barra de exemplo da Figura 5.26.

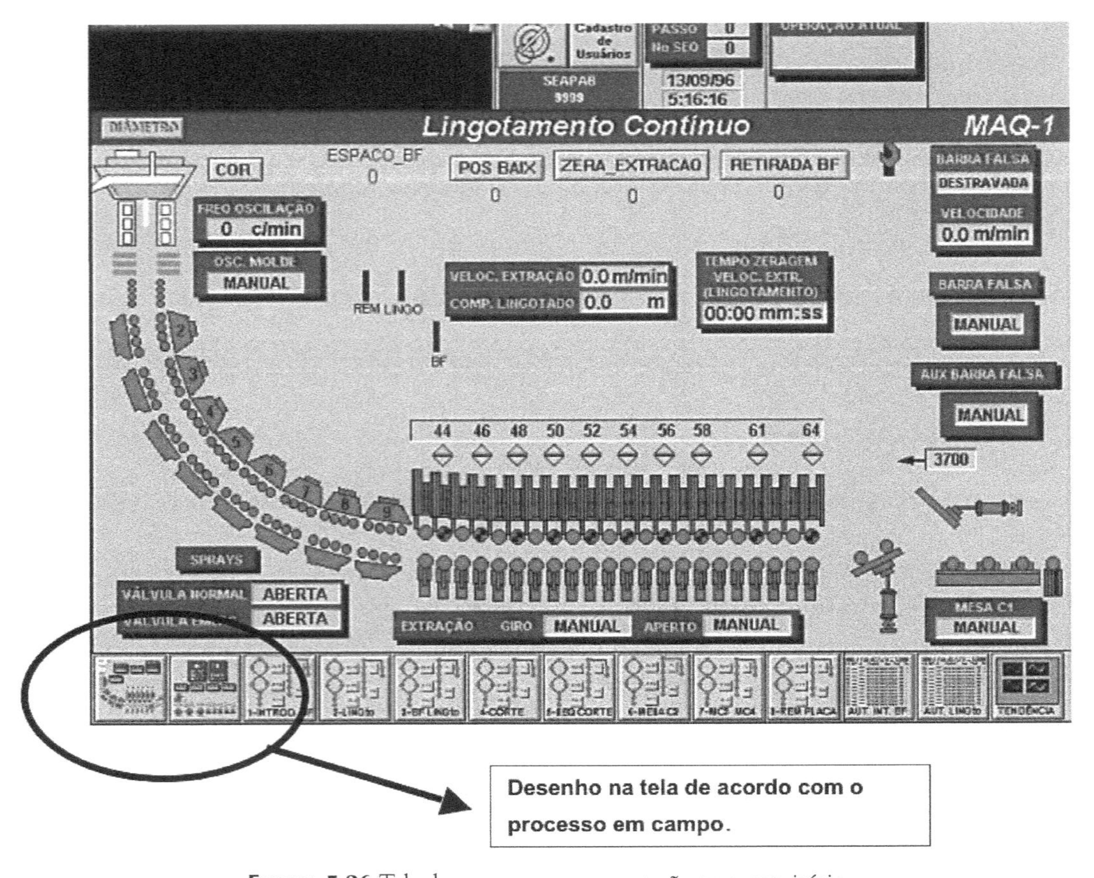

FIGURA 5.26 Tela de processo para navegação no supervisório.

A barra permite a navegação entre as telas do processo. Os dois primeiros botões levam o operador às telas do Lingotamento Contínuo e ao Corte com Maçarico, respectivamente.

Os botões de Grafcet, na parte inferior da tela, permitem ao operador acompanhar cada passo dentro da seqüência do processo, observando a mudança de cor do título do botão (no exemplo 6-MESA C2) para verde ou clicando no botão e seguindo passo a passo o processo.

Na próxima tela do processo observam-se os detalhes aqui enunciados (Figura 5.27).

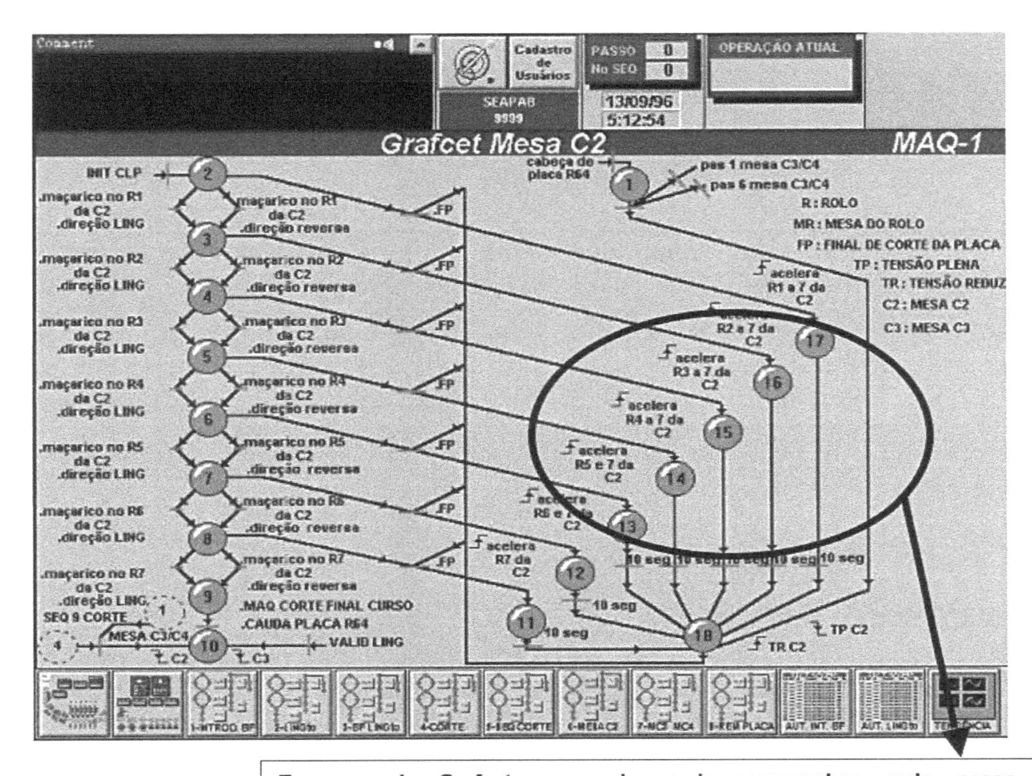

FIGURA 5.27 SFC aplicado a um sistema de lingotamento contínuo.

5.8.6 Desenho de telas

Ao planejar a navegação nas telas é necessário dar especial atenção à distribuição das mesmas em níveis de acesso segundo a função principal a que se destinam. Basicamente existem os seguintes grupos típicos de telas, em geral estruturados em árvore:

- Telas de Visão Geral
- Telas de Grupo
- Telas de Detalhe
- Telas de Malhas
- Telas de Tendências
- Telas de Manutenção

Telas de Visão Geral

São telas que apresentarão ao operador uma visão global de um processo, sob visualização imediata na operação da planta (Figura 5.28). Nessas telas são apresentados os dados mais significantes à operação e objetos que representam o processo. Os objetivos devem ser dotados de características dinâmicas, representando o estado de grupos de equipamentos e áreas dos processos apresentados. Os dados devem procurar resumir de forma significativa os principais parâmetros a serem controlados (ou monitorados) do processo específico.

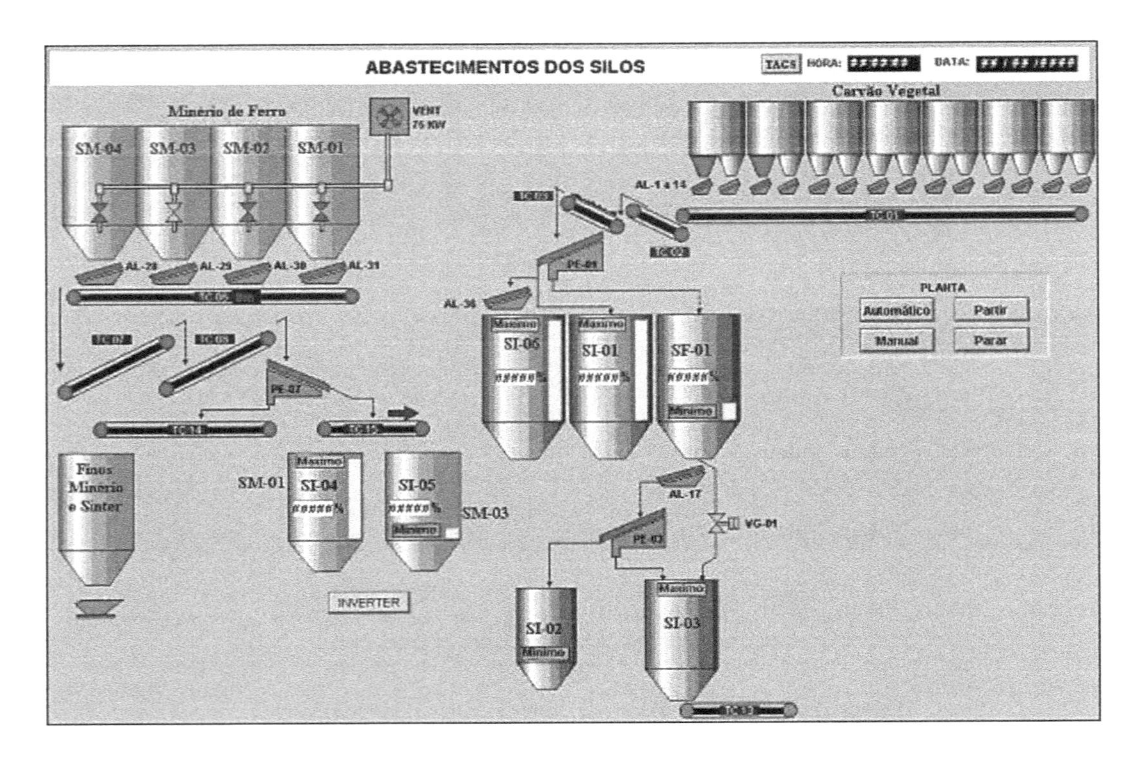

FIGURA 5.28 Telas de visão geral.

Telas de Grupo

São telas representativas de cada processo ou unidade, apresentando objetos e dados de uma determinada área de modo a relacionar funções estanques dos processos (Figura 5.29). Os objetos devem ser dotados de características dinâmicas, representando o estado e/ou condição dos equipamentos da área apresentada. Os dados apresentados devem representar valores quantitativos dos parâmetros supervisionados (ou controlados). As telas de grupo também possibilitam ao operador acionar os equipamentos da área através de comandos do tipo abrir/fechar ou ligar/desligar.

Além disso, o operador poderá alterar os parâmetros de controle ou supervisão, tais como *set-points*, limites de alarme, modos de controle etc.

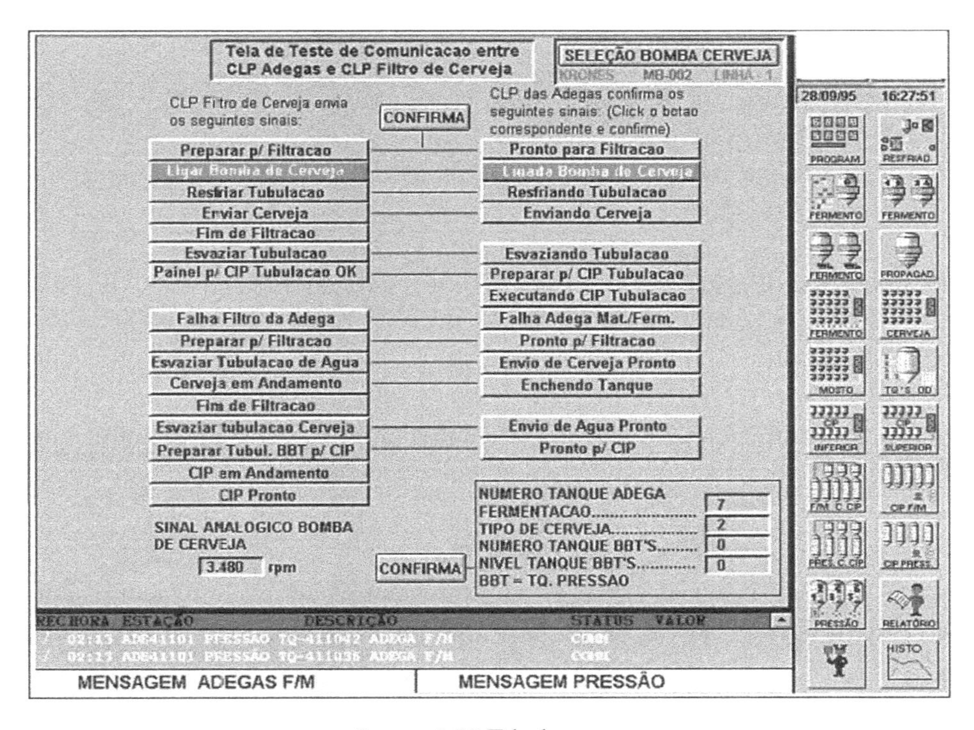

FIGURA 5.29 Tela de grupo.

Telas de Detalhe

São telas que atendem a pontos e equipamentos controlados individualmente (Figura 5.30).

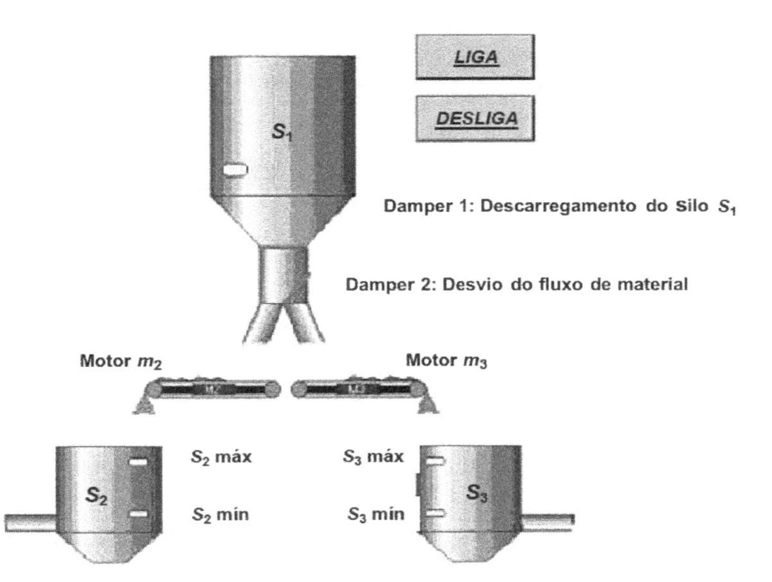

FIGURA 5.30 Tela de detalhe.

Serão compostas, quando possível, por objetos com características dinâmicas representando o estado do equipamento. Os dados apresentam todos os parâmetros do ponto supervisionado.

As telas devem possibilitar ao operador alterar os parâmetros do equipamento, seus limites, os seus dados de configuração etc.

Telas de Malhas

São telas que apresentam o estado das malhas de controle (Figura 5.31).

Todas essas telas devem apresentar os dados das variáveis controladas exibidas, como *set-points*, limites e condição dos alarmes, valor atual e valor calculado etc., em forma de gráfico de barras e em valores numéricos.

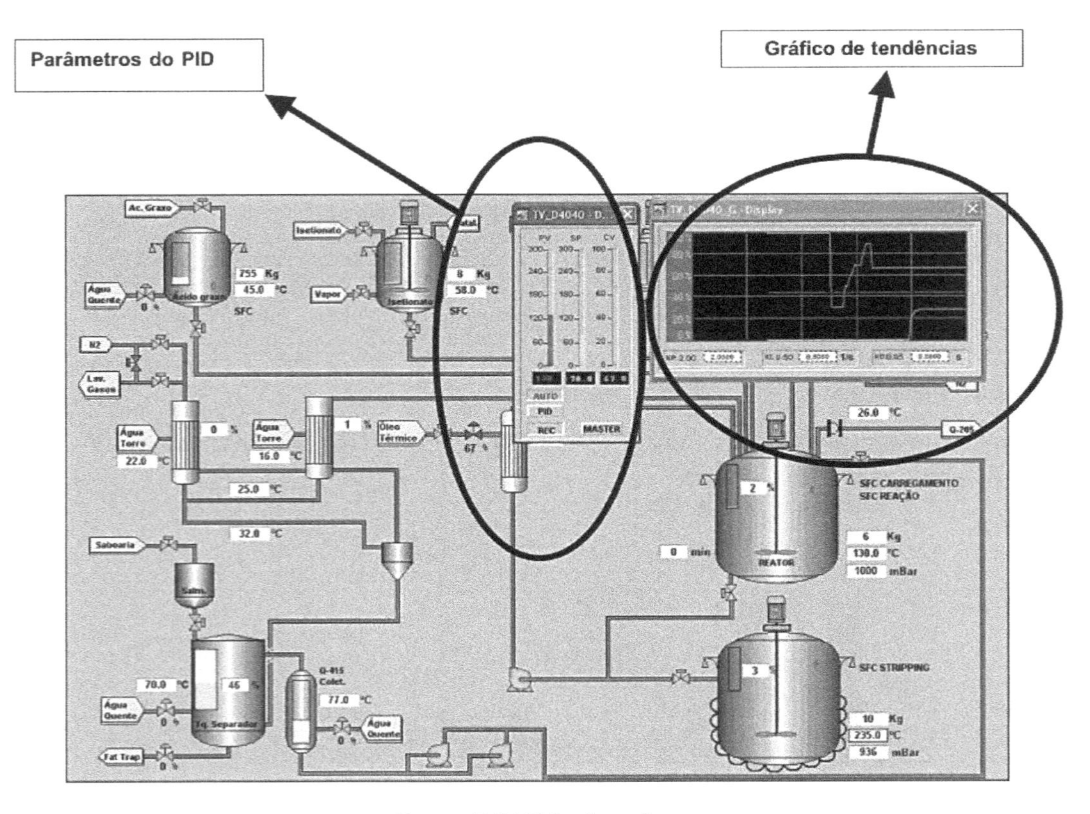

FIGURA 5.31 Telas de malhas.

Telas de Tendências

São telas-padrão do software básico de supervisão. Essas telas apresentam várias (em média seis) variáveis simultaneamente, na forma gráfica, com valores coletados em tempo real – *on-line* – na forma de tendência real e na forma histórica – *off-line* – valores de arquivos pré-armazenados em disco.

Essas tendências podem ser apresentadas em forma de gráficos ou em forma tabular, com os últimos valores coletados para cada variável.

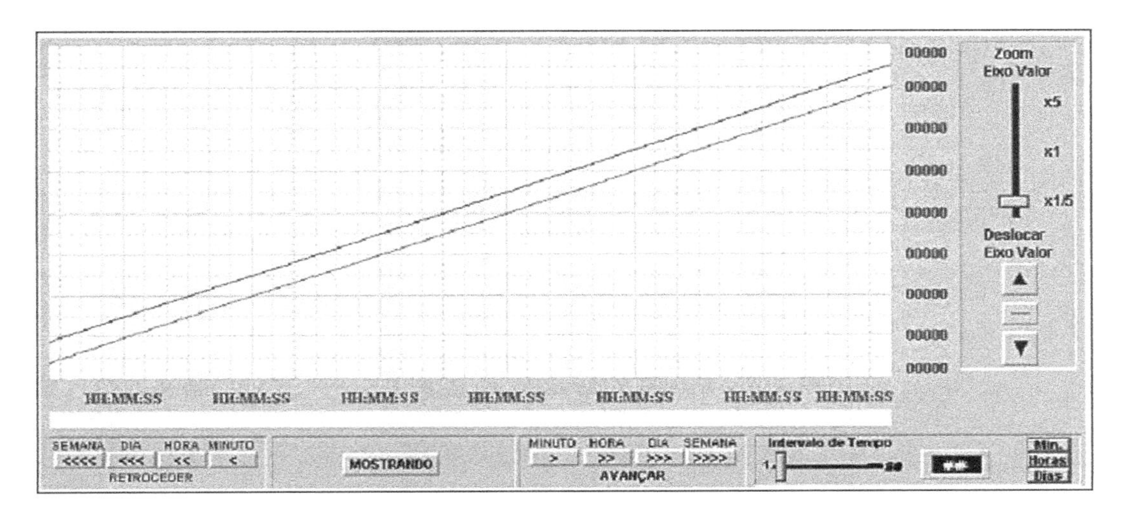

FIGURA 5.32 Telas de tendências.

Telas de Manutenção

São telas tipo relatório, compostas por informações de problemas, alarmes, defeitos e dados de manutenção das diversas áreas referentes ao processo e aos equipamentos.

As informações são do tipo histórico de falhas, programa de manutenção dos equipamentos (corretiva e preventiva) e informações gerais dos equipamentos (comerciais, assistências técnicas etc.).

O histórico de falhas por equipamento ou área fica armazenado em arquivos no banco de dados do software de supervisão, possibilitando o tratamento dessas informações através de telas orientadas à manutenção ou de programas de usuário para estatísticas de utilização e defeitos.

5.8.7 Planejamento de um sistema de segurança

Geralmente o supervisório permite ao projetista adicionar e editar o sistema de segurança ao mesmo tempo. Pode iniciar o projeto ou então adicionar estágios de segurança à medida que se tem necessidade.

Quando se tem idéia do sistema de segurança, devem ser consideradas as seguintes questões: a quem o acesso deve ser restrito? O acesso será restrito por áreas do processo?

Nessas condições, o sistema de segurança permite:

- somar, mudar ou desabilitar contas individuais de usuários ou grupos de operadores;
- restringir o acesso aos comandos e telas específicas do supervisório;
- fornecer proteção de telas escrita para determinados tags.

Além dessa análise, deve-se fornecer ao sistema um controle baseado em senhas, seguindo um esquema do tipo:

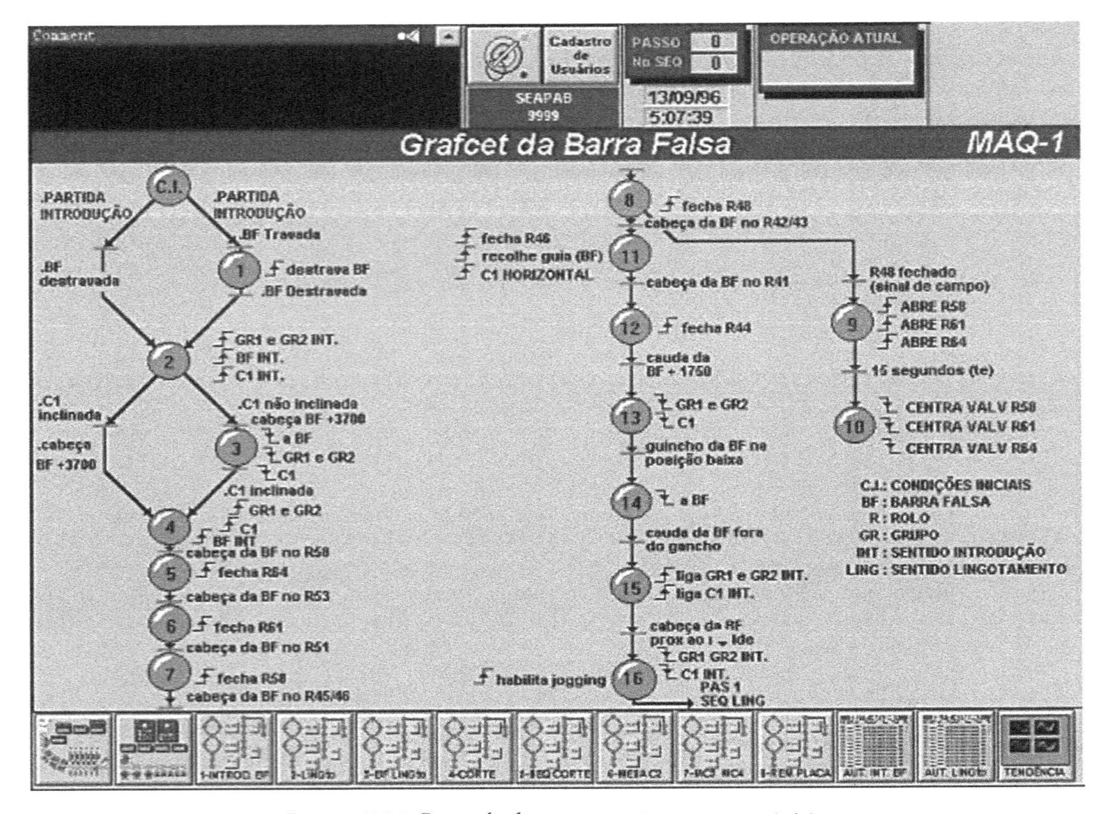

FIGURA 5.33 Controle de acesso ao sistema supervisório.

Da tela, verificamos que dada a entrada da senha correta nos campos adequados o operador deverá clicar sobre o campo referente a NOME ou digitar N no teclado.

Após esse passo o operador deverá clicar sobre o campo referente à SENHA e digitar a sua senha correta.

5.8.8 Padrão industrial

Hoje em dia o que predomina em sistemas supervisórios é o padrão Windows®, baseado no padrão Microsoft® de interface homem-máquina, o qual possibilita redução no tempo de aprendizagem se o operador estiver familiarizado com outras aplicações Microsoft® e seu ambiente de trabalho.

O que se procura buscar em um supervisório é a capacidade de integração com outros produtos compatíveis com o ambiente Windows® que facilitem a conexão com outros produtos da Microsoft®, como o Excel® ou o Olé.

EXERCÍCIOS PROPOSTOS

E.5.1 Descreva as necessidades que geraram o desenvolvimento dos sistemas supervisórios.

E.5.2 Para os sistemas supervisórios, quais as características dos modos de desenvolvimento e *run time*?

E.5.3 Quais as etapas de planejamento dos sistemas supervisórios?

E.5.4 De que forma os alarmes podem ser hierarquizados? Como o operador pode intervir na planta mediante uma situação em alarme?

E.5.5 Quais os pontos fundamentais para o planejamento de navegação das telas?

E.5.6 O que são gráficos de tendências?

E.5.7 Discuta os aspectos fundamentais a serem analisados para permitir o acesso dos operadores em relação às plantas automatizadas. Considere operação normal e sob contingência.

E.5.8 Como garantir maior clareza ao operador das telas geradas nos sistemas supervisórios?

E.5.9 De que forma os alarmes podem ser hierarquizados?

E.5.10 Dentre as nove etapas de planejamento de sistemas supervisórios, escolha as duas mais importantes para um processo específico e justifique sua escolha.

E.5.11

a) O que entende por comunicação serial e paralela?
b) Explique o princípio de funcionamento do Touch Screen / LCD.
c) Descreva os principais tipos de portas de comunicação (serial, paralela, USB).
d) Descreva as principais características dos Sistemas Centralizados, Descentralizados e Distribuídos.
e) O que se entende por protocolo de comunicação?
f) Descreva as principais características do padrão RS-232 / RS-485.
g) O que entende por driver?
h) Discuta o conceito de mestre/escravo.
i) O que são programas cliente/servidor?
j) O que se entende por *half-duplex*, *full-duplex*?

E.5.12

a) Desenvolva um script (solução lógica) para resolução de uma equação do segundo grau. O operador terá que disponibilizar os valores de a, b, c da seguinte equação: $ax^2 + bx + c = 0$.
b) Desenvolva um script (solução lógica) em que são lidos os valores de três lados de um triângulo (L_1, L_2, L_3); a partir desses valores, verificar se o triângulo é:
   - Escaleno
   - Isósceles
   - Equilátero
c) Listar as tecnologias atuais que permitem, dentro do contexto de supervisório, que o operador tenha uma maior mobilidade na planta, não necessitando permanecer em frente ao terminal de vídeo para análise da planta.
d) A partir do esquemático da Figura 5.14, desenvolver um descritivo sobre o funcionamento do processo.
e) Da questão anterior, descrever como o supervisório atuaria no processo de contingência.
f) Ainda da questão anterior, qual a função do CLP no processo?
g) O que se entende por desenvolvimento *Top-Down* e *Bottom-Up*?
h) Descreva as necessidades que geraram o desenvolvimento dos sistemas supervisórios.

i) Para os sistemas supervisórios, quais as características dos modos de desenvolvimento e *Run Time*?

E.5.13 Explicar a evolução dos sistemas supervisórios de acordo com a figura:

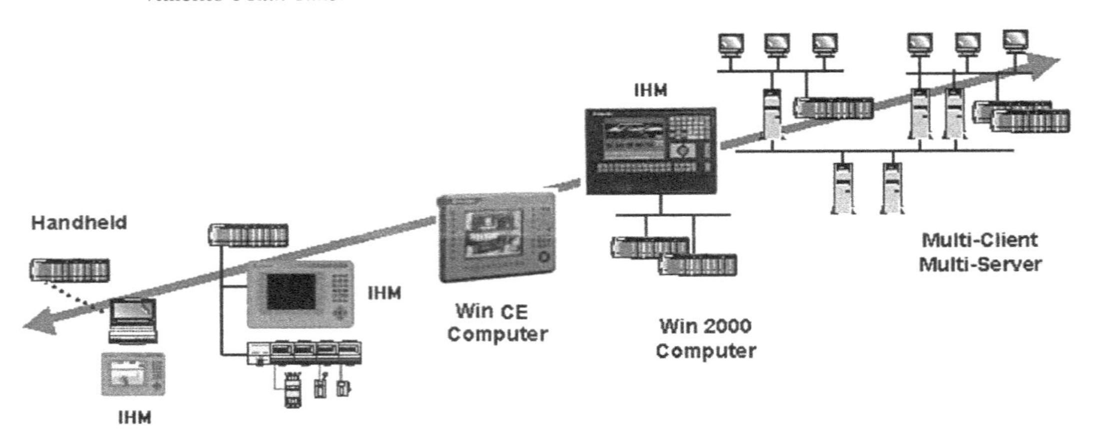

CAPÍTULO 6 REDES DE COMUNICAÇÃO

6.1 INTRODUÇÃO

Atualmente, devido a seu grande avanço tecnológico, as redes de automação são largamente utilizadas, apresentando vantagens em relação a sistemas convencionais de cabeamento: diminuição de fiação, facilidade na manutenção, flexibilidade na configuração da rede e, principalmente, diagnóstico dos dispositivos. Além disso, por usarem protocolos de comunicação digital padronizados, essas redes possibilitam a integração de equipamentos de vários fabricantes distintos. Tais sistemas dizem-se abertos, e são uma tendência em todas as áreas da tecnologia devido a sua flexibilidade e capacidade de expansão.

A Pirâmide da Automação

Na área de automação, existe uma hierarquia bem definida, dividida em cinco níveis. Na Figura 6.1 esses níveis estão identificados; à esquerda estão suas funções mais importantes, à direita estão exemplos de redes que fazem a comunicação entre níveis adjacentes.[SC]

Na pirâmide os protocolos foram associados ao nível em que ele é mais utilizado. Cumpre observar que a Ethernet vem ampliando sua aplicação em todos os níveis da automação.

6.2 FUNDAMENTOS

6.2.1 Sistemas centralizados e distribuídos

Historicamente, a introdução dos microprocessadores na indústria possibilitou a realização do controle digital centralizado (Figura 6.2), que existe com bastante freqüência na área industrial. As características desse sistema centralizado são:

- cabeamento paralelo utilizando fios em par trançado e topologia estrela;
- transmissão de dados entre os dispositivos (sensores e atuadores) e a unidade de controle, na forma de sinais analógicos e digitais.

A grande quantidade de dispositivos de Entrada/Saída (sensores/atuadores) e as longas distâncias usuais na indústria causam altos custos de instalação e manutenção. Outra limitação é a falta de flexibilidade do sistema para extensões ou modificações.

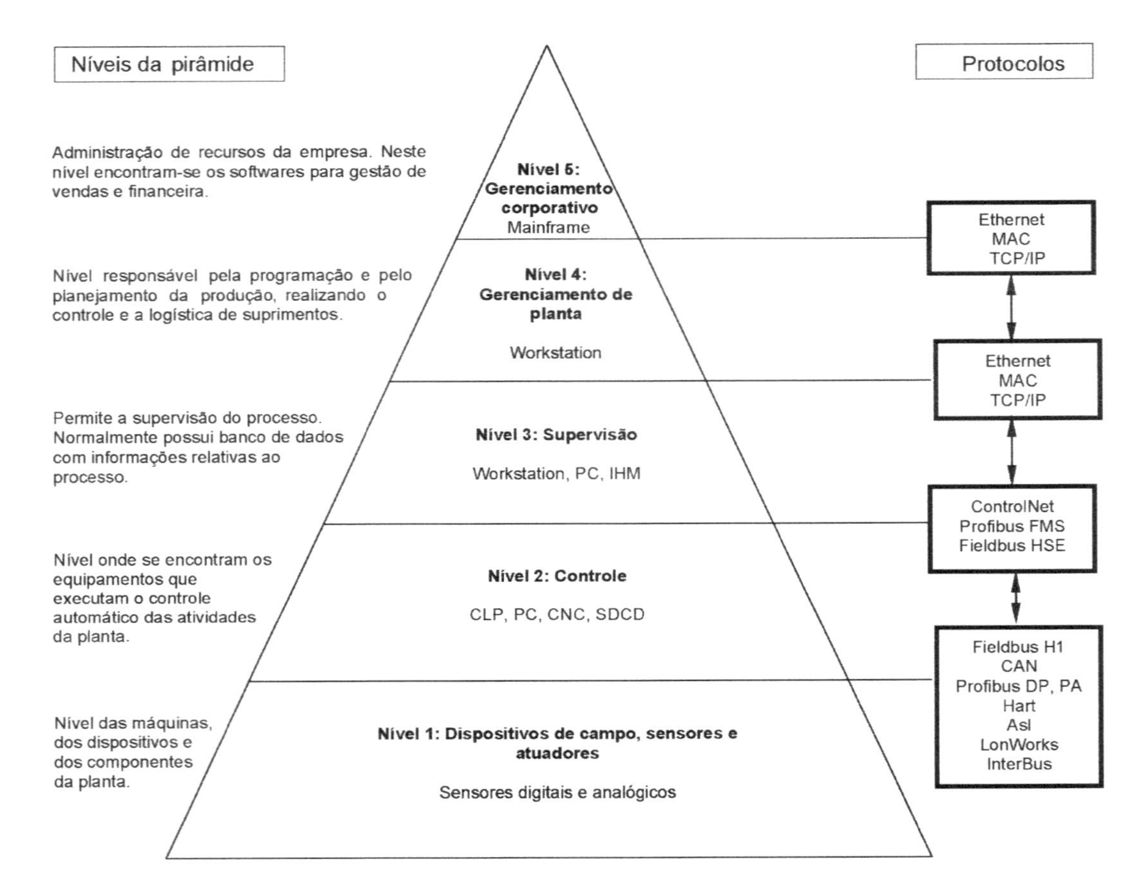

FIGURA 6.1 Pirâmide da automação.

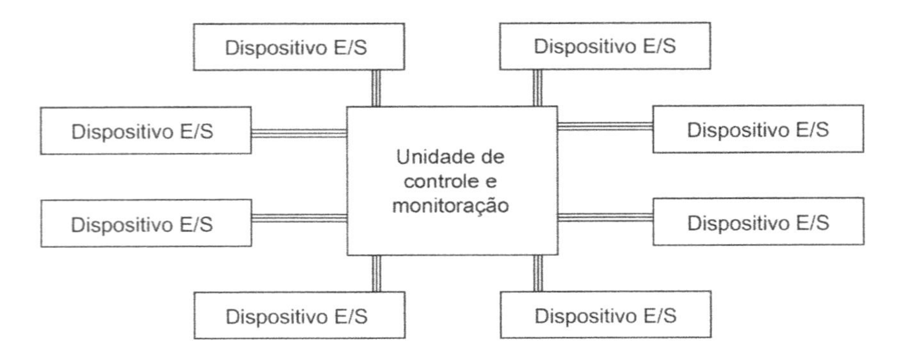

FIGURA 6.2 Controle centralizado.

Para superar essas dificuldades, sistemas de automação de *controle centralizado e barramento de campo* foram desenvolvidos (Figura 6.3). Nesses sistemas a estação de controle comunica-se com os dispositivos de entrada e de saída através de um barramento. Suas características são:

- controle centralizado;
- transmissão digital de dados em uma topologia de barramento;
- padrões RS232, RS485 ou RS485 para transmissão.

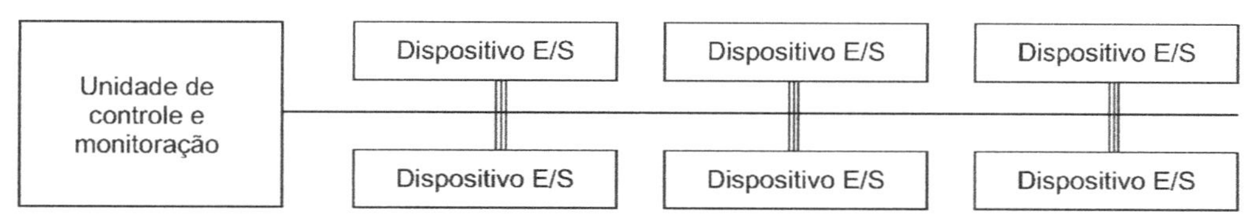

FIGURA 6.3 Barramento de campo.

O avanço na tecnolcgia e a demanda do mercado levaram ao desenvolvimento de sistemas de controle conhecidos como de *barramento de campo distribuído* (Figura 6.4). As características dos sistemas de barramento de campo distribuído são:

- inteligência distribuída, utilizando microcontroladores ao longo do barramento;
- redução de cabeamento e custos de instalação;
- unidades de conexão (*gateways*, *bridges*, *repeaters* etc.).

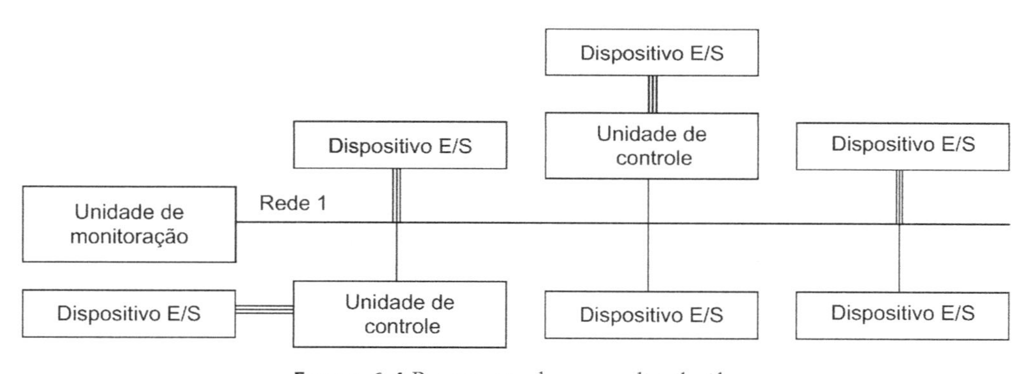

FIGURA 6.4 Barramento de campo distribuído.

Atualmente, implementando melhorias em relação a esses sistemas, foram desenvolvidos os chamados *sistemas de controle distribuído* (Figura 6.5), que se caracterizam por:

- meios variados de comunicação;
- implementação mais completa para sistemas abertos, isto é, não-proprietários;
- flexibilidade completa para topologias de rede;
- softwares e ferramentas de desenvolvimento mais amigáveis.

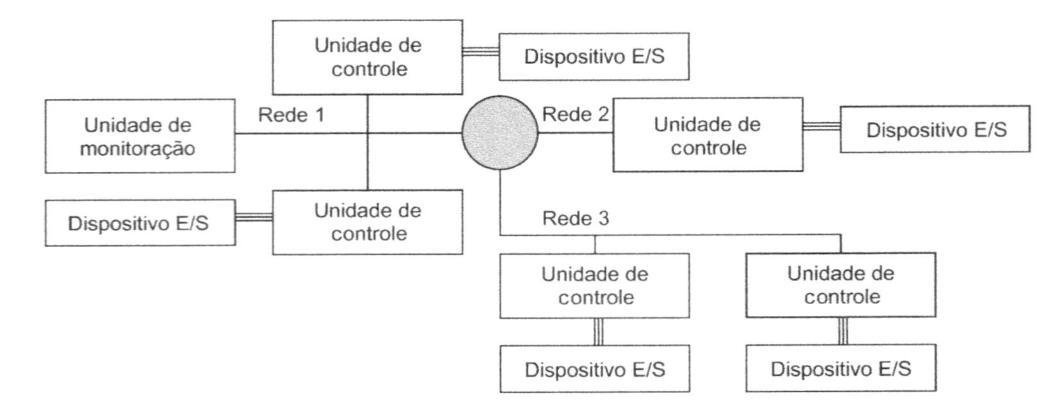

FIGURA 6.5 Sistema de controle distribuído.

6.2.2 Redes determinísticas × probabilísticas

Redes determinísticas são aquelas cuja transmissão de dados ou de informações ocorre em instantes e intervalos de tempo determinados. Redes desse tipo permitem que o tempo de resposta seja acuradamente conhecido, evitando problemas de inicialização e atrasos.

Já as redes probabilísticas permitem apenas calcular a probabilidade da transferência de informações ocorrer em um determinado intervalo de tempo.

Exemplificando, pode-se comparar redes determinísticas ao transporte aéreo, em que decolagens têm horário marcado (aviões de passageiros), enquanto redes probabilísticas seriam equivalentes a transportes aéreos em que aeronaves ou helicópteros aguardam passageiros durante um tempo para então decolar. Porém, não obedecem a um horário preestabelecido, existindo ainda a possibilidade de não-decolagem.

6.2.3 Especificação de uma rede de automação

São necessárias para a especificação de uma rede de automação as seguintes variáveis:

Taxa de Transmissão

É a quantidade média de dados a serem transmitidos na rede em um período de tempo. O termo utilizado para esta especificação é *throughput*.

A taxa de transferência de dados é medida em kilobits por segundo (kbps), que significa 1000 bits por segundo.

Topologia Física da Rede

Está relacionada com a disposição construtiva na qual os dispositivos estão conectados na rede. Exemplos de topologias físicas de rede são: anel, estrela e barramento.

Meio Físico de Transmissão

Os meios físicos de transmissão estão relacionados ao cabeamento utilizado para a interconexão dos dispositivos. Existem muitos tipos de meios físicos de transmissão, e alguns exemplos são: par trançado, cabo coaxial e fibra ótica.

Os meios físicos são selecionados de acordo com a aplicação. A seleção depende da distância entre os dispositivos, da taxa de transferência desejada, do protocolo a ser utilizado etc.

Tecnologia de Comunicação

É a forma de gerenciamento entre os pontos de comunicação (nós) da rede no tocante à comunicação de dados. As tecnologias típicas de comunicação são mestre/escravo e produtor/consumidor.

Algoritmo de Acesso ao Barramento

É o algoritmo utilizado pelos nós para acessar ou disponibilizar informações na rede. Algoritmos típicos de acesso ao barramento são processos de varredura ou cíclica, CSMA/CD, *token passing* etc.

6.2.4 Topologia física

A topologia física está relacionada com a disposição construtiva na qual os dispositivos estão conectados a redes de barramento distribuídas ou a sistemas de controle distribuídos.

Ponto a Ponto

Nas redes de controle distribuído, onde são utilizados vários processadores ou CPUs, cada processador recebe a informação, utiliza a que lhe diz respeito e retransmite o restante a outro (Figura 6.6).

Redes ponto a ponto têm comunicação entre dois ou mais processadores, não necessariamente conectados diretamente e que podem usar outros nós como roteadores. Essa topologia é pouco utilizada, pois a adição de novos dispositivos ou a falha de algum deles causa interrupção na comunicação.

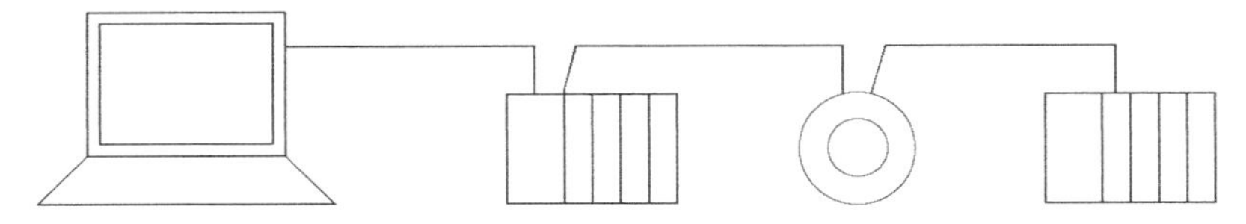

FIGURA 6.6 Topologia ponto a ponto.

Uma aplicação comum dessa topologia é para comunicações temporárias (provisórias), como, por exemplo, comunicação de *notebooks* com controladores lógicos programáveis.

Essa topologia é precursora, como será visto adiante, daquelas ditas topologias em estrela, nas quais podem ser utilizados roteadores.

Barramento

O meio físico de comunicação é compartilhado entre todos os processadores, sendo que o controle pode ser centralizado ou distribuído (Figura 6.7). É largamente utilizado, pois possui alto poder de expansão, e um nó com falha não prejudica os demais.

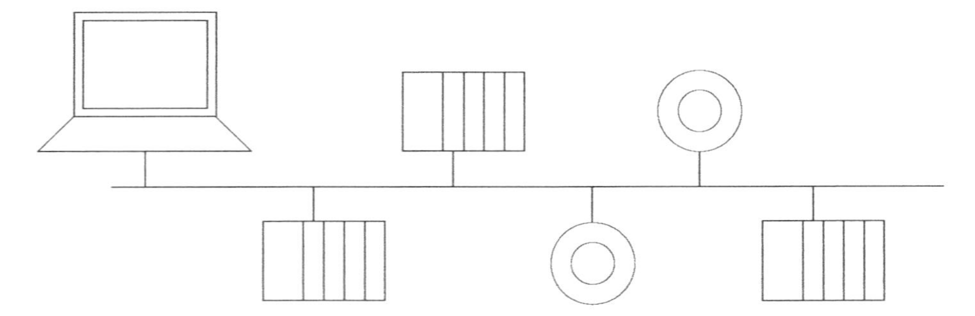

FIGURA 6.7 Topologia barramento.

Anel

Trata-se de uma arquitetura ponto a ponto em que cada processador é conectado a outro, fechando-se o último segmento ao primeiro. O sinal circula no anel até chegar ao ponto de destino (Figura 6.8). Para a adição de outros nós a conexão deve ser interrompida. É uma topologia mais confiável que a de ponto a ponto, porém possui grande limitação quanto a sua expansão devido ao aumento de "retardo de transmissão" (intervalo de tempo entre início e chegada do sinal ao nó de destino).

Em relação a falhas, um nó com problemas interfere em toda a rede, porém se houver a comunicação nos dois sentidos a mesma continua operando degradada somente pelo processador em falha.

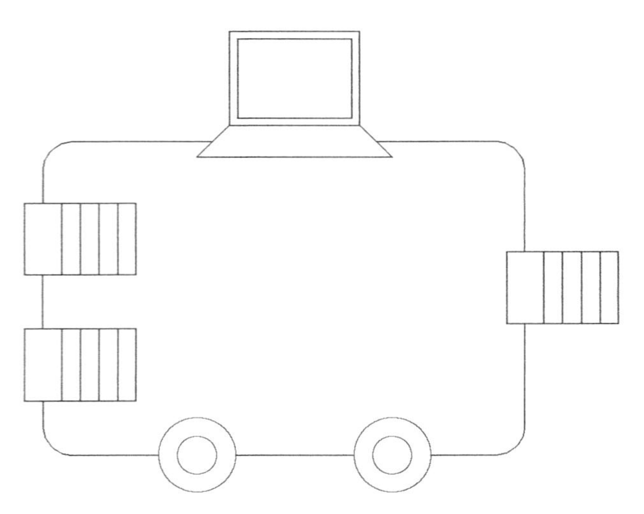

FIGURA 6.8 Topologia anel.

Estrela

Utiliza um nó central para gerenciar a comunicação entre as máquinas (Figura 6.9). Nós em falha não afetam os outros, com exceção do nó central, que provoca falha em toda a rede. Por esse motivo, nessa posição geralmente são utilizados processadores em duplicidade (redundância) para garantir confiabilidade ao sistema.

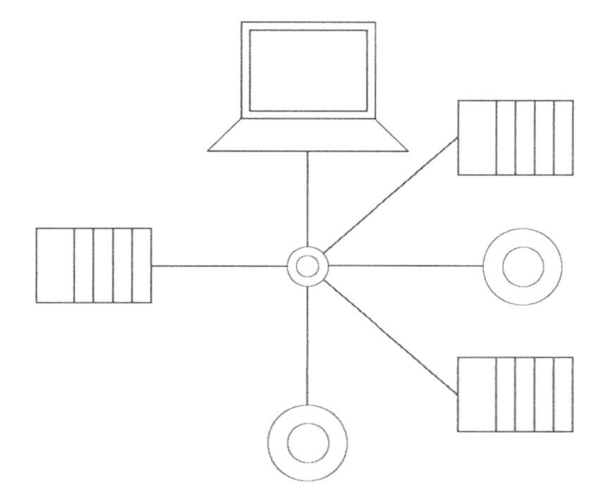

FIGURA 6.9 Topologia estrela.

6.2.5 Meio físico de transmissão

Par Trançado

Esse tipo de cabeamento possui dois tipos de construção: com capa metálica protetora (*shielded*) e sem capa (*unshielded*).

Cabo Par Trançado sem Blindagem (UTP – *Unshielded Twisted Pair*)

Existem vários tipos de cabos UTP, que podem ser aplicados em telefonia até cabeamento de alta velocidade, como, por exemplo, Ethernet. Esse tipo de cabo possui quatro pares de cabos. Cada par é enrolado com um número diferente de voltas por polegada para ajudar a eliminar a interferência do par adjacente e de outros dispositivos elétricos (Figura 6.10).

Quanto mais apertado o enrolamento, maior a taxa de transmissão. A EIA/TIA (Electronic Industry Association/Telecommunication Industry Association) estabeleceu padrões de cabos UTP divididos em cinco categorias.

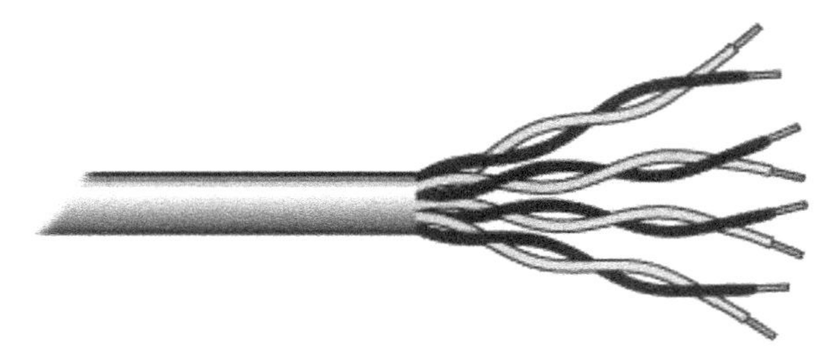

FIGURA 6.10 Par trançado sem blindagem.

Categorias de UTP:

TABELA 6.1 Categorias de UTP

Tipo	Aplicação
Categoria 1	Telefone
Categoria 2	4 Mbps
Categoria 3	10 Mbps (Ethernet)
Categoria 4	20 Mbps
Categoria 5	100 Mbps (Fast Ethernet)

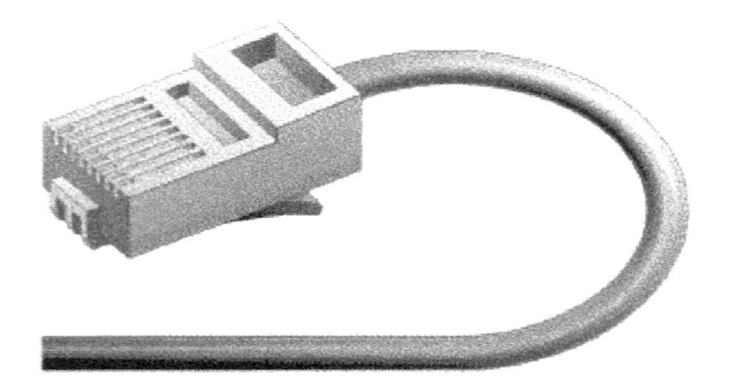

FIGURA 6.11 Conector RJ-45.

Na Figura 6.11 é apresentado um exemplo de conector utilizado para uso em redes tipo par trançado.

Cabo par trançado blindado (STP - Shielded Twisted Pair*)*

O cabo UTP pode ser suscetível a interferências de freqüência de rádio e elétricas. O cabo STP foi desenvolvido para aplicações em ambientes com interferências elétricas, como, por exemplo, ambientes industriais metroferroviários. Por outro lado, o UTP é utilizado em aplicações comerciais. Porém, essa proteção extra pode deixar os cabos volumosos.

Coaxial

Este cabo possui um fio condutor de cobre em seu centro. Uma camada de plástico fornece a isolação entre o centro condutor e a proteção trançada de metal (Figura 6.12). Essa proteção metálica serve para bloquear qualquer interferência irradiada por iluminação fluorescente, motores e outros computadores, sendo mais eficiente que a dos cabos STP.

Embora esse tipo de cabo seja mais difícil de instalar, ele é altamente resistente à interferência do sinal. Além disso, ele pode suportar cabeamentos de distâncias maiores do que o cabo *twisted pair*.

Existem dois tipos de cabo coaxial: tipo grosso, para redes-tronco, e fino, para conexão de equipamentos periféricos.

FIGURA 6.12 Cabo coaxial.

Conector para cabo coaxial

O tipo mais comum de conector utilizado é o conector BNC (Bayone-Neill-Concelman), Figura 6.13.

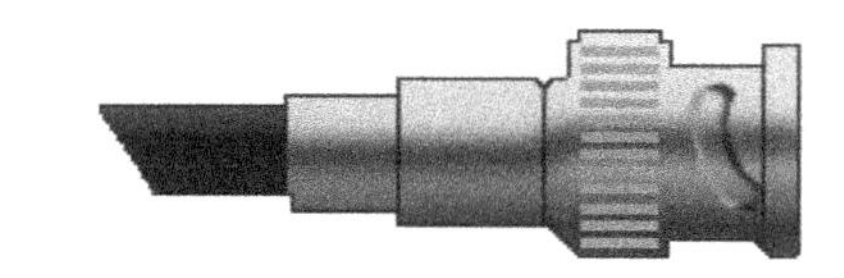

FIGURA 6.13 Conector BNC para cabo coaxial.

Fibra ótica

O cabo de fibra ótica consiste em um núcleo de fibra de vidro no centro, envolvido por várias camadas de materiais isolantes, aumentando assim sua robustez. Ele transmite luz no lugar de sinais elétricos, assim eliminando o problema de interferência elétrica.

Devido à imunidade, esse tipo de cabeamento é ideal para certos tipos de ambiente. Cabos de fibra ótica possuem a habilidade de transmitir os sinais através de distâncias bem maiores do que cabos coaxiais e *twisted pair*.

FIGURA 6.14 Cabo de fibra ótica.

6.2.6 Tecnologia de comunicação

A forma de gerenciamento entre os pontos de comunicação (nós) da rede no tocante à comunicação de dados pode ser:

Mestre–Escravo

Escravo (Slave)

Um escravo é um periférico (dispositivos inteligentes de Entrada/Saída, Drivers, Interfaces Homem-Máquina, Válvulas, Transdutores etc.), que recebe uma informação do processo e/ou utiliza informações de saída do mestre para atuar na planta.

Escravos são dispositivos passivos que somente respondem a requisições diretas vindas do mestre.

Monomestre

Há somente um mestre no barramento durante a operação. Geralmente a CPU do CLP é o componente de controle central. Os escravos são descentralizadamente acoplados no barramento através do meio de transmissão de dados.

Multimestre

A imagem das entradas e saídas pode ser lida por todos os mestres, porém somente um mestre pode controlar um dado escravo.

Ponto a Ponto (Origem–Destino)

Observa-se um desperdício na banda, visto que os dados devem ser enviados várias vezes para cada destino especificamente. Além disso, a sincronização entre os nós é difícil, pois os dados chegam em instantes diferentes. Essas últimas observações mostram como esse processo pode produzir congestionamentos no fluxo de informação.

Não confundir esse conceito de comunicação com a de topologia física de redes ponto a ponto.

Exemplo: uma pessoa conta a outra pessoa, ao seu ouvido, a informação desejada. Por exemplo, a hora exata do dia.

Produtor–Consumidor

Neste modelo, os dados possuem um identificador único, origem ou destino. Todos os nós podem ser sincronizados. Usando esse modelo, múltiplos nós (produtores) podem transmitir dados para outros nós (consumidores). Também alguns nós podem assumir na rede os papéis de produtor e consumidor (Figura 6.15). [MD]

Toda essa característica operacional traz as seguintes vantagens:

- Economia na transmissão de dados, pois eles só são enviados aos dispositivos que os requisitarem.
- Determinismo: o tempo para entrega dos dados é independente do número de dispositivos que os solicitam, pois diferentemente do sistema mestre–escravo esse processo não trabalha em varredura.

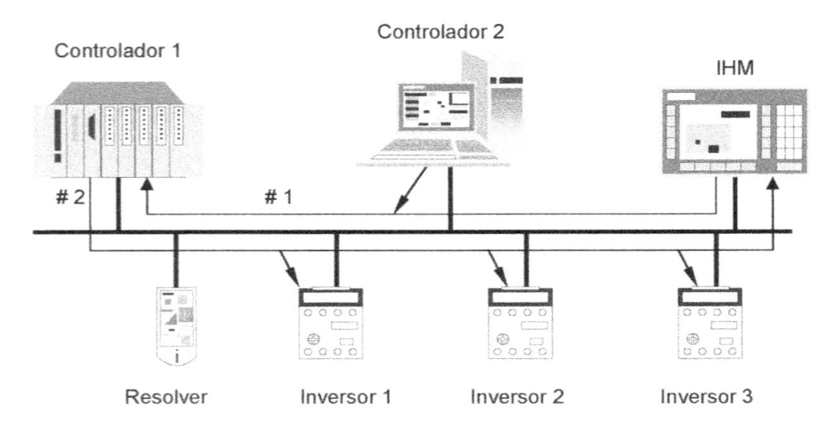

FIGURA 6.15 Produtor–Consumidor.

Por exemplo, uma pessoa (produtor) conta em voz alta para todas as outras pessoas (consumidores) de uma única vez a informação desejada – como a hora do dia.

Por outro lado, uma outra informação, como, por exemplo, um plano de trabalho, poderá ser anunciada desta forma por uma dessas pessoas, que nesse instante passa a ser produtora da informação.

6.2.7 Algoritmo de acesso ao barramento

Os nós pertencentes ao sistema têm um procedimento (algoritmo) específico para acessar as informações da rede (barramento). Em algumas literaturas, esses algoritmos que ora serão tratados são enfocados dentro do assunto referente à tecnologia de comunicação visto anteriormente.

CSMA/CD

Neste algoritmo CSMA/CD (*Carrier Sense Multiple Access/Colision Detection*) um dispositivo começa a transmitir dados assim que detecta que o canal está disponível. Caso dois dispositivos tentem transmitir simultaneamente, haverá uma colisão. Quando um dispositivo detecta que sua transmissão colidiu com outra ele aborta sua transmissão e, após um tempo randômico, tenta transmitir novamente.

Existem vários tipos de CSMA/CD, um deles é o NDA (*Non-Destructive-Bitwise-Arbitration*), que trata da resolução determinística de colisões através de prioridades. Caso alguns dispositivos tentem transmitir ao mesmo tempo, um sistema de arbitragem soluciona o problema: todos os dispositivos são proibidos de transmitir, exceto o que tiver maior prioridade.

Token passing

Nesta forma de algoritmo de acesso, a rede física tem a topologia em anel. Nesse anel é indicada a direção onde circula o *Token* (ficha). Caso um dispositivo deseje transmitir, ele deve “capturar” o token, substituindo-o por um frame (informações, dados).

Uma vez que um dispositivo termina sua transmissão, quer seja por colocá-la inteiramente no anel ou por tempo determinado de utilização do token, ele regenera o token, permitindo assim que outro nó capture o token e acesse a rede para transmissão.

Cíclica ou Varredura (*Cyclic Polling*)

Os dispositivos produtores transmitem dados a uma taxa configurada pelo usuário (entrada/saída). As características dessa forma de transferência cíclica são:

- os dados são transferidos numa taxa adequada ao dispositivo/aplicação;
- os recursos podem ser preservados para dispositivos com alta variação.

Esse método de troca de dados é eficiente para aplicações em que os sinais transmitidos se alteram lentamente. Como, por exemplo, sinais analógicos de entrada e saída. Por outro lado, sinais discretos — cuja variação pode ser muito rápida para mudança e retorno ao estado original — nesse sistema de acesso poderão ter sua informação perdida.

Mudança de Estado (*CoS - Change of State*)

Dispositivos produzem dados apenas quando têm seu estado alterado. Em segundo plano, um sinal é transmitido ciclicamente (*heartbeat*) para confirmar que o dispositivo está operando normalmente.

A vantagem da mudança de estado para troca de dados é que esse método reduz significativamente o tráfego da rede. Indicado para comunicação de dados de entrada e saída digitais.

CTDMA

Neste método, o acesso à rede é controlado por um algoritmo fatia de tempo (*time-slice*), que regula a transmissão de dados pelos nós em cada intervalo de tempo da rede. É possível selecionar o tamanho desse intervalo através do ajuste do NUT (*network update time*). O NUT mais rápido que pode ser selecionado é de 2 ms.

6.3 PROTOCOLOS

Os protocolos caracterizam os elementos de maior importância nas redes de automação industrial, tanto que as mesmas normalmente passam a ser denominadas pelos protocolos utilizados. Exemplo: Protocolo e rede AS-Interface, Rede e Protocolo MODBUS etc.

Os protocolos definem o padrão operacional da rede de automação.

6.3.1 AS-Interface

A rede AS-Interface surgiu em 1990, quando empresas se uniram em um consórcio para tornar seus equipamentos compatíveis.

Com esse projeto, foi criada a AS-International Association, com o objetivo de:

- padronizar em nível internacional os sistemas e produtos;
- continuar o desenvolvimento de certificação dos mesmos.

Na Figura 6.16 segue um esquema de configuração de uma rede AS-Interface.

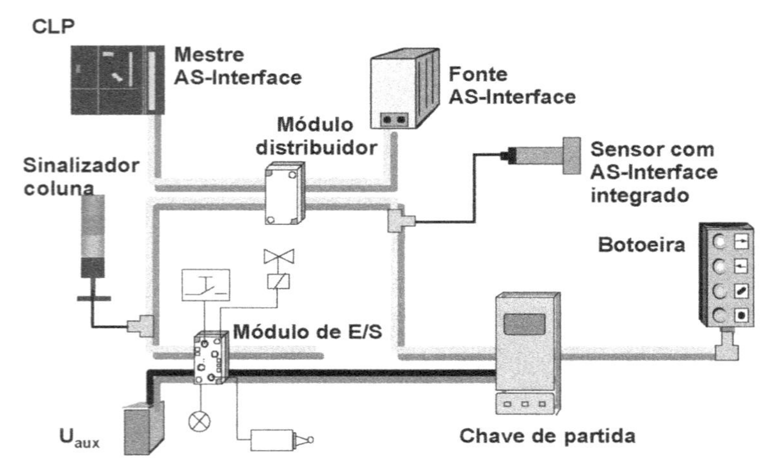

FIGURA 6.16

Essa rede AS-Interface foi concebida como um sistema de monomestre com tecnologia de comunicação *Cyclic polling* (processo de varredura). Nesse sistema somente o mestre da rede pode colocar dados nos outros nós (escravos) em intervalos de tempo definidos.

O desenvolvimento dessa rede foi feito de forma a atender aos requisitos de volume de dados da rede de nível mais baixo, ou seja, do chão-de-fábrica.

Cabeamento

Na rede AS-Interface é utilizado um cabo com dois fios sem blindagem (Figura 6.17).

As características desses cabos são: cabo perfilado (proteção contra inversão de polaridade), autocicatrizante e disponível nas versões:

- amarelo (dados e energia 30 Vcc);
- preto (alimentação auxiliar 24 Vcc).

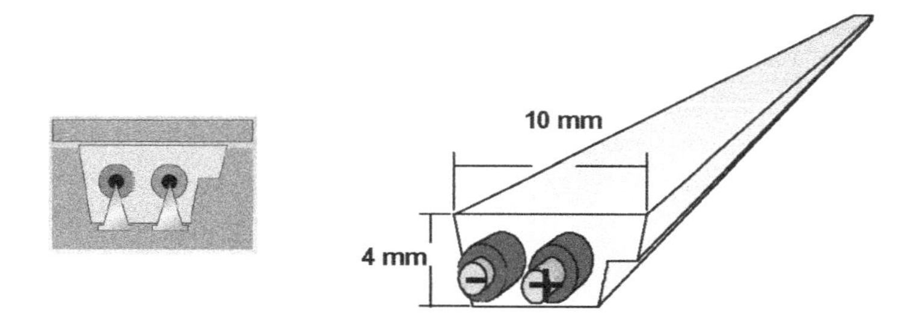

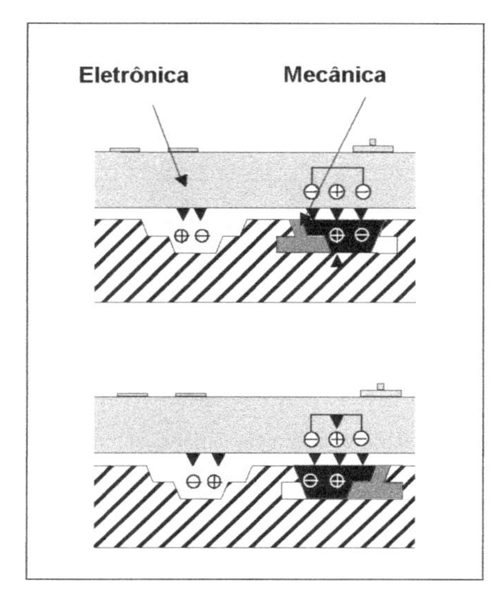

FIGURA 6.17 Versão 2.1 de cabo para AS-Interface.

Existem duas versões da AS-Interface. A seguir são apresentadas as características das mesmas:

	Versão 2.0	Versão 2.1
Número máximo de escravos	31	62
Número máximo de E/S	124E + 124S	248E + 186S
Tempo máximo do ciclo	5 ms	10 ms
Transmissão	Dados e energia	Dados e energia
Dados analógicos	16 Bytes para dados digitais e analógicos	124 Bytes de dados analógicos
Comprimento máximo do cabo	100 m, extensão com repetidor até 500 m	100 m, extensão com repetidor até 500 m

Os endereços da versão 2.0 são duplicados em A e B para gerar a versão 2.1. Para essa diferenciação é utilizada uma saída do segundo endereço, como exemplificado na Figura 6.18.

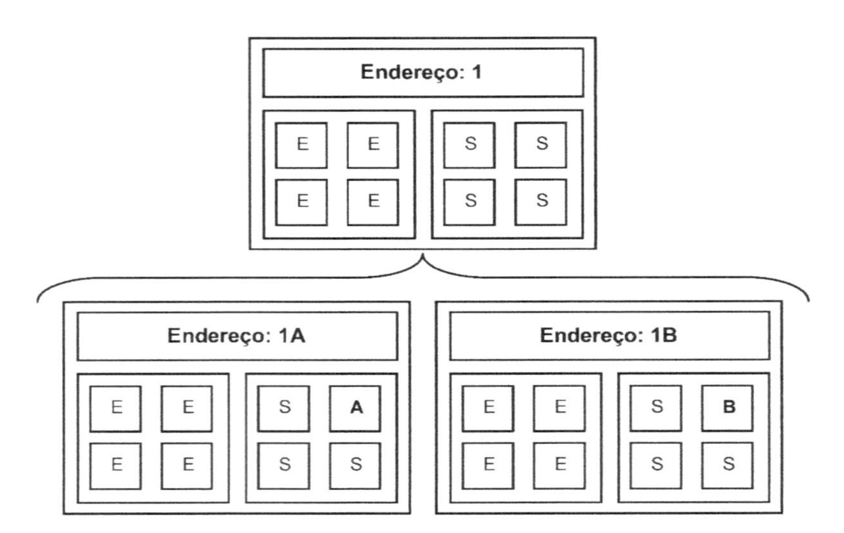

FIGURA 6.18 Endereçamento AS-Interface.

Os componentes da rede ASI são:

Mestre: este dispositivo possibilita a interconexão com os níveis mais altos da rede e a organização na transmissão de dados.

O mestre possibilita as seguintes funções:

- diagnósticos;
- monitoração contínua da rede;
- reconhecimento de falhas e atribuição de endereço correto quando um nó é removido para manutenção;

- controle das três listas internas dos escravos:
  - LRS ... Lista de escravos reconhecidos
  - LAS ... Lista de escravos ativos
  - LCS ... Lista de escravos configurados

Escravo: são os dispositivos de entrada e saída utilizados pelo controlador lógico programável. Exemplos de escravos são os módulos analógicos, digitais, pneumáticos e sensores inteligentes.

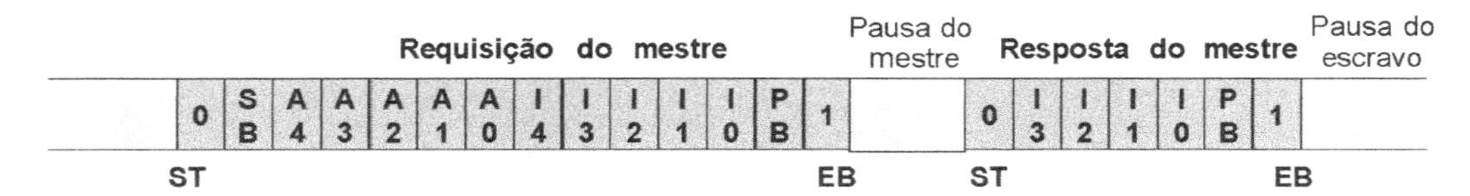

FIGURA 6.19 Codificação de mensagem, rede ASI.

Em relação à codificação das mensagens, a rede ASI utiliza seqüências como a da Figura 6.19, onde:

ST	Start bit, sempre "0"
SB	Bit de controle
0...	Dado-/parâmetro/pedido de endereço
1...	Comando *call*
A4...A0	Endereço do escravo requisitado (5 Bit)
I4	Bit de informação
0...	Pedido de dado
1...	Pedido de parâmetro
I3...I0	Dado-/bits de parâmetro (4 Bits)
PB	Bit de paridade
EB	Stop bit, sempre "1"

ST	Start bit, sempre "0"
I3...I0	Bits de dado/parâmetro
PB	Bit de paridade
EB	Stop bit, sempre "1"

6.3.2 ModBus

O protocolo Modbus pode utilizar vários tipos de meio físico. O mais utilizado é o RS485 a dois fios (2W-MODBUS), existindo uma outra opção a quatro fios (4W-MODBUS). A interface serial RS232 deve ser utilizada somente para comunicação ponto a ponto. Os diagramas esquemáticos encontram-se nas Figuras 6.20 e 6.21.

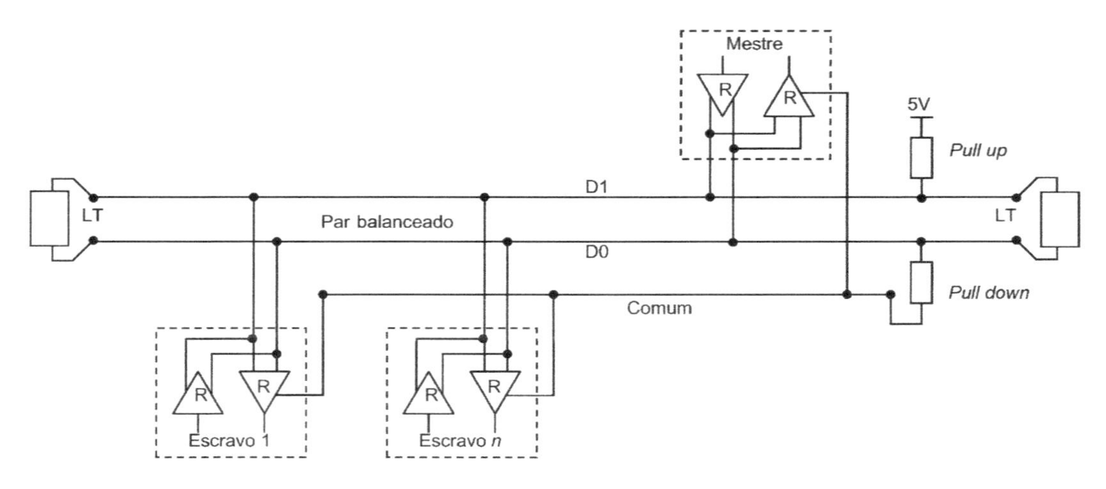

FIGURA 6.20 Interligações topologia a dois fios.

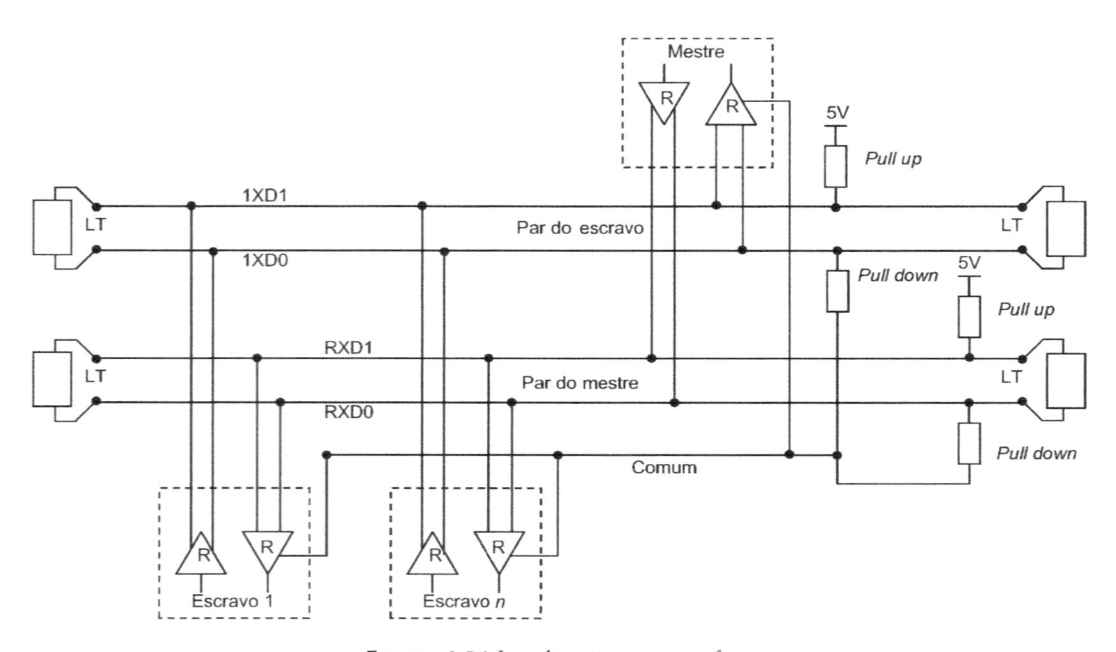

FIGURA 6.21 Interligações a quatro fios.

A tecnologia de comunicação no protocolo Modbus é o mestre-escravo, sendo que somente um mestre e no máximo 247 escravos podem ser conectados à rede. Cada escravo pode ter um número variado de entradas e saídas, não fixo, como no caso anterior.

A comunicação é sempre iniciada pelo mestre, e os nós escravos não se comunicam entre si.

O mestre pode transmitir dois tipos de mensagens aos escravos, dentro de uma mesma rede:

- Mensagem tipo *unicast*: o mestre envia uma requisição para um escravo definido e este retorna uma mensagem-resposta ao mestre. Portanto, nesse modo são enviadas duas mensagens: uma requisição e uma resposta (Figura 6.22).

- Mensagem tipo *broadcast*: o mestre envia requisições para todos os escravos, e não é enviada mensagem de resposta para o mestre (Figura 6.23).

O endereço 0 é reservado para identificação desse modo de transmissão.

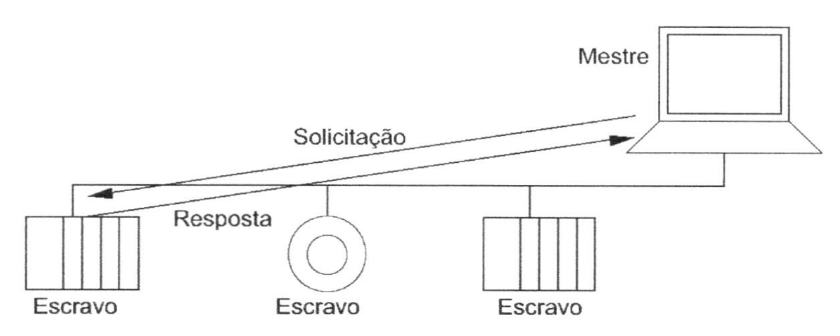

FIGURA 6.22 Modo *unicast*.

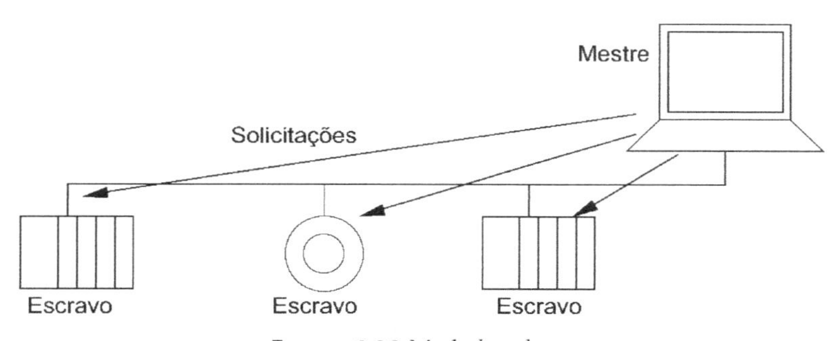

FIGURA 6.23 Modo *broadcast*.

Quanto ao modo de transmissão, existem duas formas seriais para o protocolo ModBus: RTU e ASCII. Elas definem o conteúdo dos campos da mensagem transmitida serialmente.

Na rede MODBUS, o modo de transmissão definido deve ser o mesmo para todos os dispositivos. Todos os dispositivos devem implementar o modo RTU, sendo o modo ASCII uma opção.

A Tabela 6.2 mostra as principais características dos modos de transmissão.

TABELA 6.2 Comparação entre modos de transmissão RTU e ASCII

	RTU	ASCII
Característica fundamental	Maior densidade de dados – melhor taxa de envio de dados	Intervalos de tempo de até 1 segundo entre caracteres sem causar erro
Sistema de codificação	Cada byte em uma mensagem contém dois ou quatro caracteres hexadecimais	Cada byte em uma mensagem é enviada como dois caracteres ASCII
Verificação de erros	CRC – *Cyclical Redundancy Check*	LRC – *Longitudinal Redundancy Check*

Em relação à codificação das mensagens, a rede MODBUS utiliza as estruturas das Figuras 6.24 e 6.25.

Início	Ender	Função	Dados	CRC Check	Fim
≥3,5 char	8 bits	8 bits	N × 8 bits	16 bits	≥3,5 char

FIGURA 6.24 Codificação de mensagens MODBUS RTU.

Início	Ender	Função	Dados	LRC	Fim
1 char :	2 chars	2 chars	0 up to 2 × 2 × 2 char(s)	2 chars	2 chars CR,LF

FIGURA 6.25 Codificação de mensagens MODBUS ASCII.

6.3.3 CAN

O protocolo CAN (*Controller Area Network*) foi desenvolvido pela Bosch AG para aplicações em tempo real. Este protocolo tem sido aplicado principalmente na indústria automotiva, e foi padronizado pela ISO 11898 e 11519. Muitos fabricantes adotaram o protocolo CAN também para aplicação na automação industrial e predial. Um exemplo de sistema baseado em protocolo CAN é o Devicenet da Rockwell Automation. [CAN], [BO]

O Protocolo CAN tem as seguintes propriedades:

- priorização das mensagens;
- flexibilidade de configuração;
- recepção do multicast com sincronização de tempo;
- consistência larga dos dados do sistema;
- multimestre, produtor-consumidor;
- detecção e sinalização de erro;
- retransmissão automática de mensagens corrompidas assim que o barramento estiver ativo novamente;
- distinção entre erros provisórios e falhas permanentes dos nós.

Mensagens

As informações na rede são enviadas em um formato fixo de diferentes tamanhos, porém limitados. Quando a rede está livre, qualquer unidade conectada pode começar a transmitir.

O Identificador define uma prioridade durante o acesso ao barramento.

Se duas ou mais unidades começarem transmitir mensagens ao mesmo tempo, o conflito do acesso do barramento será resolvido arbitrariamente usando o Identificador. Com o objetivo de garantir segurança na transferência dos dados, medidas de detecção de erros são implementadas em cada nó CAN.

O protocolo CAN suporta dois tipos de estrutura de mensagens, sendo a única diferença entre eles o tamanho do identificador.

A seguir a estrutura do protocolo CAN:

FIGURA 6.26 Estrutura do protocolo.

onde:

SOF:	*Start of Frame* – Início
Identifier	Identificador
RTR:	*Remote Transmission Request* – Identifica se é uma mensagem de dados ou estrutura de dados
IDE:	*Identifier Extension* – Distinção entre formato base ou estendido de mensagem
DLC:	*Data Length Code* – indica o número de bytes dos dados no campo *Data*
CRC:	*Cyclic Redundancy Check*- verifica a integridade da mensagem
ACK:	*Acknowledge* – Reconhecimento do receptor
EOF:	*End of Frame* – Fim da mensagem
IFS:	*Intermission Frame Space* – Número mínimo de bits separando mensagens consecutivas

Taxa de Transferência

Existem vários fabricantes de dispositivos que utilizam o protocolo CAN.

TABELA 6.3 Comparaçãc entre fabricantes do protocolo CAN

	CANopen	DeviceNet/PDMS	CAN Kingdom
Taxa de transferência	1 M, 800 K, 500 K, 250 K, 125 K, 50 K, 20 K, 10 K	1 M, 125 K, 250 K, 500 K	Qualquer taxa
Número possível de nós	0-127	0-63	1-255
Proteção contra nós duplicados	Não, porém pode ser configurado para ser feito pelo master	Sim	Não, porém pode ser configurado para ser feito pelo master
Possibilidade de atribuir um módulo a um grupo	Não	Não	Sim

6.3.4 Profibus

O protocolo PROFIBUS foi criado em 1989 e, desde então, vem sendo largamente aplicado na indústria devido ao fato de ser um protocolo aberto, garantido pelas normas IEC61158 e IEC61784. [PB]

Os dispositivos conectados através da PROFIBUS podem enviar dados relativos ao *status* dos mesmos e também sobre a qualidade do sinal medido.

O cabeamento pode ser feito através de cabo de cobre ou de fibra de vidro.

O protocolo PROFIBUS pode ser utilizado em várias aplicações, conforme segue:

- PROFIBUS DP – para automação industrial.
- PROFIBUS PA – para automação de processos.
- PROFISafe – para sistemas relacionados à segurança.
- PROFIDrive – para sistemas relacionados a controle de movimento.

Meios de Transmissão

RS485

É o meio de transmissão mais empregado. Utilizando um cabo de par trançado, possibilita taxas de transmissão de até 12 Mbits/s. Usado para aplicações que necessitem de altas taxas de transmissão.

RS485-IS

Meio de transmissão a quatro fios para uso em áreas potencialmente explosivas. Os níveis de tensão e corrente especificados pelos valores máximos de segurança não podem ser ultrapassados.

MBP (Manchester code, bus powered)

Disponível para aplicações na automação de processos que necessitem de alimentação através do barramento e segurança intrínseca dos dispositivos.

Fibra ótica

Utilizado em áreas com alta interferência eletromagnética ou onde grandes distâncias são necessárias.

TABELA 6.4 Comparação entre meios de transmissão com protocolo ProfiBus

	MBP	RS485	RS485-IS	Fibra ótica
Taxa de transmissão	31,25 Kbits/s	9,6 a 12000 Kbits/s	9,6 a 1500 Kbits/s	9,6 a 12000 Kbits/s
Cabeamento	STP	STP	STP - 4 fios	Fibra de vidro multimodo ou monomodo, plástico
Alimentação	Opcional (cabo do sinal)	Opcional (cabo do adicional)	Opcional (cabo do adicional)	Opcional (linha híbrida)
Topologia	Barramento e/ou árvore	Barramento	Barramento	Estrela e anel, barramento também possível
Número de estações	32 por segmento, 126 por rede	32 por segmento sem repetidor, 126 com repetidor	32 por segmento sem repetidor, 126 com repetidor	126 por rede

O protocolo PROFIBUS utiliza a tecnologia de comunicação mestre-escravo, podendo ser mono ou multimestre. Caso seja utilizada a tecnologia multimestre, o acesso ao barramento é feito através da técnica de *token* entre os mestres. A comunicação entre os mestres e os escravos é feita através de processo de varredura. Versões mais avançadas do protocolo também possibilitam comunicação acíclica entre mestres e escravos, e além disso também existe a possibilidade de comunicação entre os *slaves*, o que diminui o tempo de resposta na comunicação.

6.3.5 LON

O protocolo *LONWORKS* também é conhecido como protocolo *LonTalk*. O protocolo fornece um conjunto de serviços de comunicação que possibilita que um programa aplicativo em um dispositivo possa enviar e receber mensagens de outros dispositivos através da rede sem necessitar saber a topologia da rede dos outros dispositivos. O protocolo LONWORKS pode opcionalmente fornecer reconhecimento de mensagens fim-a-fim, autenticação e entrega através de prioridades. [EC1]

Este protocolo é mais utilizado em aplicações de automações comerciais e residenciais. Por esse motivo não será enfocado no presente trabalho.

6.3.6 InterBus

O protocolo InterBus é um sistema em anel onde todos os dispositivos estão integrados em um caminho fechado de transmissão. Cada dispositivo amplifica o sinal recebido e o passa adiante, possibilitando maiores taxas de transmissão e maiores distâncias. Esse protocolo segue o padrão alemão DIN 19258.

Endereçamento

Neste protocolo, um endereço é atribuído ao dispositivo automaticamente, de acordo com sua localização física. Essa característica *plug and play* facilita a instalação e torna o sistema mais amigável. Dessa forma, problemas que ocorrem quando o endereçamento é feito manualmente são evitados. Além disso, permite que dispositivos possam ser adicionados ou removidos sem a necessidade de reendereçamento.

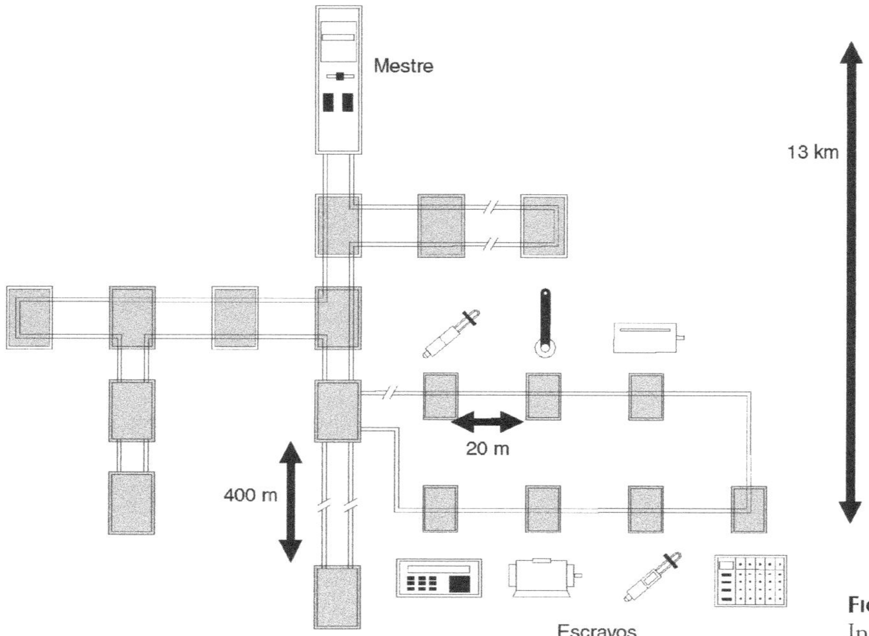

FIGURA 6.27 Topologia InterBus.

O cabo sem blindagem a dois fios transporta dados e fornece alimentação aos dispositivos conectados simultaneamente.

Estrutura Mestre–Escravo

O protocolo Interbus utiliza uma técnica de transmissão de mensagens chamada *Summation Frame Method*, que utiliza somente uma estrutura para mensagens de todos os dispositivos da rede. Essa estrutura consiste em um cabeçalho, uma palavra de *loop* e dados de todos os dispositivos em blocos de controle (Figura 6.28).

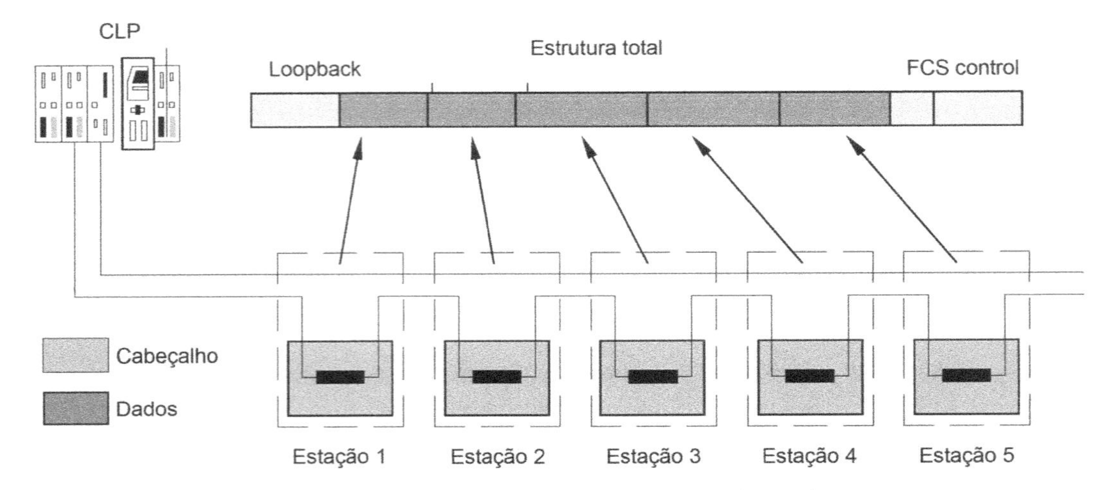

FIGURA 6.28 Estrutura de mensagens do protocolo Interbus.

6.3.7 FOUNDATION FieldBus

Este protocolo, que segue o padrão IEC 61158, apresenta dois tipos de aplicações: H1 e HSE.

O tipo H1 possui taxa de transmissão de 31,25 Kbits/s e interconecta dispositivos de campo: sensores e atuadores. [SC]

O tipo HSE (*High Speed Ethernet*) trabalha a 100 Mbits/s e fornece integração de controladores de alta velocidade (como exemplo CLPs), subsistemas H1 (via dispositivo de acoplamento), servidores e estações de trabalho.

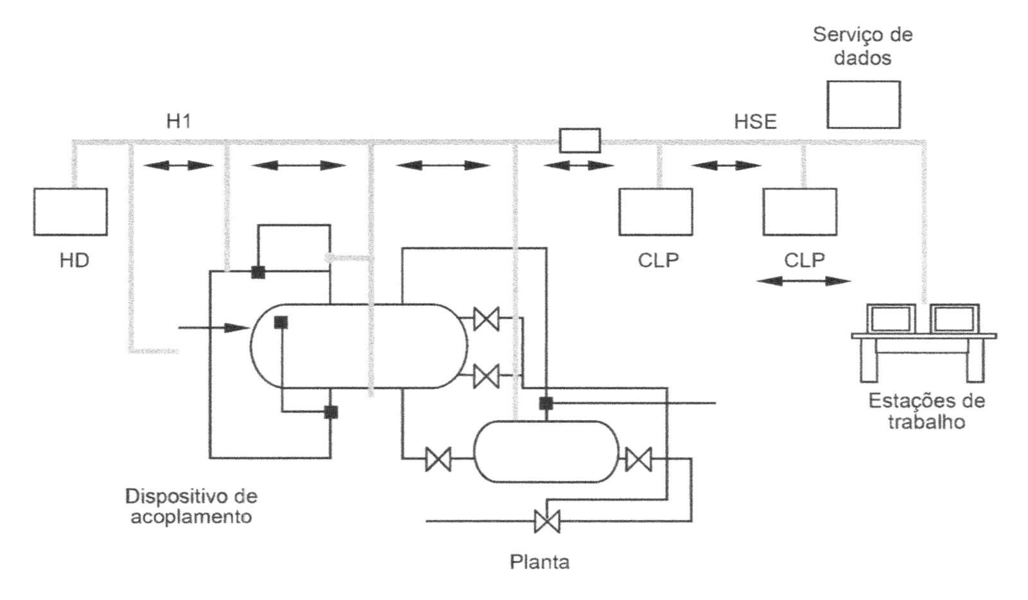

FIGURA 6.29 Exemplo de configuração com H1 e HSE.

Diagnóstico de Monitoração e Falha dos Dispositivos

Informações sobre a habilidade do dispositivo em medir e controlar o processo, além de diagnósticos de falha, podem estar disponíveis. Os tipos de diagnóstico são explicados a seguir.

- Diagnósticos básicos: são as falhas que podem ser observadas por todos os dispositivos do processo. Esses diagnósticos ajudam a determinar problemas comuns do dispositivo e do caminho de comunicação.
- Diagnósticos avançados: incluem informações completas sobre o dispositivo, de forma que seu status possa ser determinado sem removê-lo do processo.

Alimentação de Dispositivos de Campo

Os dispositivos podem ser alimentados através do barramento ou localmente, dependendo do projeto.

Topologia de Rede

As topologias de rede mais utilizadas são estrela, barramento ou combinação das duas. Os componentes podem ser conectadcs em várias topologias. A topologia selecionada geralmente está relacionada com a localização do dispositivo físico, com o objetivo de reduzir custos de instalação.

Cabeamento

Para obter-se o máximo de desempenho de uma rede *Foundation Fieldbus*, devem ser utilizados cabos STP desenvolvidos especialmente para este protocolo. A seguir são apresentadas as especificações dos cabos:

Tipo	Metros/Pés	Impedância (Ohms)	Atenuação (dB/km)	Descrição
A	1900/6270	100	3	Par blindado individual
B	1200/3960	100	5	Múltiplos pares
C	400/1320	Desconhecida	8	Múltiplos pares não-blindados
D	200/660	Desconhecida	8	Multicondutor, sem par

Endereçamento

Cada nó deve possuir um endereço único. O endereço de nó é o endereço atual que o segmento está utilizando para o dispositivo.

Cada dispositivo deve possuir um tag de endereço físico único e seu correspondente endereço de rede. O tag é associado ao dispositivo no comissionamento e, para a maioria dos dispositivos, continua na memória quando o dispositivo é desconectado. Os números de nós podem variar de 0 a 255. Cada fabricante associa os números de nó de forma única. Os nós alocados na rede *Foundation Fieldbus* devem estar de acordo com a seguinte numeração:

- 0-15 reservados
- 16-247 disponíveis para dispositivos permanentes.
- 248-251 disponíveis para dispositivos sem endereço permanente, como, por exemplo, novos dispositivos.
- 252-255 disponíveis para dispositivos temporários, como, por exemplo, *handheld*.

6.3.8 ControlNet

Inicialmente o protocolo ControlNet foi desenvolvido pela Rockwell Automation, em 1995, e atualmente o protocolo é gerenciado pela Control*Net International*. As especificações e o protocolo são abertos, possibilitando o desenvolvimento de vários equipamentos de múltiplos fabricantes.

Em relação à tecnologia de comunicação, este protocolo utiliza comunicação tipo produtores/consumidores.

As comunicações no protocolo ControlNet possuem dois tipos de mensagens: *Connected* e *Unconnected*.

As mensagens *Unconnected* utilizam o endereço do dispositivo e a tabela de dados dentro do dispositivo. As mensagens *Connected* especificam um caminho de comunicação entre o produtor e o consumidor. Fisicamente, a conexão consome memória e recursos tanto no produtor quanto no consumidor.

Em relação ao modo de envio de dados, as conexões possuem dois tipos:

- Não-agendada (*Unscheduled*): dados enviados pelo usuário do programa ou pela interface homem/máquina por solicitação em demanda. Essa conexão é fechada quando não utilizada por um determinado intervalo de tempo.
- Agendada (*Scheduled*): dados são enviados repetidamente em taxas configuradas e predeterminadas. Essa conexão permanece aberta enquanto o gerador da conexão estiver ativo.

Existem três tipos de transporte para as conexões:

- Conexão proprietária (*owner connection*): é uma conexão entre um único dispositivo e um único gerador. No caso de mais de um proprietário configurado para uma conexão, o proprietário que estabelecer conexão primeiro controlará as saídas e poderá configurar o dispositivo.
- *Listen only:* é uma conexão que pode ser estabelecida junto com uma conexão proprietária e somente depois de esta estar ativa.
- *Input Only* ou *Multicast*: pode ser dividido em dois grupos, sendo o primeiro utilizado quando o dispositivo necessita de uma confirmação, independentemente do número de dispositivos. Por outro lado, no segundo tipo cada dispositivo envia uma confirmação.

A estrutura dos pacotes enviados neste protocolo segue o padrão da Figura 6.30.

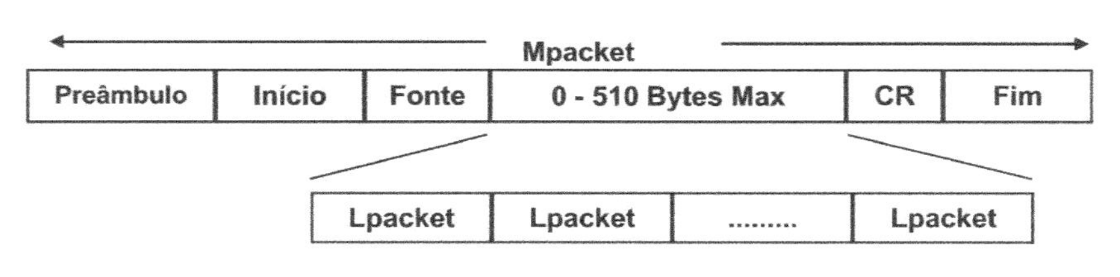

FIGURA 6.30

Todas as transferências de pacotes utilizam esse formato. Cada nó pode enviar somente um *Mpacket* a cada transmissão. Cada *Mpacket* contém um ou mais *Lpackets*. E cada *Lpacket* contém um pedaço da informação.

No protocolo ControlNet existe um nó chamado *keeper*, responsável pelo armazenamento dos parâmetros da rede.

Fisicamente, um segmento único pode ter um tamanho máximo que depende do número de nós; assim:

- 2 nós: 1000 m
- 48 nós: 250 m

Com a utilização de repetidores para unir segmentos, a rede ControlNet pode ter 99 nós em várias distâncias.

O método de acesso ao barramento é o CTDMA (*Concurrent Time Domain, Multiple Access*). As informações críticas são enviadas durante a parte agendada do intervalo da rede.

6.3.9 Ethernet/IP

A Ethernet foi desenvolvida pelo centro de desenvolvimento da Xerox Palo Alto nos anos 1970 para uso como redes locais. Em 1979, a Digital Equipment Corporation e a Intel uniram-se à Xerox para promover a rede, e em 1980 publicaram a primeira especificação da Ethernet. [T]

Quando a especificação da Ethernet foi transferida ao IEEE (Institute for Electrical and Electronic Engineers), foi aprovado o padrão IEEE 802.3.

O Ethernet/IP é um protocolo aberto que foi desenvolvido baseando-se em:

- padrão IEEE 802.3, que especifica várias características, dentre elas a utilização do protocolo CSMA/CD para acesso ao meio.

- Ethernet TCP/IP (*Transmission Control Protocol/Internet Protocol*).
- protocolo CIP (*Control and Information Protocol*), que possibilita mensagens em tempo real e informação ponto a ponto.

Este protocolo é utilizado nas topologias físicas barramento e estrela. O método de acesso ao barramento utilizado pelo protocolo Ethernet é o CSMA/CD.

Estrutura das Mensagens

Preâmbulo	SFD	Dest End MAC	Fonte End MAC	Tamanho/ Tipo	Dados do Cliente MAC	Pad	FCS
7 bytes	1 byte	6 bytes	6 bytes	2 bytes	0-*n* bytes	0-*p* bytes	4 bytes

Preâmbulo: Seqüência de bits utilizados para sincronização.
SFD: *Start Frame Delimiter*, indicação do início da estrutura de mensagem.

Endereço MAC Destino e Fonte: Identifica a estação ou estações que recebem e que emitem a mensagem.
Tamanho/Tipo: Caso seja menor do que 1500, indica o tamanho em bytes do campo.
Dados do Cliente: Caso seja maior ou igual a 1536, este campo indica o tipo de protocolo do cliente MAC (depende do equipamento).
Pad: Este campo é utilizado para adicionar bytes extras quando o tamanho da estrutura não alcançou o valor mínimo (para uma estrutura Ethernet, ela é de 64 bytes do campo Destino até o FCS).
FCS: *Frame Check Sequence*, contém 4 bytes utilizados para verificação de erros através de CRC (*Cyclical Redundancy Check*).

A seguir é feito um resumo das principais redes apresentadas, onde estão mostradas as características fundamentais desses protocolos.

6.3.9 Tabela Comparativa

Tabela 6.5 Comparação entre AS-Interface, Modbus, CAN e ProfiBus

	AS-Interface	ModBus	DeviceNet (CAN)	ProfiBus-PA	LonWorks	Foundation FieldBus H1	InterBus	ControlNet	6.4 Ethernet
Desenvolvedor da tecnologia	Grupo de empresas	Modicon	Allen-Bradley	Siemens/ PTO	Echelon Corp.	Fieldbus Foundation	Phoenix	ControlNet International	Xerox Palo Alto
Taxas de transmissão	167 K	Não especificado (de 1,2 K a 115,2 K)	Até 1 M	31,25 K	Até 1,25 M (depende do meio físico)	31,25 K	500 K	5 M	10 M
Tecnologia de Comunicação	Mestre-escravo	Mestre-escravo	Produtor-consumidor	Mestre-escravo	Mestre-escravo	Mestre-escravo	Mestre-escravo	Produtor-consumidor	Produtor-consumidor ponto a ponto
Algoritmo de acesso ao meio	Cíclico	Token passing	CSMA/CD (NDA)	Token passing	CSMA preditiva	Token passing	Nenhum	CTDMA	CSMA/CD
Meios físicos	TP	TP	TP, fibra ótica, coaxial	TP	TP, coaxial, fibra ótica, rádio-freqüência	TP, fibra ótica	TP, fibra ótica	Coaxial, fibra ótica	TP, coaxial, fibra ótica
Número máximo de nós	31 ou 62	247	Depende do fabricante	256 por rede	32.385 por domínio	240 por segmento, 216 por sistema	4096	99	2^{11} ou 2^{29} em modos estendidos
Determinística	Sim	Não	Sim	Não	Não	Sim	Sim	Sim	Não
Padrões	IEC947-5-2/D EN 60 947	Modicon PI-MBUS-300 – RevE	ISO 11898, ISO 11519	IEC 61158, IEC 61784	ANSI/EIA 709.1	IEC 61158	DIN 19258	EN50170	IEEE 802.3
Alimentação barramento	Sim	Não	Não	Sim	Sim	Sim	Sim	Não	Não

EXERCÍCIOS PROPOSTOS

E.6.1 Cite as características principais das redes abertas. Qual é a estrutura do modelo de referência OSI para interconexão aberta?

E.6.2 Descreva o módulo cliente-servidor em que cada usuário possui um computador PC. Quais as vantagens desse modelo de LAN?

E.6.3 Quatro roteadores são conectados ponto a ponto por linhas de média velocidade, de modo que são necessários 48 m do computador para a inspeção do sistema. Calcular o tempo necessário para a inspeção de todo o sistema.

E.6.4 Quais são as vantagens e desvantagens das redes em barra e anel?

E.6.5 Cite as características físicas e operacionais das redes ponto a ponto.

E.6.6 No modelo de transferência de dados, descreva os processos de comutação, mensagens e pacotes.

E.6.7 Cite duas formas em que os modelos OSI e o TCP/IP são iguais e duas formas em que são diferentes.

E.6.8 Do quadro a seguir, denominado Classificação Geral das Redes de Automação, escolha um tipo de planta de processo em que tenha experiência, justifique e discuta o tipo de solução empregado quanto à topologia física, modelo de redes, método de troca de dados, tipo de conexão, modo de transmissão, sincronização de bits, modo de operação e tipo de comutação, levando em consideração a(s) rede(s) escolhida(s).

Classificação Geral		
	Quanto à topologia física	• Barramento • Anel • Estrela • Árvore
	Quanto ao modelo de redes	• Origem-destino • Produtor-consumidor
	Quanto ao método de troca de dados	• *Pooling* • Cíclica • Mudança de estado
	Quanto ao tipo de conexão	• Ponto a ponto • Múltiplos pontos
	Quanto ao modo de transmissão	• Transmissão serial • Transmissão paralela
	Quanto à sincronização de bits	• Transmissão síncrona • Transmissão assíncrona
	Quanto ao modo de operação	• Modo Simplex • Modo Half Duplex • Modo Full Duplex
	Quanto ao tipo de comutação	• Comutação de circuitos • Comutação de pacotes

Capítulo 7
Implementação do Projeto de Automação

Neste capítulo pretendemos recomendar procedimentos para a implementação de sistemas de automação industrial, na situação freqüente em que o usuário define todas as seqüências operacionais que deseja ver implantadas. Tais seqüências decorrem de *receitas de produção e de proteção dos sistemas*, estabelecidas por especialistas no processo, por fabricantes dos equipamentos ou pela experiência própria do usuário.

7.1 DESCRIÇÃO DAS PLANTAS INDUSTRIAIS

7.1.1 Fluxogramas e diagramas de processo

Em uma implementação de sistema de automação, o primeiro objetivo do projetista deve ser a transmissão eficiente e segura do conteúdo técnico dos processos industriais a serem automatizados. Há várias formas de representação gráfica de sistemas dinâmicos a eventos que são utilizadas com freqüência. Elas assemelham-se aos esquemas dos circuitos eletrônicos, os quais, por meio de símbolos padronizados, mostram as relações funcionais entre os seus diversos componentes, e por meio desse método gráfico um engenheiro pode entender e restaurar as condições operacionais de um sistema que acaba de lhe ser apresentado.

Para representar os processos industriais, temos:

- Diagramas de Blocos;
- Diagramas de Fluxo de Processo;
- Diagramas de Tubulação e Instrumentação ou Fluxogramas de Engenharia, P&ID (*Piping and Instrumentation Diagrams*).

Todos os três são meios de comunicação complementares, mas pode-se dizer que o P&IDs é indispensável para a comunicação entre os diferentes especialistas que colaboram nos processos e com os engenheiros de automação.

O P&ID ou, abreviadamente, o P&I[1] é uma extensão do Diagrama de Fluxo de Processo, cujos exemplos podem ser vistos em tratados de processamento de minérios há mais de um século.

[1]Na indústria, P&ID e P&I são pronunciadas usualmente em inglês.

7.1.2 Diagramas de blocos

No diagrama de blocos as várias operações das seqüências de processamento são mostradas em blocos retangulares, interligados por flechas que indicam a seqüência de trabalho. Por exemplo: processo de tratamento de minério de ouro (Figura 7.1).

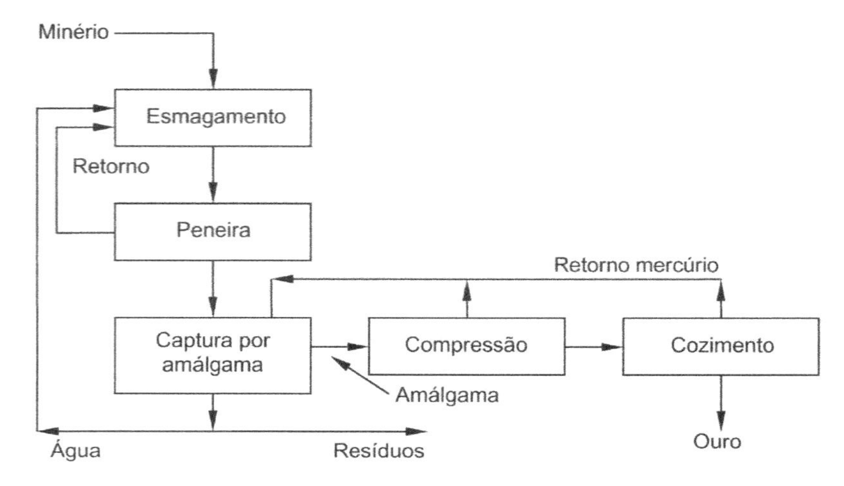

FIGURA 7.1 Diagrama de blocos.

Este diagrama não mostra os tipos dos equipamentos utilizados, evidencia somente a seqüência das etapas do processo, permitindo também mostrar as necessidades de balanço de massas.

7.1.3 Diagramas de fluxo de processo

São constituídos por:

a) Fluxograma Índice de Processo (*Process Index Flowsheet*)

Neste documento inicial todo o processo produtivo aparece em poucas folhas A4, de acordo com a necessidade; contém a *designação* dos equipamentos principais, das utilidades necessárias e como os mesmos estão interligados. *Operações unitárias* (balanços químicos e energéticos) envolvidas são anotadas nos desenhos, sendo também mostrados pontos de origem e destino de matérias-primas, produtos, subprodutos e efluentes. Também se incluem os critérios e as *bases de cálculo* utilizadas para o projeto da planta industrial. Esses dados representam poderosa ferramenta para análises comparativas de tecnologias de processo etc.

Comumente, são anotadas as seguintes informações:

- Vazões nominais dos materiais;
- Ciclo operacional;
- Número de horas operacionais por ano;
- Especificações de produtos, subprodutos e matérias-primas;
- Consumo por unidade de produção de matérias-primas, subprodutos, utilidades;
- Balanço e consumo de energia;
- Reações envolvidas e taxa de conversão, pureza, catalisadores etc;
- Impacto no meio ambiente, com identificação e quantidade de efluentes.

b) Diagrama de Fluxo do Processo (DFP) propriamente dito

Neste Diagrama de Fluxo do Processo (*Process Flow Diagram, PFD* ou *Flow Sheet*) o objetivo reside em mostrar os principais equipamentos através de símbolos de uso comum, normatizados ou especiais. Exemplo: processo de secagem a vapor (Figura 7.2), onde os fluxos de matéria-prima chegam à esquerda, com origem e destino assinalados; O–xx indica tanque; T–yy indica trocador de calor; P-zz bomba; MX reator etc.

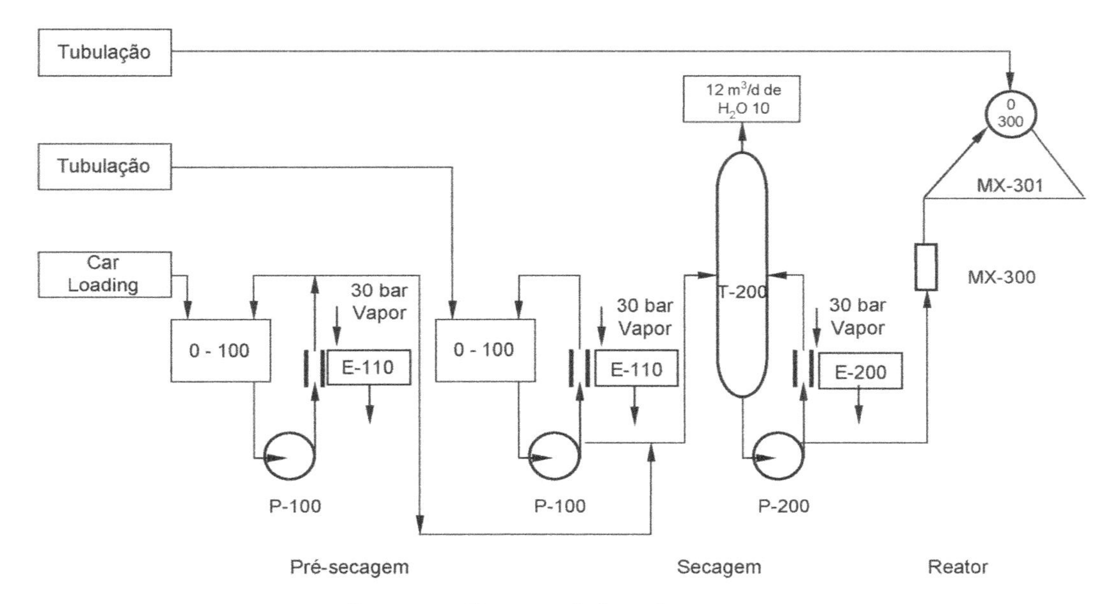

FIGURA 7.2 Diagrama de fluxo do processo.

Tanto o Fluxograma Índice como o Fluxograma de Processo devem mostrar as operações do processo industrial, do início até o fim, e devem incluir todos os equipamentos principais e as tubulações de interligação dos mesmos. Tipicamente:

- Os equipamentos são numerados individualmente da mesma forma e concatenados com o Fluxograma Indicador do Processo.
- São mostrados os dispositivos internos dos equipamentos que são críticos para o processo, como as bandejas de uma coluna de destilação.
- As várias correntes de processo (fluxos) são numeradas e descritas com as propriedades físico-químicas normais, e quantificadas de acordo com o balanço de massa e energia.
- Abreviadamente, as principais malhas de controle e seus instrumentos são mostrados para facilitar o desenvolvimento/entendimento do controle do processo; nesta fase os instrumentos não costumam ser numerados.
- Dados de consumo de energia e cargas térmicas são anotados próximo aos símbolos dos equipamentos, por exemplo, potência de motores, turbinas, trocadores de calor etc.
- Normalmente é feita a anotação das descrições dos equipamentos acima dos respectivos símbolos, com a designação do equipamento (*tag*), serviço, tamanho, condições de projeto, material de construção etc.
- O balanço de massa e energia e as propriedades físico-químicas são mostrados em tabulação na parte inferior do desenho, componente a componente.

- Devido à confidencialidade dos dados de balanço de massa e energia e demais propriedades, os mesmos muitas vezes não ficam anotados no fluxograma, mas em planilhas referenciadas para manuseio por público restrito.

7.1.4 Diagramas de tubulação e instrumentação P&ID (*Piping & Instrument Diagram*)

Os P&IDs, fluxogramas de engenharia, em que *equipamentos, tubulações e instrumentos* são representados com riqueza de detalhes, permitem mostrar uma fotografia completa do processo. Exemplo: coluna de destilação, Figura 7.3.

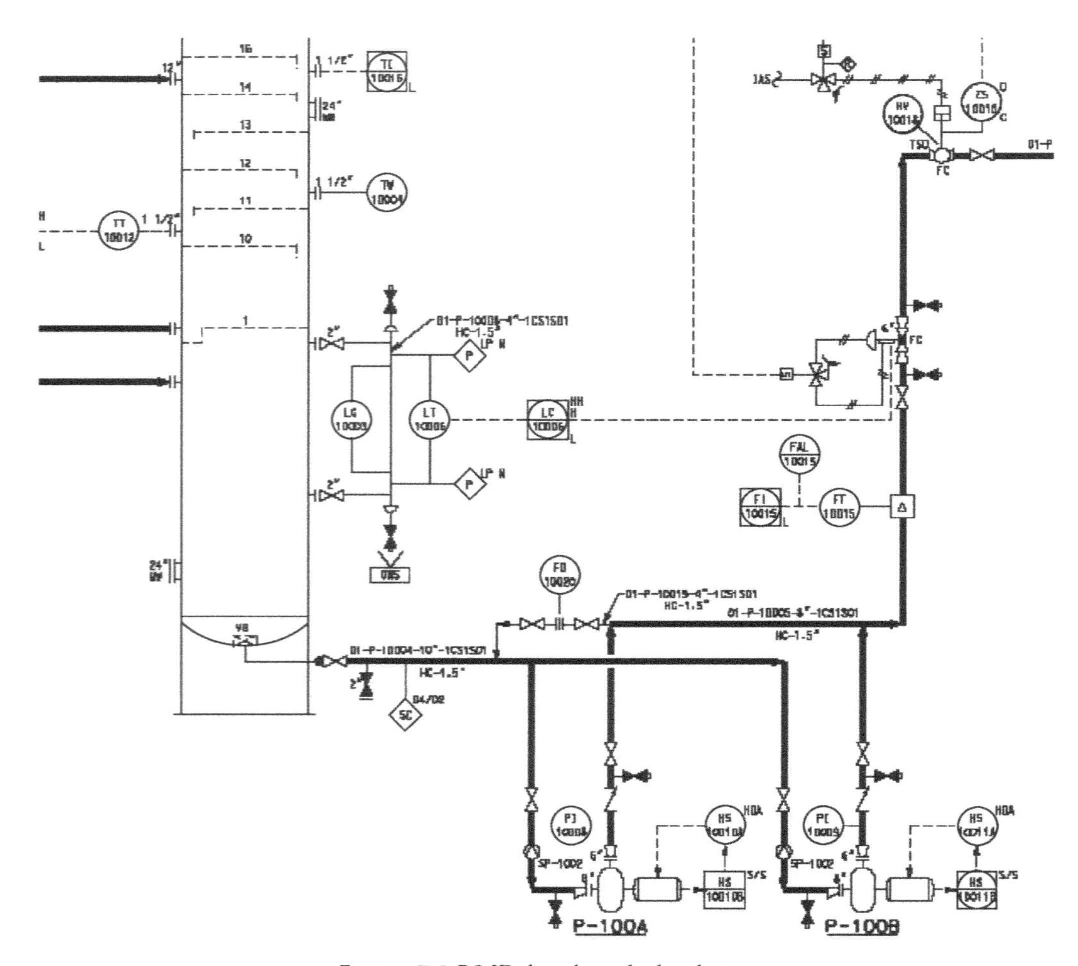

FIGURA 7.3 P&ID de coluna de destilação.

Um P&ID deve mostrar:

- Todos os equipamentos, na medida do possível nas proporções relativas das suas dimensões físicas e nas posições da instalação física.

- Dispositivos de alívio de pressão, como válvulas de segurança, discos de ruptura, válvulas de alívio de pressão e de vácuo de tanques, com suas dimensões e pressões de ajuste.
- Indicadores de níveis de líquido críticos, de temperaturas críticas etc. para condensadores, potes de refluxo, refervedores etc.
- Itens de equipamentos, tubulações e instrumentos, existentes, novos ou futuros.
- Todas as tubulações, incluindo informações necessárias para conexões com instalações existentes, com sentidos de fluxo.
- Todos os itens que afetem a funcionalidade do processo, como drenos, venteios, pontos de amostragem, reduções, filtros, carretéis flangeados com propósitos específicos etc.
- Tipos de conexões das tubulações (flangeadas, roscadas etc.) com equipamentos ou terminais; todas as válvulas de processo e de utilidades.
- Válvulas usadas para dreno e venteio em testes de tubulações não são mostradas.
- Todos os instrumentos de medição de vazão, com os símbolos ou tipos.
- Instrumentos instalados no campo, em painéis locais e na sala de controle.
- Todas as malhas de instrumentos críticos.
- A primeira válvula de bloqueio de um instrumento de campo.
- Sistemas de purga, tracejamento e isolamento térmico para os instrumentos de campo.

Observações:

- As faixas de operação de indicadores, transmissores, registradores, pressostatos etc. não devem normalmente ser mostradas.
- As botoeiras para partida local de motores de bombas ou outros equipamentos não devem ser mostrados, a menos que estejam em painéis de campo, devendo todas as botoeiras e chaves localizadas em painéis na sala de controle ser mostradas.
- Malhas de controle que possuem instrumentos mostrados em fluxogramas distintos devem ser mostradas de acordo com o critério do projeto, sendo normalmente adotado que o instrumento de um outro desenho apareça como "fantasma".

Os símbolos de P&ID devem ser padronizados. O Anexo A.7.1 contém exemplos de símbolos e respectivos equipamentos, retirados da norma ANSI/ISA:

- A5.1 Instrumentation Symbols and Identification;
- A5.2 Binary Logic Diagrams for Process Operations;
- A5.3 Graphic Symbolos for Distributed Control;
- A5.4 Instrument Loop Diagrams;
- A5.5 Graphic Symbols for Process Displays.

7.2 DOCUMENTOS NECESSÁRIOS NO PROJETO DE AUTOMAÇÃO

Serão descritos neste item todos os documentos fundamentais para compor a documentação de um projeto de Automação Industrial.

7.2.1 Listas de instrumentos e de entrada/saída

Exemplo na Figura 7.4.

ACTUATOR CONSULTORIA | AIR FLAT DO BRASIL S/A | DOCUMENT Nº A6-01-1001(LISTA DE INSTRUMEN

ACCOUNT nº:

PROJECT: WATER PRODUCTION IMPROVEMENT | Revision nº: 0 | Date: | By: O Simon

SITE: UTILITIES | Verified | Date: | By:

LOCATION: | Approved | Date: | By:

REV	TAG Nº	FUNCTION	P&ID Nº	Spec. Nº	Process Detail	Pneum. Detail	Electrical Detail	Loop diagram	I/O nº	Plant dwg nº	Instrument range setpoint	
	FT 5031	Potable water to SF-503 flow transmitter	50						SAI 00			
	dPIT 5031	SF-503 pressure drop transmitter	50						SAI 01			
	PIT 5003	Pressure transmitter - inlet of CDI-500	50						SAI 14			
	FT 5004	CDI-500 outlet flow transmitter	50						SAI 15			Ir
	AIC 5001	Conductivity transmitter - inlet of PHP-5001	50						SAI 20			E
	TT 5001	Temperature transmitter	50						SAI 26			E
	LIT 5001	T-500 level transmitter	50						SAI 28			
	SIC 5001	PHP-5001 inverter VSD-5001 controller	50						SAO 07			
	ZSO 5031	V-5031 open position switch	50						SDI 01			
	ZSO 5032	V-5032 open position switch	50						SDI 02			
	ZSC 5003	V-5003 position switch	50						SDI 20			
	LSL 5051	T-505 low level switch	50						SDI 36			
	YA 5001	Falha no inversor de frequencia da PHP-5001	50						SDI 46			
	HS 5031	V-5031 handswitch	50						SDO 01			
	HS 5032	V-5032 handswitch	50						SDO 02			

FIGURA 7.4 Lista de instrumentos.

7.2.2 Especificação da operação automática

Trata-se de uma especificação redacional, descrevendo todas as situações e as ações conseqüentes que são desejadas. Estabelece o seqüenciamento e a lógica requisitados pela engenharia do processo em questão, visando sua segurança e eficiência: procedimentos de partida, operações em batelada, intertravamentos, esquemas de controle e de parada de plantas etc.

EXEMPLO

Para partir a bomba automaticamente, uma das válvulas, HV-1 ou HV-2, deve estar aberta e a outra válvula de controle deve estar fechada, dependendo de qual tanque, A ou B, se quer encher. A pressão de sucção da bomba deve estar acima de um valor especificado indicado, associado à chave de pressão PSL-5. Se a válvula HV-1 está aberta para permitir enchimento do tanque A, o nível dele deve estar abaixo de um valor especificado, associado à chave de nível LSH-3, que também aciona a lâmpada-piloto de nível máximo montada no quadro, LLH-3.

Ver o caso completo na Seção 7.3.

A partir dessa especificação são elaborados os *diagramas de controle lógico e de controle dinâmico*, em harmonia com os P&ID´s.

7.2.3 Diagramas de controle lógico

Quando um número limitado de funções lógicas é utilizado em conjunto com esquemas de controle dinâmico, essas funções podem ser incluídas nos Diagramas de Blocos. Da mesma forma, quando algumas funções de controle dinâmico são utilizadas junto com esquemas de seqüenciamento elas podem ser mostradas nos Diagramas Lógicos. Os diagramas lógicos das partidas e das paradas das plantas precisam especificar como as operações devem ocorrer em condições normais e de emergência.

Para padronizar os diagramas de lógica binária temos a tabela parcial de símbolos do Anexo A.7.

Ver o caso completo na Seção 7.3.

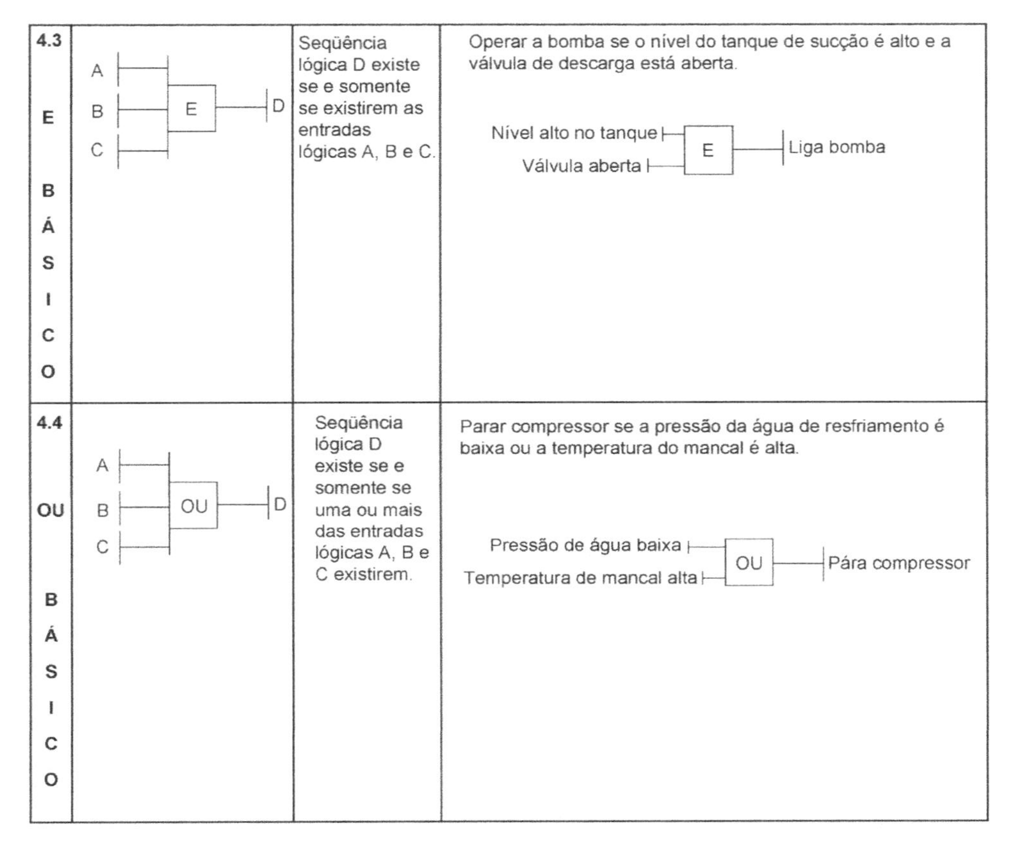

4.3 E BÁSICO	A, B, C → E → D	Seqüência lógica D existe se e somente se existirem as entradas lógicas A, B e C.	Operar a bomba se o nível do tanque de sucção é alto e a válvula de descarga está aberta. Nível alto no tanque, Válvula aberta → E → Liga bomba
4.4 OU BÁSICO	A, B, C → OU → D	Seqüência lógica D existe se e somente se uma ou mais das entradas lógicas A, B e C existirem.	Parar compressor se a pressão da água de resfriamento é baixa ou a temperatura do mancal é alta. Pressão de água baixa, Temperatura de mancal alta → OU → Pára compressor

FIGURA 7.5

7.2.4 Diagramas de causa e efeito

Mesmo que tenhamos um P&ID de engenharia elaborado da forma mais completa possível, ele não pode incorporar toda a lógica do controle e dos intertravamentos necessários. Por isso ele costuma ser resumido nas *Matrizes de Causa e Efeito*, que fornecem para cada situação particular do processo o status desejado das válvulas, bombas etc.

Apresentamos a seguir exemplo parcial de matriz, com eventos-causa e eventos-efeito (Figura 7.6).

Número		45	46	47	48	49	50	51	52	53	54	55	56	57		
Fluxograma DE-XYZ-3404)		005	005	005	005	005	005	005	005	005	005	005	005	005		
Efeito / Causa	Tag	-	-	-	-	XY-020	XY-021	XY-022	XY-024	XY-025	XY-026	PV-014	PDV-003	PDV-005		
	Evento	Corte de forn. de ener. elét. (DL-2700 1A)	Corte de forn. de ener. elét. (DL-2700 1B)	Desliga A B- 122 208 A/B (notas 4 E8)	Desliga A B-27001 A/B	Fecha XV-020 (nota 5)	Abre XV-021 (nota 5)	Fecha XV-022 (nota 5)	Fecha XV-024 (nota 5)	Fecha XV-025 (nota 5)	Abre XV-026 (nota 5)	Abre damper	Fecha PDV-003	Fecha PDV-005		
Evento	Tag															
Nível muito baixo de HC no DL-27001A	LSLL-004	X			X											
Nível muito baixo de HC no DL-27001B	LSLL-008		X		X											
Corrente elétrica alta no DL-27001A	ISHH-001	X		X	X	X	X	X	X	X	X	X				
Corrente elétrica alta no DL-27001B	ISHH-002		X	X	X	X	X	X	X	X	X	X				
Pressão muito alta a jusante da PDV-003	PSHH-004												X			
Pressão muito alta a jusante da PDV-005	PSHH-006													X		

FIGURA 7.6 Matriz de causa e efeito.

7.2.5 Lista de entradas e saídas no CLP (*I/O List, Input and Output List*)

Esta lista contém todas as variáveis de entrada (sensoreadas) e as de saída (atuadoras) do *controlador lógico programável para o processo industrial*. Devem ter designações por *tags* coerentes com a documentação do processo. Exemplo: Figura 7.7.

							DOCUMENT Nº		LISTA DE INSTRUMENTOS (I/O's)			
							ACCOUNT nº:					
	PROJECT:						Revision nº:	0	Date:		By:	
	SITE:						Verified		Date:		By:	
	LOCATION:						Approved		Date:		By:	
REV	TAG Nº	FUNCTION	P&ID Nº	Spec. Nº	Process Detail	Pneum. Detail	Electrical Detail	Loop diagram	I/O nº	Plant dwg nº	Instrument range setpoint	Notes

FIGURA 7.7 Lista entrada/saída.

7.2.6 Diagramas de controle dinâmico

São normalmente elaborados a partir dos Fluxogramas de Processo (PFDs), pela adição da instrumentação, de válvulas de controle e de blocos de cálculo. São destinados a mostrar o relacionamento entre o processo e o controle no mesmo desenho. Não devem ser sobrecarregados com informações típicas dos outros documentos. Os símbolos e identificações devem utilizar os mesmos símbolos dos DFPs e dos P&IDs.

A mesma informação pode estar no formato de diagramas de blocos, explicitando as malhas de controle dos P&IDs. Entradas e saídas do bloco devem ser especificadas, com a saída de um bloco sendo a entrada de outro, até que tenhamos a saída do último com o sinal que irá para o elemento final de controle. Exemplo na Figura 7.8.

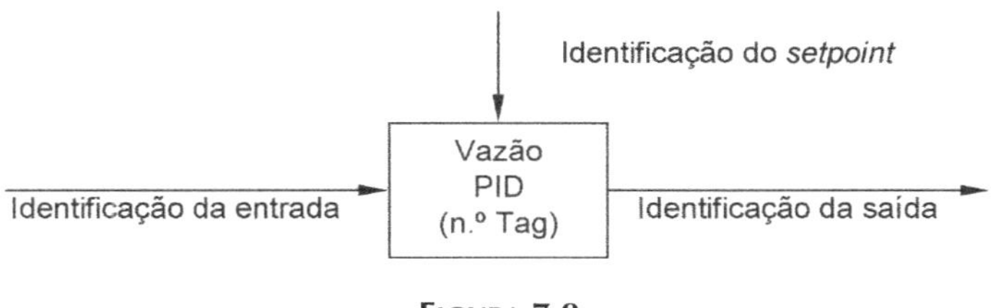

FIGURA 7.8

Blocos de cálculo são utilizados para mostrar o método de implementação dos esquemas de controle e aparecem com o símbolo de um retângulo, onde é inserido texto com indicação da função matemática a ser executada.

Blocos de cálculo podem ser controladores com:

- ação proporcional, integral, derivativa;
- funções *lead-lag* e *dead-time*;
- função razão;
- função seletor de máxima / mínima.

Blocos de intertravamento são os que definem uma ação, como partida, parada, abertura, fechamento etc.

7.3 CASO: OPERAÇÃO DE TANQUES

Será dado a seguir um exemplo de um sistema de operação de tanques através do descritivo operacional, do diagrama de fluxo de processo e do diagrama lógico.

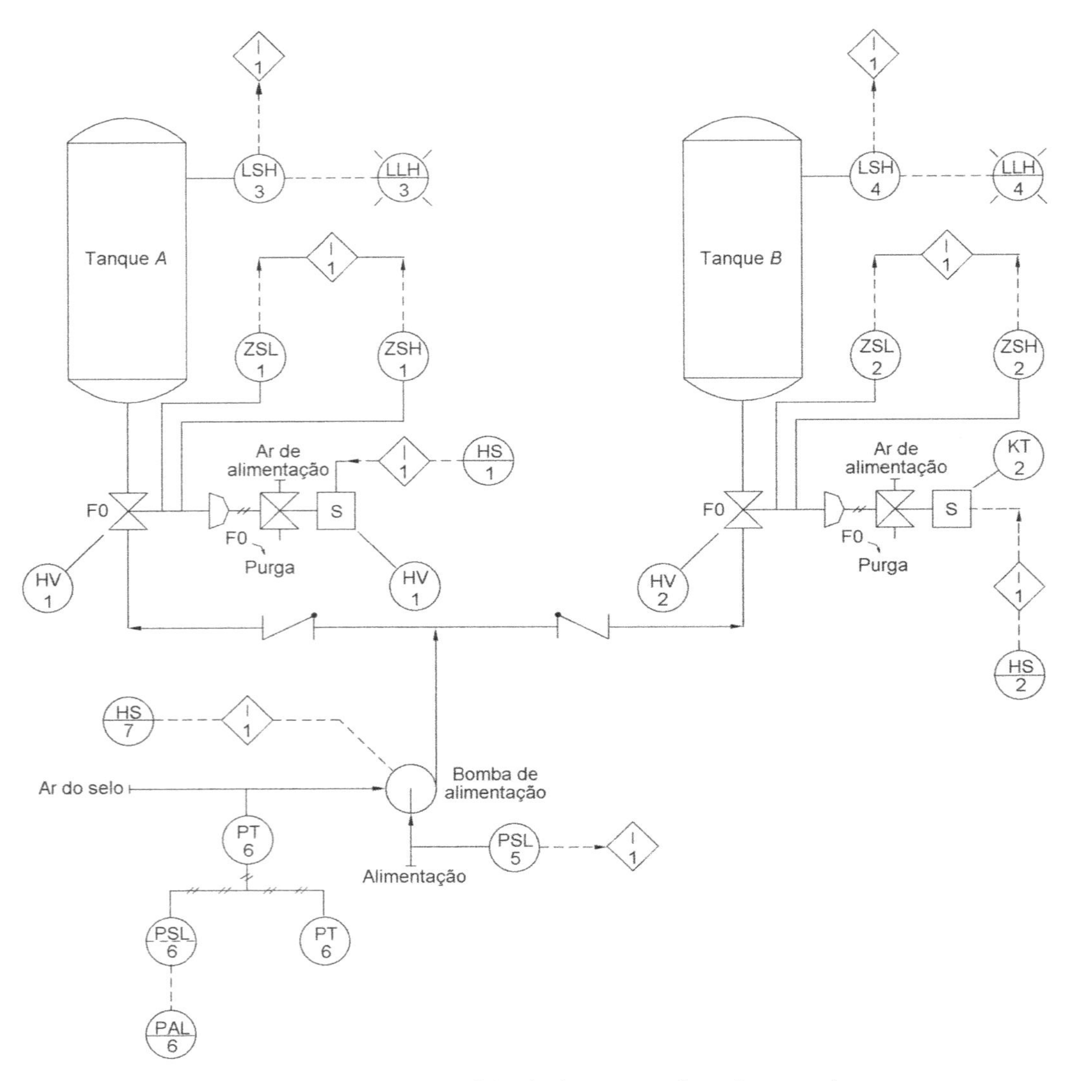

FIGURA 7.9 Diagrama de fluxo simplificado da operação de enchimento dos tanques.

Partida da Bomba

O material é bombeado tanto para o tanque A como para o tanque B. A bomba pode ser operada manual ou automaticamente, de acordo com seleção manual de uma chave seletora de saída mantida local, HS-7, que tem três posições: ligada, desligada e auto. Quando a bomba está funcionando, a lâmpada-piloto vermelha L-8A está ligada; quando a bomba não está funcionando, a lâmpada-piloto verde L-8B está ligada. Após a partida a bomba continua a funcionar até que seja aplicado um comando de parada ou até que a fonte de alimentação de controle seja suprimida.

A bomba pode ser acionada manualmente a qualquer instante, desde que não haja nenhum problema impeditivo: a pressão de sucção não deve ser baixa; a pressão da água do selo não deve ser baixa; o motor da bomba não deve estar sobrecarregado e seu dispositivo de partida deve estar resetado.

Para operar a bomba automaticamente, devem ser obedecidas as condições seguintes:

- Chaves elétricas manuais de contato instantâneo, HS-1 e HS-2, montadas no quadro, começam as operações de enchimento dos tanques *A* e *B*, respectivamente. Cada chave tem duas posições, partida e parada. Partida desenergiza as válvulas solenóides associadas, HY-1 e HY-2. Desenergizar uma válvula solenóide corresponde a levá-la para a posição de falha segura, que é purgada (aberta para a atmosfera). Isso despressuriza o atuador pneumático das válvulas de controle associadas, HV-1 e HV-2. A despressurização de uma válvula de controle a leva para sua posição de falha segura, que é aberta. As válvulas de controle têm chaves de posição aberta associadas, ZSH-1 e ZSH-2, e chaves de posição fechada, ZSL-1 e ZSL-2.
- A posição PARADA das chaves HS-1 e HS-2 causa as ações opostas, de tal modo que as válvulas solenóides são energizadas, os atuadores das válvulas de controle são pressurizados e as válvulas de controle fecham.
- Se a alimentação do circuito de partida é perdida, a memória de partida é perdida e a operação de enchimento pára. O comando de Parar Enchimento pode sobrepujar o comando de Iniciar Enchimento.
- Para partir a bomba automaticamente, uma das válvulas, HV-1 ou HV-2, deve estar aberta e a outra válvula de controle deve estar fechada, dependendo de qual tanque, *A* ou *B*, se quer encher.
- A pressão de sucção da bomba deve estar acima de um valor especificado indicado, associado à chave de pressão PSL-5.
- Se a válvula HV-1 está aberta para permitir o enchimento do tanque *A*, o nível do tanque deve estar abaixo de um valor especificado, associado à chave de nível LSH-3, que também aciona a lâmpada-piloto de nível alto montada no quadro, LLH-3. Do mesmo modo, a chave de nível alto LSH-4 permite o enchimento do tanque *B*, quando não acionada, e aciona a lâmpada-piloto LLH-4, quando acionada.
- A pressão do selo de água da bomba deve ser suficiente, como indicado no manômetro receptor montado no quadro, PI-6. Isso é um requisito não-intertravado que depende da atenção do operador antes que ele inicie a operação. A chave de pressão, PSL-6, no fundo do quadro, aciona o alarme de pressão baixa montado no quadro, PAL-6.
- O motor de acionamento da bomba não deve estar em sobrecarga, e o seu dispositivo de partida deve estar resetado.

Parada da Bomba

A bomba pára se ocorrer qualquer uma das seguintes condições:

- Enquanto o tanque está enchendo, a sua válvula de controle abandona a posição 100% aberta ou a válvula do outro tanque abandona a sua posição 100% fechada quando a bomba esteja em controle automático.
- O tanque selecionado completa o enchimento, estando a bomba em modo de controle automático.

- A pressão de sucção da bomba é continuamente baixa por cinco segundos.
- O motor de acionamento da bomba está sobrecarregado. Não importa para a lógica de processo se a memória da sobrecarga do motor da bomba é conservada na perda de alimentação desse sistema, porque a memória mantida que opera a bomba é definida como perdendo a memória na falta de alimentação, e só isso já faz a bomba parar. Contudo, uma condição de sobrecarga de motor conservada impede o dispositivo de partida do motor de resetar.
- A seqüência pode ser interrompida manualmente por meio de HS-1 ou HS-2. Se existirem comandos simultâneos de partida e parada da bomba, o comando de parada sobrepuja o comando de funcionamento.
- A bomba é parada manualmente por HS-7.
- A pressão do selo de água da bomba é baixa. Esta condição não está intertravada, e requer intervenção manual para parar a bomba.

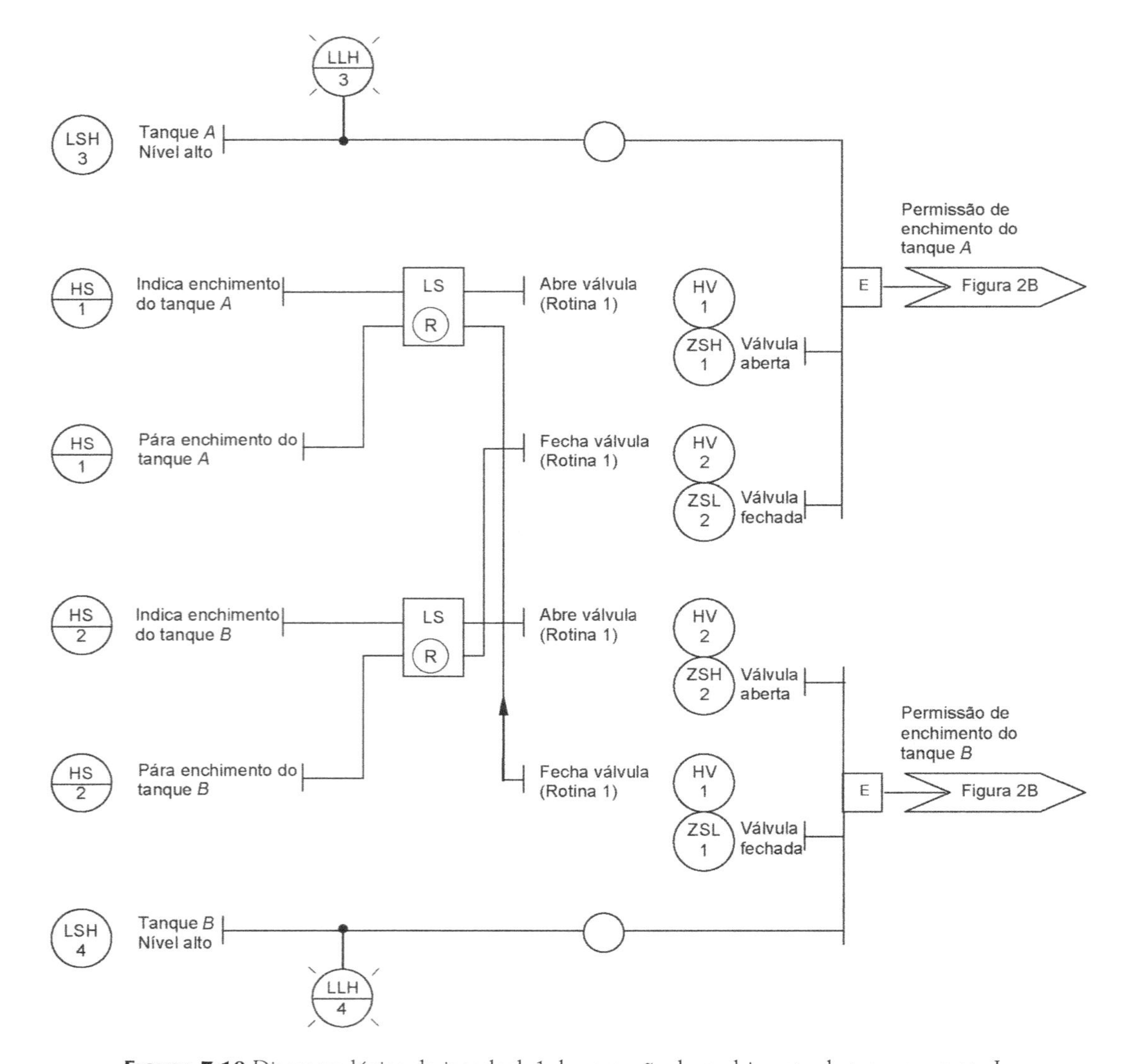

FIGURA 7.10 Diagrama lógico do interlock 1 da operação de enchimento do tanque – parte I.

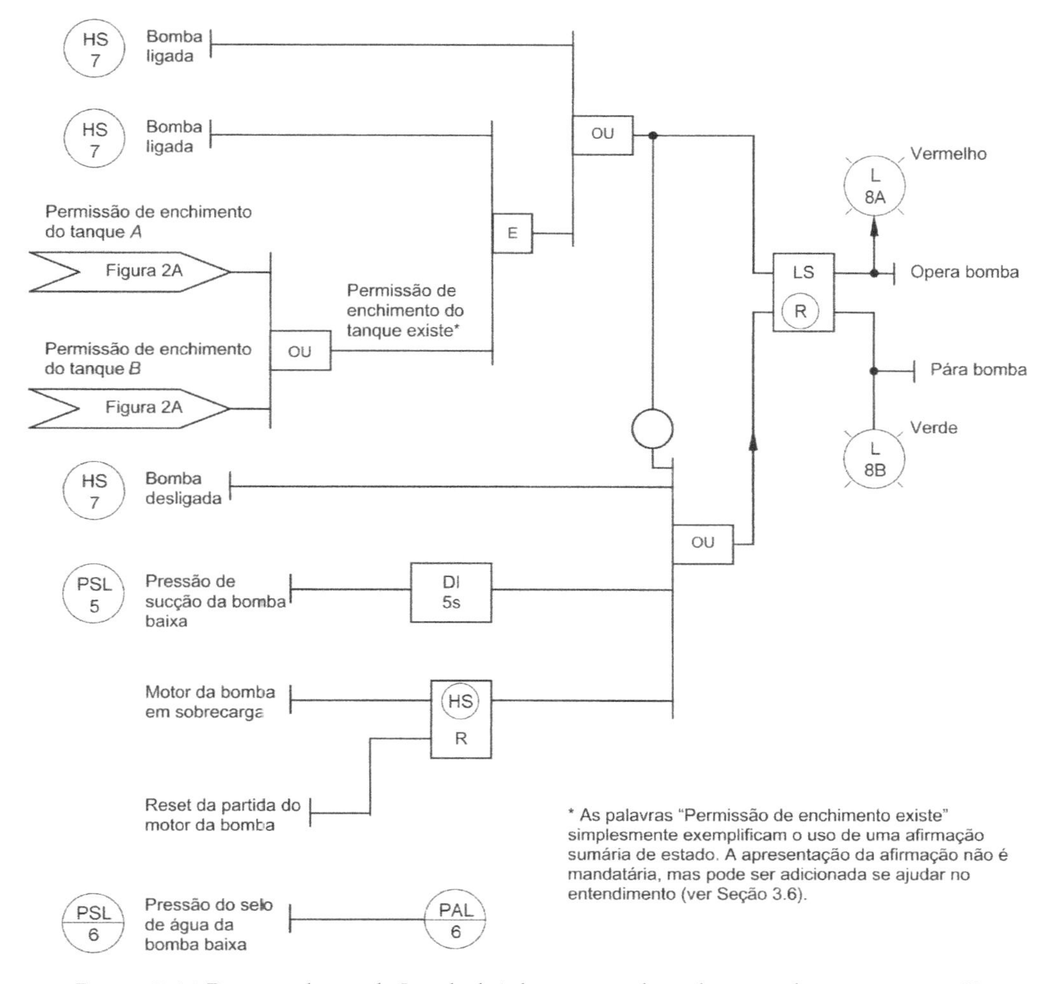

FIGURA 7.11 Diagrama lógico do Interlock 1 da operação de enchimento do tanque – parte II.

7.4 PROJETO DO PROGRAMA LADER DE AUTOMAÇÃO

7.4.1 Abordagem estruturada [AA]

Nesta seção serão apresentadas algumas recomendações para a fase do projeto de automação em que se elabora o programa do CLP, visando não só realizar uma receita operacional definida mas também facilitar a partida real (start-up), a manutenção e qualquer aperfeiçoamento futuro. A palavra chave é *estruturação*, significando:

- Decomposição em subprogramas;
- Regras de segurança em cada subprograma;
- Uma rotina de cópia das variáveis de entrada e saída, para variáveis internas.

  a) Decomposição em subprogramas. As regras são as seguintes:

a1) Os subprogramas devem ser facilmente associáveis a etapas do processo automatizadas ou a grupos significativos de equipamentos. Teoricamente seria possível identificar essas etapas ou esses grupos com base em uma análise da interconexão de eventos na matriz de causas e efeitos ou com base nos equipamentos e nos sensores e atuadores a eles ligados. Na prática, um bom critério é o de agrupar equipamentos, sensores e atuadores que devam ser, *na manutenção industrial*, ligados e desligados simultaneamente.

a2) Uma questão adicional que surge para o projetista é: onde se deve adicionar a linha lader que comanda uma determinada ação de transferência de material do silo A para o reator B? No subprograma de A ou no de B? A prática sugere o seguinte:
- no A fica a linha que *solicita a transferência*, porque são seus sensores que indicam a *prontidão* para a transferência;
- no B fica a linha que *comanda* a ação de transferência, porque são seus sensores e seus intertravamentos que indicam o *momento adequado*.

a3) Outra recomendação diz respeito aos temporizadores e contadores: sua reiniciação (*reset*) deve sempre ser feita no passo anterior àquele em que serão utilizados.

a4) A organização dos subprogramas em sistemas deve valer-se da forma de uma *máquina de estados*, como um Grafcet: os subprogramas são os "passos"; as transições de um "passo" a outro ficam, naturalmente, sujeitas às condições lógicas do projeto (Figura 7.12).

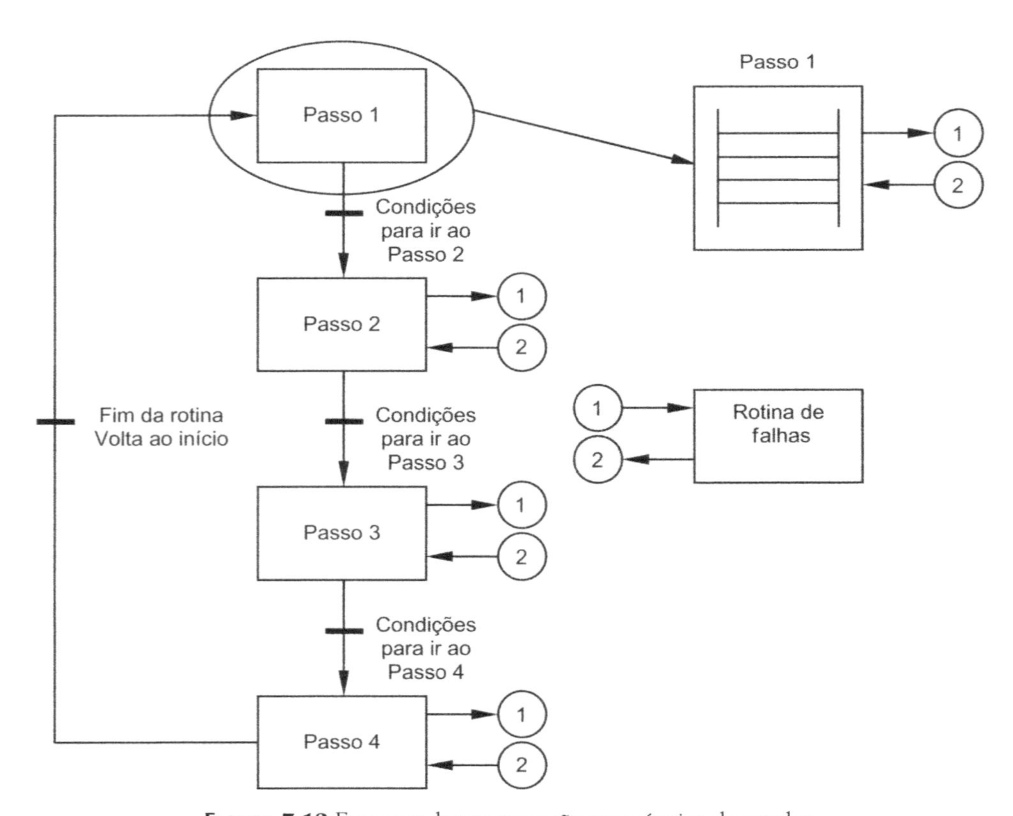

Figura 7.12 Estrutura de programação em máquina de estados.

a5) O primeiro passo deve sempre *apenas verificar condições iniciais* de segurança ou de repouso do processo.

b) Regra de segurança
É imprescindível que em cada subprograma haja instruções para o caso de ocorrerem defeitos em componentes ou falhas na evolução; o sistema deve ser então reconduzido ao "passo" inicial ou conduzido a um "passo" específico de tratamento de falhas (Figuras 7.12).

c) Rotina de cópia de variáveis
Esta rotina deve executar o escalonamento de todas as variáveis de engenharia para variáveis do controlador lógico-programável, ou vice-versa. Esse cuidado facilita muito as simulações e os testes, assim como eventuais alterações de programa.

EXEMPLO Decomposição em subprogramas de um transporte pneumático de grânulos

Um processo de transporte pneumático de grânulos tipo A e B, para transporte horário de 7000 kg de material, possui oito pontos de saída de material e oito de chegada; das 64 possibilidades têm-se 57 rotas selecionadas pelo usuário. Os fatores limitantes são tubulações e equipamentos atuadores. [AA]

Os principais equipamentos que fazem parte da estrutura física da planta industrial podem ser vistos esquematicamente na Figura 7.13, e são:

1. Seis silos de grânulos de formato cilíndrico, com capacidade de 10000 kg cada, quatro deles com uma única saída, enquanto dois têm duas; cada silo possui uma balança.
2. Seis secadores de grânulos, dois usados preferencialmente para os grânulos do tipo "B".
3. Dois compressores, com seus circuitos de ar diferentes.
4. Estações de carga manual 1 e 2.
5. Estação ensacadora manual.
6. Seis válvulas rotativas nas entradas dos secadores e do armazenador de material seco, que estabilizam a velocidade do fluxo de transporte.
7. 29 válvulas de campo, sendo cinco manuais.
8. Três tubulações flexíveis de encaixe manual.
9. Misturador-armazenador de material seco.

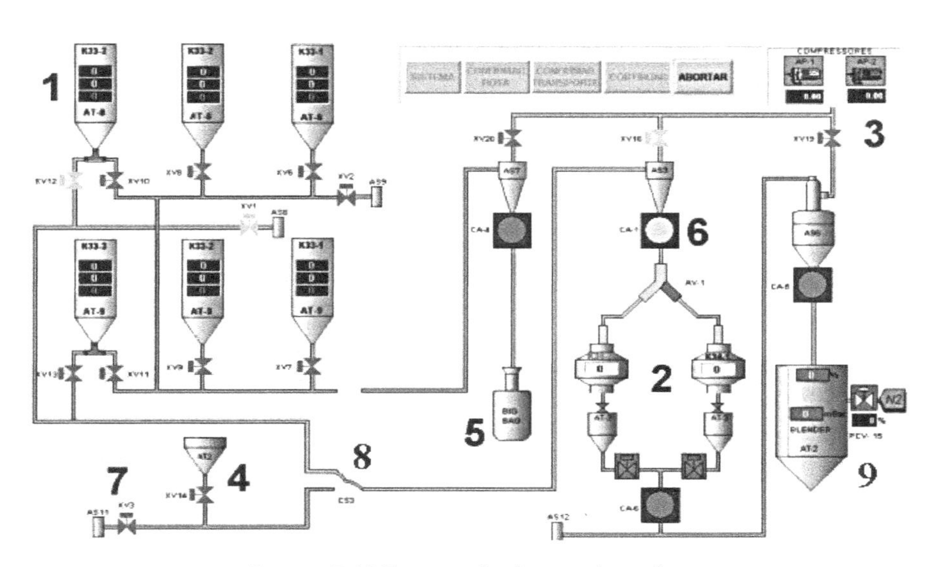

FIGURA 7.13 Esquema da planta industrial.

Um dos objetivos da automação é o elevado grau de flexibilidade de rotas, inclusive devido a emergências. Um exemplo de rota está sendo mostrado na Figura 7.14, onde aparecem os equipamentos acionados para estabelecimento da rota silo 1 a secador 1.

O programa foi subdividido em 34 arquivos, sendo que dois deles, o "SIS_TEXTIL" e o "SIS_INDUST", possuem a lógica principal do sistema.

O processo possui fisicamente seis silos de material úmido, com válvulas de saída individuais. Do ponto de vista virtual, cada silo possui associados bits exclusivos que indicam sua seleção. Os silos também se encontram subordinados aos subsistemas principais do processo, que são o têxtil e o industrial (caracterizados por tipos de grânulos).

Foi elaborado *um arquivo de programa para cada silo*. Especificamente o do silo K33_1_AT9 é mostrado na Figura 7.14, com os seguintes estados:

1. Prontos os equipamentos auxiliares do silo, aguarda seleção do silo pelo supervisório;
2. Aciona equipamentos auxiliares e válvulas referentes ao silo;
3. Descarrega o silo;
4. Estado seguro, após condições de anormalidade serem deletadas.

Além dos passos há também, no mesmo arquivo de programa, outras linhas que são sempre lidas e executadas, como, por exemplo, linhas que tangem à segurança do processo.

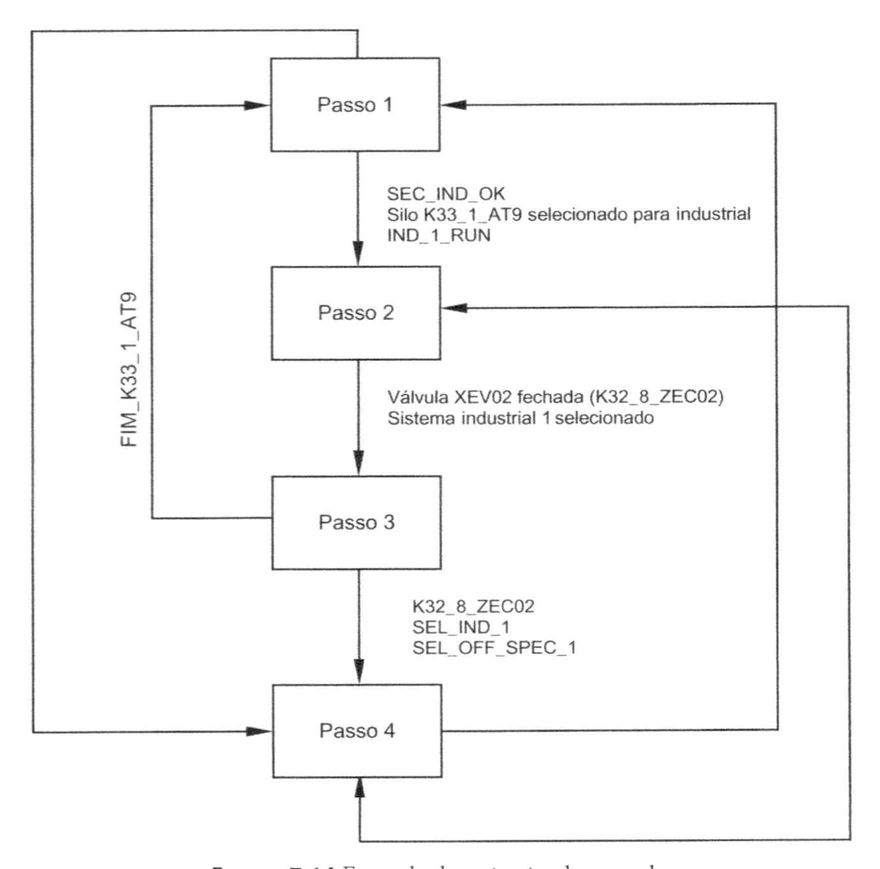

FIGURA 7.14 Exemplo de rotina implementada.

7.5 VERIFICAÇÃO DE PROGRAMAS

Uma importante fase de todo projeto de automação é a *verificação* do seu programa, seja em lader, seja em SFC ou em *Function Block*. A seguir expõe-se como metodizar uma parte dessa fase elaborando um **lader adicional** no próprio equipamento de programação do CLP.

Usualmente, o projetista da automação tem em mente a estrutura sistêmica da Figura 7.15. Na Figura 7.15 estão representados com ênfase os sinais de interface entre o programa aplicativo do CLP e a planta industrial. Na montagem do programa de automação o projetista visa que o CLP execute operações lógicas e/ou seqüenciais, concebidas para produzir o que o usuário define como processo automático (uma receita).

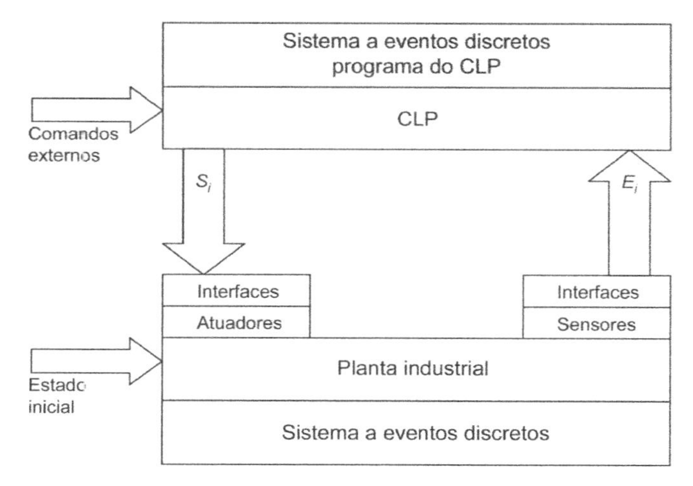

FIGURA 7.15

Como verificar que um dado programa cumprirá o desempenho desejado? Evidentemente, aplicando todas as combinações e seqüências de entradas E_i e constatando que o programa responde com os resultados desejados S_j.

Especialmente em processos mais complexos, há o perigo de se omitirem algumas combinações que de fato ocorrerão. Outro problema é a ocorrência de certas inversões na ordem dos eventos.

Uma boa solução para aumentar a visibilidade, a segurança e a facilidade da verificação é *montar um segundo programa que simule* a planta, isto é, que reproduza as relações de causa e efeito inerentes aos fenômenos da planta.

Assim:

- Programa lader de automação: $E_i \Rightarrow S_j$
- Programa de simulação da planta no computador: $E'_j \Rightarrow S'_i$
- Interconexões: $E'_j = S_j$ e $S'_i = E_i$

A Figura 7.16 mostra o sistema de simulação completo, que pode ser executado no computador utilizado para a programação do lader, fechando uma malha formada pelo programa aplicativo de automação e pelo de simulação da planta, com as interconexões. Note que o programa adicionado para simular a planta representa uma realimentação (*feedback*) em torno do programa de automação.

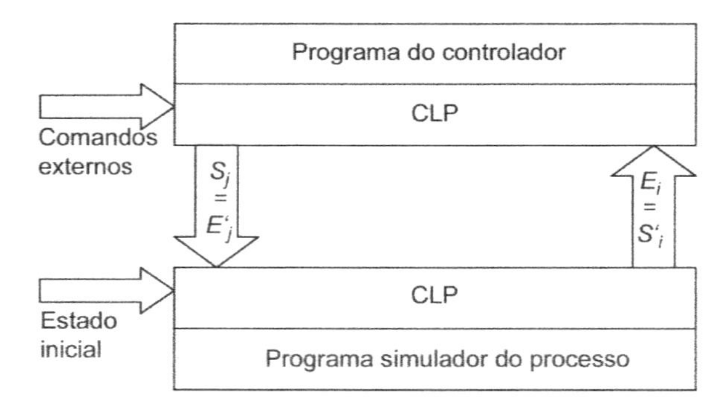

FIGURA 7.16

EXEMPLO Um trecho do Programa de Automação implanta a seguinte regra:

a) quando as condições de determinado *rung* estão atendidas, a Bomba 1 é acionada e assim permanece, até que *pelo processo físico natural do reservatório* o sensor de máximo nível no reservatório atue (MD = 1).

O trecho correspondente no programa simulador do processo seria:

a') uma vez a Bomba 1 energizada, após algum tempo T_i o sensor de máximo nível atua (MD = 1).

Exprimindo por meio de instruções em lader, o programa simulador seria o da Figura 7.17.

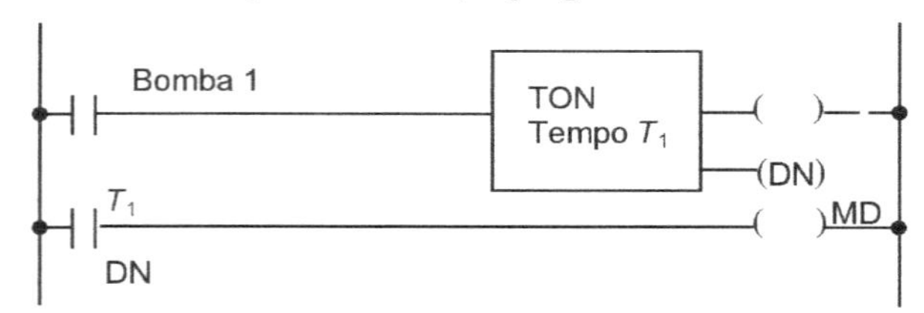

FIGURA 7.17

Observações

1) É conveniente fixar os tempos T_i bem mais rápidos que os reais, mas lentos o suficiente para que na simulação o projetista possa observar todos os eventos e assim conferir as especificações.
2) Por praticidade, os T_i tendem a ser escolhidos iguais, mas é preciso atentar para o seguinte problema: se dois ou mais temporizadores correm simultaneamente e representam processos físicos que podem terminar, na planta real, em *qualquer ordem temporal*, é preciso fazer a verificação impondo todas as diferentes ordens alternativas de término, isto é, é preciso adotar T_i diferentes entre si e que reproduzam tais ordens de término.
3) Com essa metodologia fica verificado o desempenho do programa aplicativo do CLP, perante todas as especificações e comandos externos *previstos*. Isso reduz significativamente o tempo necessário na fase de star-up da planta.

A seguir estão exemplificados símbolos para equipamentos de produção industrial, para instrumentação e diagramação de lógicos binários, de acordo com as normas ANSI/ISA.

ANEXO A.7 SÍMBOLOS PARA P&ID

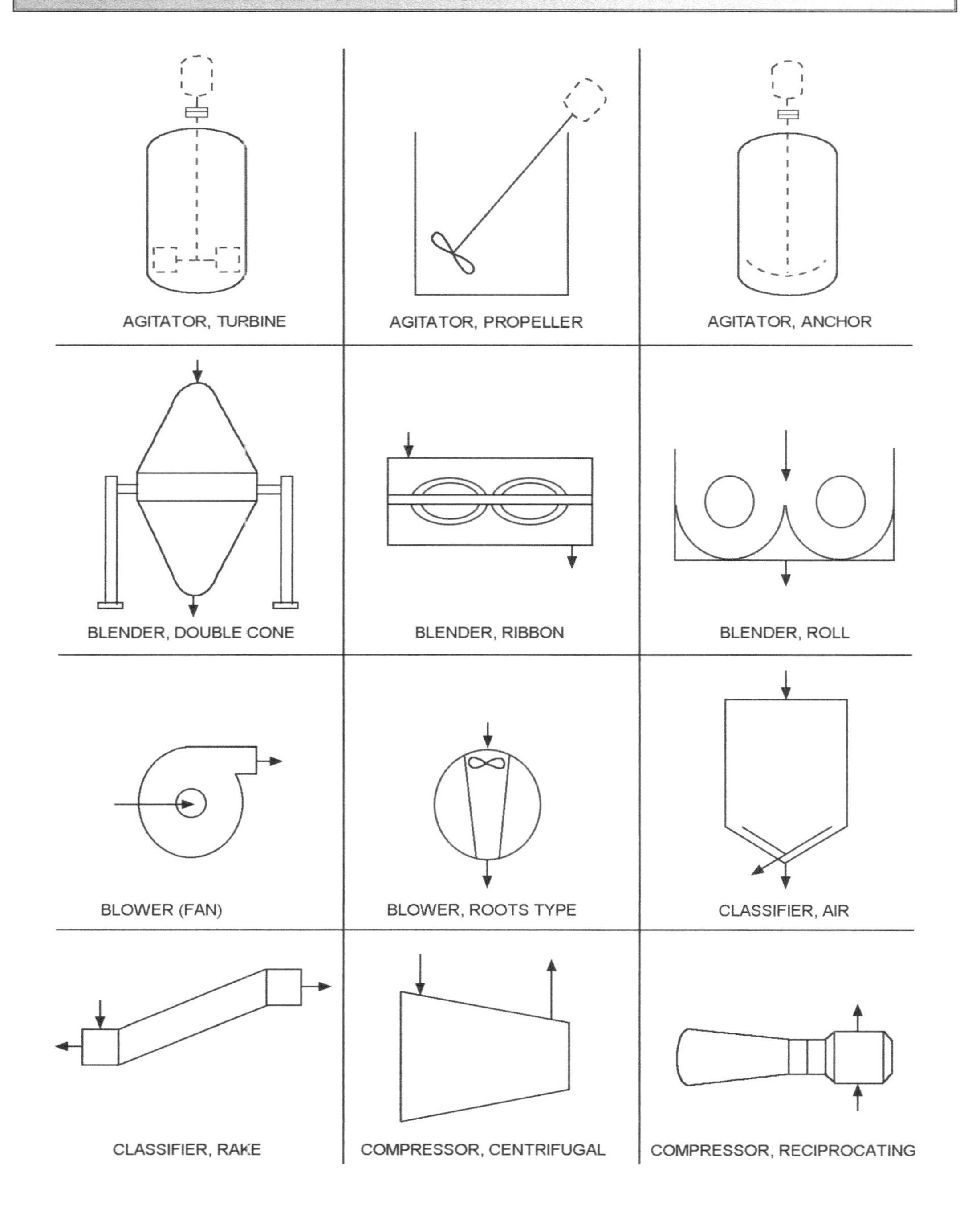

Exemplo de Representação de Conexões de Instrumentos ao Processo

WELDED, THREADEÁ OR FLANGED IN-LINE

WELDED, OR THREADED INSTRUMENT PROCESS TAP *

FLANGED INSTRUMENT PROCESS TAP *

WELDED OR THREADED THERMOWELL, INTRUSIVE SENSOR OR SAMPLE PROBE *

FLANGED THERMOWELL, SENSOR OR SAMPLE PROBE *

NON-INTRUSIVE INSTRUMENT ELEMENT

* = SIZE IF OTHER THAN THE SPECIFIED DEFAULT

Exemplo de Representação de Transmissores Flangeados e com Selo de Diafragma

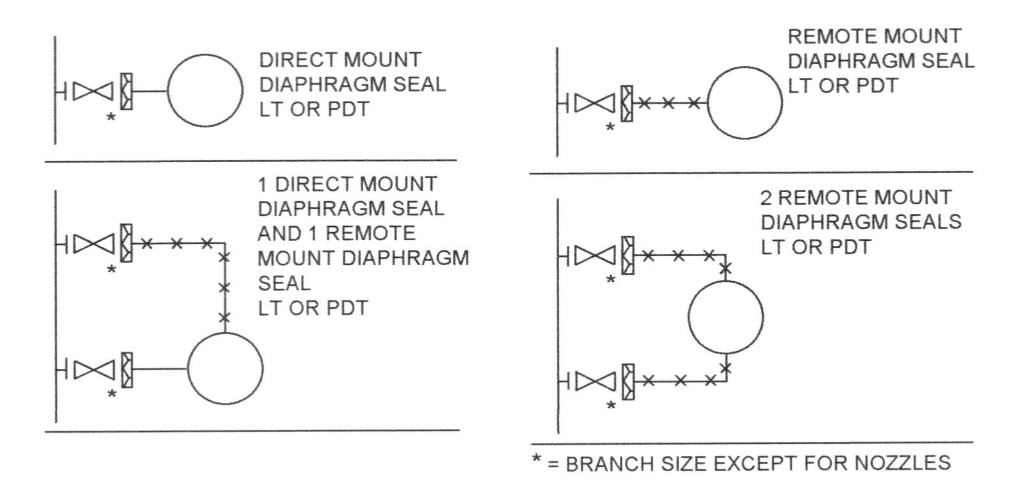

NOTE. ISOLATION VALVE IS OMITTED
IF NOT REQUIRED
ADD IL BESIDE BUBBLE TD
INDICATE INTERFACE LEVEL

Recomendações para Tomadas de Processo para Instrumentos

Variável	Tipo de instrumento	Rosca	Flange	Notas
Temperatura	Todos	-	2″	1
Pressão	Todos	1″ NPT	2″	1 e 2
Pressão Diferencial	Todos	1″ NPT	2″	1 e 2
Vazão	Placa	1/2″ NPT	-	-
Nível	Tipo Empuxo	-	2″	-
	Tipo DP	1″ NPT	2″	2
	Chaves de nível Capacit. ou Ultra-som	-	2″	3

Notas:
(1) Utilizar conexões flangeadas de 2″ em tanques e vasos.
(2) Poderão ser utilizadas, em casos especiais, conexões de 3″.
(3) Medições de nível por ultra-som ou radar deverão seguir o padrão de conexão ao processo do fabricante do instrumento.

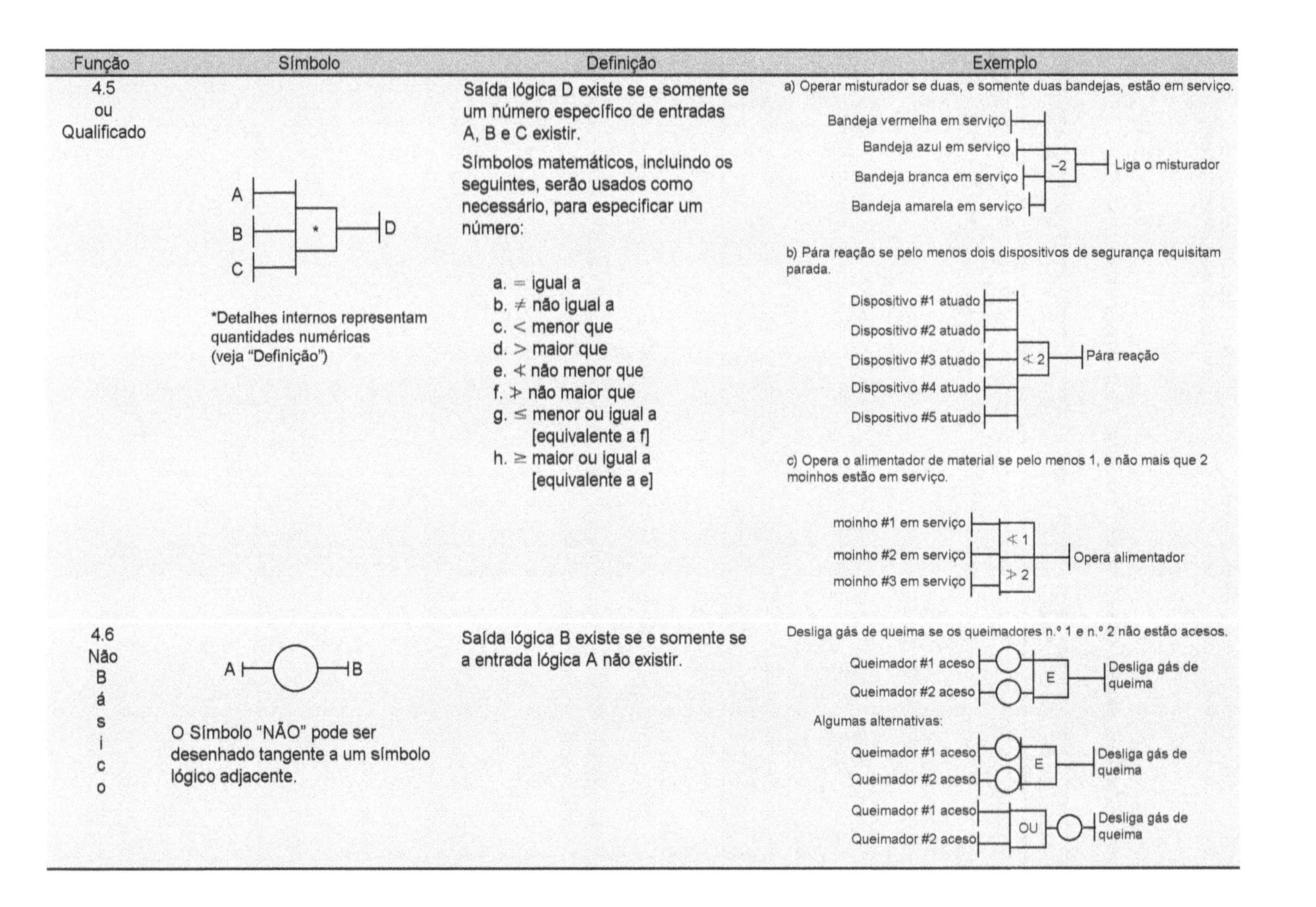

Função	Símbolo	Definição	Exemplo
4.5 ou Qualificado	A, B, C → [*] → D *Detalhes internos representam quantidades numéricas (veja "Definição")	Saída lógica D existe se e somente se um número específico de entradas A, B e C existir. Símbolos matemáticos, incluindo os seguintes, serão usados como necessário, para especificar um número: a. = igual a b. ≠ não igual a c. < menor que d. > maior que e. ≮ não menor que f. ≯ não maior que g. ≤ menor ou igual a [equivalente a f] h. ≥ maior ou igual a [equivalente a e]	a) Operar misturador se duas, e somente duas bandejas, estão em serviço. Bandeja vermelha em serviço; Bandeja azul em serviço; Bandeja branca em serviço; Bandeja amarela em serviço → [−2] → Liga o misturador b) Pára reação se pelo menos dois dispositivos de segurança requisitam parada. Dispositivo #1 atuado; Dispositivo #2 atuado; Dispositivo #3 atuado; Dispositivo #4 atuado; Dispositivo #5 atuado → [≮ 2] → Pára reação c) Opera o alimentador de material se pelo menos 1, e não mais que 2 moinhos estão em serviço. moinho #1 em serviço; moinho #2 em serviço; moinho #3 em serviço → [≮ 1 / ≯ 2] → Opera alimentador
4.6 Não Básico	A → ( ) → B O Símbolo "NÃO" pode ser desenhado tangente a um símbolo lógico adjacente.	Saída lógica B existe se e somente se a entrada lógica A não existir.	Desliga gás de queima se os queimadores n.º 1 e n.º 2 não estão acesos. Queimador #1 aceso; Queimador #2 aceso → ( ) → [E] → Desliga gás de queima Algumas alternativas: Queimador #1 aceso; Queimador #2 aceso → ( ) → [E] → Desliga gás de queima Queimador #1 aceso; Queimador #2 aceso → [OU] → ( ) → Desliga gás de queima

PARTE III

MODELAMENTO E PROJETO PELAS REDES DE PETRI

CAPÍTULO 8 REDES DE PETRI

8.1 SISTEMAS A EVENTOS DISCRETOS

Atualmente são inúmeros os sistemas a eventos discretos, pela sua fundamental importância na ordenação da vida civilizada contemporânea; ocorrem nas indústrias, nos serviços prestados ao público, nos processos burocráticos, nos softwares de tempo real e dos bancos de dados, nas manufaturas.

Em geral, em tais sistemas intervêm eventos externos importantes e não-programáveis, enquanto internamente existe uma lógica rigorosa de causas e efeitos.

EXEMPLO 1 Célula de manufatura

Sistema automático de usinagem e inspeção, com retrabalho: quando o sistema Q está disponível, a primeira peça da fila de entrada é usinada por uma máquina M; em seguida a peça P é inspecionada e, se defeituosa, é reprocessada pela máquina, com prioridade em relação às outras peças da fila de entrada, Figura 8.1.

Os eventos de entrada do sistema são as alterações mostradas das variáveis Q, M, P, onde:

a) Q = sistema livre ou ocupado;
b) M = máquina livre ou ocupada;
c) P = peça aprovada (B) ou rejeitada (R) pela inspeção.

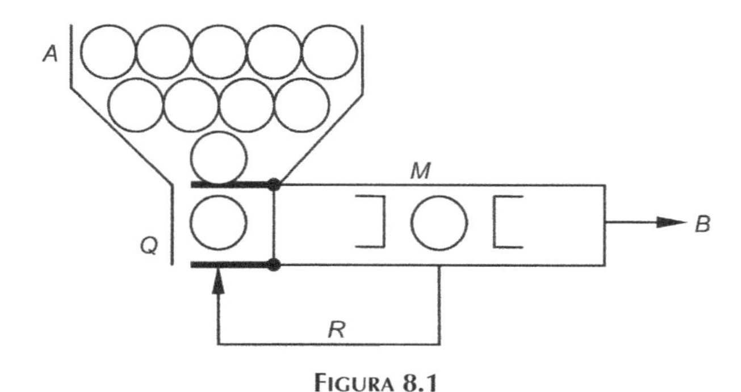

FIGURA 8.1

EXEMPLO 2 Terminal de caixa bancário

Os eventos de entrada no sistema, gerados pelo cliente, provocam mudanças de estado no terminal. Esses eventos são:

a) entrada do usuário no caixa;
b) passagem do cartão magnético;
c) digitação da senha;
d) digitação da operação de saldo;
e) digitação da operação de extrato;
f) digitação da data do extrato;
g) digitação da operação de saque;
h) digitação do valor do saque;
i) digitação de fim de operação.

EXEMPLO 3 Unidade de atendimento de serviço ou de produção

Há sempre três elementos básicos:

a) as entidades (pessoas ou peças) que chegam e esperam – os *clientes*;
b) os recursos de atendimento ou produção, limitados, que geram a espera – os *servidores*;
c) o espaço onde ocorre a espera – a *fila* (Figura 8.2).

Os eventos são as chegadas e as saídas de clientes.

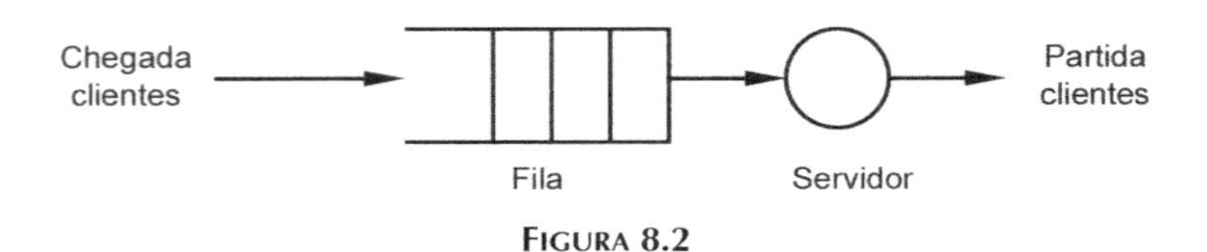

FIGURA 8.2

EXEMPLO 4 Semáforo num cruzamento de ruas em T

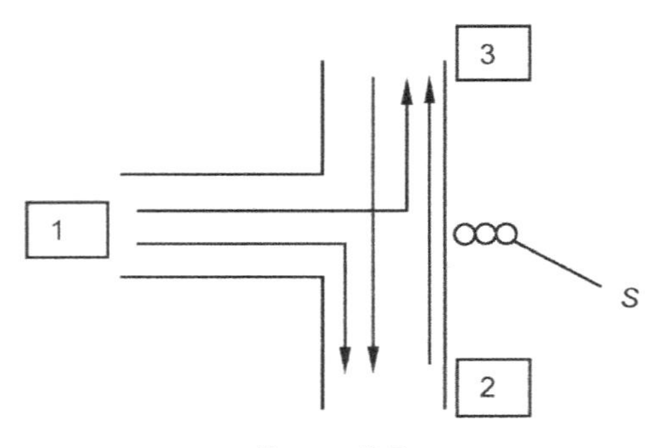

FIGURA 8.3

As chegadas c_{ij} e as saídas s_{ij} de veículos são eventos; há quatro tipos de eventos ou trajetos:

a) (1,2) = veículos vindo de 1 e virando para 2
b) (1,3) = veículos vindo de 1 e virando para 3

c) (2,3) = vindo de 2 e indo para 3
d) (3,2) = vindo de 3 e indo para 2

Há duas situações para o semáforo S:

a) mostrando vermelho r para (1,2) e (1,3), verde g para (2,3) e (3,2) , ou
b) mostrando verde g para (1,2) e (1,3), vermelho r para (2,3) e (3,2).

As transições $r -> g$ e $g -> r$ também são eventos, mas internos ao sistema de automação do semáforo. Um sistema bem concebido deve levar em conta as filas formadas a partir dos eventos c_{ij} e s_{ij}, para definir os instantes dos eventos controlados $r -> g$ e $g -> r$.

EXEMPLO 5 Automação eletropneumática

Em manufaturas automatizadas é usual que pistões sejam utilizados para carregar/descarregar peças da mesa de trabalho, mover ferramentas de corte em máquinas-ferramenta etc.

Um sistema de pistões, cuja automação será detalhada em outro capítulo, consiste em três pistões pneumáticos (A, B, C) que são acionados por eletroválvulas. Quando energizada, a bobina de uma eletroválvula comanda a ida do pistão correspondente para a direita (movimento designado, por exemplo, com A^+); e quando desenergizada, para a esquerda (A^-). Cada pistão tem os seus finais da excursão desejada sinalizados por chaves fim-de-curso; por exemplo, quando o pistão A chega ao final à esquerda, o contato a_0 é fechado; analogamente, à direita, a_1.

A especificação do sistema automatizado seria, por exemplo, que ele realizasse ciclicamente as operações

$$[\text{Partida}, A_+, B_+, \{C_+, A_-\}, \{B_-, C_-\}, \text{Partida}, \ldots],$$

onde $\{C_+, A_-\}$ representa que os movimentos C_+ e A_- devem ocorrer ao mesmo tempo.

Há três botões de comando manual: ON liga o sistema; OFF desliga o sistema, após o fim do ciclo que está em curso, E desliga o sistema em emergência, instantaneamente.

Os eventos de entrada do sistema automatizado são os comandos manuais e os sinais das chaves de fim-de-curso.

8.2 REDES DE PETRI

Carl A. Petri criou este método de estudo dos sistemas dinâmicos a eventos discretos em uma tese de doutoramento dedicada à Comunicação entre Autômatos (1962).

As Redes de Petri destacam-se na engenharia atual pelas seguintes qualidades:

- capturam as relações de precedência e os vínculos estruturais dos sistemas reais;
- são graficamente expressivas;
- modelam conflitos e filas;
- têm fundamento matemático e prático;
- admitem várias especializações (RPs temporizadas, coloridas, estocásticas, de confiabilidade etc.).

As redes atuais diferem das originalmente definidas por Petri em vários aspectos. Depois dos trabalhos de Holt e Commoner em 1970, sua definição ficou praticamente padronizada.

Vamos definir Redes de Petri por meio de conjuntos, funções e também por grafos, de maneira que seu estudo pode decorrer da teoria dos conjuntos e/ou da teoria dos grafos; verificaremos propriedades das redes por inspeção, por álgebra e por simulação, e as aplicaremos a exemplos.

Uma Rede de Petri é um grafo orientado que tem dois tipos de nós: transições (*transitions*) e posições (*places*). Os arcos do grafo partem de algumas posições para algumas transições ou vice-versa; aos arcos associam-se números (inteiros) fixos, que são seus pesos. Cada posição pode conter um número (inteiro) de marcas (*tokens*), e estas, sob certas condições, podem mover-se ao longo dos arcos, respeitados os sentidos destes. Formalmente, adotamos a seguinte definição:

Uma **Rede de Petri (RP)** é uma quíntupla $(P, T, A, W, \mathbf{m}_0)$ em que

- $P = \{p_1 \ldots p_n\}$ é um conjunto finito de posições ou lugares
- $T = \{t_1 \ldots t_m\}$ é um conjunto finito de transições
- A é um conjunto finito de arcos pertencente ao conjunto $(P \times T) \cup (T \times P)$, em que $(P \times T)$ representa o conjunto dos arcos orientados de p_i para t_j, também designados por (p_i, t_j), e $(T \times P)$ representa o conjunto dos arcos orientados de t_i para p_j, ou (t_i, p_j)
- W é a função que atribui um peso w (um número inteiro) a cada arco
- $\mathbf{m}_0$ é um vetor cuja i-ésima coordenada define o número de marcas (*tokens*) na posição p_i, no início da evolução da rede.
- Os conjuntos T e P são disjuntos, i.e., $T \cap P = \emptyset$.
- $n = |P|$ é a cardinalidade do conjunto P, o número de posições da RP.
- $m = |T|$ é o número de transições da RP.

Em certos autores, o conjunto dos arcos A é substituído por dois conjuntos de funções: o das *funções ou mapas de saída* (O), que definem mapeamentos das transições a subconjuntos de posições; e o das *funções ou mapas de entrada* (I), que definem mapeamentos das posições para subconjuntos de transições.

Ao modelar processos industriais, as marcas (*tokens*) são utilizadas para representar *quantidades de entidades*, recursos ou peças, "residentes" nas posições ou "movidas" através das transições.

À primeira vista o conceito de RP parece complicado, mas essa impressão muda quando consideramos sua versão gráfica. São utilizados os seguintes símbolos:

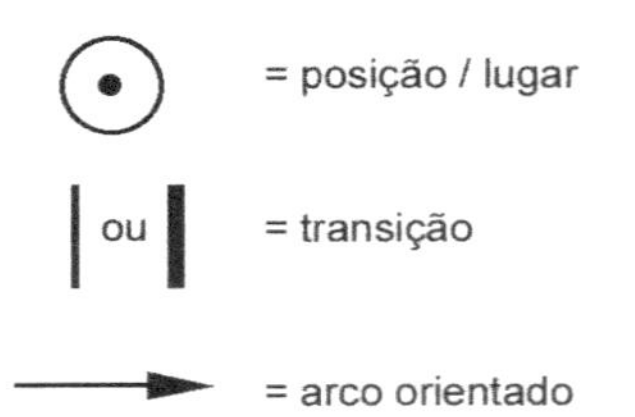

Adota-se também escrever no interior do círculo representativo de cada posição o número de suas marcas, ou um ponto para cada marca, quando em número reduzido.

EXEMPLO 1 Seja uma RP definida conforme a quíntupla $Q = (P, T, A, W, m_0)$ onde

$P = \{p_1, p_2\}$, $T = \{t_1\}$, $A = \{(p_1, t_1), (t_1, p_2)\}$
W: $w(p_1, t_1) = 2$, $w(t_1, p_2) = 1$
$m_0 = [1\ 1]$, pois $m\ (p_1) = 1$, $m\ (p_2) = 1$

Sua representação gráfica é dada na Figura 8.4.

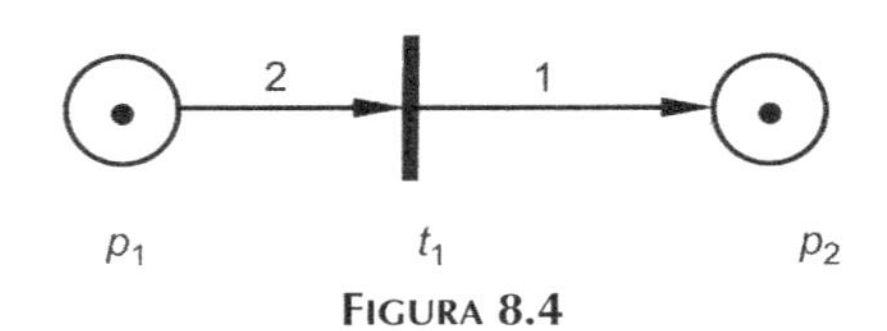

FIGURA 8.4

EXEMPLO 2 A Figura 8.5 [R] mostra um fragmento de um sistema de produção industrial, superposto a uma possível representação por RP.

A máquina X envia lotes de 100 parafusos a cada uma das duas operações de montagem T_1 e T_2. Dos estoques saem arruelas e peças previamente furadas; de um almoxarifado A saem as ferramentas necessárias. Em Y e em Z são armazenados subconjuntos montados.

Os discos são posições que representam estoques de peças ou de ferramentas, ou máquinas; as barras são transições e representam ações de montagem ou de transporte; os arcos direcionados indicam fluxos de marcas dentro do sistema.

As marcas na RP indicam quantidades de objetos nos estoques ou nas máquinas (ou quantidades de lotes); *interessante e potencialmente útil é o fato de que, à medida que as marcas caminham na RP, a natureza física dos objetos que elas representam pode modificar-se*: ora são lotes de peças (parafusos, porcas, arruelas) que se transportam dos estoques para as máquinas; ora são subconjuntos (Y, Z) recém-montados, que se transportam ou armazenam; ora são máquinas ou operários ocupados (X).

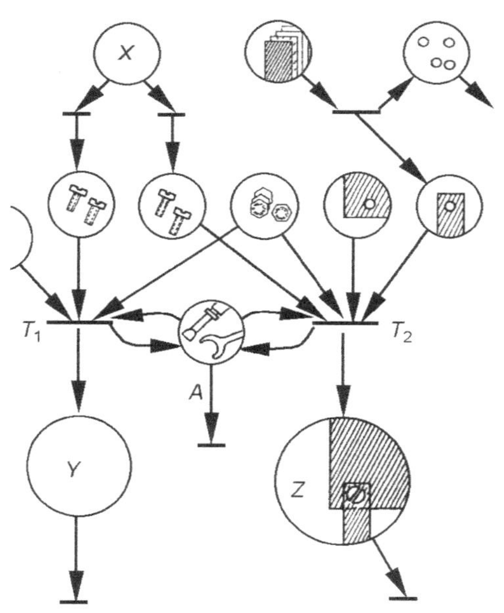

FIGURA 8.5

Pré-sets e Pós-sets

Os conceitos de pré-set e pós-set são fundamentais no estudo das redes de Petri (adotamos esses neologismos por sua praticidade) (ver Figura 8.6).

$$\text{Pré-set de } t := {}^{\bullet}t := \{\forall\, p_i \in P \,/\, (p_i, t) \in A\}$$

ou seja, o pré-set de t é o conjunto das posições em P a partir das quais existe arco para a transição t

$$\text{Pós-set de } t := t^{\bullet} := \{\forall\, p_i \in P \,/\, (t, p_i) \in A\}$$

ou seja, o pós-set de t é o conjunto das posições em P para as quais existe arco oriundo da transição t.

Analogamente, *definem-se*

$$Pré\text{-}set\ de\ p := {}^{\bullet}p := \{\forall t_j \in T/(t_j, p) \in A)\}$$
$$Pós\text{-}set\ de\ p := p^{\bullet} := \{\forall t_j \in T/(p, t_j) \in A)\}$$

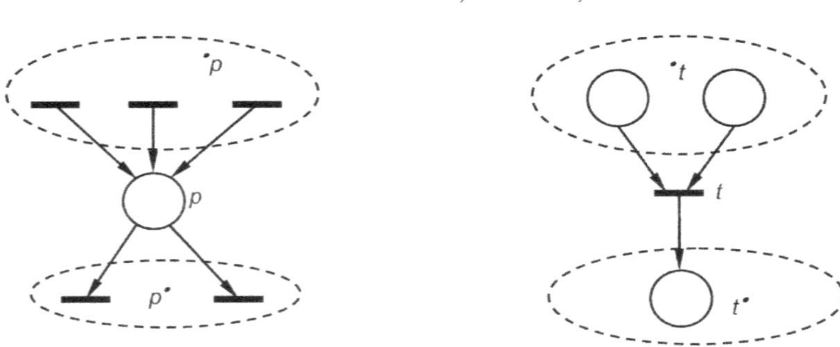

FIGURA 8.6 Pré-sets e pós-sets.

8.3 EXECUÇÃO DAS REDES DE PETRI

Chama-se de execução da RP a movimentação das marcas pela rede de acordo com certas regras; ocorre em duas fases: habilitação e disparo de transição.

Uma transição $t_j \in T$ numa RP é **habilitada** por uma marcação $\boldsymbol{m}$ se ocorre que, para todo $p_i \in {}^{\bullet}t$, $m\ (p_i\ ) \geq w\ (p_i, t_j\ )$, isto é, (marcação em p_i) $\geq$ (peso do arco de p_i a t_j).

Uma transição é **disparada** por meio de duas operações:

a) remoção das marcas das posições do pré-set (tantas marcas quanto for o peso do arco correspondente), e
b) depósito, em cada uma das posições do pós-set, de tantas marcas quanto for o peso do arco correspondente.

EXEMPLO 1 Na Figura 8.7, dada a marcação inicial, ocorrem duas execuções sucessivas, mediante a seqüência de disparo $t_1\ t_2$.

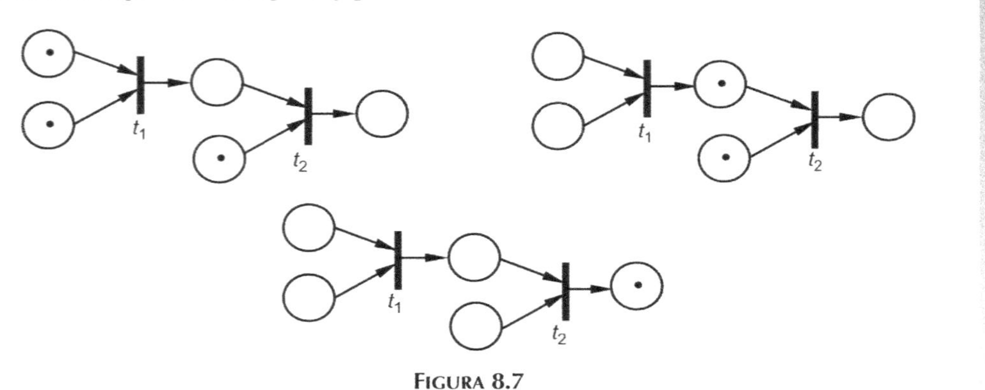

FIGURA 8.7

8.3.1 Número total de marcas

O número total de marcas na RP pode mudar durante a sua **execução**.

EXEMPLO 2 Na Figura 8.8, um único disparo é possível; ele retira duas marcas de p_1 e coloca uma marca em p_2.

FIGURA 8.8

EXEMPLO 3 Na Figura 8.9, um único disparo é possível; retira duas marcas de p_1 e põe três marcas em p_2.

FIGURA 8.9

EXEMPLO 4 Na Figura 8.10, a seqüência de disparos t_1 t_2 t_1 t_2 t_1... gera apenas os dois diferentes estados mostrados.

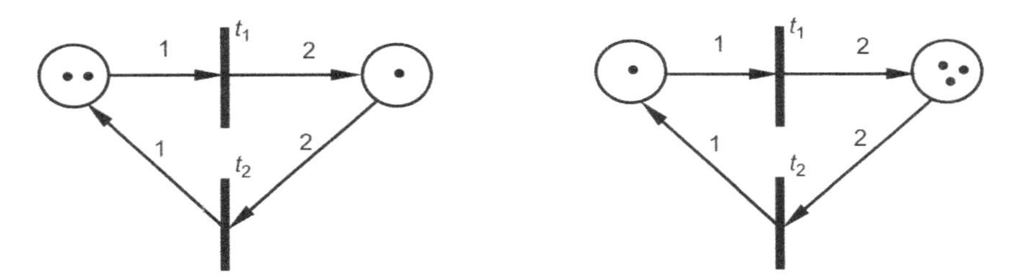

FIGURA 8.10

8.3.2 Conflito

Quando várias transições estão habilitadas simultaneamente, a execução deve ser feita uma a uma. Usualmente, a ordem de execução em que se escolhe executar as transições altera o resultado final porque, ao se removerem marcas das posições de entrada de uma transição executada, desabilita-se outra transição que já estava habilitada. Isso caracteriza um **conflito do tipo confusão.**

EXEMPLO 5 No sistema da direita na Figura 8.11, ao aplicar a operação de remoção das marcas para uma das transições, desabilita-se a outra transição; portanto, *há conflito do tipo confusão*.

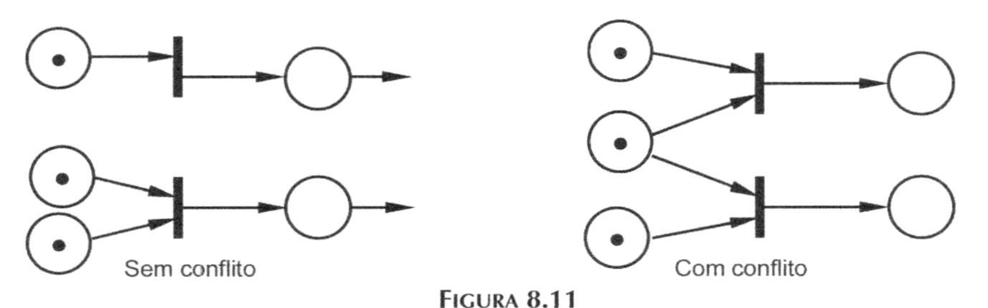

FIGURA 8.11

EXEMPLO 6 A Figura 8.12 mostra uma RP com determinadas condições iniciais (1 0 0 2 1) que habilitam simultaneamente t_1, t_3 e t_4. A Tabela 8.1, que se segue à figura, mostra que as evoluções, através de três diferentes seqüências de execução, levam a uma mesma marcação (0 1 2 3 1). Portanto, não há conflito do tipo confusão.

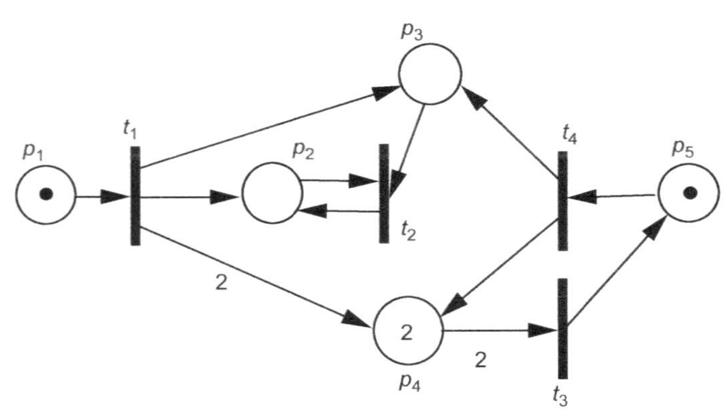

FIGURA 8.12

TABELA 8.1

	p_1	p_2	p_3	p_4	p_5	Transições habilitadas
Marcação inicial	1	0	0	2	1	t_1, t_3, t_4
Execução t_4	1	0	1	3	0	t_1, t_3
Execução t_1	0	1	2	5	0	t_2, t_3
Execução t_3	0	1	2	3	1	t_2, t_3, t_4
Execução t_3	1	0	0	0	2	t_1, t_4
Execução t_4	1	0	1	1	1	t_1, t_4
Execução t_1	0	1	2	3	1	t_2, t_3, t_4
Execução t_1	0	1	1	4	1	t_2, t_3, t_4
Execução t_3	0	1	1	2	2	t_2, t_3, t_4
Execução t_4	0	1	2	3	1	t_2, t_3, t_4

Um modelo com conflito-confusão deve ser aperfeiçoado:

a) revendo a modelagem do sistema físico: é possível que haja fenômenos temporais no processo real que garantem uma determinada seqüência de eventos que ainda não foi incorporada no modelo (ver Seção 8.5);
b) modificando o sistema real e seu modelo, por meio de:
   1. adição de *controladores* que incorporem prioridades baseadas em razões físicas / econômicas;
   2. em certos casos, apenas colocando mais recursos (marcas) nos estoques (posições).

8.3.3 Transições-fonte, transições-sumidouro e *self-loops*

Ao modelar um início de funcionamento, há na literatura duas tendências: a) fornecer marcas iniciais em certas posições da RP; b) colocar na RP certas transições que não têm pré-set (chamadas transições-fonte).

Transições-fonte estão, por definição, sempre habilitadas; disparam sempre que se tornar necessário ou interessante para a análise do desempenho da RP. A RP da Figura 8.15 tem duas transições-fonte (*S* e *C*).

Em geral, quando o início provém de peças de estoques ou recursos adotam-se marcas iniciais nas posições; quando o início provém de ações externas por parte de outros sistemas ou de operadores adotam-se transições-fonte. Nos exemplos anteriores, adotou-se a primeira tendência.

Transições-sumidouro são transições que não têm pós-set; ao dispararem, removem marcas das posições de entrada, mas não fornecem marcas a nenhuma posição. Servem para modelar a saída de produtos.

Self-loops são malhas fechadas formadas por dois arcos, uma posição e uma transição. Um *self-loop* $\{p, t\}$ é a RP em que p pertence ao pré-set de t e ao pós-set de t. Graficamente, correspondem a arcos bidimensionais.

Self-loops são úteis para representar sinalizações de eventos ou reter marca em uma posição mesmo depois que a marca foi utilizada para disparar alguma outra transição. Na Figura 8.12 há um *self-loop* entre t_2 e p_2; uma vez chegada uma marca à posição p_2 e disparada a transição t_2, permanece uma marca em p_2. Ver mais exemplos na Seção 12.2.

8.3.4 Representação algébrica do disparo

A seguinte **equação algébrica** exprime o efeito do disparo de transições sobre os números de marcas nas posições adjacentes; ela exprime a marcação posterior $m'(p_i)$, de cada posição p_i, em função da sua marcação anterior $m(p_i)$ e dos pesos dos arcos envolvidos no disparo. É uma expressão fundamental.

$$m'(p_i) = m(p_i) - w(p_i, t_j) + w(t_k, p_i)$$
$$\text{para } \forall t_j \text{ disparada tal que } t_j \in p_i^{\bullet}$$
$$\text{e para } \forall t_k \text{ disparada tal que } t_k \in {}^{\bullet}p_i$$

8.4 ALGUNS SISTEMAS A EVENTOS E SUAS RPs

Embora os elementos básicos das RPs permitam grande flexibilidade na sua associação com fatos do mundo real, na automação industrial adota-se o seguinte:

- *Posições* p_i representam recursos disponíveis no sistema (máquinas, transportadores, programas de computação, partes, peças) ou então estados dos recursos (máquina ligada, máquina desligada).
- *Transições* t_j representam ações e movimentos de materiais ou peças, ou então mudanças de estado dos recursos.
- *Marcas* numa posição indicam quantidades disponíveis no momento, ou então o estado 0/1 de um recurso.
- *Arcos direcionados* indicam precedência/causalidade/movimento.
- *Pesos de arcos* w representam quantidades fixas associadas às condições de habilitação ou de execução das transições.

Quando se modelam apenas processos lógicos, sem envolver quantidades, as RPs têm no máximo uma marca em cada posição, e os arcos têm peso 1; chamam-se **Redes de Condições/Eventos**. [R] Ver os Exemplos 1, 2 e 4 desta seção.

Na modelagem de sistemas produtivos, as *quantidades* de produtos, de máquinas e de operadores são fundamentais; nada mais natural que usar os números de marcas nas posições para exprimir as quantidades. Resultam **Redes de Recursos/Transições**. Ver o Exemplo 3, a seguir.

EXEMPLO 1 Concorrência de peças em linha de produção

Dois tipos de partes são feitos em duas linhas/células separadas; a montagem final de um subconjunto só pode ocorrer quando existem peças de ambos os tipos nos estoques p_3 e p_5 (Figura 8.13).

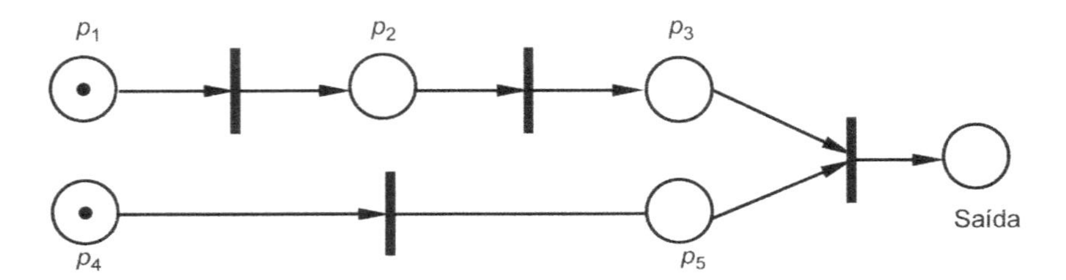

FIGURA 8.13

EXEMPLO 2 Recursos compartilhados

Uma correia transportadora disponível é representada por marca na posição p_4 da RP da Figura 8.14; a correia participa de ambas as linhas de produção (p_1, p_2, p_3) e (p_5, p_6, p_7). Ocorrendo a marcação da figura, tanto t_1 quanto t_2 estão habilitadas, e o disparo de uma inabilita a outra; tem-se um conflito-confusão.

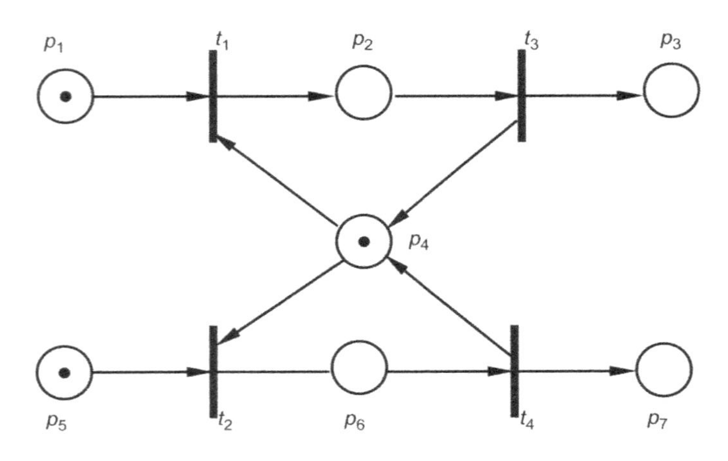

FIGURA 8.14

EXEMPLO 3 Estoque

Cada evento C é a chegada de *c* peças ao estoque; cada evento *S* é a saída de *s* peças do estoque; C e *S* são independentes. Um possível modelo de RP é o da Figura 8.15: o número de marcas na posição *P* é o saldo *x* do estoque; o número *c* de peças em cada evento C é o peso *c* do arco de C a *P*; o número de peças que saem de *P* a cada evento *S* é o peso *s* do arco que sai de *P*.

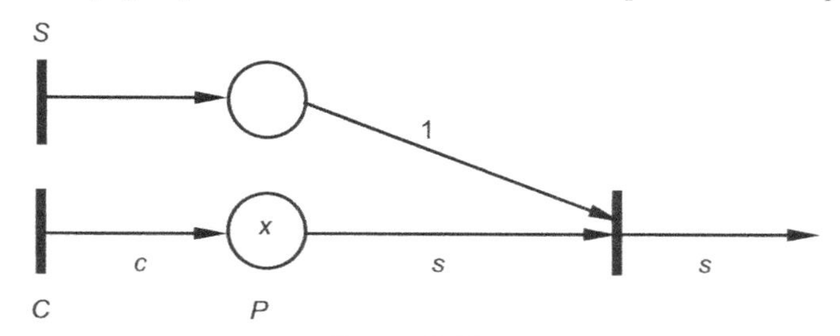

FIGURA 8.15

EXEMPLO 4 Terminal de caixa bancário automático

A Figura 8.16 exibe uma RP que o descreve; é uma RP de Condições/Eventos.

Condições do Sistema (Posições):

a) p_1 – Caixa com cliente encontra-se à espera do serviço (em prontidão)
b) p_2 – Caixa encontra-se à espera da senha
c) p_3 – Caixa encontra-se em apresentação de menu de serviços (saldo, saque ou extrato)
d) p_4 – Caixa em espera para data do extrato
e) p_5 – Caixa em espera para valor do saque
f) p_6 – Caixa executando o serviço

Eventos do sistema (transições habilitadas em decorrência de transições-fonte que em geral não estão mostradas na Figura 8.16):

a) t_0 – Entrada do usuário no caixa
b) t_1 – Passagem do cartão magnético
c) t_2 – Digitação da senha
d) t_3 – Digitação da operação de saldo

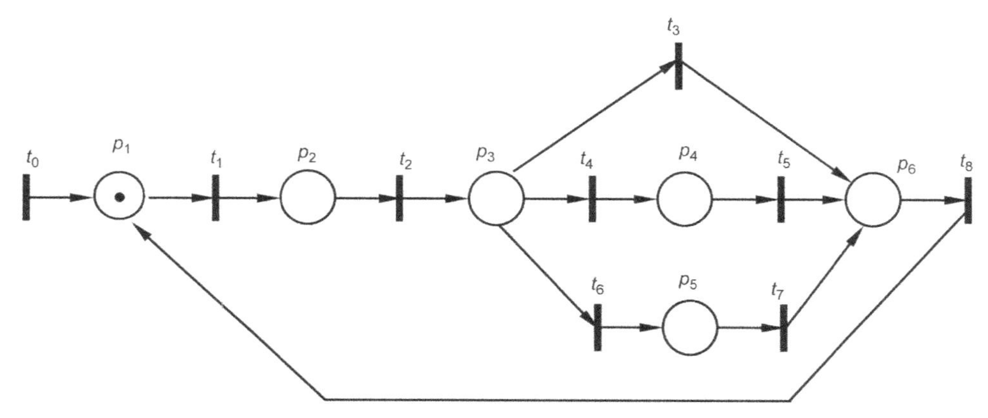

FIGURA 8.16

e) t_4 – Digitação da operação de extrato
f) t_5 – Digitação da data do extrato
g) t_6 – Digitação da operação de saque
h) t_7 – Digitação do valor do saque
i) t_8 – Digitação de fim de operação

EXEMPLO 5 Processo burocrático de uma agência seguradora

A posição p_i é o i-ésimo estágio do processamento de um pedido de indenização:

p_1 = reclamação chegada; p_7 = processo a arquivar por ser a queixa não-procedente; p_{10} = reclamação arquivada, não-atendida; p_{11} = reclamação a atender/pagar; p_{12} = processo a arquivar por decurso do prazo na resposta do cliente.

A transição t_j é o j-ésimo evento: t_1 = registrar entrada; t_2 = enviar questionário ao cliente; t_3 = constatar decurso de prazo; t_4 = cliente responde; t_5 = arquivar; t_6 = pré-avaliar queixa; t_7 = julgar queixa não-procedente; t_8 = julgar queixa procedente; t_9 = reverificar julgamento; t_{10} = queixa não-OK; t_{11} = queixa OK.

Uma RP para este caso poderia ser a da Figura 8.17.

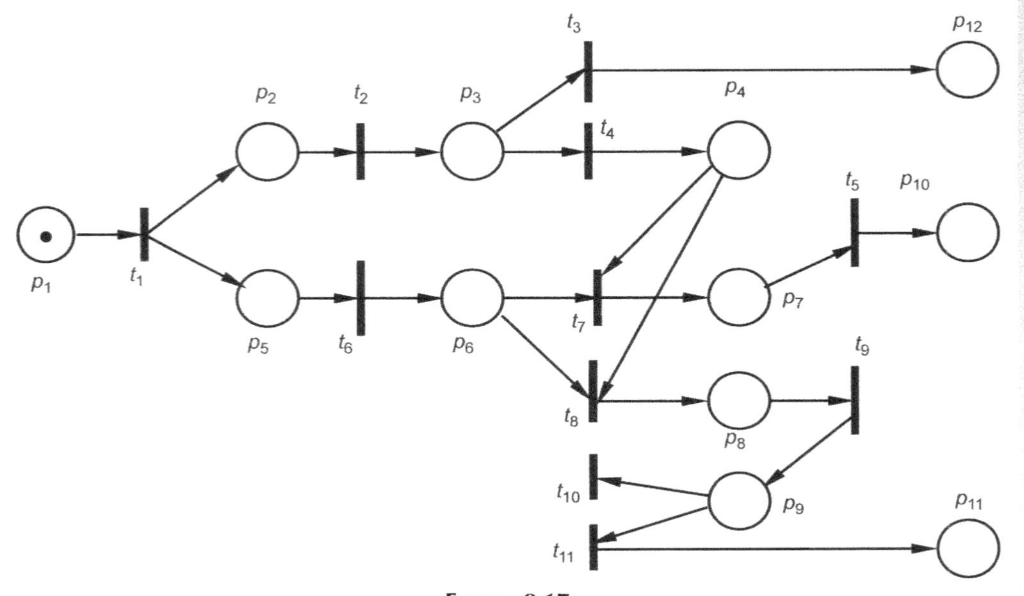

FIGURA 8.17

8.5 POSIÇÕES E TRANSIÇÕES TEMPORIZADAS

As RPs simples têm capacidade de representar todas as condições *lógicas* e quantitativas dos sistemas a eventos. As RPs temporizadas permitem introduzir o fator *tempo*.

As RPs temporizadas são úteis na análise do desempenho de sistemas reais, especialmente para analisar médias temporais e eficências econômicas. Por exemplo, por meio dessas RPs é possível calcular os períodos dos ciclos internos, as produções médias, as condições iniciais para pleno emprego dos recursos-gargalo etc., em processos de manufatura repetitiva em regime estacionário.

Pode-se introduzir um parâmetro tempo nas transições ou nas posições. Transições temporizadas das RPs serão desenhadas com traço reforçado. Posições temporizadas serão desenhadas com círculos sombreados.

Tempo de disparo (*firing time*) é o tempo que deve decorrer entre o início e o fim da execução da Transição.

Tempo de parada (*holding time*) é o tempo em que uma marca deve permanecer em uma posição antes que possa contribuir para a habilitação de transições.

Conforme conveniência de modelagem dos fatos, o engenheiro pode ter preferência em associar tempos às transições ou às posições.

EXEMPLO Ciclo das estações do ano. O ciclo das estações do ano origina uma Rede de Petri como a da Figura 8.18. As condições – "é primavera", "é verão" etc. – são marcas nas posições externas da RP; os eventos – "a primavera começa", "o verão começa" etc. – são execuções de transições da RP, habilitadas por marca na posição DATA. Para que esta ocorra a cada três meses introduz-se a transição temporizada *T*. Trata-se de uma Rede de Condições e Eventos, Temporizada.

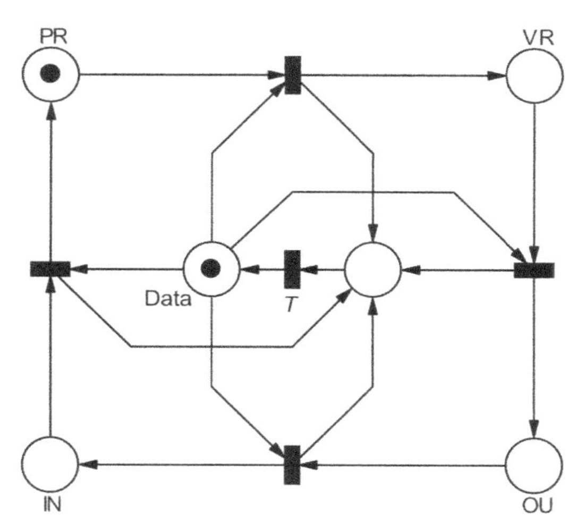

FIGURA 8.18

8.6 RELAÇÕES ENTRE REDES DE PETRI E PROGRAMAS LADER

Redes de Petri, diagramas lader e linguagem lader são meios para exprimir relações lógicas ou de causa e efeito desencadeadas por eventos em instantes não predeterminados. É muito esclarecedor que comparemos os três meios de expressão e que estabeleçamos até mesmo certas regras de equivalência.

Os diagramas lader foram, historicamente, usados para circuitos de comando de contatores; para programar os CLPs foram substituídos pela linguagem lader, que é muito mais poderosa. Chamamos de *diagramas lader* os diagramas lader tradicionais. A *linguagem lader*, porém, foi desenvolvida para a programação dos controladores lógicos programáveis.

As RPs e a linguagem lader têm a possibilidade de descrever quantidades não-binárias, maior poder descritivo de situações de concorrência de eventos e maior capacidade para prever conflitos; por isso seu estudo tem sido privilegiado em conexão com a automação industrial.

A Figura 8.19 ilustra a equivalência entre RPs e programas na linguagem lader. No esquema lader, as bobinas sem letra devem ser do tipo com retenção, ou seja, ter letra S ou OTL.

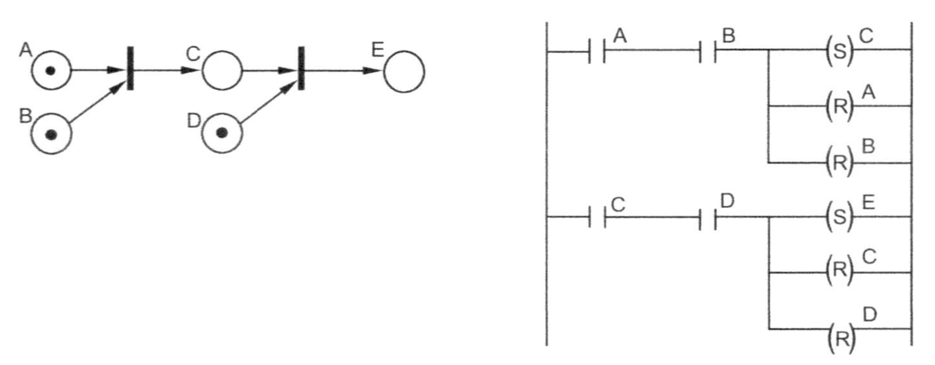

FIGURA 8.19

A Tabela 8.2 mostra alguns exemplos de representação que são similares, mas não inteiramente equivalentes, em álgebra de Boole, linguagem Lader e rede de Petri. [ZC] As bobinas no lader devem ser com retenção, ou seja, do tipo S ou OTL.

8.7 CONCEITO DE ESTADO

O **estado** de uma RP de n posições, $p_1, p_2, \ldots, p_n$, é o vetor **m**, definido pela marcação da RP:

$$\mathbf{m} = [m(p_1)\ m(p_2)\ \ldots\ m(p_n)].$$

O vetor de estado da RP de n posições é de dimensão n e é discreto em amplitude, isto é, pertence ao I^n.

Cada disparo executado produz, em geral, uma alteração do vetor de estado. Como visto no Capítulo 7, a componente i do vetor de estado evolui de $m(p_i)$ para $m'(p_i)$, de acordo com uma equação algébrica em que entram os pesos dos arcos ligados a p_i.

Partindo de uma marcação inicial $\mathbf{m}_0$, disparando uma das transições habilitadas, obtém-se $\mathbf{m}'$. Na nova marcação, disparando uma das transições então habilitadas obtém-se $\mathbf{m}''$, e assim por diante, até não haver mais qualquer habilitação ou até o estabelecimento de ciclos permanentes.

Note que geralmente em cada passo há várias transições habilitadas e, portanto, uma escolha da próxima transição a disparar. Cada seqüência de escolhas determina uma seqüência de vetores de estado e uma seqüência de transições disparadas:

a) $\mathbf{m}_0, \mathbf{m}_1, \mathbf{m}_2 \ldots$
b) $t_0, t_1, t_2 \ldots$

Portanto, o estudo completo da evolução da RP resulta em uma *árvore* de decisões e caminhos, que será objeto de análise em capítulo próximo.

TABELA 8.2

Álgebra de Boole	Redes de Petri	Linguagem Lader
Condição	○ Passo	Sem representação explícita
Atividade	| Transição	Sem representação explícita
Equipamento em atividade	● Ficha	Sem representação explícita
Lógica E	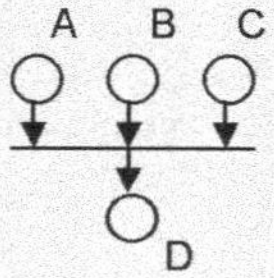 A B C D	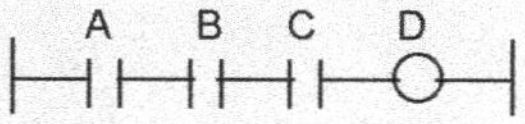 A B C D
Lógica OU	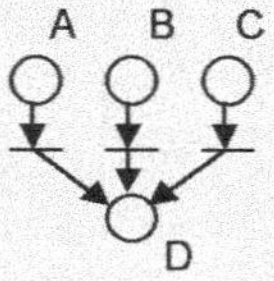 A B C D	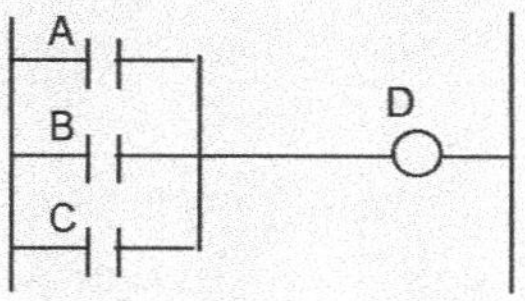 A B C D
Concorrência	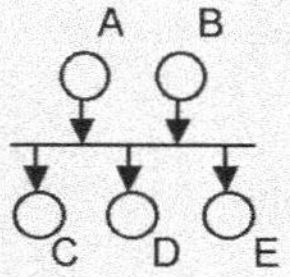 A B C D E	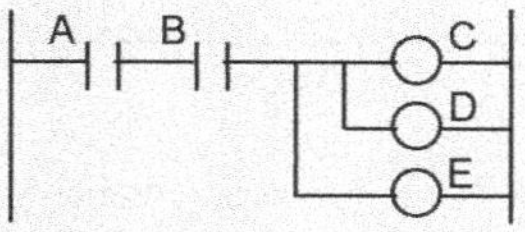 A B C D E
Delay	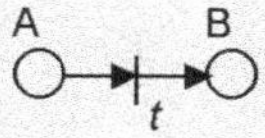 A B t	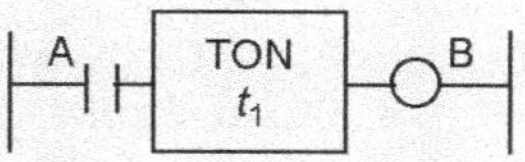 A TON t_1 B

EXERCÍCIOS PROPOSTOS

Nestes exercícios, *simular a operação de uma RP* significa construir uma tabela de habilitações e execuções sucessivas, como a do Exemplo 6 da Seção 8.3.

E.8.1 Construa os gráficos das RPs seguintes:

a) $P = \{p_1, p_2, p_3, p_4, p_5, p_6, p_7, p_8, p_9\}$
$T = \{t_1, t_2, t_3, t_4, t_5, t_6, t_7\}$
$W = \{1\}$
$\mathbf{m}_0 = [1\ 0\ 0\ 0\ 0\ 0\ 0\ 0\ 0]$
A = conjunto de arcos definidos pela tabela:

Transição	Pré-set	Pós-set
t_1	p_1	p_2; p_3
t_2	p_2	p_4; p_5
t_3	p_3	p_6
t_4	p_4	p_7
t_5	p_5; p_6	p_8
t_6	p_7; p_8	p_9
t_7	p_9	p_1

b) $P = \{p_1, p_2, p_3, p_4, p_5, p_6, p_7, p_8, p_9\}$
$T = \{t_1, t_2, t_3, t_4, t_5, t_6, t_7, t_8\}$
$W = \{1\}$
$\mathbf{m}_0 = [1\ 0\ 0\ 0\ 0\ 0\ 0\ 1]$
A = conjunto de arcos definidos pela tabela:

Transição	Pré-set	Pós-set
t_1	p_1	$p_1; p_2; p_3$
t_2	p_2	p_4
t_3	p_3	p_5
t_4	p_4, p_9	p_6
t_5	$p_5; p_9$	p_7
t_6	p_6	p_8
t_7	p_7	p_8
T_8	p_8	p_1

E.8.2 Ache os pré-sets e os pós-sets das transições da RP da Figura 8.12. Idem das posições.

E.8.3 Construa uma RP para o sistema de estoque do Exemplo 3 da Seção 8.4 utilizando duas posições adicionais para eliminar as transições-fonte; interprete as marcas como *lotes de s peças*. Adote como marcação inicial dois lotes no estoque e um transportador de saída disponível. Qual a marcação final?

E.8.4 No processo burocrático do Exemplo 5 da Seção 8.4, tome como marcação inicial m_1 = um processo de reclamação que terá de ser atendido; simule a operação e relate qual é a marcação final. Idem, m_1 = um processo que terá de ser arquivado, sem atendimento.

E.8.5 Simule a RP da Figura 8.14, com uma marca inicial em p_4 e duas marcas iniciais em p_1 e em p_5, supondo que uma regra de prioridade (externa) dispare t_1 e t_2 alternadamente.

E.8.6 Simule a RP da Figura 8.16 com uma marca inicial representando usuário que deseja fazer um saque.

E.8.7 Escreva as equações de evolução das variáveis de estado $m(p_i)$ que são afetadas quando a transição t_1 da Figura 8.12 dispara; idem, quando t_2 e t_4 disparam, separadamente.

E.8.8 Modele por rede de Petri o seguinte sistema produtivo com linha ....
Dois operadores O_1 e O_2 operam três máquinas M_1, M_2 e M_3. O_1 pode operar M_1 ou M_2 e O_2 pode operar M_2 ou M_3. O processamento das peças se inicia por M_1. Considerar as seguintes condições:

a) Máquina M_1 livre e ocupada
b) Máquina M_2 livre e ocupada
c) Máquina M_3 livre e ocupada
d) Operador O_1 livre, ocupado com a máquina M_1 e ocupado com a máquina M_2
e) Operador O_2 livre, ocupado com a máquina M_1 e ocupado com a máquina M_3
f) Buffer entre as máquinas M_1 e M_2, com capacidade de duas peças.
g) Buffer entre as máquinas M_1 e M_3, com capacidade de duas peças.

E.8.9 Desenvolva pelo lader tradicional, pela linguagem lader e por rede de Petri a equação lógica C = A (ou exclusivo) B.

E.8.10 Simule a RP da Figura 8.18, com $T = 3$.

CAPÍTULO

9 ANÁLISE DAS REDES DE PETRI

Há na literatura muitas classes de Redes de Petri, geralmente criadas em função de um esforço particular de desenvolvimento teórico. Para o nosso objetivo principal (automação industrial e sistemas de manufatura), as duas seguintes são suficientes:

- Grafos Marcados ou Grafos de Eventos (*Event Graphs*);
- Máquinas de Estado (*State Machines*).

Também serão tratadas neste capítulo certas propriedades das RPs que são importantes para o desempenho dos sistemas de automação:

a) Limitação e Segurança
b) Conservação
c) Vivacidade e Conflitos
d) Alcançabilidade
e) Persistência
f) Reversibilidade

9.1 CLASSES

9.1.1 Definições

Algumas definições preliminares são necessárias.

Uma Rede de Petri é **pura** quando, em todas as suas transições, inexiste posição comum ao pré-set e ao pós-set. Em termos matemáticos, $\{^{\bullet}t\} \cap \{t^{\bullet}\} = \phi$ para $\forall t$.

Qualquer Rede de Petri pode ser transformada em uma rede pura adicionando-se posições e transições artificiais (*dummy*).

Uma Rede de Petri é **ordinária** quando todos os seus arcos têm peso igual a 1.

As RPs ordinárias resultam do predomínio de ações puramente lógicas {1,0}, isto é, que não envolvem quantidades variáveis.

Um **circuito direcionado** é um caminho de arcos sucessivos, de um nó (posição ou transição) até ele mesmo.

Uma Rede de Petri é **fortemente conexa** se existe um caminho direcionado de cada nó a cada outro nó na rede. As RPs das Figuras 9.2 e 9.3 são fortemente conexas.

Circuito elementar é um circuito direcionado em que o único nó repetido é o inicial. A Figura 9.3 tem quatro circuitos elementares: (t_1, t_3, t_6), (t_1, t_4, t_6), (t_2, t_3, t_5) e (t_2, t_4, t_5). A Figura 9.2 mostra uma RP com cinco circuitos elementares; verifique por inspeção cuidadosa.

Não é fácil descobrir todos os circuitos elementares de uma RP de extensão razoável. [PX] e [MC] apresentam um algoritmo computacional para esse fim.

9.1.2 Grafo marcado ou grafo de eventos

Grafo de Eventos (GE) é uma Rede de Petri $(P, T, A, W, \mathbf{m}_0)$ ordinária, em que cada posição tem exatamente uma transição de entrada e uma transição de saída. Em outros termos, a cardinalidade do pré-set e a cardinalidade do pós-set das posições são iguais a 1.

$$|{}^{\bullet}p| = |p^{\bullet}| = 1 \quad \forall\, p \in P.$$

EXEMPLO 1 A Figura 9.1 mostra uma rede que é GE e outra que não é.

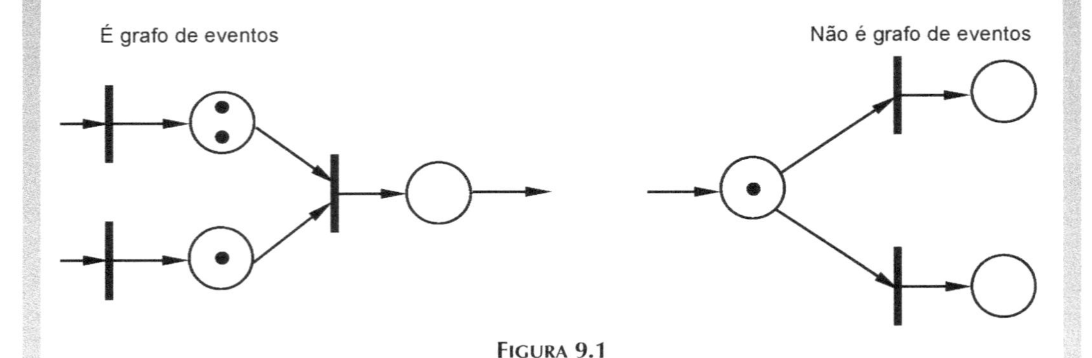

FIGURA 9.1

EXEMPLO 2 Sistema de três linhas de trens urbanos. [A]

As três linhas são L_1, L_2 e L_3, que passam por três estações A, B, C na região central da cidade, nas quais há baldeação de passageiros de um trem para outro. Para tal fim, cada trem, quando em uma dessas estações, deve esperar a chegada de um outro trem; então, após um intervalo de tempo conveniente para o movimento das pessoas, os dois trens podem partir.

A RP do sistema poderia ser a da Figura 9.2. Marcas nas posições A_i, B_i, C_i representam o trem nas estações A, B, C; nas posições LE_i, representam o trem em um percurso externo da linha L_i (fora da região central); nas posições LI_i, representam o trem em percurso interno à região central. As transições t_A, t_B, t_C garantem as partidas simultâneas de trens das estações A, B, C.

A RP resultante é um Grafo de Eventos.

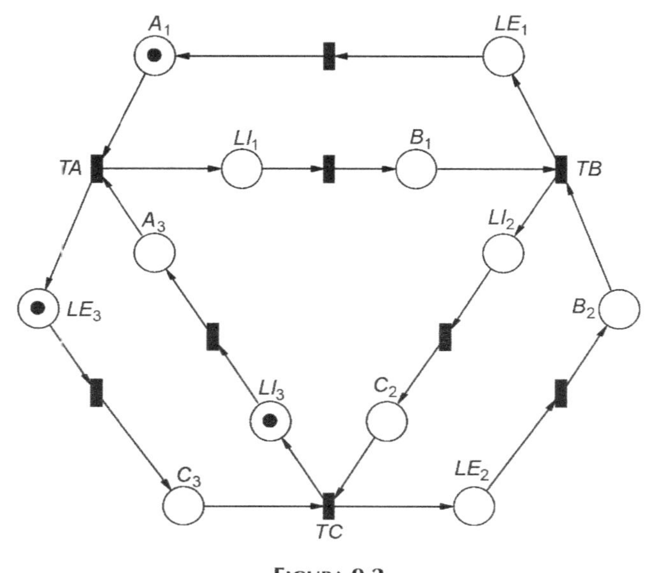

FIGURA 9.2

9.1.3 Máquina de estado

Uma **Máquina de Estado (ME)** é uma Rede de Petri ordinária em que cada transição tem exatamente uma posição de entrada e uma posição de saída. Em outros termos, a cardinalidade do pré-set e a cardinalidade do pós-set das transições são iguais a 1.

$$|{}^{\bullet}t| = |t^{\bullet}| = 1 \quad \forall\, t \in T.$$

Máquinas de estado podem modelar sistemas com conflito do tipo confusão, como na Figura 9.3.

EXEMPLO 3 Neste exemplo podemos observar duas possibilidades de disparo inicial: por t_6 ou por t_5; disparada uma delas, a outra se desabilita automaticamente. É o que se chama de conflito-confusão.

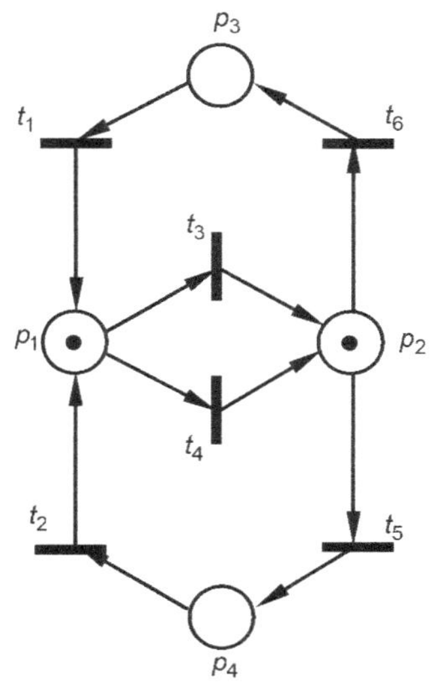

FIGURA 9.3

Observação 1: Grafos de Eventos e Máquinas de Estado são duais um do outro: suas definições são idênticas, desde que troquemos as palavras transição por posição e vice-versa. Graficamente, trocar posições por transições e vice-versa leva um tipo de RP ao outro.

Observação 2: Grafos de Eventos e Máquinas de Estado são RPs ordinárias, portanto seus arcos têm peso 1; ambos *podem* ter marcações maiores que 1 nas posições.

9.2 PROPRIEDADES

Estudaremos a seguir as seguintes propriedades de desempenho:

1. Limitação e Segurança
2. Conservação
3. Vivacidade, Conflitos e Conflitos Mortais (*deadlocks*)
4. Alcançabilidade
5. Persistência
6. Reversibilidade

As qualidades de vivacidade, segurança e reversibilidade (abreviadamente designadas com a sigla VSR) são fundamentais para que um sistema automático atenda às necessidades dos usuários; por isso, não podem ser ignoradas nos projetos. Posteriormente serão vistos alguns teoremas elaborados especialmente para que as RPs sejam construídas ou ampliadas garantindo essas três propriedades.

As propriedades de desempenho das RPs usualmente dependem da sua marcação inicial; quando não dependem, chamam-se **propriedades estruturais das RPs.**

9.2.1 Limitação

Suponha que ao modelar um sistema de manufatura as marcas representem peças produzidas. Se o número de marcas tende ao infinito evidentemente tem-se uma condição inviável para o sistema real. Na teoria geral dos sistemas dinâmicos, isso caracterizaria uma instabilidade; nas RPs diz-se que inexiste a propriedade da limitação.

Uma posição $p \in P$ de uma RP $(P, T, A, W, \mathbf{x}_0)$ é dita **k-limitada** se $x(p)$ é menor ou igual a k, para todas as marcações subseqüentes a $\mathbf{x}_0$.

Se todas as posições de uma RP são k-limitadas, então a rede é **k-limitada.**

Uma RP é **segura** (*safe*) se ela é k-limitada com $k = 1$.

EXEMPLO A Figura 9.4 representa uma RP não-limitada, pois $x\ (P)$ cresce sem limite.

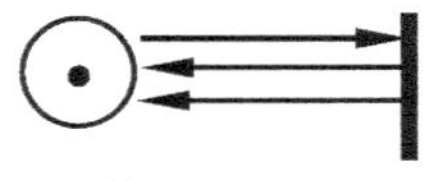

FIGURA 9.4

Pode-se provar ([D] p.101) a seguinte propriedade associada à limitação:

Se num Grafo de Eventos uma posição p pertence aos circuitos direcionados $dc1, dc2,\dots\ dck$, com dadas marcações iniciais, o número de marcas na posição p nunca supera nem atinge o número de marcas iniciais colocadas nos circuitos $dc1, dc2,\dots\ dck$ separadamente.

No exemplo da Figura 10.23, p_4 é uma posição em dois circuitos direcionados; com a marcação inicial $p_1 = 1$ $p_2 = 1$, p_4 receberá uma marca; com $p_1 = n > 1$, $p_2 = 1$, p_4 também receberá uma só marca. De fato, p_4 é uma posição limitada.

O interesse físico ou econômico desse fato decorre do fato de que se uma posição é k-limitada, a capacidade da máquina ou do estoque que a posição representa não precisa ser maior do que k; sendo igual a k, esse estágio produtivo nunca será um gargalo.

9.2.2 Conservação

Uma RP em que a soma total das marcas permanece constante durante toda a sua execução é dita **conservativa**.

Essa exigência é demasiado forte, porque a execução de determinadas transições da RP pode ampliar o número de marcas nas posições imediatamente subseqüentes, e a de outras pode reduzir o número de marcas; ver o exemplo da Figura 10.23. Por isso, existe interesse numa definição mais geral de conservação:

Uma RP com um dado estado inicial **x** é **conservativa com respeito ao vetor de pesos w** = $[w_1, \ldots, w_n]$ se ocorrer

$$\sum_{1=1}^{n} w_i \cdot x(p_i) = \boldsymbol{w} \cdot \mathbf{x}_0 = \text{constante, em que } w_i > 0,\ n = |P|,$$

em todas as possíveis execuções decorrentes do estado inicial $\mathbf{x}_0$.

Por exemplo, a RP da Célula de Montagem de Pistões mostrada na Figura 10.23 é conservativa quando adotamos peso 1 para as posições p_1, p_2, p_{52} e p_{53} e peso 2 para os arcos que levam às demais posições.

Atenção para uma possível confusão de símbolos: w_i são pesos de conservação; $w(p_i, t_j)$ são pesos de arcos.

9.2.3 Vivacidade

Uma **transição** é **viva**, dado um estado inicial $\mathbf{x}_0$, se e somente se ela é habilitada a partir de algum estado conseqüente de $\mathbf{x}_0$.

Uma **RP** é **viva**, dado um estado inicial $\mathbf{x}_0$, se e somente se todas as suas transições são vivas.

Numa RP que represente um sistema produtivo é natural a preocupação com a existência de posições ou transições da RP que nunca sejam visitadas durante as execuções; tal RP seria considerada não-viva. A falta de vivacidade pode ser simples conseqüência de modelagem incorreta do sistema físico, mas pode também apontar um grave problema no sistema real.

9.2.4 Conflito mortal (*deadlock*)

O principal problema operacional em sistemas a eventos discretos é o **conflito mortal** (*deadlock*); é a parada total das habilitações subseqüentes a um estado. Implica perda da vivacidade de uma forma particular. Eliminar conflitos mortais requer usualmente modificar a RP (e o sistema real) por meio de adequados estados e transições adicionais.

EXEMPLO 1 O cliente A prende o recurso R_1 enquanto não recebe o recurso R_2; o cliente B prende R_2 enquanto não recebe R_1; nessas condições, nem A nem B podem ser atendidos por qualquer dos dois recursos; o sistema para (Figura 9.5).

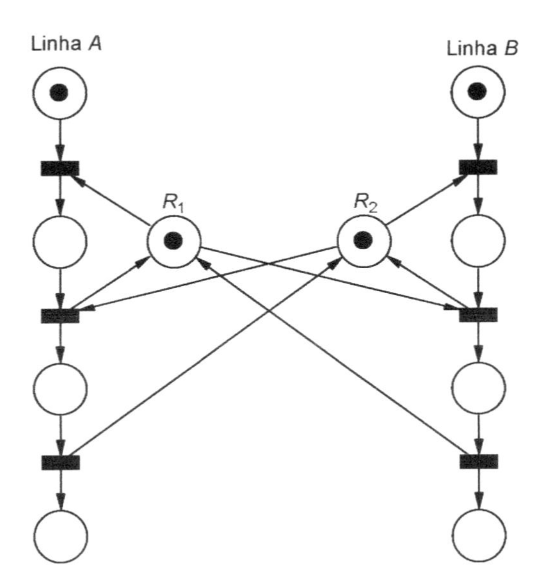

FIGURA 9.5

EXEMPLO 2 O conflito deadlock é extensivamente tratado em ciências da computação no tema da concorrência de eventos. Vem de longe, para fins didáticos, a famosa história do banquete dos filósofos: cinco filósofos, reunidos em um isolado castelo para meditar sobre algumas questões transcendentais, são chamados para jantar (espaguete). A mesa está posta com cinco pratos e, por um erro, com apenas cinco garfos. Cada filósofo, inteiramente absorto em seus pensamentos, extremamente lógico e tímido, senta-se, toma o garfo à esquerda (o seu, por etiqueta...) e, quando procura o da direita, este já foi retirado pelo amigo que está à sua direita. Nenhum deles pode, portanto, servir-se de espaguete, e nenhum vence facilmente as suas inibições em questões práticas. Mas, se não resolverem o problema, poderão morrer de fome.

EXEMPLO 3 Um processo de produção e inspeção, com retrabalho, foi representado na Figura 8.1. Ele pode ser representado pela RP $(P, T, A, W, \mathbf{x}_0)$ da Figura 9.6, adotando os conjuntos $P = \{A, QL, QO, ML, MO, B, R, PS\}$ e $T = \{t_a, t_{aa}, t_s, t_{cr}, t_{ca}, t_d, t_r\}$, nos quais

Posições:

A = peças a processar
QL = sistema disponível
QO = sistema ocupado
I = máquina inativa
O = máquina ativa, operando ou aguardando teste da peça produzida
R = peças rejeitadas, a retrabalhar
D = peças aprovadas, a sair
PS = peças de saída

Transições:

t_a = peça chega
t_{aa} = peça é aceita, porque o sistema está disponível
t_s = serviço começa
t_{cr} = serviço termina e é rejeitado
t_{ca} = serviço termina, e é aprovado
t_d = peça sai da seção
t_r = peça retorna para retrabalho

As condições iniciais $(\mathbf{x}_0)$ da RP são: algumas marcas na posição A que representam a fila de espera de peças a serem processadas; uma marca em QL (sistema disponível) e uma outra em I (máquina inativa).

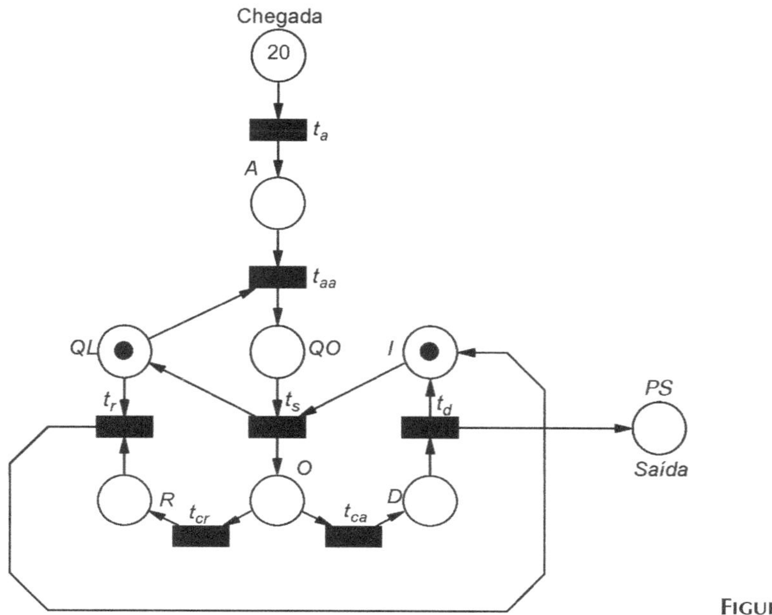

FIGURA 9.6

Nesta RP existe um conflito mortal que ocorre, após alguns passos de execução, quando se chega a ter uma marca em QO e outra em R Figura 9.6. Para que uma marca de R possa deslocar-se *é preciso* que t_r *seja habilitada*, mas para isso QL precisa possuir marca, a qual só pode vir por execução de t_s; isso exige marca na posição I, o que por sua vez *depende da execução* t_d *(que atualmente está inabilitada)*. Chega-se assim a um impasse, como no Exemplo 1.

A linha reforçada da Figura 9.6 acompanha os ciclos fechados de causas e efeitos que estão imobilizando a RP.

Esse conflito mortal pode ser resolvido acrescentando uma transição t_{rf} como na Figura 9.7; t_{rf} habilita-se reconhecendo a situação de marcas simultâneas em QO e R e provocando dois efeitos: (a) desloca uma marca para O, isto é, comanda o retrabalho da peça rejeitada; (b) mantém marca em QO, mantendo assim a indicação de sistema ocupado.

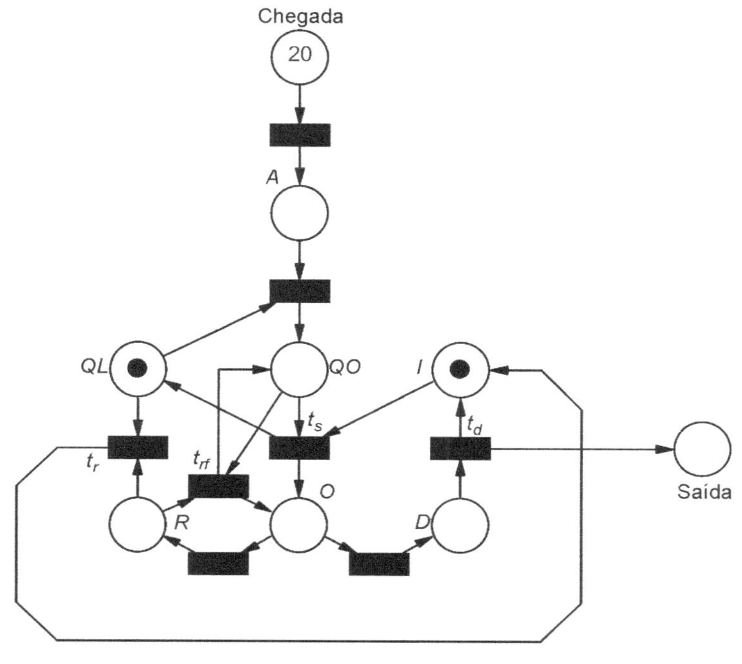

FIGURA 9.7

Uma definição mais rigorosa de conflito mortal é a seguinte:

Um subconjunto de posições P_d em P é dito em **conflito mortal** se e somente se **todas** as transições pertencentes ao pré-set de P_d também pertencem ao pós-set de P_d · [R]

Em outros termos, se e somente se $^\bullet P_d \subseteq P_d^\bullet$.

A Figura 9.8 representa a definição de P_d em conflito mortal.

No caso do Exemplo 3,

$P_d = \{QL, I, O, D\}$; pré-set de $P_d = \{t_s, t_r, t_{ca}\}$; pós-set de $P_d = \{t_r, t_s, t_{cr}, t_{ca}, t_d\}$. Como o pré-set de P_d está contido no pós-set de P_d, temos um conflito mortal.

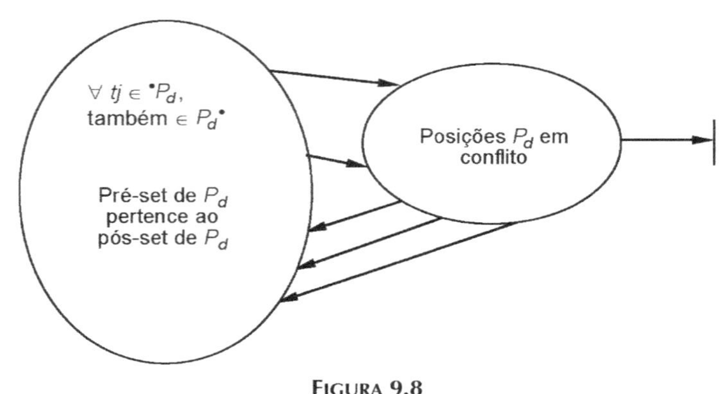

FIGURA 9.8

Um fenômeno semelhante ao conflito mortal, mas nem sempre prejudicial ao desempenho, é a armadilha (*trap*): nesse caso, marcas entram em circuitos fechados, nos quais ficam presas.

Um conjunto de posições P_t em P é chamado de **armadilha** se e somente se todas as transições que removem marcas de P_t habilitam transições que colocam marcas em P_t. Em outros termos, se e somente se $P_t^\bullet \subseteq {^\bullet P_t}$ Figura 9.9.

Resulta que, se uma marca entra em P_t, haverá depois e sempre pelo menos uma marca em P_t.

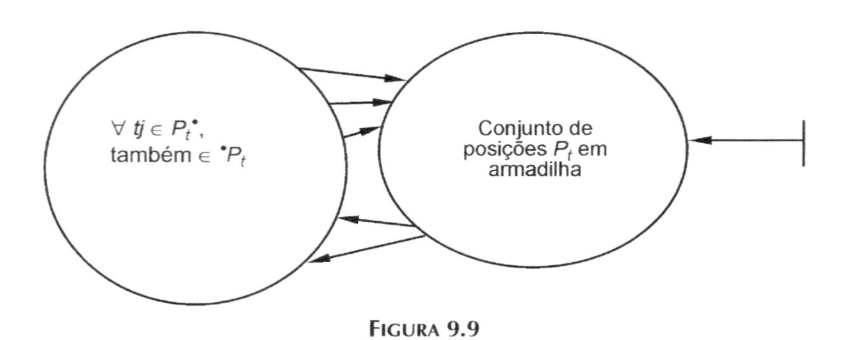

FIGURA 9.9

EXEMPLO Na Figura 9.10 há dois circuitos direcionados $(t_1, p_1, t_2, p_2, t_1)$ e $(t_3, p_2, t_4, p_3, t_3)$; são tais que, quando uma marca entra em um deles, lá permanece. Constituem armadilhas.

Note que, no entanto, para o estado inicial dado este GE tem vivacidade.

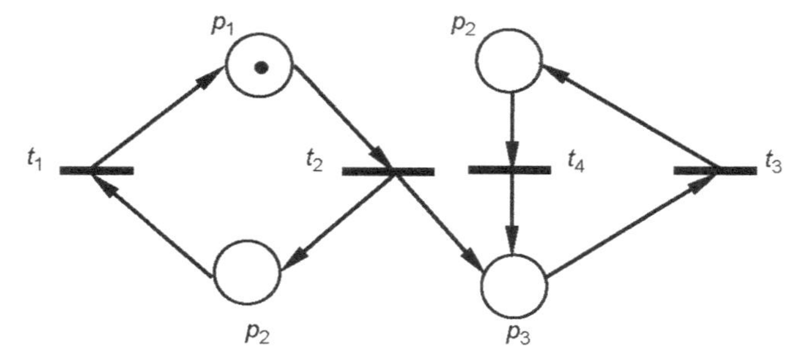

FIGURA 9.10

Observação: É extremamente tedioso verificar diretamente se há vivacidade, principalmente quando há muitas possíveis marcações iniciais e/ou seqüências de eventos externos: é preciso examinar *todas* as alternativas das marcações e das *seqüências temporais possíveis*. Sabe-se que, mesmo com simulação em computador, a verificação exaustiva em sistemas complexos pode ficar inviável; prova disso são os conhecidos "travamentos" nos computadores pessoais, que ocorrem a despeito do uso de softwares tradicionais que foram aperfeiçoados ao longo dos anos por grandes empresas.

9.2.5 Alcançabilidade

O **estado x** é **alcançável** a partir de um dado estado $\mathbf{x}_0$ se $\mathbf{x}$ pode resultar de uma ou mais transições executadas a partir de $\mathbf{x}_0$.

O conjunto de todos os estados alcançáveis a partir de $\mathbf{x}_0$ é **o conjunto de alcançabilidade R($\mathbf{x}_0$)**.

Na RP da Figura 9.11, com $\mathbf{x}_0 = [\ 1\ 0\ ]$; $\mathbf{x} = [\ 0\ 1\ ]$ é alcançável de $\mathbf{x}_0$, via t_1; $[\ 1\ 0\ ]$ é alcançável de x_0 via execução de t_3.

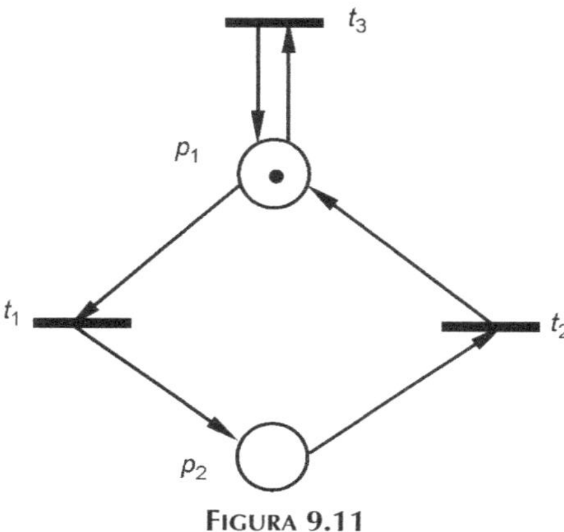

FIGURA 9.11

9.2.6 Persistência (não-interruptibilidade)

Uma RP é **persistente** se para quaisquer duas transições habilitadas simultaneamente a execução de uma não desabilita a outra.

A ausência de persistência ocorre pela presença de um conflito-confusão, conceito examinado anteriormente.

EXEMPLO A RP da Figura 9.11 não é persistente: p_1 habilita t_3 e t_1; se t_3 é executada primeiro, p_1 volta a ter marca e a rede permanece inalterada; se t_1 é executada primeiro, t_3 se desabilita e não será executada.

9.2.7 Reversibilidade

Uma propriedade importante nos sistemas automáticos é a recuperação a partir de eventos perturbadores do funcionamento, tais como interrupções pelo operador ou por dispositivos de segurança. Por recuperação entende-se que o sistema retorne por si a um *estado específico*, previsto pelo projetista e conveniente para reiniciar a operação. Por exemplo, quando um robô não consegue encaixar uma peça defeituosa, é desejável que o próprio sistema tenha previsão para rejeitá-la e volte ao estado inicial com uma nova peça para processar.

Uma RP é **reversível** ou **própria** se para todo $\mathbf{x} \subset R(\mathbf{x}_0)$; $\mathbf{x}_0 \subset R(\mathbf{x})$, onde $R(\mathbf{x})$ representa o conjunto de vetores de marcação que se sucedem a $\mathbf{x}$.

EXEMPLO 1 A RP da Figura 9.12(a) mostra uma máquina (p_2 ativa, p_1 em espera) e uma peça (p_3 em processo, p_4 aguardando), no estado inicial $\mathbf{x}_0 = [1\ 0\ 0\ 1]$; é reversível.

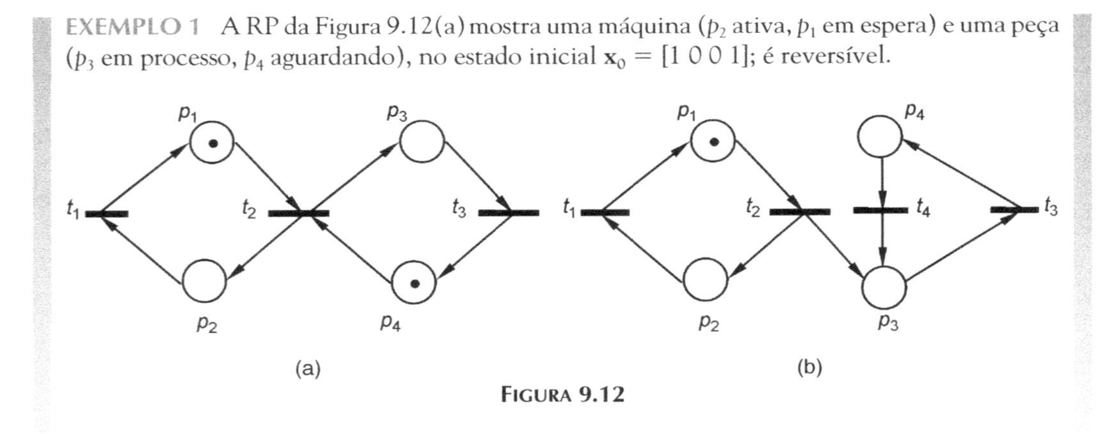

FIGURA 9.12

EXEMPLO 2 A RP da Figura 9.12(b) não é reversível para $\mathbf{x}_0 = [\,1\ 0\ 0\ 0\,]$.

9.3 VIVACIDADE E SEGURANÇA DOS GRAFOS DE EVENTOS

Pela definição dos grafos de eventos, cada posição tem apenas uma entrada e uma saída ($|{}^{\bullet}p| = |p^{\bullet}| = 1$). Eles modelam concorrências e conflitos mortais, mas não conflitos do tipo confusão. Há várias propriedades importantes que podem ser deduzidas diretamente das definições de grafo de eventos e de circuitos direcionados.

Propriedade 1:

O **número de marcas** em qualquer circuito elementar de um grafo de eventos não se altera durante a execução.[D]

Isso decorre da definição de grafo de eventos, pois cada posição tem um único arco de entrada e um único arco de saída. A habilitação das transições pode depender de marcas em posições externas ao circuito, mas a conseqüência das execuções, no que concerne às posições do circuito direcionado, será sempre a transferência de uma só marca para a posição seguinte. Confira, nas Figuras 9.2 e 9.3, tendo o cuidado de primeiro identificar os circuitos elementares.

Propriedade 2:

Um grafo de eventos é **vivo** a partir de $\mathbf{x}_0$ se e somente se $\mathbf{x}_0$ coloca pelo menos uma marca em cada circuito elementar. [PX]

Verifique que a condição é suficiente, nas RPs das Figuras 9.2 e 9.3.

Propriedade 3:

Um grafo de eventos vivo é **seguro** se e somente se $\mathbf{x}_0$ coloca exatamente uma marca em cada circuito elementar. [PX]

9.4 VIVACIDADE E SEGURANÇA DAS MÁQUINAS DE ESTADO

Por definição, temos $|{}^{\bullet}t| = |t^{\bullet}| = 1$. Máquinas de estado podem representar conflitos do tipo confusão, mas não concorrências.

Propriedade 1:

Uma máquina de estado é **viva** com relação a $\mathbf{x}_0$ se e somente se é fortemente conexa e $\mathbf{x}_0$ tem pelo menos uma marca.[D]

Propriedade 2:

Uma máquina de estado é **segura** em relação a $\mathbf{x}_0$ se e somente se $\mathbf{x}_0$ tem apenas uma marca.

Propriedade 3:

Uma máquina de estado é **estritamente conservativa**, isto é, conservativa com todos os elementos do vetor-peso iguais a 1.[D]

9.5 ANÁLISE DAS REDES DE PETRI

Entende-se por análise a verificação das propriedades das redes, principalmente vivacidade, segurança e reversibilidade.

Nenhum método de análise disponível para os sistemas a eventos discretos tem a segurança dos estudos de estabilidade dos sistemas dinâmicos *time-driven*. O ponto crucial é que faltam teorias e algoritmos algébricos capazes de garantir a não-existência de deadlocks. Em geral, mesmo abordando por simulação há que considerar *um grande número de excitações externas* e *de eventuais falhas internas*, em diferentes *combinações* e *seqüências temporais*, gerando um enorme número de alternativas. Para se ter idéia da gravidade do problema, afirmava-se na década de 1980 que para testar todas as eventualidades numa aeronave militar de comando e controle totalmente digitais, recentemente construída, seriam necessários 25 anos de um computador de grande porte.

Basicamente, para uma *RP não-temporizada* são dois os métodos desenvolvidos para verificar propriedades:

a) com base nas árvores de alcançabilidade;
b) com base nas matrizes de incidência.

Quando a RP é temporizada, a análise do desempenho é mais complexa; numa mesma rede, as propriedades podem modificar-se conforme sejam os tempos de reação dos elementos da RP. Métodos recentes partem de equações de estado especiais (Anexo 9.1).

Porém, não há dúvida de que, nos trabalhos de engenharia, o método de análise dominante é o da *simulação* em *computador*.

9.5.1 Análise por simulação digital

Há vários softwares disponíveis para simular RPs, utilizando um PC em ambiente Windows; o que se segue pode ser conseguido gratuitamente na Internet e permite simular RPs com até 100 posições.

Um deles é o **Stateflow do Matlab**, que aceita qualquer dimensão de problema e é conectável com a simulação de sistemas dinâmicos *time-driven*. Vamos detalhar aqui o Visual object Net++.

Visual Object Net++

Endereço: www.systemtechnik.tu-ilmenau.de/~drath

Autor: Dipl-Ing. Rainer Drath, Ilmenau Univ. of Technology, Ilmenau, Alemanha.

Vamos relatar as regras de operação do **Visual Object Net** restringindo-nos aos blocos lógicos; havendo interesse nos blocos "contínuos", consulte pela Internet o correspondente *Short User Guide*.

a) Elementos

Transição *T*: é habilitada e disparada conforme as regras usuais; pode receber a atribuição de um tempo fixo de atraso de disparo.

Posição *P*: o número de marcas m aparece no interior do círculo.

b) Programando uma simulação

b.1) Topologia

Partindo da tela principal, cada elemento pode ser escolhido clicando com o mouse no ícone correspondente, na barra superior. O *editor de propriedades* surge e mostra imediatamente onde entrar com o nome do elemento e com os valores das suas propriedades.

Cada elemento pode ser *desenhado e inserido* na RP usando o botão *esquerdo* do mouse: selecione o ícone clicando na barra de ferramentas e clique novamente no local desejado da tela. No caso de arco é necessário clicar no ícone de arco, no elemento de início do arco e depois novamente no elemento de término.

Para *apagar* um elemento clique no ícone de seta na barra superior, selecione o elemento na RP com o mouse, aperte o botão *direito* e escolha Delete no teclado.

b.2) Propriedades

O editor de propriedades, que surge ao se clicar sobre um ícone de elemento, permite entrar com o nome do elemento e seus valores característicos, como número de marcas iniciais, tempo de disparo de transição etc.

Para *modificar nomes*, *pesos dos arcos*, *marcações iniciais etc.*, deve-se clicar duas vezes no elemento para chamar um quadro de edição; neste, selecione a linha a alterar clicando uma vez e usando *Ctrl-Enter* para inserir a nova linha.

Etiquetas são objetos-texto; pode-se editá-los depois de clicar duas vezes no local desejado.

Um *objeto gráfico* mais complexo pode ser criado clicando no ícone de seta e cercando o objeto com o cursor, como no Windows. Tal objeto pode então ser reproduzido ou deslocado.

c) *Modos Variável e Valor*
Estabelecido o modelo da RP, as posições têm em seu interior os seus nomes. É usual que se analise o desempenho acompanhando a evolução das marcações a partir das iniciais; para facilitar a visão do número de marcas nas posições em cada instante, aperte o botão M.

d) *Conflitos*
Considere uma posição p e seu pós-set com as transições t_i. Esse software de simulação considera de conflito a situação em que a soma m das marcas em p é menor que a soma dos pesos w_i dos arcos de p ao seu pós-set.

Conflitos desse tipo são solucionados disparando *ao acaso* as transições habilitadas, o que traz indeterminação ao desempenho simulado; repetindo um número grande de vezes, exploram-se as alternativas. Desejando definir melhor o estudo, utilize tempos de atraso diferentes nas transições, de maneira a privilegiar uma de cada vez.

e) *Executando a Simulação*
Deve-se chavear o programa para esse modo clicando o botão *Start* na barra superior da tela. A RP é imediatamente verificada, e se houver conflitos haverá um aviso, e pode-se ver as transições envolvidas no gráfico da RP; basta selecionar *Extras – Conflict Groups* no quadro *Panel – Properties – Extras*. Em qualquer momento pode-se ver quais são as transições *habilitadas* chamando *Extras – Enabled D-Transitions*.

Em *Panel*, pode-se iniciar e parar a simulação e também escolher entre simulação *Passo a Passo*, *Até o Próximo Evento* e *Automática*. Neste último caso, a velocidade é ajustável; a *Max-speed* é a maior, mas a animação gráfica é suprimida.

Em *Properties*, pode-se alterar ajustes: em *Show-time* o tempo real é exibido no mostrador inferior; em *Auto Stop After Time* a simulação pára após o tempo estipulado no mesmo mostrador.

Para repetir a simulação de uma RP previamente salva confirme na tela esquerda inferior, *Factory*, *Nome do Arquivo da RP* e depois clique em *File, Open*.

f) *Diagramas Temporais*
A cada posição pode ser associado um gráfico temporal.

Selecione a posição usando o botão *direito* do mouse. Selecione o ponto *Show Diagram Window* no menu que surgir. O gráfico é então gerado durante a simulação.

Para alterar as escalas dos gráficos clique com o botão *direito* do mouse e surgirá a *barra de ferramentas para diagramas (diagram tool bar)*; selecione *manual* com o botão esquerdo para abrir caixas de escalas dos eixos do gráfico.

Selecione outra posição e terá outro gráfico temporal.

g) *Documentação*
A documentação das RPs pode ser transferida (*pasted*) para outros softwares. Para exportar a RP inteira, selecione, no *Main Menu, Edit/Select-all* ou *Copy*. Para exportar gráficos temporais utilize *Export Graphic* no painel que surgir, e siga as instruções usuais. *Export Graphic ASCII* exporta para arquivo ASCII.

EXEMPLO Na Figura 9.13a tem-se a RP da Figura 9.5, desenhada na tela do Visual Object Net. Nas Figuras 9.13b, c e d têm-se gráficos temporais das arcações m_1, m_3 e m_7 resultantes de uma simulação que partiu da marcação inicial $m(A) = 5$, $m\ (QL) = 1$ e $m(I) = 1$.

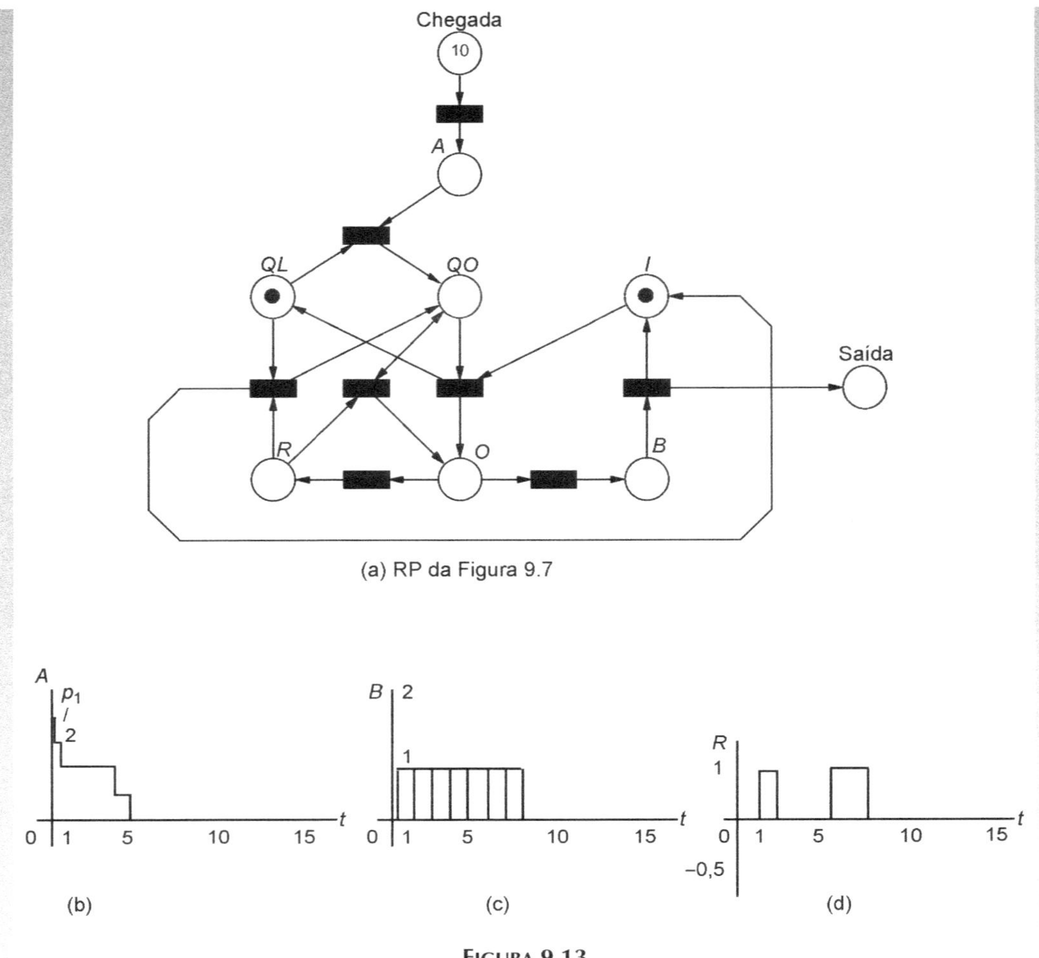

FIGURA 9.13

9.5.2 Árvore de alcançabilidade

Árvore de alcançabilidade (*reachability*) é um gráfico do tipo árvore onde os nós são os vetores de estado alcançados, sucessiva ou alternativamente pela rede, e os arcos são as correspondentes transições executadas. Por meio das árvores de alcançabilidade organiza-se o trabalho de enumerar exaustivamente as marcações alcançáveis, começando por $\mathbf{x}_0$. Todas as transições habilitadas são disparadas, gerando $\mathbf{x}_1$, $\mathbf{x}_2$, e assim por diante. Em determinadas situações pode ocorrer a habilitação simultânea de transições; então, é preciso tomar cada alternativa como uma nova "raiz" ou "ramo" da árvore.

EXEMPLO 1 Figura 9.14.

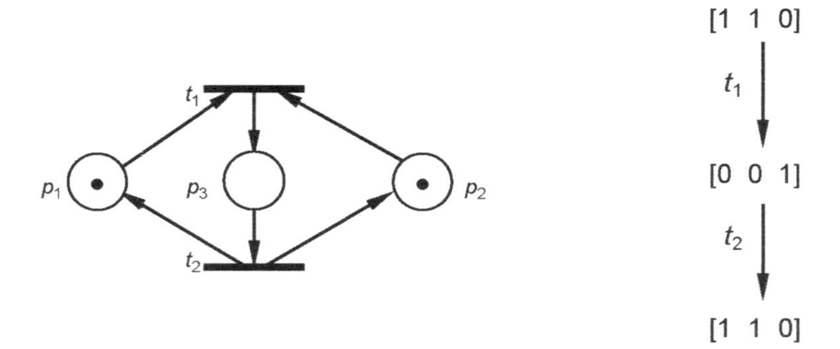

FIGURA 9.14

EXEMPLO 2 A Figura 9.16 mostra os primeiros níveis da árvore de alcançabilidade da RP da Figura 9.15, com marcas nas posições p_2 e p_3. Estão habilitadas inicialmente duas transições (t_2 e t_3), donde resultam duas "raízes" no segundo nível da árvore.

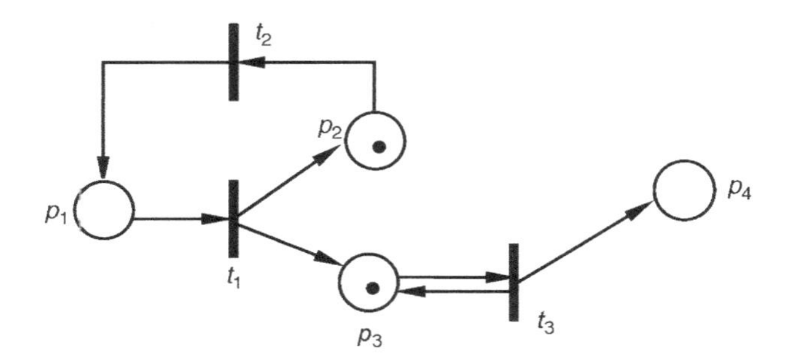

FIGURA 9.15

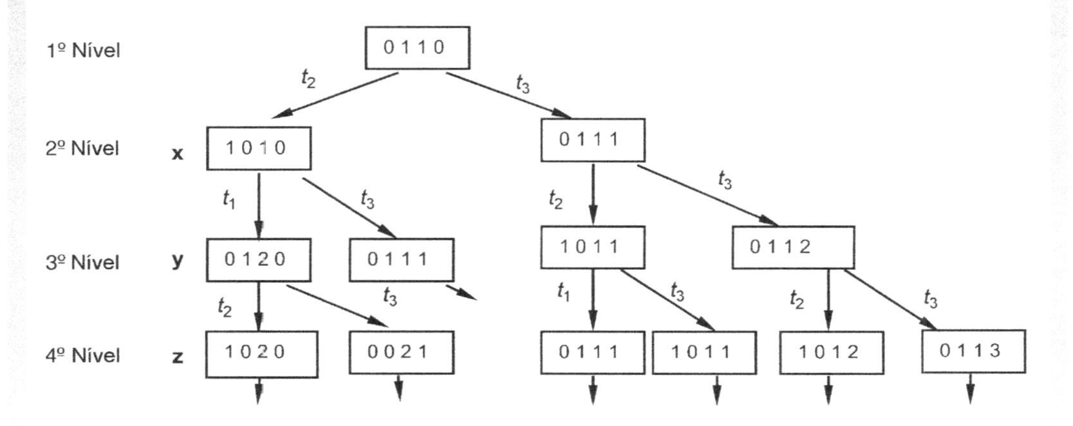

FIGURA 9.16

A Figura 9.16 evidencia uma inconveniência usual das árvores de alcançabilidade, que é o infinito número de nós (e níveis); isso ocorre em certas RPs que têm circuitos direcionados. Um objetivo interessante é, então, reduzir uma árvore infinita a uma representação do mesmo tipo, mas finita, o que se consegue por meio de vários artifícios aplicados a cada passo. [MC]

9.5.3 Matrizes de incidência

Esta técnica de análise baseia-se em álgebra linear, sendo reminiscente dos conceitos/métodos da teoria dos sistemas dinâmicos "acionados pelo tempo".

Recordando as regras de execução das RPs, tem-se:

a) a execução de uma transição t_j numa RP de n posições e m transições $(P, T, A, W, \mathbf{x}_0)$ ocorre se e somente se a marcação $x(p_i) \geq$ peso do arco $w(p_i, t_j)$, para $\forall\, p_i \in$ pré-set de t_j.
b) a marcação x de cada posição p_i é alterada para x', pela execução de t_j; *algebricamente*, pode-se escrever para $\forall\, p_i \in P$,

$$\begin{aligned} x'(p_i) &= x(p_i) - w(p_i, t_j) \text{ se } p_i \in \text{pré-set de } t_j \\ &= x(p_i) + w(t_j, p_i) \text{ se } p_i \in \text{pós-set de } t_j \\ &= x(p_i) \text{ nos outros casos.} \end{aligned}$$

$w(p_i, t_j)$ são os pesos dos arcos de p_i a t_j, em que p_i são as posições do pré-set de t_j, e $w(t_j, p_i)$ são os pesos dos arcos de t_j a p_i, em que p_i são as posições do pós-set de t_j. Ver a Figura 9.17.

Note que nestas equações algébricas só têm sentido físico os *inteiros não-negativos*, pois representam números de marcas ou de disparos de transições.

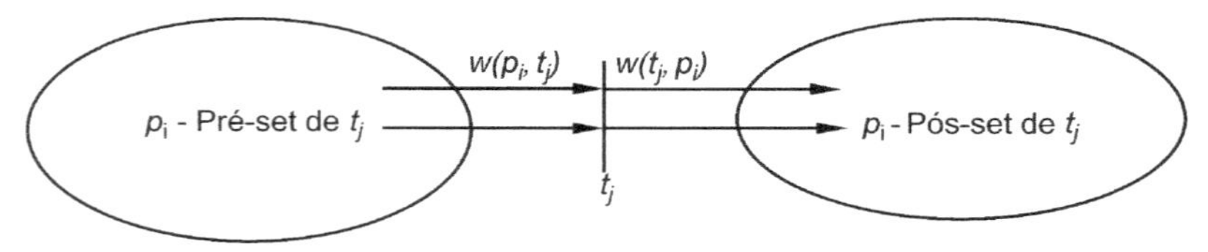

FIGURA 9.17

A **matriz de incidência** de uma Rede de Petri, de n posições e m transições, é a matriz $A = [a_{ij}]$, de números inteiros a_{ij}, de dimensão $n \times m$, em que

$$\begin{aligned} a_{ij} &= w(t_j, p_i), \text{ para } p_i \in \text{pós-set de } t_j \\ a_{ij} &= -w(p_i, t_j), \text{ para } p_i \in \text{pré-set de } t_j \\ a_{ij} &= 0 \text{ se não existe arco algum entre } p_i \text{ e } t_j. \end{aligned}$$

Os a_{ij} são positivos ou negativos, conforme o arco associado saia de, ou entre em, t_j.

Os $w(t_j, p_i)$ e $w(p_i, t_j)$ são sempre positivos; convencionou-se chamá-los de a_{ij}^{+} (pesos dos arcos de saída de t_j) e de a_{ij}^{-} (pesos dos arcos de entrada em t_j). Daí resulta que

$$\begin{aligned} a_{ij} &= a_{ij}^{+} \text{ se } p_i \in \text{pós-set de } t_j, \text{ e} \\ a_{ij} &= -a_{ij}^{-} \text{ se } p_i \in \text{pré-set de } t_j. \end{aligned}$$

Chama-se **matriz de incidência de entrada** a matriz $A- = [a_{ij}-]$, e **matriz de incidência de saída** a matriz $A+ = [a_{ij}+]$.

Obviamente, $A = [A+] - [A-]$.

Nas RPs ordinárias, que são freqüentes, os coeficientes a_{ij} valem $+1$, 0 ou -1.

Quando uma RP tem self-loops, alguns autores não admitem a existência da matriz de incidência; outros sugerem lançar no elemento a_{ij} associado à posição e à transição do self-loop a expressão $(+w, -w)$, em que w é o peso de cada arco do self-loop.

Recomenda-se enfaticamente construir a matriz A, *coluna por coluna*; assim, na Figura 9.18, na coluna 1, lança-se como primeiro elemento a perda de marcas da posição p_1, por causa do disparo da transição t_1; como segundo elemento, lança-se o ganho de marcas da posição p_2, devido também ao disparo da t_1, e assim por diante.

EXEMPLO calcular a matriz de incidência da RP da Figura 9.18, que modela a operação de uma máquina operatriz sujeita a parada por defeito. Decompô-la em A^+ e A^-.

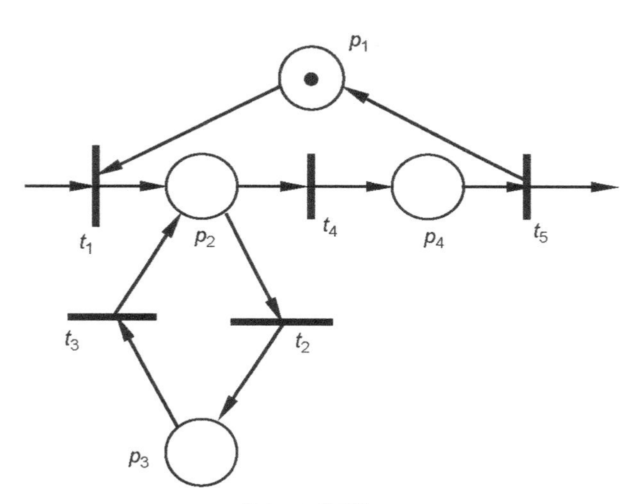

FIGURA 9.18

A matriz A é 4×5, pois temos quatro posições e cinco transições.

A transição t_1, ao ser executada, retira uma marca de p_1 e coloca uma em p_2; então $a_{11} = -1$, $a_{21} = +1$, sendo os outros elementos da coluna iguais a zero, e assim por diante. Obtém-se:

$$A = \begin{vmatrix} -1 & 0 & 0 & 0 & 1 \\ 1 & -1 & 1 & -1 & 0 \\ 0 & 1 & -1 & 0 & 0 \\ 0 & 0 & 0 & 1 & -1 \end{vmatrix} \quad A- = \begin{vmatrix} 1 & 0 & 0 & 0 & 0 \\ 0 & 1 & 0 & 1 & 0 \\ 0 & 0 & 1 & 0 & 0 \\ 0 & 0 & 0 & 0 & 1 \end{vmatrix} \quad A+ = \begin{vmatrix} 0 & 0 & 0 & 0 & 1 \\ 1 & 0 & 1 & 0 & 0 \\ 0 & 1 & 0 & 0 & 0 \\ 0 & 0 & 0 & 1 & 0 \end{vmatrix}$$

O **vetor de disparo** da transição t_j é um vetor $\mathbf{u}_j$, $m \times 1$, com todos os elementos nulos, exceto o j-ésimo, que vale 1.

Em termos de a_{ij} e de u_j, a execução da transição t_j leva a marcação $x(p_i)$ a $x'(p_i)$ por meio da equação

$$x'(p_i) = x(p_i) + a_{ij} \cdot 1;$$

e leva o vetor de estado $\mathbf{x}$ ao $\mathbf{x}'$, por meio de

$$\mathbf{x}' = \mathbf{x} + A \cdot \mathbf{u}_j,$$

em que $\mathbf{x}$ e $\mathbf{x}'$ são $n \times 1$, A é $n \times m$ e $\mathbf{u}_j$ é $m \times 1$.

O **vetor de contagem de disparos u**, relacionado a uma seqüência de disparos de transições, é um vetor em que o j-ésimo elemento conta quantas vezes a transição j foi disparada.

Algebricamente, o vetor de contagem **u** é a soma dos vetores de disparos $\mathbf{u}_j$ ocorridos, sem conter informação sobre a ordem dos disparos (a qual está presente nas árvores de alcançabilidade). Por exemplo, $\mathbf{u} = [2\ 3\ 1]^T$ poderia ser o vetor de contagem de qualquer seqüência de disparos de transições contendo dois disparos de t_1, 3 de t_2 e 1 de t_3; poderia ser

$$\mathbf{u} = \mathbf{u}_1 + \mathbf{u}_1 + \mathbf{u}_2 + \mathbf{u}_2 + \mathbf{u}_2 + \mathbf{u}_3,\ \text{ou}\ \mathbf{u}_1 + \mathbf{u}_2 + \mathbf{u}_1 + \mathbf{u}_2 + \mathbf{u}_2 + \mathbf{u}_3\ \text{ou} \ldots$$

O vetor de contagem de disparos permite uma expressão importante, do tipo de uma equação de estado dinâmico. Suponha uma seqüência de vetores de disparo $\boldsymbol{u}(0)$, $\boldsymbol{u}(1)$, ... $\boldsymbol{u}(f\text{-}1)$ a partir da marcação $\mathbf{x}_0$; seja $\mathbf{x}_f$ a marcação final. Pela aplicação da equação de diferenças anterior a cada disparo, temos:

$$\mathbf{x}_1 = \mathbf{x}_0 + A \cdot \mathbf{u}(0)$$
$$\mathbf{x}_2 = \mathbf{x}_1 + A \cdot \mathbf{u}(1)$$
$$------$$
$$\mathbf{x}_f = \mathbf{x}_{f\text{-}1} + A \cdot \mathbf{u}(f\text{-}1)$$

Substituindo cada equação na seguinte,

$$\mathbf{x}_f = \mathbf{x}_0 + A \cdot (\mathbf{u}(0) + \mathbf{u}(1) + \mathbf{u}(2) \ldots \mathbf{u}(f\text{-}1) = \mathbf{x}_0 + A \cdot \mathbf{u}$$

em que o vetor de contagem **u** resume o conjunto de disparos e a equação resume o efeito global.

De maneira geral, com as devidas precauções podemos tomar a equação de diferenças

$$\mathbf{x}' = \mathbf{x} + A \cdot \mathbf{u}$$

como a ***equação de estado*** da RP.

Esta equação é *linear*, mas os vetores **x** e **x'** estão sujeitos às restrições de desigualdade $x\,(p_i) \geq 0$, $x'\,(p_i) \geq 0$. O seu ponto fraco é que um dado único vetor **u** pode ser originado por várias seqüências de disparo distintas, algumas delas eventualmente inviáveis por falta de habilitação. A análise pelas equações de estado pode ser vista em várias referências. [MC] [D] [PX]

9.6 GRAFOS DE EVENTOS DE POSIÇÕES TEMPORIZADAS

Neste parágrafo associamos tempo às posições: as marcas entram nas posições, mas permanecem *não-disponíveis* por um intervalo de tempo, após o qual podem habilitar transições.

Um **GE de posições temporizadas** (GEP) consiste em:

- uma RP $(P, T, A, W, \mathbf{x}_0)$ do tipo grafo de eventos;
- um conjunto de atrasos ou tempos $\{d_i\}$ $i = l \ldots n$ associados às posições;
- um conjunto totalmente ordenado γ, onde cada um de seus elementos é chamado de instante e representa o momento de um possível disparo de transições.

Inicialmente devemos observar que em princípio os conceitos e as propriedades das RPs não-temporizadas, tais como alcançabilidade, segurança etc., aplicam-se também aos GEs temporizados. Mas é importante observar que um determinado GE pode mudar de classificação ao se introduzir a temporização; por exemplo, um GE não-limitado pode se tornar limitado em função dos atrasos atribuídos.

EXEMPLO

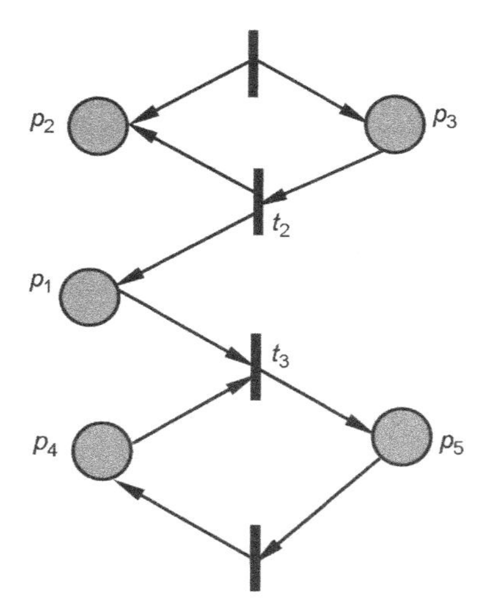

FIGURA 9.19

Com $\{d_i\} = \{1, 1, 1, 10, 1\}$ e a marcação inicial em p_1 e p_4, 10 marcas se acumulam em p_1 antes de t_3 ser habilitada; quando t_3 é executada, p_1 perde uma só marca, ficando com nove. O processo se reinicia; a cada ciclo, p_1 ganha mais nove marcas, e prosseguindo, $x(p_1)$ tende ao infinito. O GEP é não-limitado. No entanto, é fácil ver que se $\{d_i\} = \{10, 10, 10, 1, 1\}$ o GE se torna limitado.

Existe uma análise algébrica de desempenho para as GEPs por meio de um sistema de equações de diferenças nas variáveis τ associadas aos disparos das transições da rede. No Anexo A.9.2 temos uma introdução ao método.

9.7 GRAFOS DE EVENTOS DE TRANSIÇÕES TEMPORIZADAS

Num GET, a habilitação de uma transição não provoca o disparo imediatamente, mas só após um tempo característico de cada transição. Tempos são associados, portanto, às transições, e não às posições, como é o caso nos GEPs.

Embora equações de diferenças semelhantes às da Seção 9.6 possam ser desenvolvidas, nossa abordagem será diferente, pois concentrar-se-á em *durações médias dos ciclos de operação*. Nem sempre a RP opera repetitivamente, oferecendo a possibilidade de ciclos de operação. No entanto, sempre se pode tirar proveito dos teoremas referentes à duração de ciclos; basta um pequeno artifício: supor que qualquer peça produzida (marca na posição de saída) seja reinserida na entrada do sistema (marca na posição de entrada). Trata-se de supor um "fechamento" de malha em torno da RP original, realizável simplesmente por meio de dois arcos e uma transição.

Em Grafos de Eventos toda posição é precedida e sucedida por um arco; isso implica em toda posição pertencer a circuitos fechados e, portanto, à repetição da passagem das marcas. Se esta for periódica, ou tender a ser periódica, é grande o interesse em se saber o seu período: quanto menor for o período, maior será a taxa de produção do sistema real modelado pela RP.

Importantes resultados teóricos têm sido publicados; as propriedades apresentadas a seguir encontram-se demonstradas em [RH] e empregadas em vários casos de controle de manufaturas. [MC]

Tempo de ciclo C_j da transição t_j é $C_j = \lim_{n_j \to \infty} \frac{S_j(n_j)}{n_j}$, em que S_j é o tempo decorrido até o instante em que ocorre o n_j-ésimo disparo de transição t_j.

Propriedade: Em um GET ordinário todas as transições têm mesmo tempo de ciclo. [RH] e [D] p.149.

Tempo de ciclo do circuito elementar k é a razão $Ck = \frac{dk}{Mk}$, em que

dk = soma dos tempos de execução das transições no circuito direcionado k

Mk = número total de marcas nas posições do circuito k.

Propriedade: O máximo desempenho (mínimo tempo de ciclo do sistema) de um GET é dado por $\Pi = \text{máx}\{C_k\}$, $\forall k$, sendo $k = 1, 2, \ldots q$, onde q = número de circuitos elementares.

Esse resultado permite acelerar o cálculo do mínimo tempo de ciclo do sistema, ou seja, o do máximo desempenho. Portanto, os circuitos críticos, os que limitam a "produção do sistema", os "gargalos", são os circuitos direcionados elementares de tempo de ciclo máximo.

Note que os tempos de ciclo podem decrescer via aumento das marcas, usualmente associadas a estoques de peças.

EXEMPLO

Um sistema de computação com um processador e duas fitas, conforme a Figura 9.20.

Cada serviço requer primeiro alguma computação, usando o processador e uma fita durante d_1. Depois, o sistema geral ocupa a fita por d_2, enquanto o processador continua a calcular por um tempo d_3.

Posições:

A = fita pronta
B = processador pronto
G = fita livre
F = fila de serviços

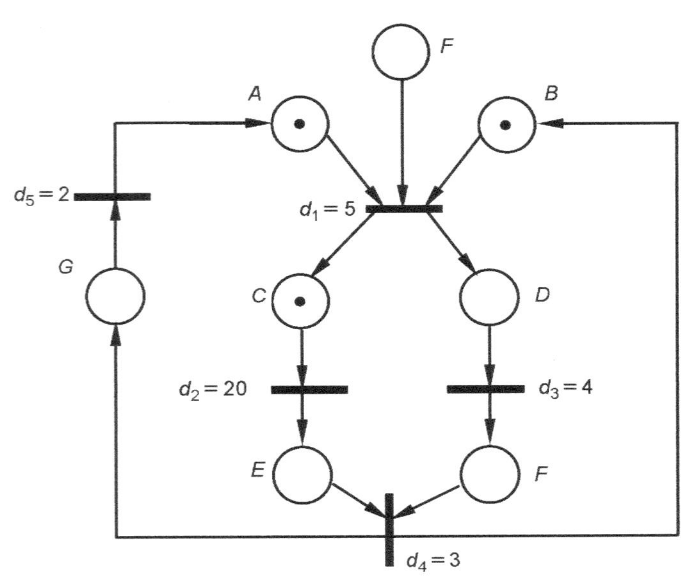

FIGURA 9.20

Transições:

t_1 = serviço usando processador e fita, duração $d_1 = 5$
t_2 = lendo ou escrevendo na fita I/O, duração $d_2 = 20$
t_3 = computando, $d_3 = 4$
t_4 = serviço usando processador e fita, $d_4 = 3$
t_5 = reenrolando a fita, $d_5 = 2$

Circuitos elementares	**Valores (*dk/Mk*)**
$At_1\ Ct_2\ Et_4\ Gt_5$	$(5+20+3+2)/2 = 15$
$At_1\ Dt_3\ Ft_4\ Gt_5$	$(5+4+3+2)/1 = 14$
$Bt_1\ Ct_2\ Et_4$	$(5+20+3)/2 = 14$
$Bt_1\ Dt_3\ Ft_4$	$(5+4+3)/1 = 12$

Pela propriedade enunciada, *o mínimo tempo de ciclo da RP* é o $\text{máx}\{\frac{dk}{Mk}\}$, que é 15. O gargalo é o circuito *ACEG*. Se no sistema houvesse apenas uma fita, o tempo de ciclo seria o dobro.

A importância desse resultado pode ser aferida simulando o GET; antes de se atingir comportamento próximo do tempo de ciclo mínimo há um transitório de duração variável caso a caso, eventualmente muito longo. A esse respeito, tem-se o seguinte resultado:

Propriedade: num GET, se todos os tempos de disparo d_j das transições t_j forem comensuráveis (racionais ou múltiplos inteiros de um dado tempo), o sistema entra em regime periódico após um tempo *finito*, com taxa de disparo de todas as transições $= \lambda = 1 / \Pi$. [Ch]

ANEXO 9.1

A.9.1 Simulação algébrica de RPs não-temporizadas

Na Seção 9.5.3 foi deduzida uma equação de diferenças para a evolução do vetor de estado:

$$\mathbf{x}' = \mathbf{x} + A\,\mathbf{u}$$

onde **u** é o vetor de disparo da rede no estado **x** e **x**′ é o estado resultante.

Diferentemente do que ocorre nos sistemas dinâmicos *time-driven*, o vetor **u** não é um vetor de sinais de entrada, mas um vetor que depende do estado **x,** da topologia da rede de Petri (matriz A) e do vetor das eventuais transições-fonte (**e**).

Trata-se de uma relação $\mathbf{u} = \mathbf{f}(\mathbf{x},\mathbf{e})$, onde $\mathbf{f}(.)$ é *não-linear* e representa a habilitação de certas transições. Se essa relação for expressa algebricamente poder-se-á simular o sistema resolvendo passo a passo as duas equações. Assim, supondo que as transições-fonte também se modifiquem passo a passo durante o processo, calcular-se-á:

$$\begin{aligned}
\mathbf{u}_0 &= \mathbf{f}\,(\mathbf{x}_0, \mathbf{e}_0)\\
\mathbf{x}_1 &= \mathbf{x}_0 + \mathbf{A}\,\mathbf{u}_0\\
\mathbf{u}_1 &= \mathbf{f}\,(\mathbf{x}_1,\mathbf{e}_1)\\
\mathbf{x}_2 &= \mathbf{x}_1 + \mathbf{A}\,\mathbf{u}_1\\
\mathbf{u}_2 &= \mathbf{f}\,(\mathbf{x}_2, \mathbf{e}_2)\\
\mathbf{x}_3 &= \mathbf{x}_2 + \mathbf{A}\,\mathbf{u}_2\\
&\cdots
\end{aligned}$$

Considere-se o caso das RPs que representam Condições e Eventos (Seção 8.5), caso em que as RPs modelam causalidades e não quantidades e em que há no máximo uma marca em cada posição. Nesse caso, [BK] nos fornece a expressão algébrica desejada, fortemente não-linear:

$$\mathbf{u} = \theta\,[(A^{-})^{T} \cdot (\mathbf{x} - \mathbf{1}_n)] \cdot \mathbf{e},$$

onde

$\mathbf{u}$ = vetor de disparos $m \times 1$, decorrente do estado $\mathbf{x}$; se a coordenada $u_j = 1$, t_j está habilitada; se = 0, não;

$\mathbf{1}_n$ = vetor de elementos 1 e dimensão $n \times 1$;

$(\mathbf{x} - \mathbf{1}_n)$ = vetor $n \times 1$, transformado do estado $\mathbf{x}$, que aceita elementos negativos;

$(A^{-})^{T}$ = transposta de A^{-}; é matriz $m \times n$; em função da definição A^{-} (Seção 9.5.3), resume na sua linha j os pesos dos arcos que vão das posições do pré-set da transição j à transição j; esta matriz resume as condições para habilitação da transição j;

$(A^{-})^{T} \cdot (\mathbf{x} - \mathbf{1}_n) = \mathbf{y}$ = vetor $m \times 1$ cujos elementos, quando nulos ou maiores que zero, caracterizam transições habilitadas; quando negativos, caracterizam transições não-habilitadas;

$\theta\,[\mathbf{y}]$ = matriz diagonal, onde $\theta_{jj} = 1$ se $y_j \geq 0$ e $\theta_{jj} = 0$ se $y_j < 0$; os elementos 1 da diagonal caracterizam transições habilitadas, e os nulos, as não-habilitadas;

$\mathbf{e}$ = vetor $m \times 1$, que relata eventos externos eventuais adicionados ao estado $\mathbf{x}$:

ej = 1 quando a transição j não tem entrada externa
= 1 quando a transição j tem entrada externa, com marcas
= 0 quando a transição j tem entrada externa, sem marcas.

Uma justificativa para esta equação algébrica encontra-se em [MC], p. 160.

EXEMPLO

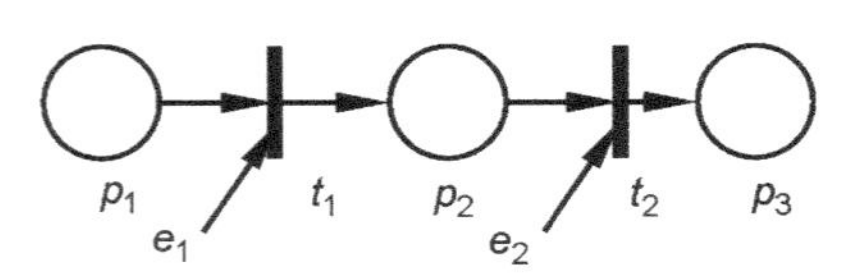

FIGURA A.9.1

$$A = \begin{vmatrix} -1 & 0 \\ 1 & -1 \\ 0 & 1 \end{vmatrix}$$

$$[A-] = \begin{vmatrix} 1 & 0 \\ 0 & 1 \\ 0 & 0 \end{vmatrix} =$$

a) Seja $\mathbf{x}_0 = [1\ 0\ 0]^T$; $\mathbf{x}_0 - \mathbf{1}_n = [0\ -1\ -1]^T$ com n = 3.
Suponha $\mathbf{e}_0 = [1\ 1]^T$ (não há entrada externa em t_1; há entrada em t_2 e está excitada):
$\mathbf{B} \cdot (\mathbf{x}_0 - \mathbf{1}_n) = [0\ -1]^T$

$$\theta[.] = \begin{vmatrix} 1 \\ 0 \end{vmatrix}$$

$\theta[.] \cdot \mathbf{e}_0 = [1\ 0]^T$ significando que t_1 está habilitada, e t_2, não; resultado correto, pelas regras de execução das RPs.

b) Seja *agora* $\mathbf{x}_1 = [0\ 1\ 0]^T$
Suponha $\mathbf{e}_1 = [1\ 1]^T$, como anteriormente suposto.
$B \cdot (\mathbf{x}_1 - \mathbf{1}_n) = [-1\ 0]^T$

$$\theta[.] = \begin{vmatrix} 0 & 0 \\ 0 & 1 \end{vmatrix}$$

$\theta[.] \cdot \mathbf{e}_1 = [0\ 1]^T$ significando t_1 não-habilitada e t_2 habilitada; resultado correto, pelas regras das RPs.

ANEXO 9.2

A.9.2 Simulação algébrica de RPs temporizadas

Nas RPs temporizadas as marcações evoluem no tempo e, por isso, podem ser anotadas como $x(\tau)$, o mesmo ocorrendo com os vetores de disparo, $u(\tau)$. Considerem-se os Grafos de Eventos de Posições Temporizadas.

Seja $\tau_i(n)$ o primeiro instante em que a transição t_i *dispara pela n-ésima vez.*

Não confundir esta notação $\tau_i(n)$ com a usual em sistemas dinâmicos, onde $\tau_i(n)$ representa a amplitude da variável τ_i no instante n.

Considere agora, na Figura A.9.2, as três construções básicas que se podem encontrar nos GEPs; a elas correspondem diferentes equações para $\tau_i(n)$:

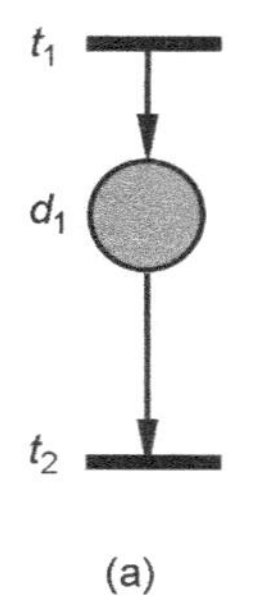

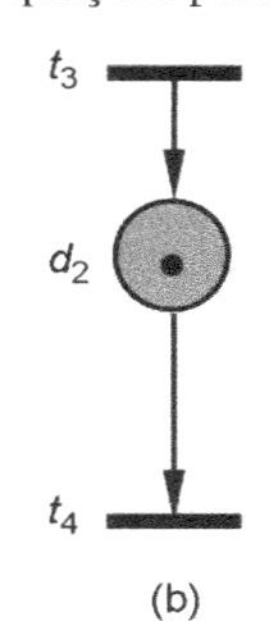

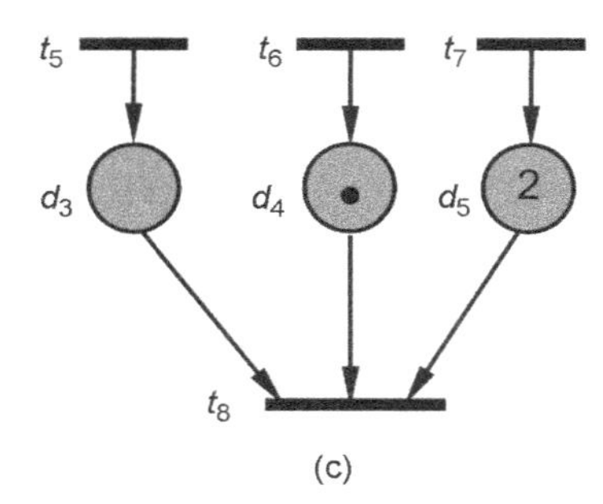

FIGURA A.9.2

Na rede (b) da figura, suponha dois observadores, um em t_3 e outro em t_4, e que a marca seja colocada na posição d_2 no instante zero; o primeiro disparo da transição t_4 ocorre decorrido o tempo d_2; o segundo vai ocorrer d_2 unidades de tempo após o primeiro disparo de t_3; o terceiro de t_4, d_2 unidades após o segundo de t_3, e assim por diante. Justifica-se, então, a equação seguinte:

(b) $\tau_4(n) = d_2 + \tau_3(n-1)$.

Analogamente, para as redes (a) e (c),

(a) o n-ésimo disparo de t_2 ocorre d_1 unidades de tempo após o n-ésimo disparo de t_1:

$$\tau_2(n) = d_1 + \tau_1(n);$$

(c) o n-ésimo disparo de t_8 ocorre quando se verifica a última (mais tardia) chegada de marcas às posições precedentes:

$$\tau_8(n) = \text{máx}\{d_3 + \tau_5(n),\ d_4 + \tau_6(n-1),\ d_5 + \tau_7(n-2)\}$$

Note a influência do número de marcas iniciais das posições, nos argumentos de $\tau(.)$.

Todas as equações (a), (b), (c) são equações recursivas que fornecem o instante do n-ésimo disparo de uma transição em função dos instantes do n-ésimo, do $(n - 1)$-ésimo e do $(n - 2)$-ésimo disparo das outras transições.

Generalizando, chamando o número de marcas iniciais da posição p_j de x_{0j}, e lembrando de que $^{\bullet}t_i$ é o pré-set da transição t_i, temos

$$\tau_i(n) = \text{máx}\,\{d_j + \tau_j(n - x_{0j})\} \qquad \forall j \in {}^{\bullet}t_i \qquad \text{([CL]p. 237)}$$

Dado um GEPT, portanto, pode-se construir um sistema de equações de diferenças solucionável por métodos algébricos avançados. [D] [CL]

EXEMPLO

Uma área metropolitana tem duas estações de trens, S1 e S2, que são interligadas por quatro linhas, duas delas formando um circuito interno e as outras duas fazendo dois circuitos externos (subúrbios), conforme a Figura A.9.3. Cada percurso de linha tem suas próprias estações e seu próprio tempo de percurso. Não há programa de partidas; cada trem deixa a estação logo que os passageiros possam trocar de trens, isto é, logo que chegue um trem da outra linha na mesma estação; tempos de espera para os passageiros se deslocarem de um trem a outro estão já incluídos nos tempos de percurso das linhas. Na figura os tempos de percurso são os números assinalados junto aos arcos.

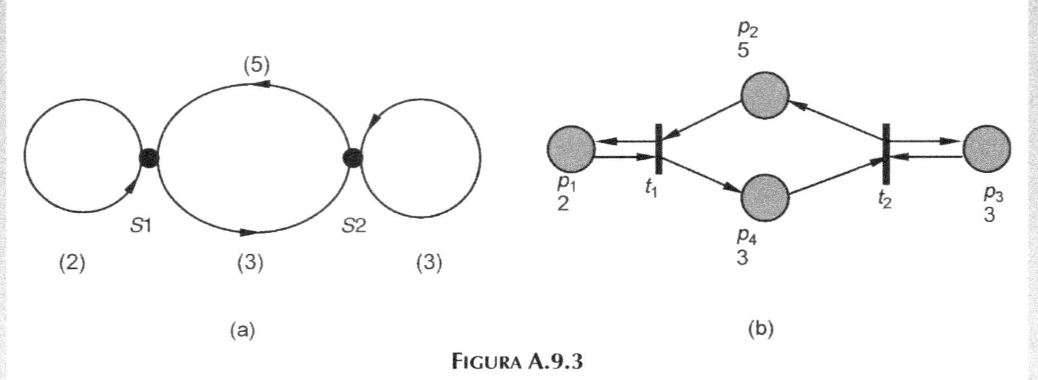

FIGURA A.9.3

Na Figura A.9.3b está representada uma Rede de Petri para o sistema, em que as estações são transições (instantâneas) e as linhas são posições (temporizadas). Marcas nas posições indicam trens executando os percursos correspondentes; ausência de marcas indica permanência de trens nas estações.

Suponha que há quatro trens no sistema, dois em cada estação, e que no instante zero parte um em cada linha; na RP, isso corresponde a colocar uma marca em cada posição no instante zero.

O processo de chegadas e partidas pode ser descrito calculando o instante $\tau_i(n)$ da n-ésima partida de cada estação (instante de disparo da transição associada), em função das $(n - 1)$-ésimas partidas nas duas estações (instantes $\tau_i(n - 1)$) e dos tempos de percurso ("tempos de parada" nas posições).

$$\tau_1(n) = \text{máx}\,\{\tau_1(n - 1) + 2,\ \tau_2(n - 1) + 5\}$$
$$\tau_2(n) = \text{máx}\,\{\tau_1(n - 1) + 3,\ \tau_2(n - 1) + 3\}$$
$$n = 1,2,3,\ldots$$

Por essas equações, a evolução do vetor $[\tau_1\ \tau_2]$ a partir de $\tau_1(0) = \tau_2(0) = 0$ é a seguinte:

$$\begin{array}{llllll} [0\ 0] -> & [5\ 3] -> & [8\ 8] -> & [13\ 11] -> & [16\ 16] -> \ldots \\ n = 1 & 2 & 3 & 4 & 5 & \ldots \end{array}$$

donde se depreende um padrão periódico: a cada período de duas unidades de tempo os trens estão de volta às estações, juntos; os tempos entre partidas subseqüentes em cada estação são alternadamente 5 ou 3, e, portanto, os tempos médios valem 4.

Se as condições iniciais fossem [1 0], resultaria um tempo entre partidas subseqüentes *constante* e igual a 4. Donde se conclui que um possível método de controle de sistemas a eventos baseia-se em condições iniciais.

Se se deseja um serviço mais freqüente, a única maneira é aumentar o número de trens. Suponha que há um quinto trem, que parte da estação $S1$ no instante zero em direção a $S2$; isso corresponde a colocar mais uma marca inicial na posição p_2. Agora,

$$\tau_1(n) = \text{máx}\{\tau_1(n-1) + 2,\ \tau_2(n-1) + 5\}$$
$$\tau_2(n) = \text{máx}\{\tau_1(n-2) + 3,\ \tau_2(n-1) + 3\}$$

Criando-se mais uma variável, τ_3, elas podem ser reescritas como equações de diferenças de primeira ordem:

$$\tau_1(n) = \text{máx}\{\tau_1(n-1) + 2,\ \tau_2(n-1) + 5\}$$
$$\tau_2(n) = \text{máx}\{\tau_3(n-1) + 3,\ \tau_2(n-1) + 3\}$$
$$\tau_3(n) = \tau_3(n-1).$$

Com condições iniciais nulas, a evolução fica:

[0 0 0] -> [5 3 0] -> [8 6 5] -> [11 9 8] -> [14 12 11] -> ...

que, após o transitório inicial, tem intervalo entre partidas sucessivas igual a três unidades de tempo.

EXERCÍCIOS PROPOSTOS

E.9.1 Considere as RPs das Figuras 8.13, 8.16, 8.17, 9.2, 9.3 e 9.4: examine todas as suas transições para determinar quais RPs são puras (sem self-loops); quais são ordinárias; quais são máquinas de estado; quais são grafos de eventos.

E.9.2 Analise as RPs do Exercício 9.1 quanto às propriedades de:
- segurança
- limitação
- vivacidade

E.9.3 São conservativas as RPs do Exercício 9.1. Com qual vetor de pesos?

E.9.4 Altere a marcação inicial das RPs das Figuras 9.2 e 9.6, de maneira que elas percam a propriedade da vivacidade.

E.9.5 Entre as RPs do Exercício 9.1, com os estados iniciais dados, quais são reversíveis?

E.9.6 Descreva, por meio de RP, o conflito mortal do "banquete dos filósofos" (Seção 9.2.4), com apenas três filósofos. Expanda a RP para sanar o problema.

E.9.7 Faça um diagrama lader para o sistema da Figura 9.5 e confirme o deadlock.

E.9.8 Faça um *download* do VisualNet para o seu PC pela Internet, conforme sugerido na Seção 9.5.1. Simule no VisualNet as RPs do Exercício 9.1.

E.9.9 Construa a árvore de alcançabilidade das RPs da Figura 9.2 (sistema de trens) com as marcações iniciais constantes na figura. Simule no VisualNet.

E.9.10 Calcule a matriz de incidência A e a matriz de incidência de habilitação A−, da RP da Figura 9.2. Escreva a equação de estado correspondente e calcule o vetor de disparo $\mathbf{u}_0$ decorrente do estado inicial $\mathbf{x}_0$ anotado na figura.

E.9.11 Construa uma Rede de Petri para representar o seguinte sistema de manufatura flexível, que é capaz de produzir dois produtos, P_1 e P_2, com duas máquinas M_1 e M_2. Cada produto requer duas operações: uma pela máquina M_1 e a seguinte pela M_2.
Posições sugeridas:
P_1 – produto P_1 chegando
P_2 – produto P_2 chegando
P_3 – M_1 livre
P_4 – M_1 ocupada
P_5, P_6 – Buffer intermediário do Produto 1
P_7, P_8 – Buffer intermediário do Produto 2
P_9 – M_2 livre
P_{10} – M_2 ocupada
Simule com o Visualnet, deixando que ele mesmo explore as alternativas, aleatoriamente.

E.9.12 O que são transições temporizadas? E posições temporizadas? É possível transformar um grafo de eventos de posições temporizadas em transições temporizadas?

E.9.13 Considere a RP da Figura A9.2c. Considere $d_3 = 1$ s, $d_4 = 2$ s, $d_5 = 3$ s e as transições t_5, t_6 e t_7 sendo disparadas por seus respectivos pré-sets, seqüencialmente a cada 2 s (t_5 dispara no instante O). Calcule, com a equação dada no texto, os instantes em que ocorrem os primeiros quatro disparos da transição t_8.

E.9.14 Estude o desempenho do GEPT da Figura A9.3b, que representa um sistema ferroviário de duas estações e quatro linhas, com a marcação inicial [1 1 0 1], isto é, com apenas três trens em operação. Alguma periodicidade é aparente?

E.9.15 Transforme o GEPT (posições temporizadas) da Figura A9.3b em um GETT (transições temporizadas). Calcule o Tempo de Ciclo C_j de cada transição. Calcule o Tempo de Ciclo C_k de cada circuito elementar. Qual é o circuito-gargalo (ou seja, o circuito que limita a freqüência com que o sistema de trens oferece um conjunto completo de serviços)?

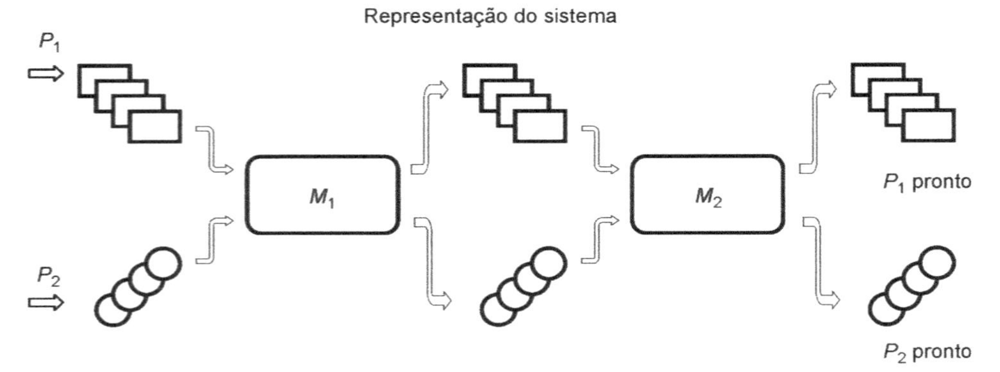

FIGURA E.9.11

Capítulo 10 Processos de Modelamento por Redes de Petri

10.1 INTRODUÇÃO

Como se sabe, a análise e o projeto de sistemas dinâmicos "acionados pelo tempo" têm como ponto de partida os seus modelos matemáticos (funções de transferência, equações e matrizes de estado etc.). Analogamente, quando se trata de sistemas "acionados por eventos" precisamos de modelos como as Redes de Petri para sua análise (Capítulos 8 e 9), e também para o projeto de controladores (Capítulo 11).

A rigor, ao construir RPs podemos ter dois diferentes objetivos:

a) modelar um sistema real para *análise* de seu desempenho, para aperfeiçoamento ou documentação;
b) criar um projeto de sistema que atenda a dadas especificações de funcionamento, ou seja, realizar uma *síntese*. É importante observar que, em qualquer dos casos, o bom desempenho está associado a três propriedades das RPs: *Vivacidade, Segurança* e *Reversibilidade* (abreviadamente, propriedades VSR). A falta de vivacidade significa que partes da rede nunca são visitadas e, portanto, são inúteis; a falta de segurança indica que o número de entidades em algum local pode crescer indefinidamente, o que é fisicamente impossível; um sistema não-reversível pode ser levado a estados dos quais não retorna a um início correto de funcionamento, o que exige total desenergização e talvez uma intervenção manual.

Quando se constroem RPs para modelar sistemas muito complexos, as grandes dimensões das redes praticamente impossibilitam levar a cabo a sua análise por meio de árvores ou de matrizes. Daí o interesse dos pesquisadores em desenvolver teoremas e técnicas para *redução e ampliação de modelos sem perda das propriedades fundamentais*, como vivacidade, segurança e reversibilidade.

Este capítulo mostra duas possíveis abordagens para a construção da RP representativa de um sistema a eventos discretos, que são úteis tanto em análise quanto em síntese:

a) *Agrupamento ou bottom-up (de baixo para cima)* – quando se reúnem gradualmente sub-redes representativas de partes do sistema;
b) *Refinamento ou top-down (de cima para baixo)* – quando se parte das características mais gerais ou "macro" do sistema, detalhando-as, depois, passo a passo.

10.2 TRANSFORMAÇÕES DE REDES DE PETRI

A redução do número de nós e/ou de transições de uma RP durante o processo de agrupamento ou o seu aumento durante o processo de refinamento é uma necessidade freqüente.

O importante em qualquer processo de transformação é seguir regras que garantidamente preservem as qualidades VSR da RP.

A literatura deste assunto é extensa, contendo regras precisas para detectar a aplicabilidade de transformações; contudo, elas são *muito complicadas*, difíceis de verificar sem computador. [B] [L] [PX] Os resultados de [B] dependem das marcações iniciais, e contêm regras computacionais para identificar situações propícias em computador. Os resultados de [L] não dependem das condições iniciais, e suas regras foram automatizadas em Prolog.

Neste livro serão apontadas regras de transformação que são sugestivas e mantêm vitalidade e segurança (propriedades VS). Sugerimos confirmar a validade das regras analisando metodicamente os eventos na rede original e na transformada. Por exemplo, na da Figura 10.3 há apenas duas entradas (t_1, t_4) e duas saídas (t_3, t_6). Os efeitos de *todas* as possíveis entradas e as possíveis saídas devem ser equivalentes e mostrados numa tabela:

t_1	t_4	t_3 esq.	t_6 esq.	t_3 dir.	t_6 dir.
0	0	0	0	0	0
0	1	0	1	0	1
1	0	1	0	1	0
1	1	1	1	1	1

Como em cada linha da tabela as saídas das sub-redes esquerda (original) e direita (transformada) são iguais, a transformação é válida.

10.2.1 Transformações de posições

São transformações, autorizadas por certas topologias, que não alteram habilitações subseqüentes; portanto, preservam a *vitalidade* e a *limitação*. Note que os *nomes* dados às transformações referem-se às passagens da esquerda para a direita, nas figuras; no entanto, as passagens inversas também são válidas, fato que é apontado nas figuras por meio das setas de duplo sentido.

Simplificação

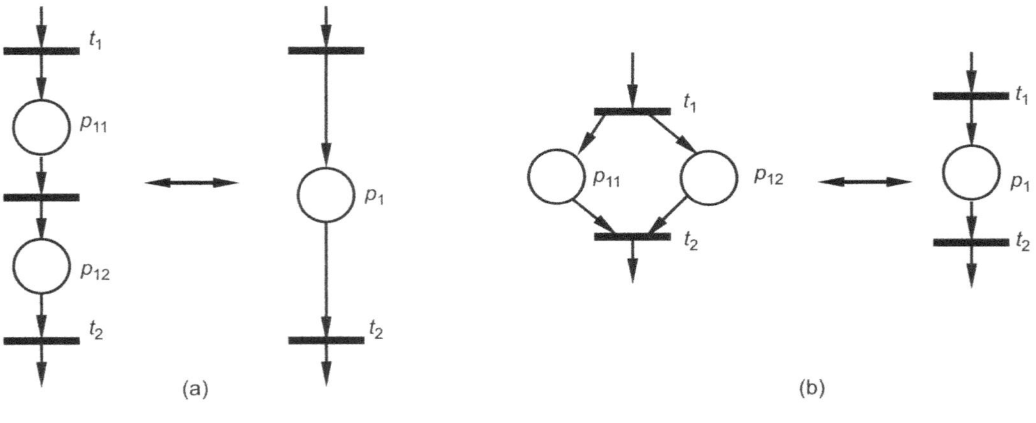

FIGURA 10.1

Simplificação de Posições Redundantes

Remove uma posição e os arcos anexos. Na Figura 10.2, p_3 é irrelevante para efeito dos fenômenos seguintes; já p_1 e p_2 não podem ser dispensadas, porque os arcos ligados a t não teriam como influenciar o funcionamento.

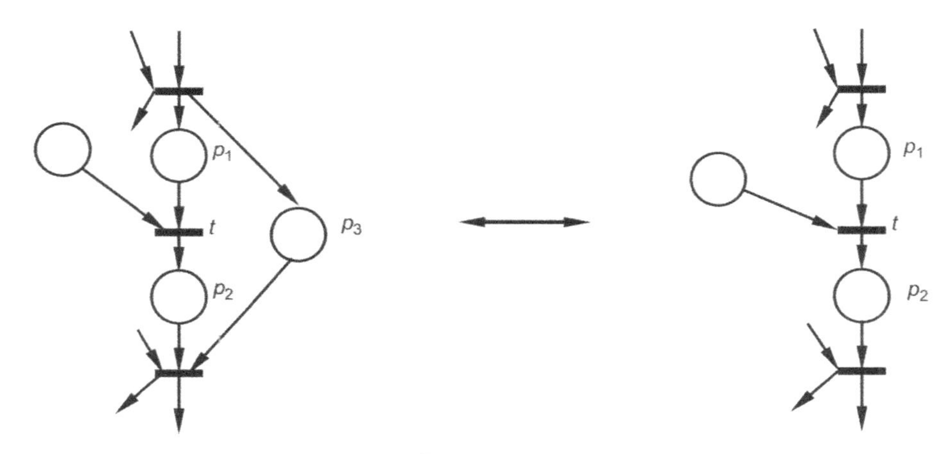

FIGURA 10.2

Note que em RPs temporizadas haveria exigências adicionais para a validade das transformações; no caso da Figura 10.2, para eliminar p_3 seria necessário que $d(p_3)$ fosse menor ou igual a $d(p_1) + d(p_2)$, em que $d(.)$ indica tempo de parada na posição.

Fusão de Posições Duplicadas

Duas posições podem ser combinadas em uma; ver Figura 10.3.

A justificativa para essa transformação foi vista antes, pela tabela de eventos de entrada e de saída. Note que p_1 e p_4 têm importância vital para a validade da regra.

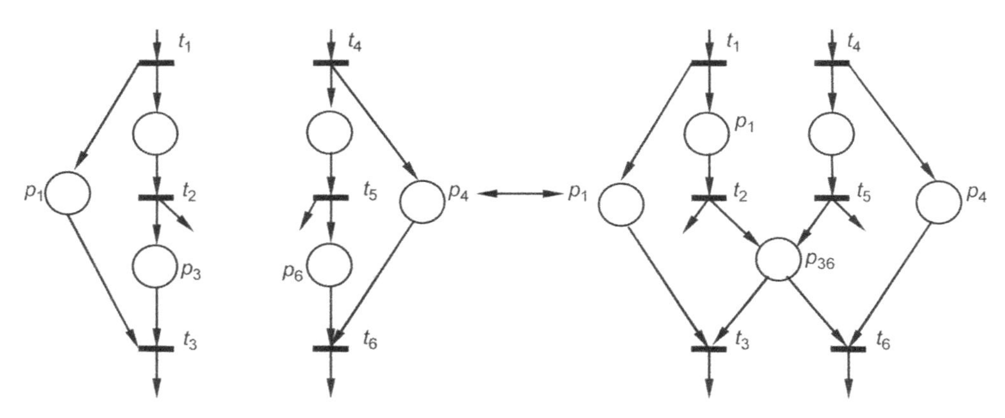

FIGURA 10.3

Fusão de Posições Equivalentes

Duas posições são equivalentes quando habilitam transições que produzem marcações idênticas após seus disparos. Na Figura 10.4, uma marca em p_1 *ou* em p_2 habilita t_1 *ou* t_2, que, no entanto, produz o mesmo resultado em p_3 e p_4; então, p_1 e p_2 podem ser reunidas em uma só posição, p_{12}.

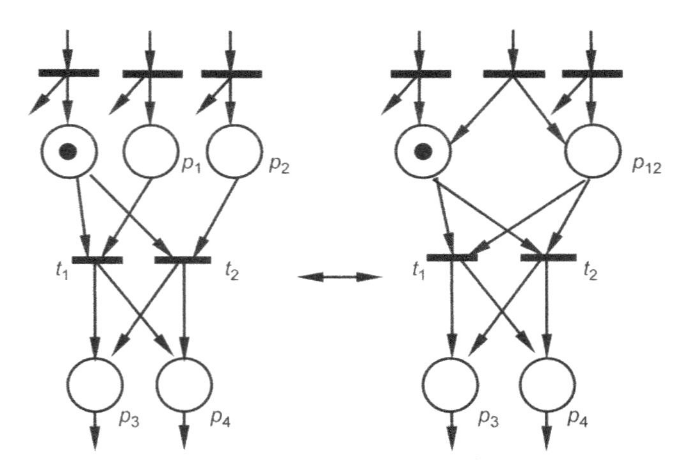

FIGURA 10.4

10.2.2 Transformações de transições

São alterações sobre transições e seus arcos que não alteram habilitações subseqüentes e que, portanto, mantêm vitalidade e limitação.

Simplificação

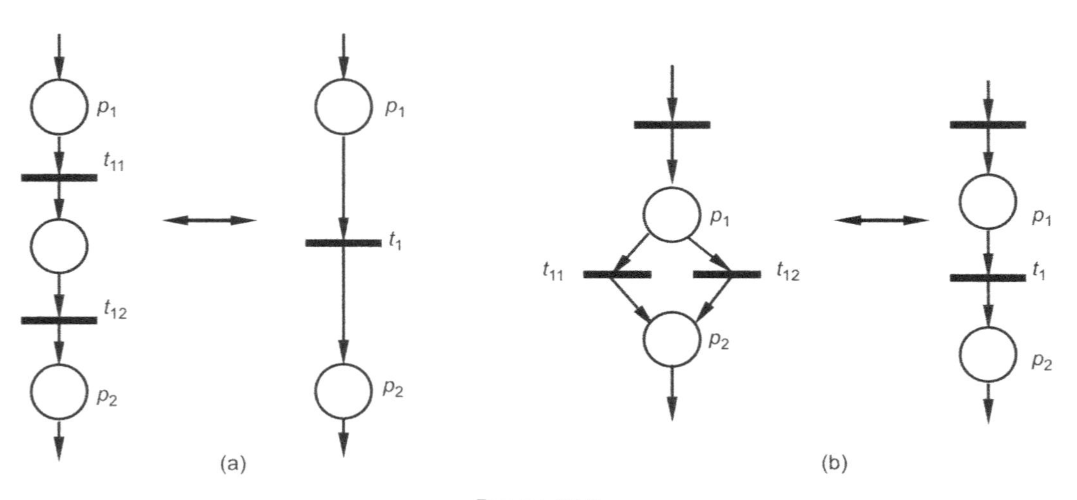

FIGURA 10.5

Pré-fusão

Na Figura 10.6, t_2 pode ser fundida com a anterior t_1, resultando em t_{12};t_3, idem com t_1, resultando em t_{13}. Ambas as redes são vivas e limitadas para marcas iniciais em p_4, p_5 e p_6.

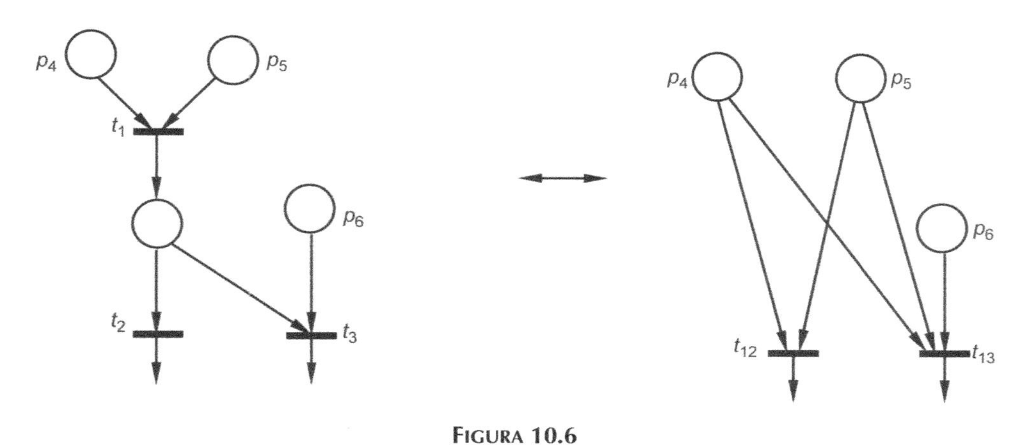

FIGURA 10.6

Pós-fusão

Na Figura 10.7, ao passar da esquerda para a direita, t_1 é fundida com a transição subseqüente t_2, em t_{12}.

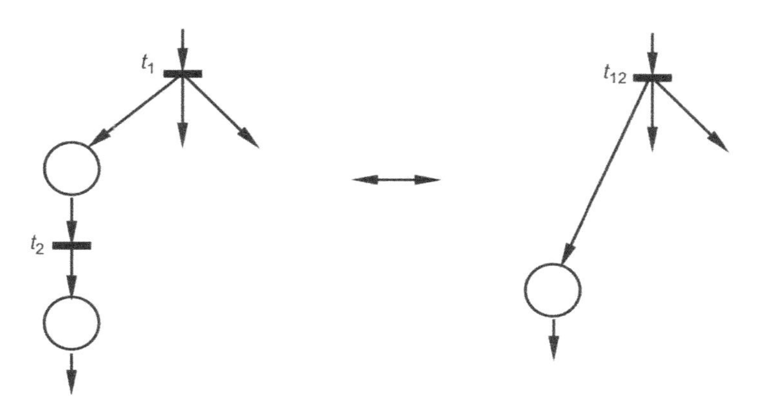

FIGURA 10.7

Fusão Lateral

As transições a serem fundidas devem ter papéis simétricos e suceder (ou preceder) uma transição comum (Figura 10.8).

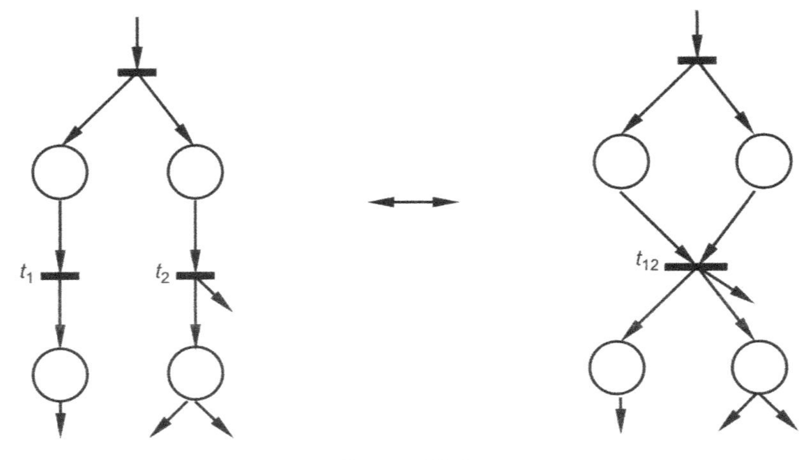

FIGURA 10.8

10.3 CONSTRUÇÃO DE MODELOS POR AGRUPAMENTO (*BOTTOM-UP*)

Nesta abordagem, primeiramente constroem-se redes para descrever os subsistemas simples, agrupando-os, depois, e formando o modelo final.

Uma das qualidades das RPs, quando comparadas com outros modelos de sistemas a eventos (autômatos finitos, por exemplo), é a facilidade com que várias delas se interconectam, formando uma única RP. Por isso, esta abordagem (agrupamento) é promissora e justifica compor um "banco de dados" de sub-redes usuais em cada ramo de aplicação (por exemplo, em manufatura).

10.3.1 Modelos para processos de manufatura

- **Estoque Intermediário Limitado (*Buffer*)**

Há várias maneiras de representar um estoque de capacidade limitada entre duas máquinas de produção em cascata. Na Figura 10.9, A e B são as duas máquinas; a posição p_b representa um estoque; a posição p_v, tendo k marcas iniciais, é o artifício para representar a limitação do estoque em p_b a k peças.

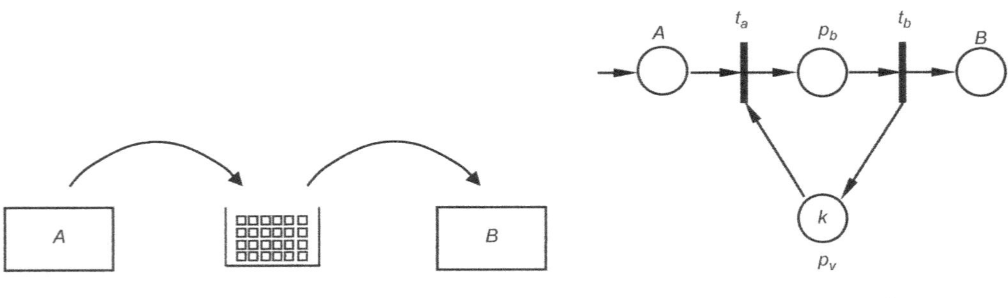

FIGURA 10.9a FIGURA 10.9b

Note, em primeiro lugar, que por causa das transições t_a e t_b e sua interconexão a soma das marcas em p_b e p_v é constante e igual a k. Cada vez que a Máquina A tem uma peça pronta/disponível, a RP impõe que a transição t_a só possa disparar se houver alguma marca em p_v; portanto, t_a interrompe a admissão de peças em p_b quando p_v fica vazia, ou seja, quando p_b tem k marcas. Em suma, a transmissão de peças da Máquina A à Máquina B admite acúmulo em p_b, mas limitado a k peças.

Vamos supor agora que a retirada de peças do estoque seja comandada pela própria Máquina B, no momento em que ela termina seu trabalho numa peça; então, a Máquina B é passível de apresentar dois estados possíveis: em trabalho (B) e em ociosidade (O). Resulta a RP da Figura 10.10, que tem a seguinte simulação, a partir da condição inicial de uma marca em A e k marcas em p_v:

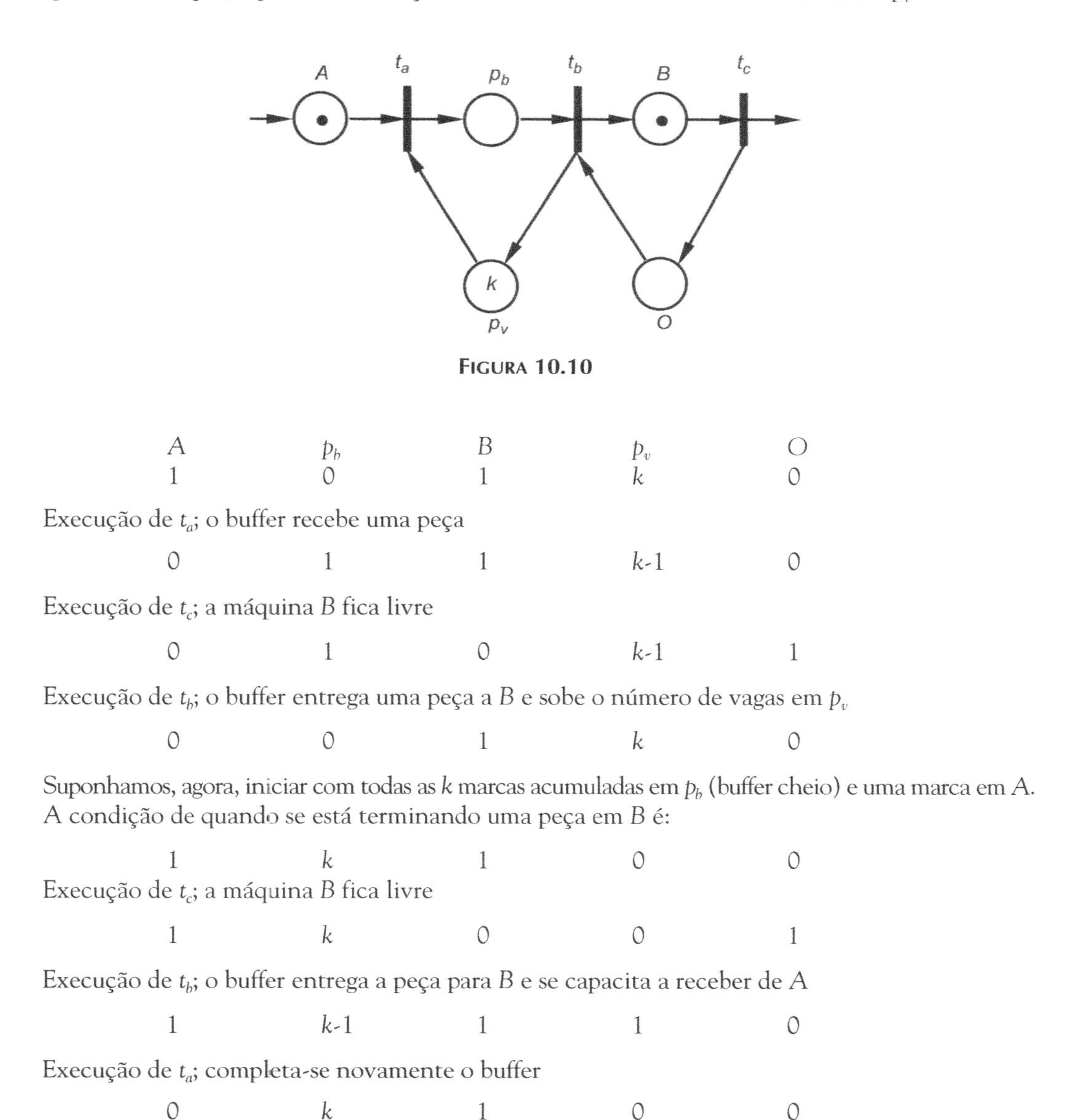

FIGURA 10.10

A	p_b	B	p_v	O
1	0	1	k	0

Execução de t_a; o buffer recebe uma peça

0	1	1	k-1	0

Execução de t_c; a máquina B fica livre

0	1	0	k-1	1

Execução de t_b; o buffer entrega uma peça a B e sobe o número de vagas em p_v

0	0	1	k	0

Suponhamos, agora, iniciar com todas as k marcas acumuladas em p_b (buffer cheio) e uma marca em A. A condição de quando se está terminando uma peça em B é:

1	k	1	0	0

Execução de t_c; a máquina B fica livre

1	k	0	0	1

Execução de t_b; o buffer entrega a peça para B e se capacita a receber de A

1	k-1	1	1	0

Execução de t_a; completa-se novamente o buffer

0	k	1	0	0

Vê-se que, quando p_v tem 0 marcas, ele passa a agir como inibidor de transições t_a.

- ***Overflow***

Freqüentemente, o sistema da Figura 10.10, em vez de interromper as atividades de A quando o buffer está cheio, desvia a produção para outra máquina (C) ou outro buffer. Essa operação é representável pela RP da Figura 10.11.

Quando a produção de B se atrasa e o buffer atinge k peças, $p_b = k$ e $O = 0$; se nova peça surge na saída de A, os arcos de peso 1 e de peso k habilitam a transição que alimenta C, e a nova peça é enviada a C. A situação de p_b continua inalterada por causa do retorno de k marcas a p_b, e o buffer continua em sua operação normal.

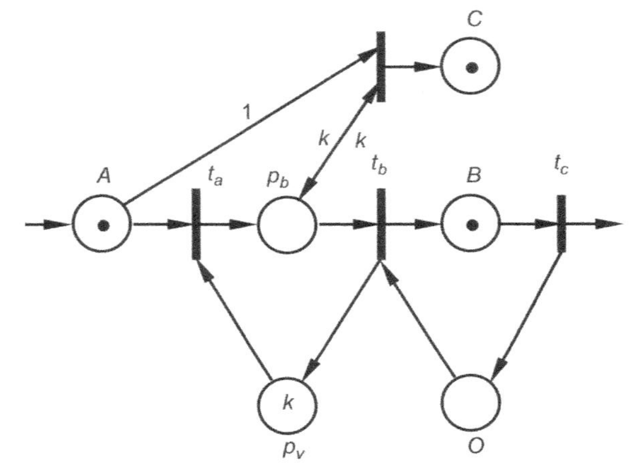

FIGURA 10.11

- ***Buffer First-in First-out***

Suponha o processo de embalagem de garrafas da Figura 10.12a; a esteira pode ser considerada como um *buffer* FIFO (*first-in-first-out*). Uma RP representativa é a da Figura 10.12b. O seu inconveniente é o número de posições igual ao dobro do número que define a capacidade do estoque.

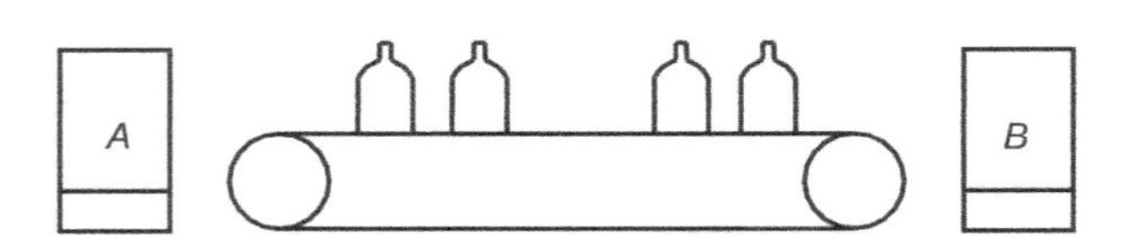

FIGURA 10.12a

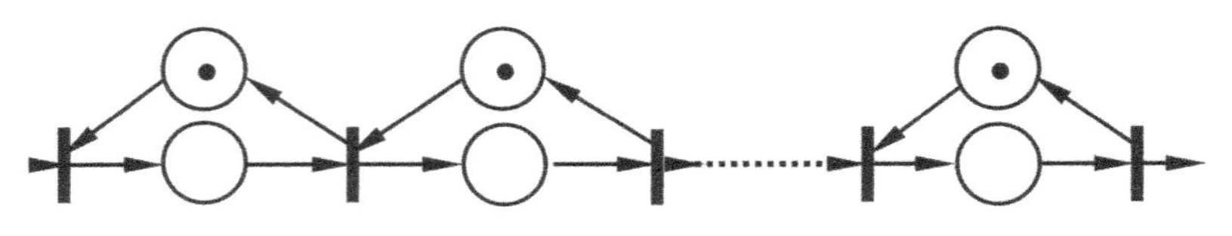

FIGURA 10.12b

- **Concorrência ou Paralelismo**

Dois tipos de partes são feitos em duas linhas/células separadas; a montagem só pode ocorrer quando existem peças de ambos os tipos produzidas (marcas nos estoques p_1 e p_2). Ver a Figura 10.13. Não há conflito.

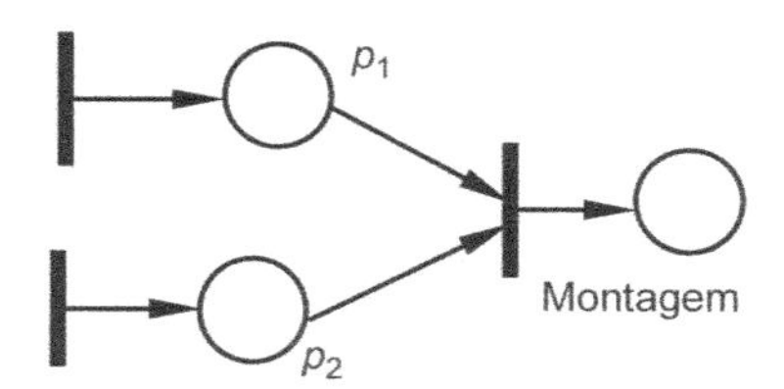

FIGURA 10.13

- **Recursos partilhados**

Quando se modela uma planta existente, é quase inevitável que haja recursos (máquinas) de uso compartilhado entre processos, dando lugar a conflitos. No caso da Figura 10.14 tem-se um conflito tipo confusão: t_1 e t_3 estão habilitadas, mas o disparo de uma inabilita a outra.

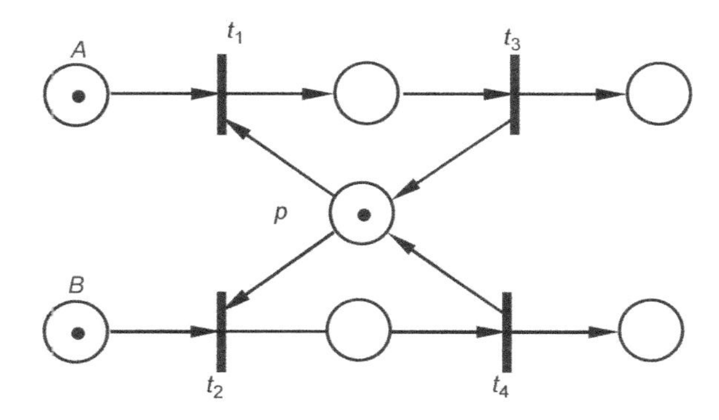

FIGURA 10.14

- **Rede de escolha automática de servidor ou de sincronização[ZC]**

A solução do conflito da Figura 10.14 é criar uma regra de arbitragem ou de prioridade, ou uma regra chamada de *sincronização*. Esta é obtida *ampliando aquela RP com duas posições e quatro arcos convenientes*, isto é, com a sub-rede $[S_1, t_1, S_2, t_2]$ que está na Figura 10.15a. Pode-se observar que são produzidas peças das linhas A e B alternadamente uma a uma.

Em uma situação mais complicada, peças devem ser processadas por uma máquina *qualquer* dentro de um conjunto de k máquinas que ora estão livres ora estão disponíveis, ao acaso (por exemplo, clientes em uma fila atendidos por um dentre k servidores); quando há, simultaneamente, mais de uma máquina disponível, um sistema automático deve decidir qual delas vai ocupar-se da próxima peça. Na RP da Figura 10.15b as posições (n + número par) representam as k máquinas. As posições do tipo (n + número ímpar) representam um sistema de controle que decide qual máquina recebe a peça nova ou chegada à posição n.

A RP cria um *atendimento seqüencial* automático; a marcação inicial obrigatória é uma marca em uma única (qualquer) das posições (n + número ímpar).

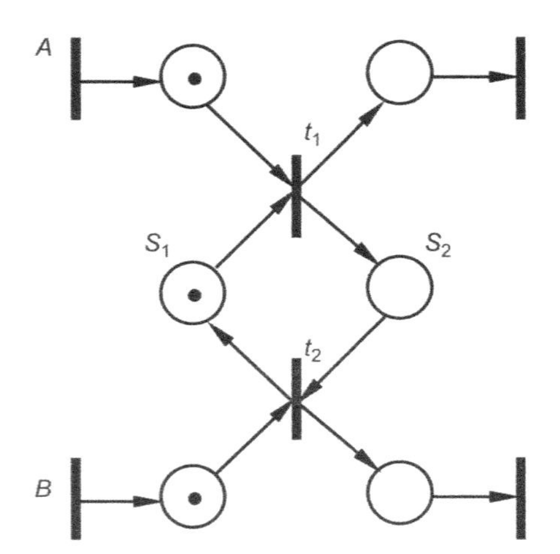

FIGURA 10.15a

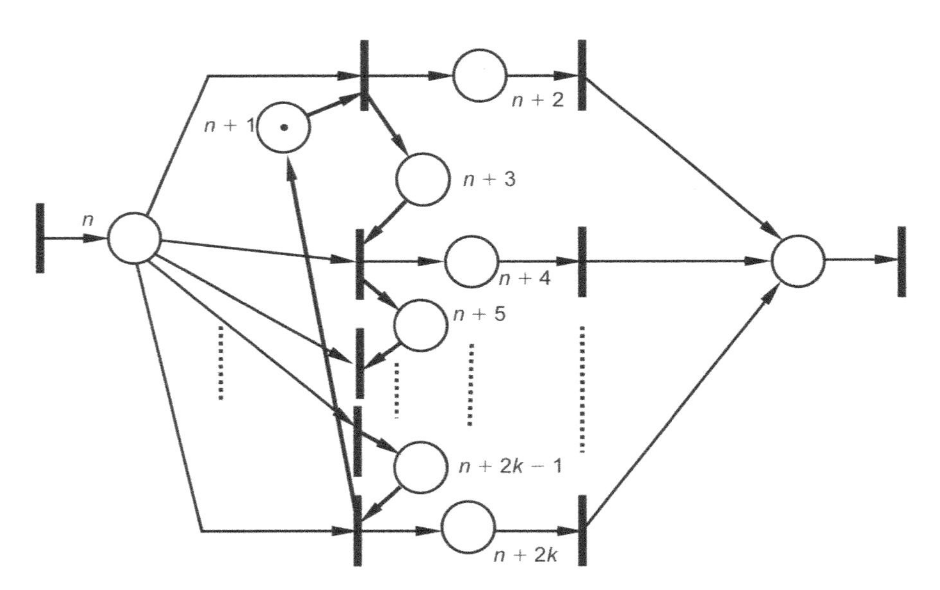

FIGURA 10.15b

- **Uma Máquina com Falhas**

Representa-se pela Rede de Petri da Figura 10.16a, onde:

p_1 = máquina OK e livre

p_2 = máquina OK e ocupada

p_4 = máquina defeituosa

p_3 = peça pronta

t_p = ocorrência de peça pronta

t_f = ocorrência de falha

t_r = máquina reparada

A RP mostra um conflito do tipo confusão, em p_2; para suprimi-lo seria necessário modelar o processo interno a p_2, o qual decide habilitar t_f ou t_r. Não estão modelados os mecanismos de habilitar t_4 (identificação de falha) e t_3 (máquina consertada). As peças a processar são marcas liberadas pela transição fonte.

Seja x_i a marcação da posição p_i. Seja $\mathbf{x}_0 = [1\ 0\ 0\ 0]$. A árvore de alcançabilidade mostra que todas as posições são alcançáveis.

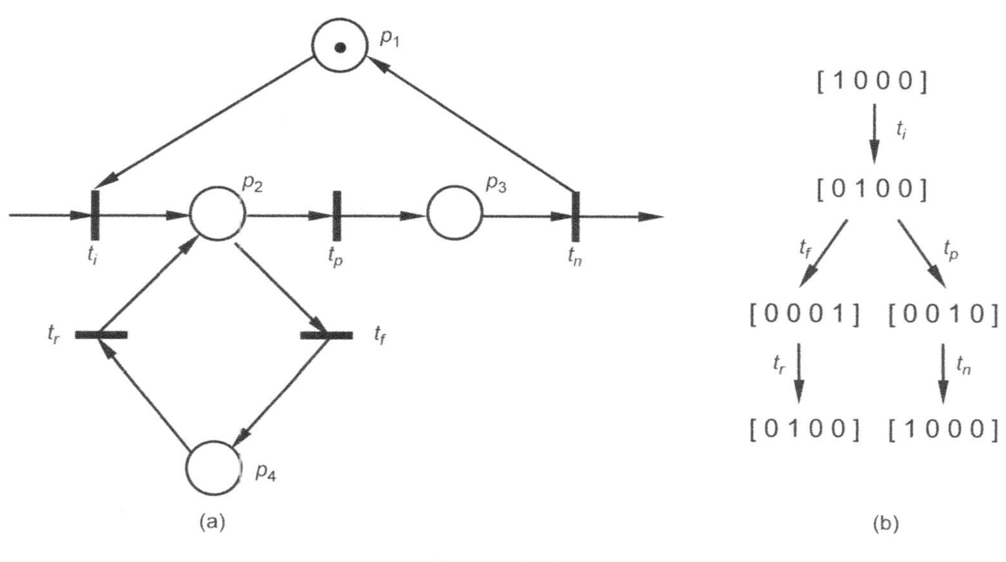

FIGURA 10.16

- **Duas Máquinas, a Segunda com Falhas, Nenhum Estoque Intermediário**

Na Figura 10.17, p_1 e p_2 representam respectivamente a primeira máquina ociosa e trabalhando uma peça; p_3 e p_4, idem para a segunda máquina; p_5 representa essa máquina em reparo.

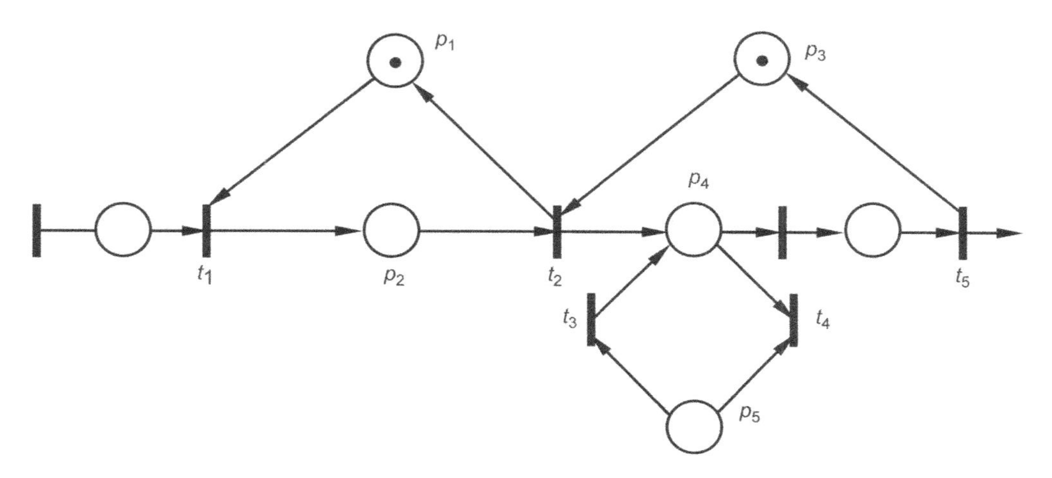

FIGURA 10.17

10.3.2 Exemplo: sistema de três máquinas operatrizes

Duas máquinas *A* e *B* alimentam a máquina montadora C com suas peças. As duas máquinas A e *B* são preparadas por um robô, que coloca e retira as peças em cada uma.

Máquina *A*: Posições: Livre, recebendo peça (A_l) / Parada, entregando peça (A_O) / Defeituosa (A_f)/ Trabalhando (A_t).

Máquina *B*: Posições: Livre, recebendo peça (B_l) / Parada, entregando peça (B_O) / Trabalhando (B_t) / Buffer na entrada 10 pçs.

Máquina C: Posição Montagem, com buffer (*k*) de 5 peças.

Robô: Posições: Robô disponível (*R*); Sincronizador do robô (*S*).

A Figura 10.18 mostra a RP do modelamento resultante para o método *bottom-up*.

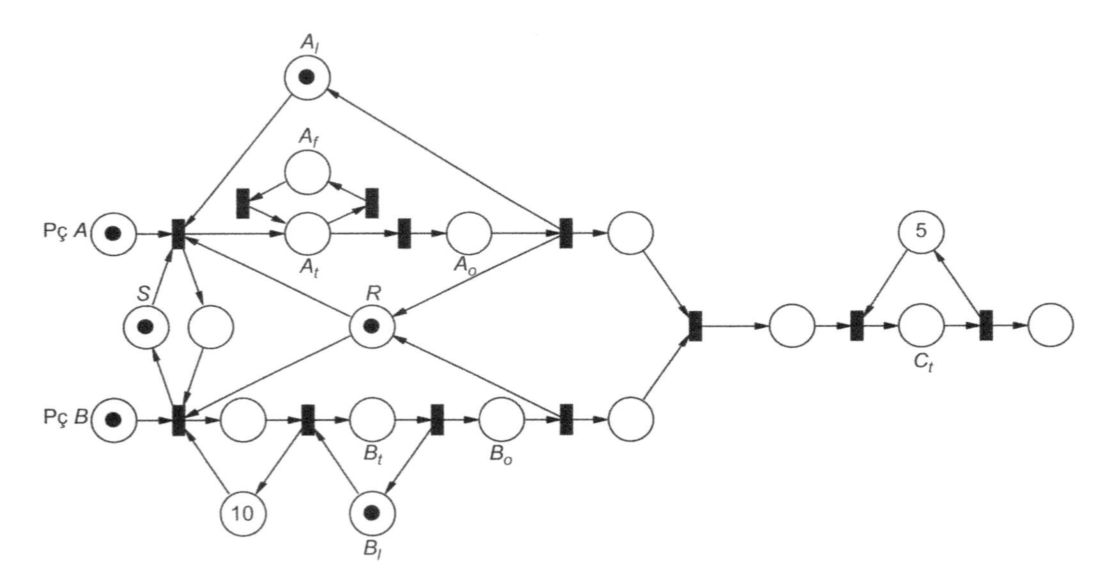

FIGURA 10.18

10.3.3 Exemplo: sistema de automação eletropneumática

Em manufaturas automatizadas é usual que pistões sejam utilizados para carregar/descarregar peças da mesa de trabalho, mover ferramentas de corte em máquinas-ferramenta etc.

O sistema esquematizado na Figura 10.19 consiste em três pistões pneumáticos (A, *B*, C) que são acionados por eletroválvulas solenóides; uma bobina energizada comanda a ida do pistão para a direita; desenergizada, para a esquerda. Cada pistão tem o seu final da excursão desejada sinalizado por uma chave fim-de-curso; por exemplo, quando o pistão A chega ao final à esquerda, o contato a_0 é fechado; analogamente, à direita, a_1.

O tempo de cada excursão de ida ou de volta é de 1 s.

Há dois botões de comando: ON liga o sistema; OFF desliga o sistema *após o fim do ciclo que está em curso*.

O sistema ligado realiza ciclicamente as operações: [Partida, A_+, B_+, C_+, A_-, B_-, C_-, Parada].

Os estados do sistema são:

Se = sistema energizado; Sd = sistema desenergizado;
Con = ciclo em curso; Coff = ciclo terminado, ou não iniciado;
$A_+ = 1$ é *movimento* de A para a direita;
$A_1 = 1$ é pistão no fim do curso à direita, confirmado pelo contato a_1;
$A_- = 1$ é *movimento* de A para a esquerda;
$A_0 = 1$ é pistão no fim de curso à esquerda, confirmado pelo contato a_0.

Vamos representar o sistema por uma Rede de Petri, onde o estado A_+ é uma posição e a marca em A_+ representa "pistão A em movimento para a direita".

Na Figura 10.19a estão as sub-redes que descrevem os elementos do sistema: sistema geral, pistões e relés ou chaves de fim de curso.

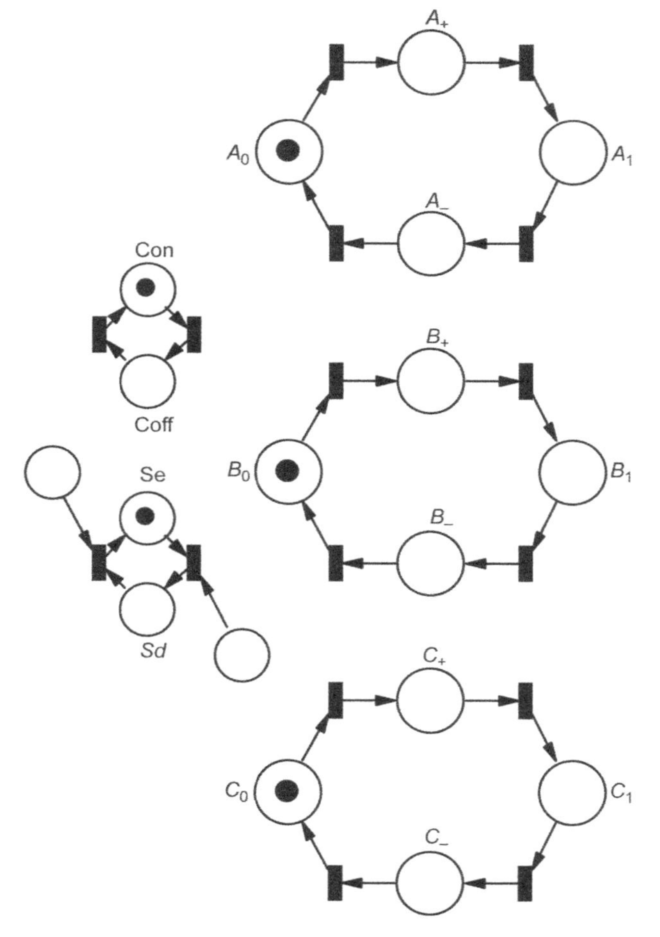

FIGURA 10.19a

A RP do sistema, *para realizar o ciclo enunciado*, está na Figura 10.19b. A interconexão de a_0, b_0, c_0 destina-se a estabelecer a condição inicial ou final de cada ciclo $a_0 = b_0 = c_0 = 1$, isto é, com todos os pistões na configuração à esquerda.

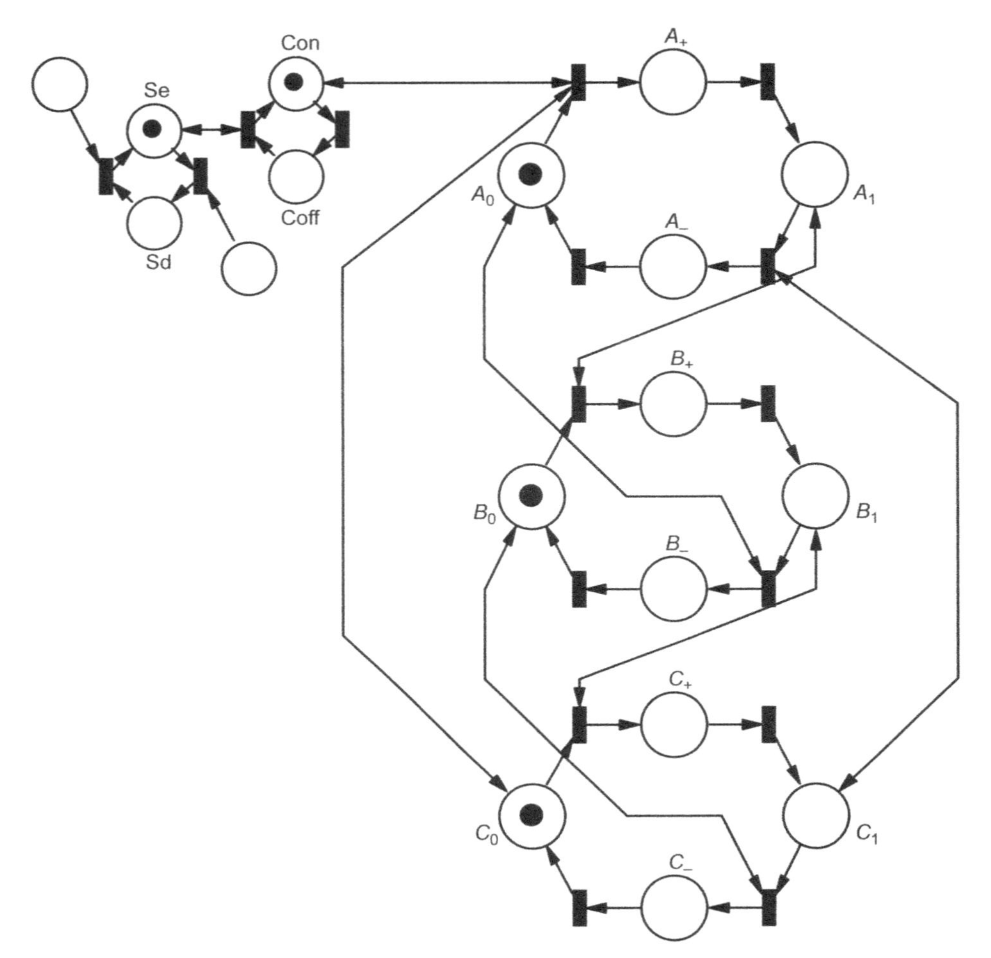

FIGURA 10.19b

10.4 CONSTRUÇÃO DE MODELOS POR REFINAMENTO (*TOP-DOWN*)

Nesta técnica, parte-se da visão mais sintética possível do sistema a eventos, por exemplo, definindo apenas duas posições – "sistema em operação" e "sistema não em operação" – e duas transições associadas a essas mudanças de status e aos comandos externos necessários. Depois, detalham-se posições e/ou transições, sucessivamente, e se explodem os elementos da RP em sub-redes. Vamos esclarecer a idéia por meio de um exemplo.

10.4.1 Exemplo. Célula de montagem de pistões [D]

Conforme indica a Figura 10.20, o sistema real opera como se segue:

1. Robô S380 move o virabrequim no bloco e alinha-o; um sistema de visão V220 verifica o alinhamento;

2. Robô S380 pega uma haste com pistão da mesa giratória e traz até a mesa de trabalho;
3. Robô M1 pega o dispositivo de empurrar pistões, duas porcas e a tampa inferior da haste e depois move-se para a mesa de trabalho; empurra haste e pistão no bloco do motor, instala a tampa e as duas porcas que a prendem;
4. Repetem-se os passos de 1 a 4, para os outros pistões.

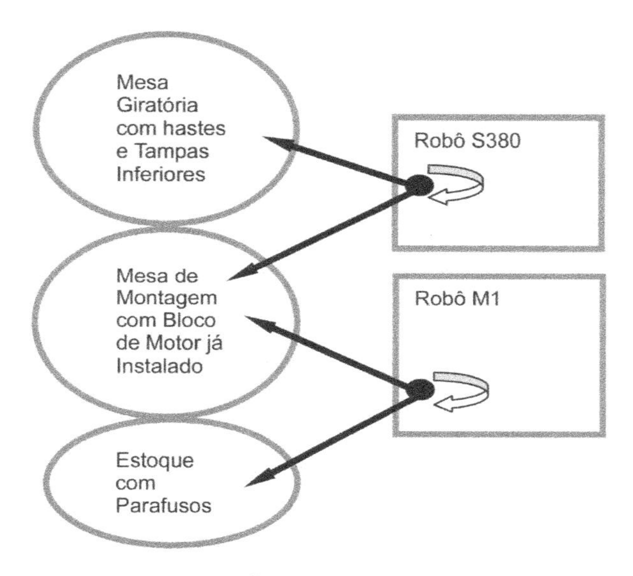

FIGURA 10.20

A representação por RP começa descrevendo o sistema da forma mais simplificada possível, definindo apenas três posições (Figura 10.21):

p_1 com marca = bloco disponível na mesa de montagem;
p_2 com marca = virabrequim instalado;
p_3 com marca = sistema operando;
t_1 = início; t_2 = fim; $x_0 = (1, 1, 0)$.

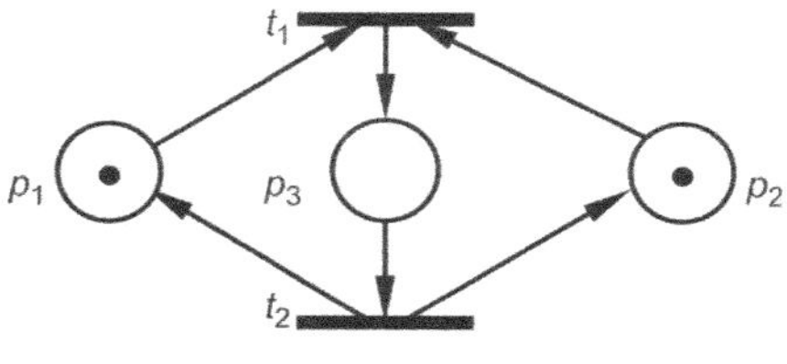

FIGURA 10.21

A seguir, substitui-se p_3 por um bloco seqüencial de três posições:

p_4 = S380 gira virabrequim até alinhamento;
p_5 = os dois robôs trabalham simultaneamente, buscando peças auxiliares;
p_6 = M1 trabalha sozinho.
Resulta a Figura 10.21, à esquerda.

A seguir, p_5 é desdobrada em duas posições concorrentes p_{52} e p_{53}, que representam os dois robôs trazendo peças; para inserção na RP original são necessárias mais duas posições "temporárias" p_{51} e p_{54}. Obtém-se a Figura 10.22, ao centro.

A seguir, substitui-se p_6 por três posições seqüenciais:

p_{61} = S380 empurra o pistão no bloco e devolve o dispositivo;
p_{62} = S380 pega uma tampa e coloca no bloco;
p_{63} = M1 pega dois parafusos e instala no bloco. Figura 10.22, à direita.

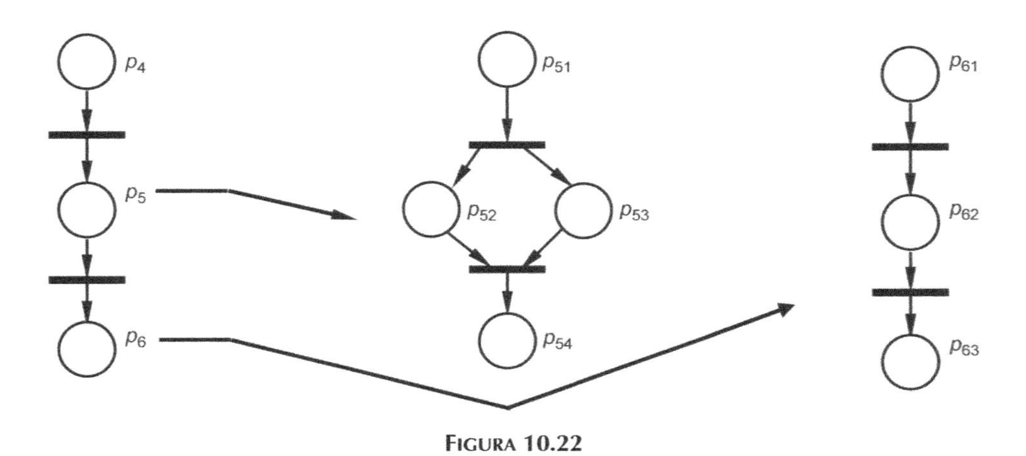

FIGURA 10.22

Finalmente, devem-se reunir todos os desdobramentos em uma única RP. Notando que são necessárias fontes de recursos (peças) para manter a RP em operação permanente, foram acrescentadas cinco posições p_i. Resulta a Figura 10.23

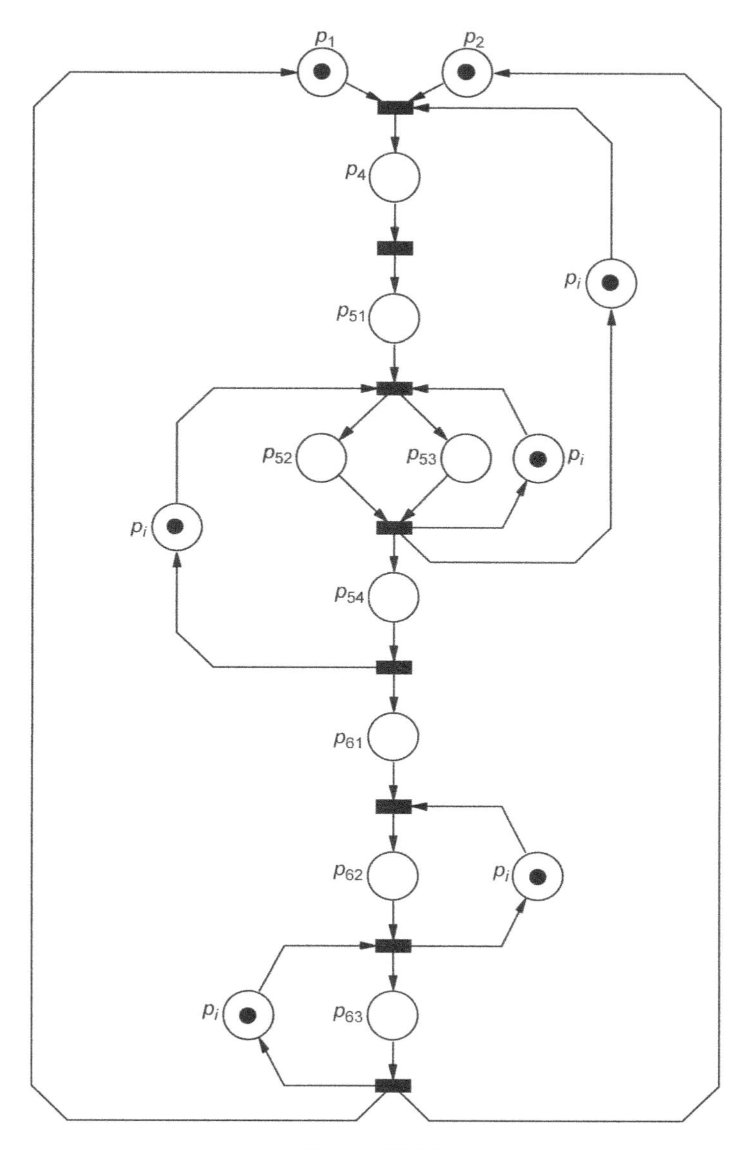

FIGURA 10.23

10.4.2 Refinamento de posições

Podemos elencar alguns módulos básicos (sub-redes) que, ao substituírem uma *posição* qualquer, introduzem detalhes e mantêm as qualidades da rede:

a) módulo seqüencial (n + uma posição e n transições), da Figura 10.24a;
b) módulo paralelo (n + duas posições, n posições em paralelo e duas transições, da Figura 10.24b.

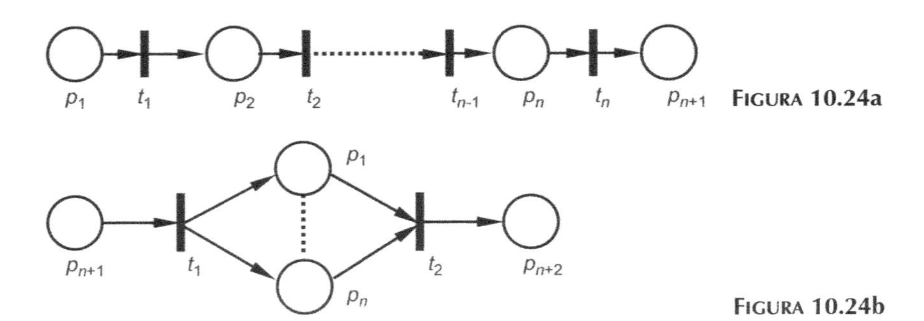

FIGURA 10.24a

FIGURA 10.24b

Propriedades [ZC]

1. Seja uma posição p de marcação inicial $x_{0p} = 0$, pertencente a uma RP que é VSR (Viva e/ou Segura e/ou Reversível), relativamente a $\boldsymbol{x}_0 = (\boldsymbol{x}_{01}, x_{0p}, \boldsymbol{x}_{02})$, em que geralmente $\boldsymbol{x}_{01}$ e $\boldsymbol{x}_{02}$ são vetores. Seja p substituída por um módulo seqüencial ou por um paralelo (ou de exclusão mútua paralela, que será estudado adiante), com vetor de marcação inicial $\boldsymbol{x}_{0p} = \mathbf{0}$.
   A RP resultante tem as mesmas qualidades VSR que a RP inicial, desde que a sua marcação inicial seja $\boldsymbol{x}_0 = (\boldsymbol{x}_{01}, \boldsymbol{x}_{0p}, \boldsymbol{x}_{02})$.
   Esse resultado será retomado no Capítulo 11, no tema do aperfeiçoamento e na manutenção dos controladores de automação.
2. Se uma RP que é VSR relativamente à marcação inicial $\boldsymbol{x}_0$ for aumentada por meio de uma posição p, em realimentação e com marcação 1, a nova RP será VSR relativamente à marcação $(\boldsymbol{x}_0, 1)$.
   Este resultado é útil no desdobramento final dos modelos, para introduzir fontes de recursos. No final do exemplo da Seção 10.4.1 esse resultado foi aplicado para as posições p_i' garantirem o suprimento de peças ao processo.

10.4.3 Refinamento de transições

Podemos também elencar algumas sub-redes que, ao substituírem uma *transição*, introduzem detalhes e mantêm as qualidades VSR da rede:

a) módulo seqüencial (n + duas posições e duas (n + 1) transições);
b) módulo paralelo (n + duas posições e duas (n + 1) transições), conforme a Figura 10.25;

É imediato verificar que quando uma transição de uma RP qualquer é substituída por um desses módulos a RP resultante é limitada, segura ou viva se e somente se a RP original é, respectivamente, limitada, segura ou viva.

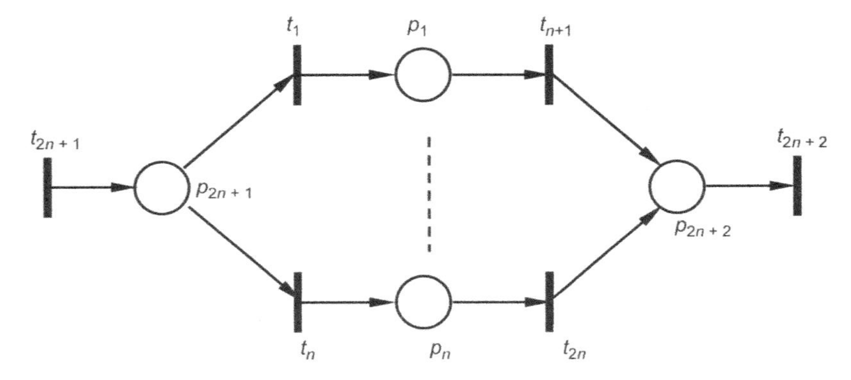

FIGURA 10.25

10.5 SÍNTESE HÍBRIDA

10.5.1 Conceitos de mútua exclusão

Quando, na RP a ser sintetizada, há *recursos partilhados* ou *múltiplas interações*, torna-se difícil garantir que ela se mantenha VSR à medida que se refinam posições e transições. Para esse problema dispomos dos conceitos de mútua exclusão, paralela e seqüencial, e de alguns teoremas. [ZC] [ZC1]

Primeiro, notemos que as posições podem ser classificadas em: de *operação*, de *recurso fixo* e de *recurso variável*. As de operação representam estados de máquinas ou processos (on/off, por exemplo); os recursos fixos são as máquinas e suas capacidades de processamento simultâneo; os recursos variáveis são os facilmente ajustados à operação (peças, pallets, por exemplo).

Uma **Mútua Exclusão Paralela** (MEP) é uma sub-rede como a da Figura 10.26a. É formada de uma posição p_5, com uma única marca inicial, representando um recurso partilhado, e de dois pares de transições, cada par modelando um diferente processo que precisa daquele recurso.

EXEMPLO Uma mútua exclusão paralela consiste em dois robôs R_1 e R_2 operando duas máquinas M_1 e M_2. A operação completa de cada máquina é realizada pela primeira fase, que é a preparação por um robô, e pela segunda fase, que é o trabalho pelo outro robô (Figuras 10.26b e 10.26c).

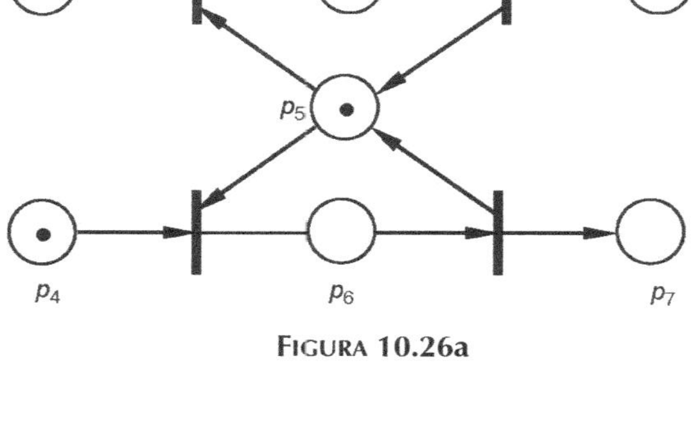

FIGURA 10.26a

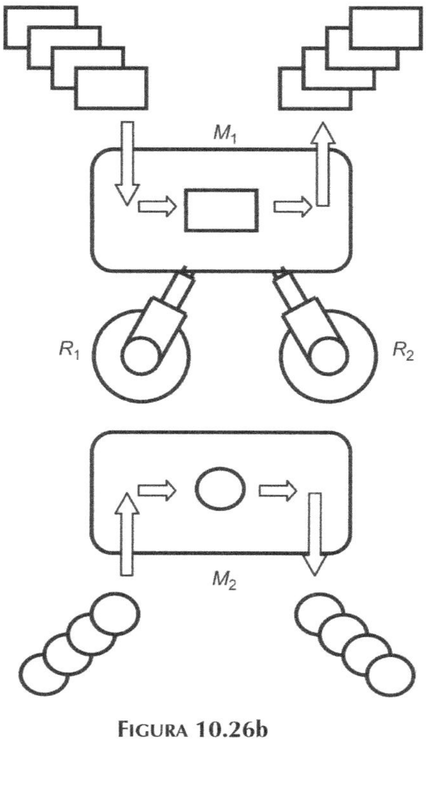

FIGURA 10.26b

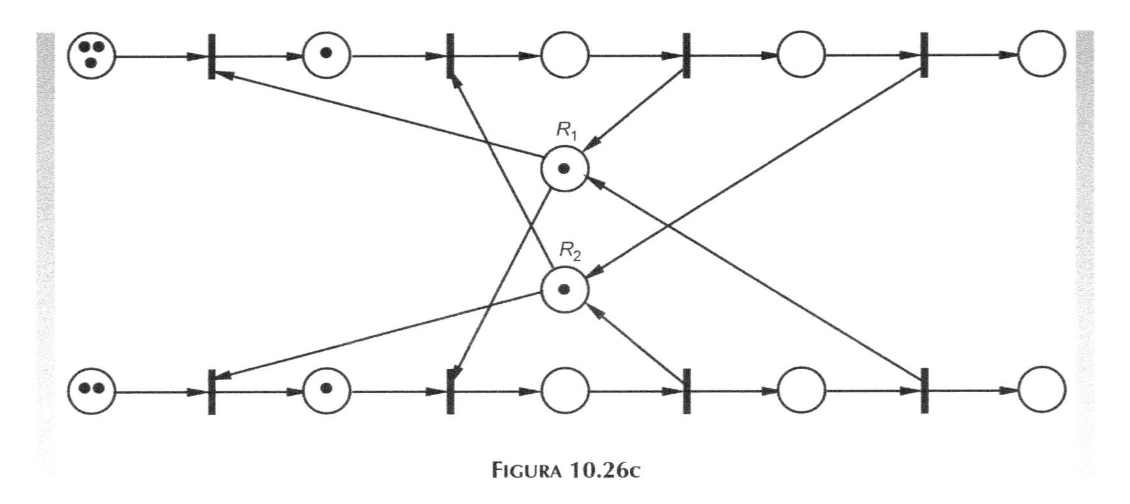

FIGURA 10.26c

Se chegarem peças nas máquinas e os robôs iniciarem a preparação de cada uma, simultaneamente, o sistema entrará em *deadlock*.

Propriedade: Se uma RP VSR tiver uma de suas posições substituída por uma sub-rede de mútua exclusão paralela, a RP continuará VSR. [ZC]

Uma **Mútua Exclusão Seqüencial** (MES) é uma sub-rede como a da Figura 10.27b. É formada de uma posição p_6, inicialmente com uma única marca, representando um recurso partilhado, e de dois pares de transições (t_1, t_2 e t_3, t_4) que precisam do recurso; t_3, t_4 opera *somente após* t_1, t_2.

A MES difere da MEP em um aspecto fundamental: na MEP os processos que utilizam recurso partilhado são independentes (paralelos), enquanto na MES aqueles processos operam em seqüência, um operando sobre produtos do outro. Assim, numa MES, além do recurso partilhado há uma seqüencialidade no material processado; seu sincronismo interno é mais complexo.

EXEMPLO Um processo de produção completo envolve M_1, M_2 e M_3 em seqüência; um único robô *R* alimenta de partes os processos M_1 e M_3; M_2 carrega-se e descarrega-se por si (Figura 10.27a). As posições da Figura 10.27b representam:

p_1 (recurso variável): peças disponíveis para M_1 processar;

p_2: subprocesso em que o robô alimenta M_1 com uma peça e é liberado; M_1 processa a peça e a libera para M_2; se o robô está livre ele alimenta M_1 com uma segunda peça, e é liberado;

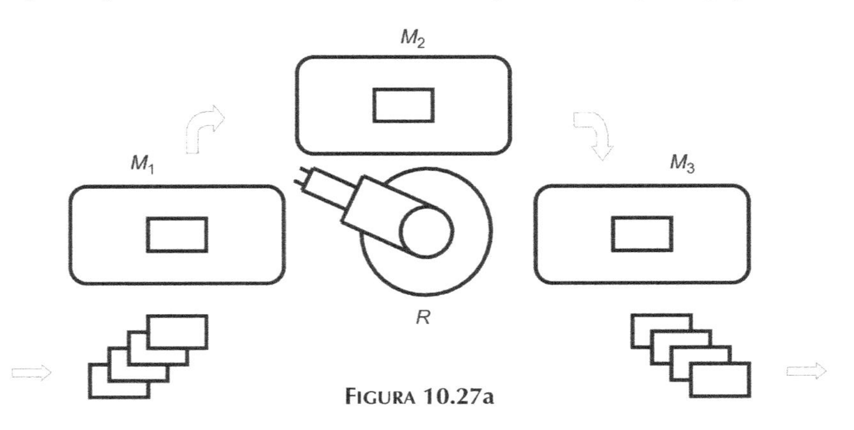

FIGURA 10.27a

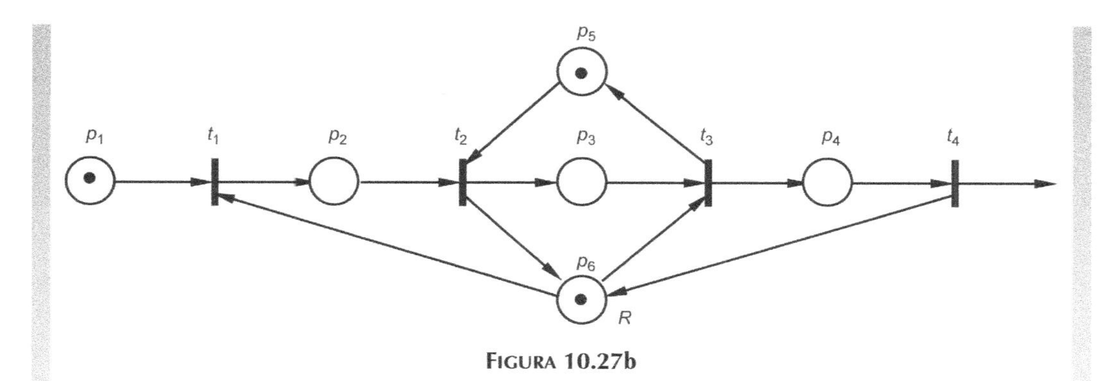

FIGURA 10.27b

p_3: M_2 toma uma ou duas peças, processa-a e as libera para M_3;
p_4: robô alimenta M_3 com uma peça; M_3 processa; robô retira produto final e é liberado;
p_5 (recurso fixo): capacidade de processamento simultâneo de peças em M_2;
p_6: robô R disponível para alimentar M_1 ou M_3.

Uma combinação envolvendo mútuas exclusões em série e paralela também acontece freqüentemente nas modelagens de sistemas de manufaturas. Um exemplo dessa combinação está representado na Figura 10.28, onde a aplicação de um alternador resolve o problema de deadlock.

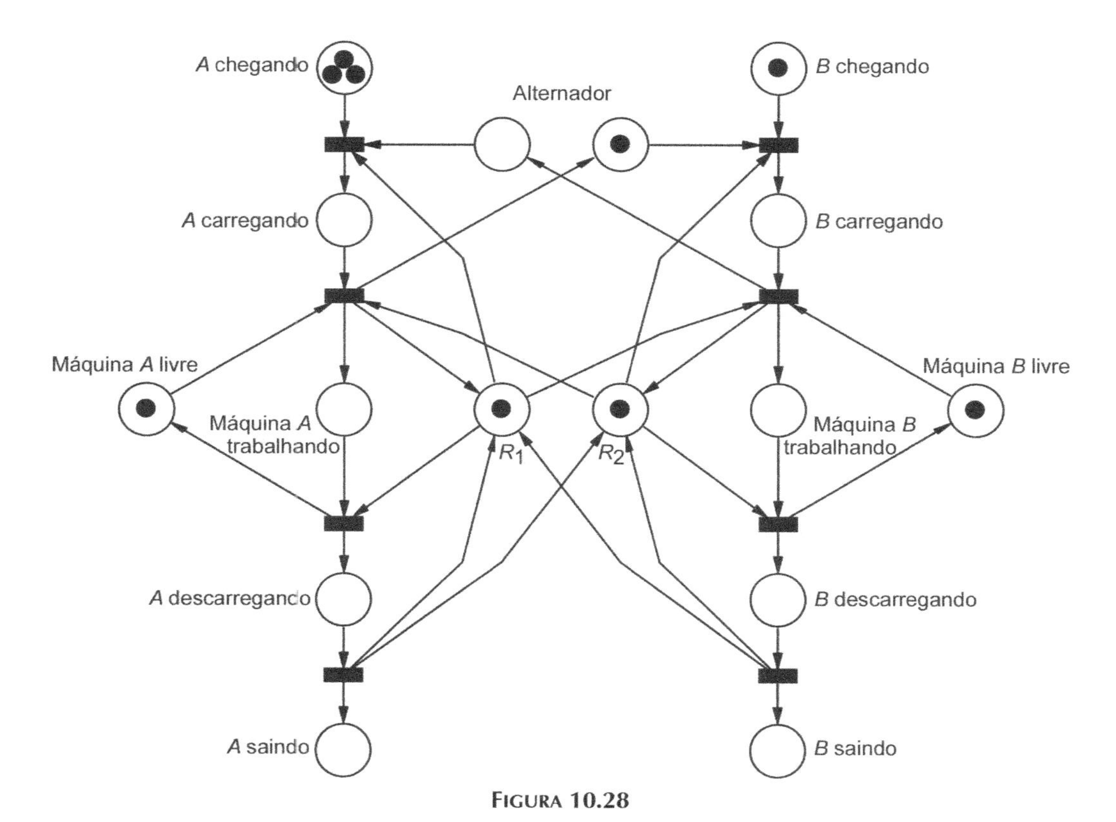

FIGURA 10.28

Chama-se **capacidade de marcação C(t, t'), entre duas transições t e t'** de uma rede, ao maior número de disparos de t que são possíveis a partir da marcação inicial da rede sem que ocorra qualquer disparo de t'. Por exemplo, na RP da Figura 10.27b, dada a sua marcação, $C(t_1,t_3) = 2$.

Propriedade: Numa MES, quando as marcações iniciais das posições de recursos variáveis são menores ou iguais à capacidade de marcação entre as sub-redes seqüenciadas, o partilhamento do recurso fixo mantém as propriedades (V, S ou R); em conseqüência, a introdução dessa MES em qualquer outra rede VSR não lhe altera as propriedades VSR.

No exemplo da Figura 10.27, a posição p_6 modela o recurso partilhado; a marcação inicial é (2 0 0 0 2 1); t_1-t_2 e t_3-t_4 são as duas sub-redes seqüencialmente relacionadas; a capacidade de marcação entre t_2 e t_3, isto é, entre as duas sub-redes, é a marcação de p_5, isto é, 2. A marcação inicial de p_1 deve ser maior ou igual a 1 para que a rede possa ativar-se; e, pelo teorema anterior, a rede será viva se a marcação inicial de p_1 for menor ou igual a 2. De fato, é fácil verificar que com marcação 3 ocorreria um *deadlock* após o disparo das transições t_1 –t_2 -t_1- t_2- t_1.

10.5.2 Algoritmo híbrido [ZC1]

Diz-se híbrido o procedimento de modelamento descrito a seguir, porque recomenda duas fases: a inicial por refinamento e a final, que aborda fontes de recursos variáveis por agrupamento.

Passo 1. Formule um modelo em nível macro que capture a partir do momento inicial as interações do tipo recursos partilhados e redes de escolha/sincronização, e que seja vivo, limitado e reversível. Particione as posições em de operação e de recursos fixos e variáveis.

Passo 2. Refine (*top-down*) as posições e as transições até o nível de detalhe desejado, mas garantindo as propriedades VSR em cada refinamento.

Passo 3. Adicione (*bottom-up*) posições de recursos. Primeiro as de recursos dedicados, depois as de partilhados entre processos paralelos; verifique se essas MEPs continuam corretas. Finalmente, adicione as posições de recursos partilhados entre processos seqüenciais; verifique nessas MESs a adequação das *marcações* iniciais nos recursos variáveis para que se garantam as propriedades VSR.

EXERCÍCIOS PROPOSTOS

E.10.1 Verifique a validade da Fusão de Posições Equivalentes da Figura 10.3, por meio de uma tabela exaustiva de possíveis entradas e das correspondentes saídas nos dois esquemas.

E.10.2 O que significam abordagens bottom-up e top-down em construção de RPs?

E.10.3 Construa uma RP para o Sistema de Montagem de Pistões da Figura 10.23 usando uma abordagem bottom-up, isto é, partindo de modelos para os subsistemas.

E.10.4 Modele uma fila seguida de uma escolha automática seqüencial dentre três servidores, em abordagem bottom-up.

E.10.5 Construa em abordagem bottom-up a RP do sistema de transporte de matéria-prima do Exercício E.4.1:

a) somente planta, isto é, sem sistema de controle automático;

b) com o sistema de controle automático.

E.10.6 Descreva a planta do sistema de tratamento de efluentes do Exercício E.4.2 sem as ações de controle automático por meio de uma RP. Construa, depois, a RP do sistema automatizado por abordagem top-down.

E.10.7 Projete uma adição à RP da Figura 10.19b de forma que, a partir de um botão EM, Emergência, todos os pistões voltem à posição esquerda imediatamente.

Capítulo 11 O Projeto de Controladores

11.1 DAS ESPECIFICAÇÕES AOS CONTROLADORES

11.1.1 Projeto conceitual

A engenharia de automação tem como objetivo principal projetar os programas do computador que, interagindo com um dado processo, modificam o seu desempenho e procuram obter:

- evolução "automática", isto é, com grande independência de operadores;
- interface ergonômica com os operadores;
- alguma correção automática perante defeitos ou falhas.

Na literatura há uma grande confusão de nomes para designar as diferentes partes dos programas na automação; por isso, vamos rever a seguinte nomenclatura, que julgamos esclarecedora:

a) *controle dinâmico*: age sobre os processos dinâmicos (movidos pelo tempo) existentes na planta, buscando sua regularidade e sua rapidez de resposta a comandos;
b) *controle de eventos discretos*: comanda as atividades gerais da planta (vista como sistema a eventos), levando-a ao comportamento desejado, independentemente de operadores;
c) *controlador de falhas* (também para eventos discretos): entra em ação quando são detectados defeitos em máquinas ou peças, ou eventos externos anormais. Também é chamado de controlador de contingências ou recuperador de falhas (*error recovery controller*).
d) *sistema supervisório*: permite aos operadores acompanhar e interagir com o sistema, quando necessário;

A parte (a) é tratada nos textos tradicionais sobre Sistemas de Controle Dinâmico [Ca], usando métodos analíticos consagrados, e na Seção 4.3.

As partes (b) e (c) dos programas de automação são o objeto de estudo deste capítulo. É interessante observar que tentaremos chegar aos programas desejados seguindo uma evolução de projeto semelhante à usual em (a), pois também partiremos dos modelos do processo original (planta) e do desempenho final desejado.

Por *projeto conceitual* de controladores entendemos o projeto dos programas computacionais *em termos de Redes de Petri*.

Quando se tenta racionalizar e metodizar o processo de projeto de qualquer dos controladores (b) e (c), é interessante considerar a equivalência dos dois diagramas de blocos da Figura 11.1. As siglas presentes nos blocos têm os seguintes significados:

a) RPP é a Rede de Petri, que modela os possíveis estados da planta e os eventos externos que podem afetá-la. Na figura a RPP corresponde ao bloco "Planta Industrial".
b) RPS é a Rede que se constrói partindo da RPP, acrescentando-lhe elementos lógicos, temporizadores etc., com o objetivo de produzir o desempenho especificado; a Rede RPS é o modelo do sistema final desejado.
c) Como o objetivo do trabalho é a programação do CLP, então o final do projeto conceitual é separar a RPP da RPS, dando como resultado a RPC.

Cabe observar que, freqüentemente, a rede do controlador – RPC – coincide com a rede do sistema completo – RPS. Isso ocorre quando, ao modelar a planta, o projetista simplifica a representação das causalidades *internas* da planta, isto é, reduz a RPP simplesmente às posições que representam entradas e saídas da planta. Lembre-se ainda de que, pela Figura 11.1, as variáveis de entrada da RPC são as de saída de RPP, e vice-versa.

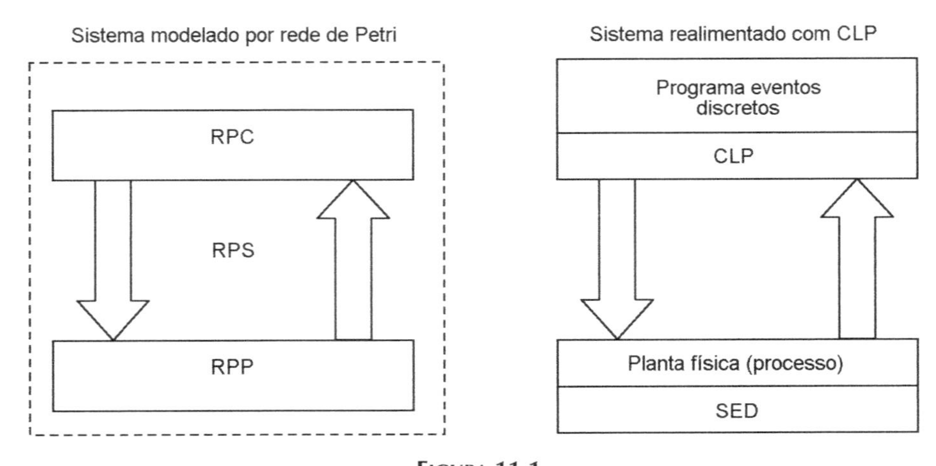

FIGURA 11.1

A Figura 11.2 representa em diagrama de blocos todas as fases de um projeto de automação, quando ele passa por um projeto conceitual via redes de Petri.

O modelo RPS deve ser desenvolvido em repetidos percursos dos *loops* no alto e à direita da Figura 11.2. Em cada percurso ocorrem acréscimos, alterações e verificações de desempenho por meio de álgebra e por simulação determinística, até que as especificações sejam atendidas.

Na realidade, um dos grandes perigos para o desempenho dos sistemas de automação reside nos eventos externos e nos comandos manuais que ocorrem em ordem aleatória, e que de repente "descobrem" um conflito mortal não previsto.

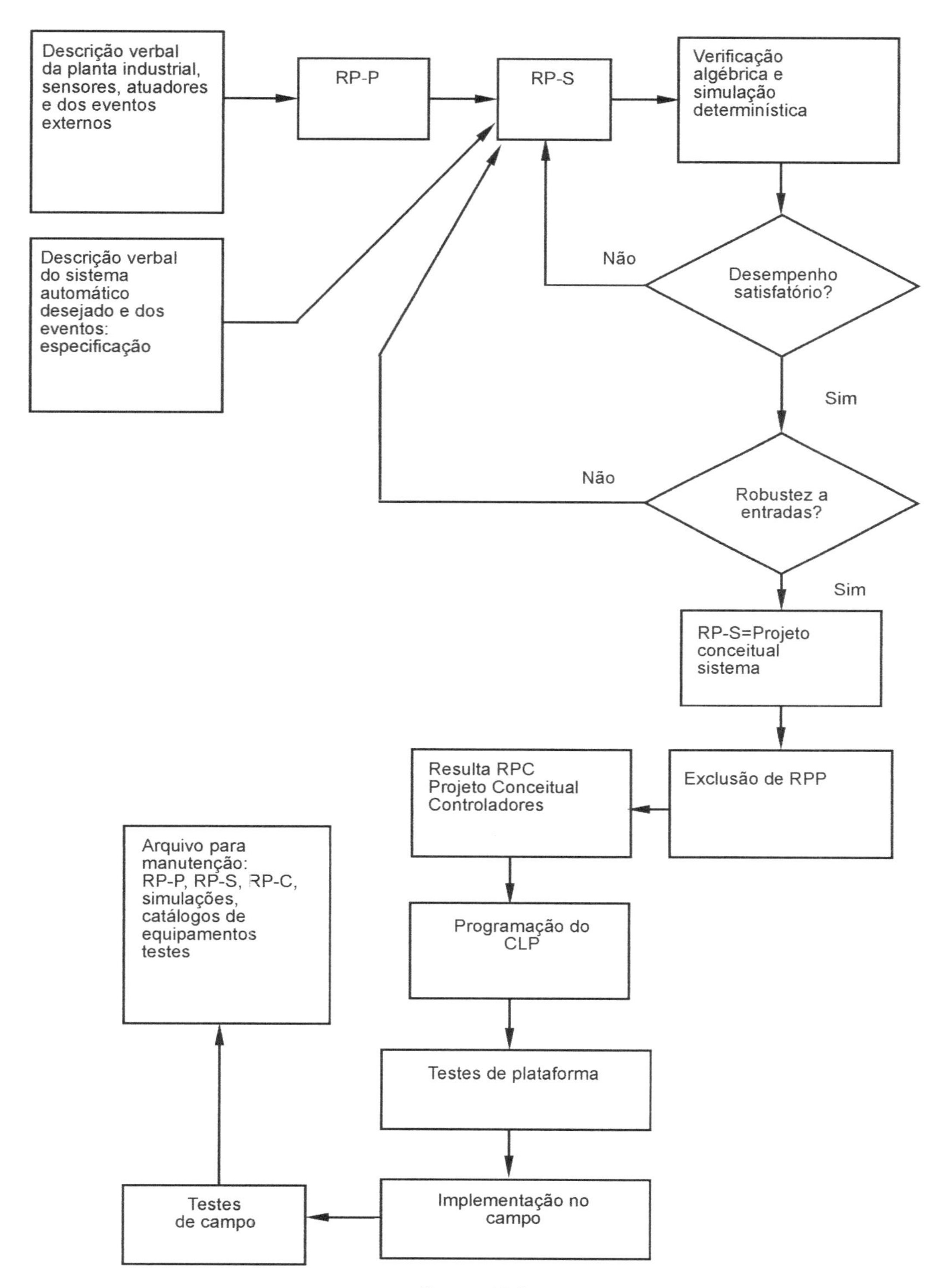
Descrição verbal da planta industrial, sensores, atuadores e dos eventos externos
RP-P
RP-S
Verificação algébrica e simulação determinística
Descrição verbal do sistema automático desejado e dos eventos: especificação
Não
Desempenho satisfatório?
Sim
Não
Robustez a entradas?
Sim
RP-S=Projeto conceitual sistema
Resulta RPC Projeto Conceitual Controladores
Exclusão de RPP
Arquivo para manutenção: RP-P, RP-S, RP-C, simulações, catálogos de equipamentos testes
Programação do CLP
Testes de plataforma
Testes de campo
Implementação no campo

FIGURA 11.2

11.2 UM PROJETO DE AUTOMAÇÃO DE PORTÕES

11.2.1 Especificações

Considere a automação de um sistema de dois portões de segurança, PE externo e PI interno, pelos quais deve passar um veículo por vez, entrando ou saindo, com chegadas aleatórias. Cada veículo solicita passagem por meio de emissor de rádio ou cartão magnético. O primeiro portão que se abre deve permanecer aberto até que o veículo pare na região intermediária, onde um detector de presença DV autoriza o prosseguimento do processo. Por regra de segurança contra intrusos, o segundo portão só deve abrir quando o primeiro já completou seu fechamento. Ver a Figura 11.3.

No caso de um portão ser aberto e o DV não acusar a chegada do veículo à região intermediária dentro de um período de tempo *T*, aquele portão deve se fechar e o sistema deve voltar à situação de espera de clientes. Essa especificação corresponde a um controlador de contingências. Além disso, é preciso ter um sistema de comando manual dos portões, para a eventualidade de uma falha qualquer ou de manutenção.

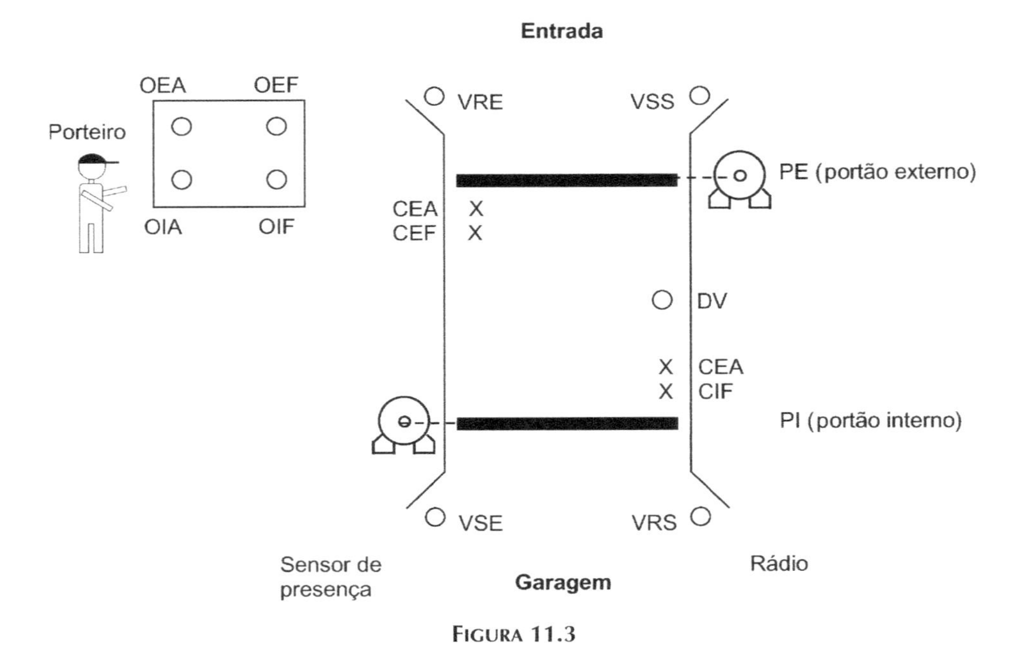

FIGURA 11.3

Considerando que falhas do sistema podem produzir elevados prejuízos, recomenda-se não economizar em sensores para confirmação dos movimentos efetuados por portões e veículos. Por outro lado, para maior probabilidade de funcionamento do sistema, quando for necessário operar em comando manual, este deve utilizar o menor número possível de componentes do sistema automático.

Deseja-se:

a) projetar conceitualmente os controladores (automático, de contingências e manual), isto é, definir suas RPs;
b) redigir o programa correspondente em lader.

11.2.2 Modelamento da Planta

Para descrever o sistema da planta, com seus sensores e atuadores, vamos definir o seguinte conjunto de variáveis:

VRE / VRS = veículo requisitando passagem, entrada / saída da garagem
VSE / VSS = veículo servido pelo sistema, entrada / saída da garagem
CEA / CEF = chave de fim-de-curso (sensor) no portão externo, aberto / fechado
CIA / CIF = chave de fim-de-curso (sensor) no portão interno, aberto / fechado
MEA / MEF = motor do portão externo abrindo / fechando
MIA / MIF = motor do portão interno abrindo / fechando
MEDA / MEDF = motor externo desenergizado, com portão aberto / fechado
MIDA / MIDF = motor interno desenergizado, com portão aberto / fechado
DV = detetor de veículo entre portões.

Para descrever a ação do controlador manual, definimos:

LD = chave geral de energia
LDO = chave de entrada em serviço por operador, não-automático
OEA / OEF /OIA / OIF = botões de comando manual dos portões para abrir externo/ fechar externo/ abrir interno/ fechar interno.

Vamos convencionar que quando ocorre qualquer um dos eventos acima descritos há uma marca presente na posição associada da RP.

Seguindo o método proposto na Seção 11.1, busquemos a RP da planta (RPP); a planta propriamente dita é muito simples, restringindo-se a algumas relações condicionais entre estados de portões e movimentos de veículos. As posições são identificáveis com posições representativas dos atuadores ou dos sensores; por exemplo:

Portão E aberto <-> Sensor MEA *on*;
Portão E fechando <-> Motor ME *on* e fechando.

Partindo dos dois portões fechados (marcas nos sensores CEF e CIF), os eventos que ocorrem quando um veículo entra levam imediatamente a montar a RP da Figura 11.4. As posições XEA,...,

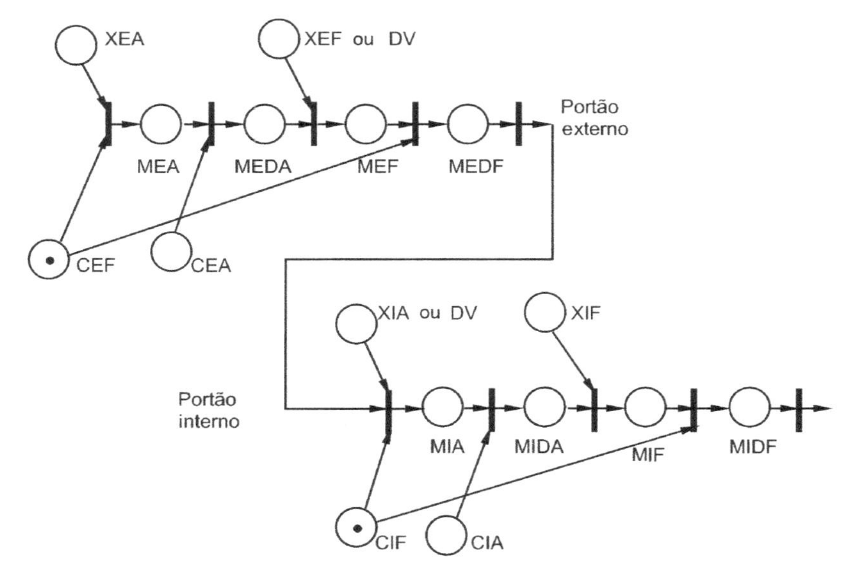

FIGURA 11.4

XIF são comandos externos, manuais ou a definir pela automação. A RP de saída de um veículo seria igual, exceto pela troca das letras E por I e vice-versa.

11.2.3 Modelamento do sistema automatizado

Vamos elaborar um modelamento para o sistema automático desejado (RPS); adotaremos a abordagem *top-down*.

Chamemos de S a posição que, quando marcada, representa sistema ativo, e de SO o sistema em espera (Figura 11.5a).

Vamos detalhar a posição S; ela encerra, na realidade, dois diferentes estados possíveis: servindo um veículo que deseja entrar (SE); servindo um que quer sair (SS). Pela RP da Figura 11.5b, o sistema em espera SO pode passar a SE ou a SS, dependendo de qual transição, t_1 ou t_3, é ativada; e uma vez o sistema em um tipo de serviço, outro pedido de serviço só será atendido após o término do processo em curso.

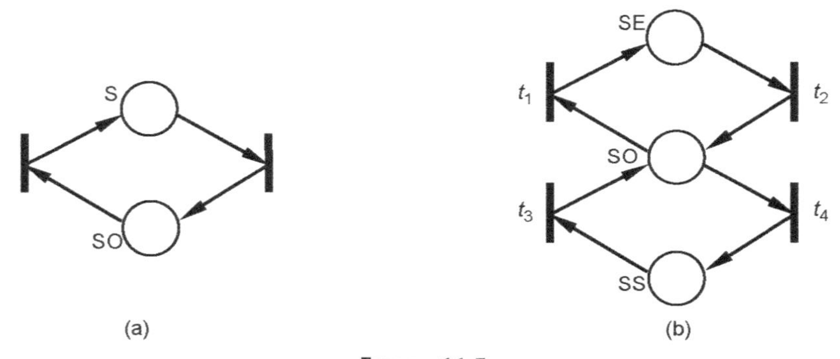

FIGURA 11.5

Um veículo que requisita serviço de entrada é uma marca na posição VRE; quando requisita saída, a marca é na posição VRS; veículo que foi servido em entrada coloca marca na VSE; analogamente, em saída, coloca marca na VSS. Pode-se então expandir a Figura 11.5b e construir a RP da Figura 11.6.

Note que SE é a execução do processo de entrada de um veículo, o qual já foi descrito pela RP da Figura 11.4; o mesmo ocorre quanto a SS.

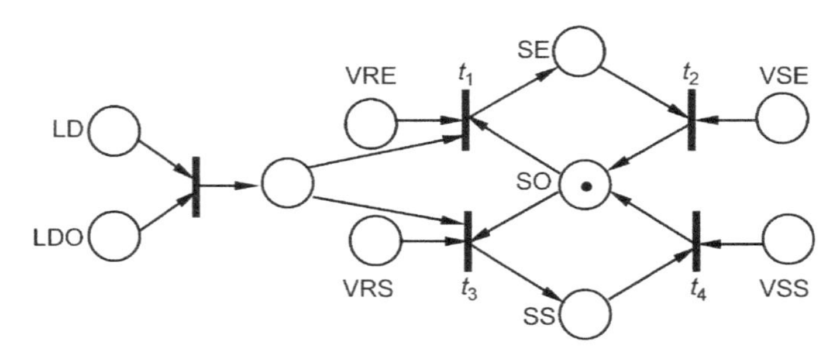

FIGURA 11.6

Estamos assim em condição de terminar o modelamento do sistema do ponto de vista da automatização, mas ainda há a questão do controlador de contingências: a temporização T que deve garantir o fechamento de qualquer portão, caso até o tempo T nenhum veículo se apresente na região intermediária. Propomos na Figura 11.7 acrescentar em torno da posição MEDA a sub-RP que está em traço reforçado, e outra igual em torno da MIDA. TEF é uma posição temporizada: caso DV não receba marca dentro do tempo T, após MEDA receber marca, TEF e MEDA enviarão uma marca a MEF (motor de fechamento do portão).

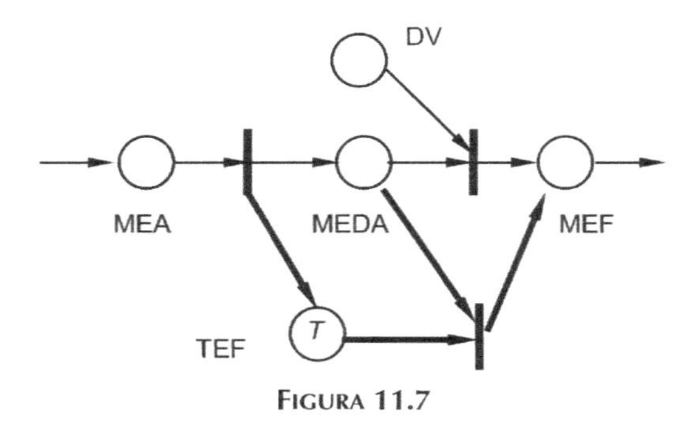

FIGURA 11.7

Agora, projetemos a RP do comando manual do sistema (Figura 11.8).

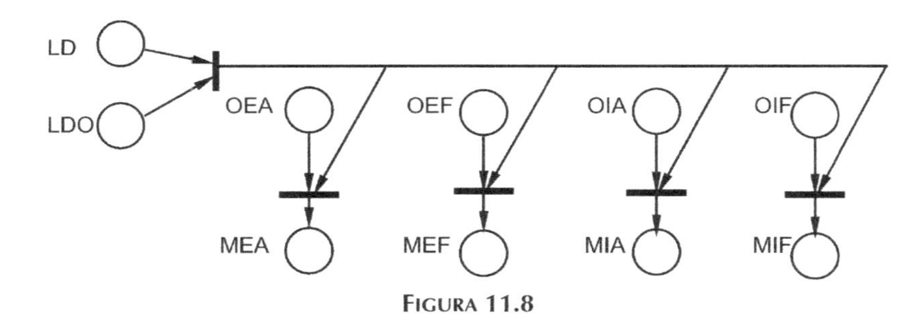

FIGURA 11.8

Finalmente, a Figura 11.9 expõe a RPS completa do sistema, incluindo a planta e os vários controladores da automação; origina-se da Figura 11.6 com SE substituída pela 11.4. O desdobramento de SS é apenas indicado. Incluem-se ainda, na parte inferior da figura, o controlador de contingência e o manual.

A etapa seguinte do projeto da automação deve ser de análise e verificação das propriedades (vitalidade, segurança, persistência, reversibilidade etc.) e/ou simulação, da RPS, em computador. Não vamos detalhá-la, apenas afirmar que existe um problema de conflito (tipo confusão); observando-se a RP da Figura 11.6, tem-se que se ambas as posições VRE e VRS de repente apresentam marca (há veículos para entrar e para sair, simultaneamente), as duas transições t_1 e t_3 estão habilitadas, e o disparo de uma inabilita a outra (o atendimento de um veículo anula a requisição de serviço pelo outro).

Há, portanto, necessidade de construir uma regra de decisão. A regra FIFO implicaria uma memorização da ordem dos pedidos de serviço recebidos; outra regra, talvez mais lógica do ponto de vista do espaço no interior da garagem, seria atender sempre ao pedido de saída antes do pedido de entrada. Deixamos como exercício proposto o desenvolvimento da RP adicional para impor essas regras.

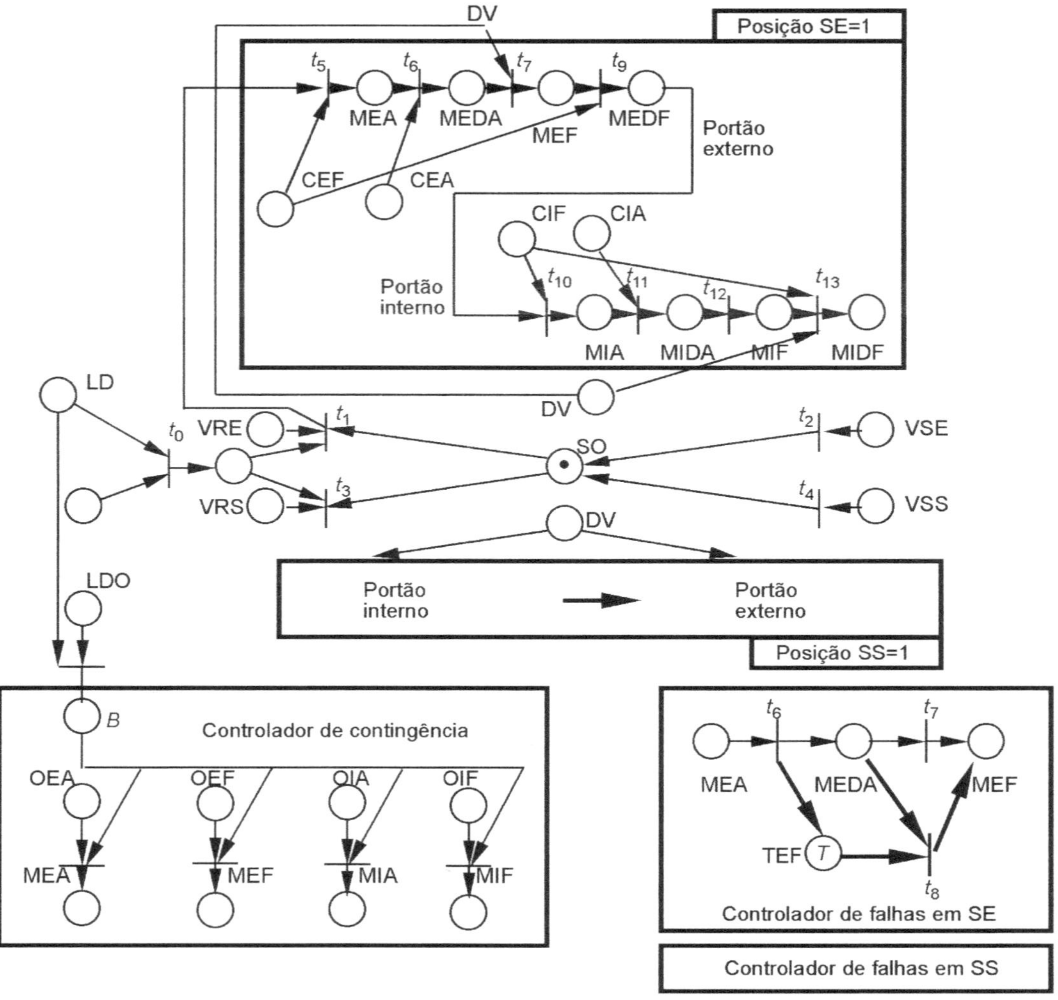

FIGURA 11.9

11.2.4 Programação dos controladores

A RP da Figura 11.9, pelo Método, deve ser decomposta em planta (RPP) e controladores (RPC), e esta deve ser programada em lader; no caso presente, a planta tem pouca "lógica interna", e a RPC é praticamente a própria RPS.

Devemos começar montando três listas: a das variáveis de entrada na RPS (eventos externos, independentes), a das variáveis de saída (eventos de saída) e a das variáveis auxiliares (posições artificiais ou memórias que foram criadas durante o projeto conceitual). As entradas serão "contatos"; as saídas e as auxiliares serão "bobinas", na programação lader.

Entradas:
VRE, VRS, VSE, VSS,
CEF, CEA, CIA, CIF,
DV, LD, LDO, OEA,
OEF, OIA, OIF

Saídas:
SO, SE, SS,
MEA, MEF,
MIA, MIF;

Auxiliares:
MEDA, MEDF,
MIDA, MIDF, TEF

Para melhor controle do trabalho de programação, sugerimos também:

a) assinalar graficamente as posições que representam entradas; na Figura 11.9 utilizamos traço forte nessas posições;
b) numerar as transições, porque devemos utilizar essa seqüência como guia de programação;
c) *programar transição por transição*, utilizando as equivalências entre transições das Redes de Petri e rungs ou linhas de programação lader, e eventualmente blocos especiais como temporizadores.

A Figura 11.10 mostra um trecho típico de rede de Petri e seu diagrama lader, levando em conta as instruções de saída, set e reset.

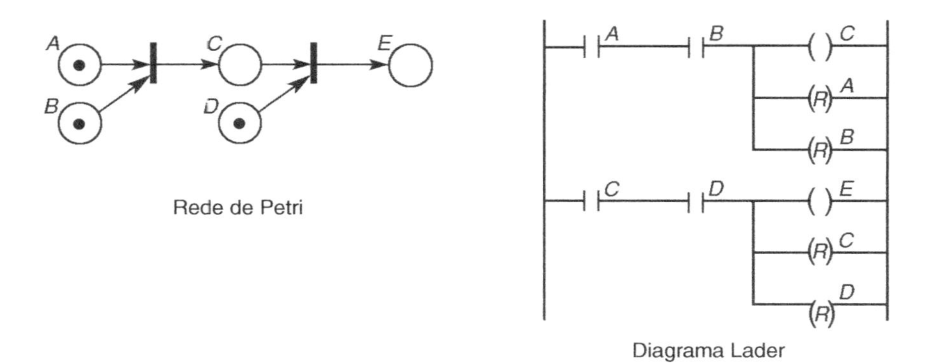

FIGURA 11.10

Voltando à Figura 11.9, programemos a transição t_0: obviamente devemos pôr dois "contatos" em série, LD e LDO, alimentando a barra vertical A do programa (Figura 11.11).

Programemos a transição t_1: a posição SE, que representa a sub-rede chamada de "Posição SE" na Figura 11.9, recebe marca quando VRE e SO possuem marca; em termos de lader, a entrada Set ou S da "bobina" SE se energiza a partir da barra vertical A, através de dois contatos em série (VRE e um outro associado à "bobina" SO). Deve haver ainda um comando para a entrada Reset ou R, da "bobina" SE; pela Figura 11.9 esse comando equivale à habilitação da transição t_2, de saída da posição SE, isto é, deve exigir marca na posição, VSE. Em termos de lader, o contato VSE liga-se ao Reset ou R da "bobina" SE.

E assim por diante, podemos chegar ao programa completo da Figura 11.11. O único bloco diferente de "Set" que utilizamos é o temporizador (TEF).

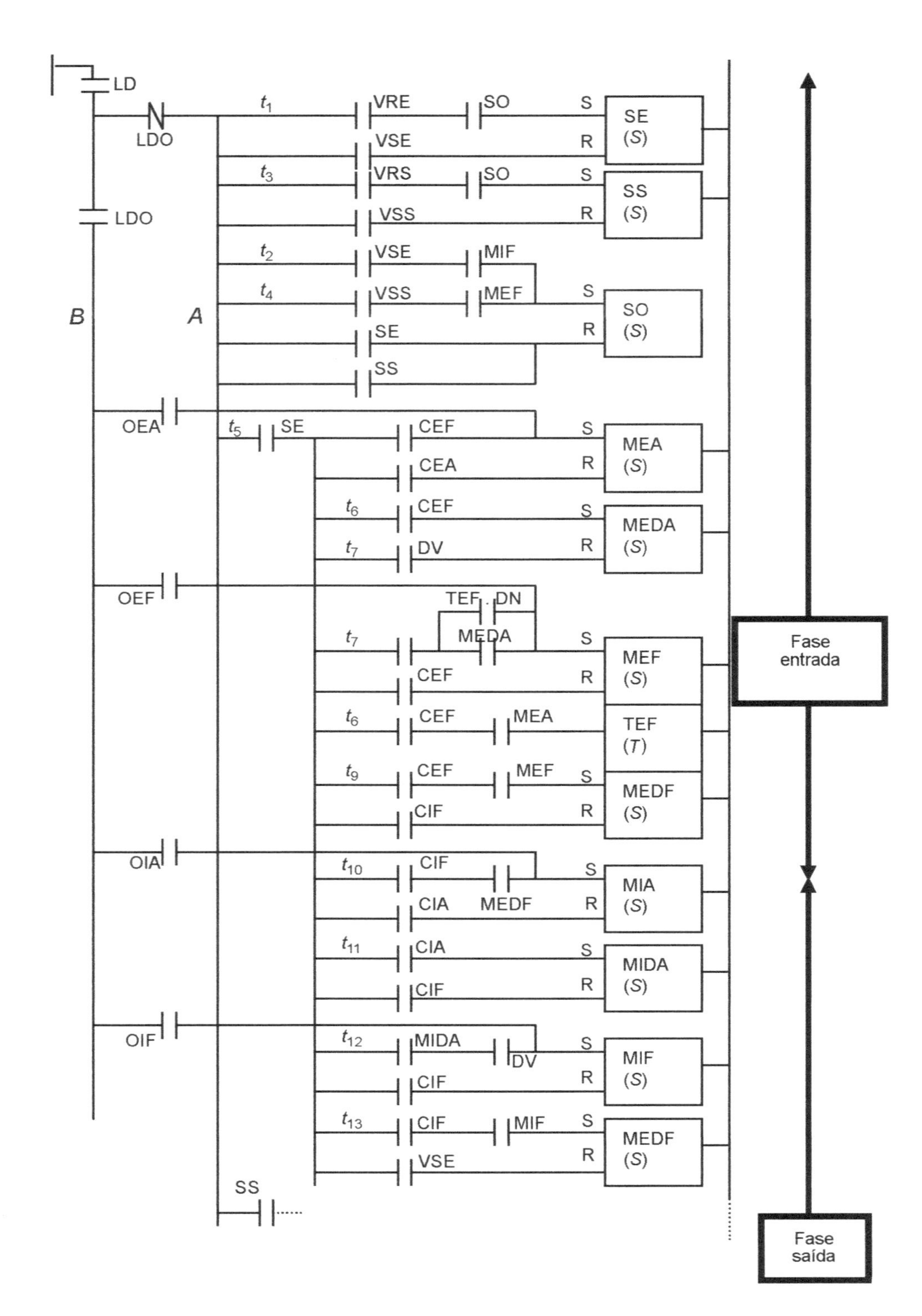
LD
LDO
LDO
B
A
t_1
VRE
SO
S
R
SE
(S)
VSE
t_3
VRS
SO
SS
(S)
VSS
t_2
VSE
MIF
t_4
VSS
MEF
SO
(S)
SE
SS
OEA
t_5
SE
CEF
MEA
(S)
CEA
t_6
CEF
MEDA
(S)
t_7
DV
OEF
TEF . DN
MEDA
t_7
MEF
(S)
CEF
t_6
CEF
MEA
TEF
(T)
t_9
CEF
MEF
MEDF
(S)
CIF
OIA
t_{10}
CIF
MIA
(S)
CIA
MEDF
t_{11}
CIA
MIDA
(S)
CIF
OIF
t_{12}
MIDA
DV
MIF
(S)
CIF
t_{13}
CIF
MIF
MEDF
(S)
VSE
SS
Fase entrada
Fase saída

FIGURA 11.11

Observações:

a) Em princípio, as "bobinas" SE e SS não precisariam de representação nos programas finais porque não estão explícitas na RPS; no entanto, decidimos representá-las porque há um possível interesse operacional: identificar a qualquer momento o tipo de serviço que está em curso; se associarmos luminosos a SE e SS, estaremos implementando um detalhe da interface homem-máquina (aviso aos motoristas); seria uma parte do "sistema supervisório" que não foi especificada no início, mas que é interessante.

b) Com a grande capacidade de memória disponível nos Controladores Programáveis, não existe mais preocupação com repetição de contatos ou de bobinas e com criação de variáveis auxiliares, como havia na época dos controladores a relés eletromecânicos. Assim sendo, poderíamos deixar o programa lader como está na Figura 11.11, com várias repetições de bobinas e de contatos.

No entanto, é importante relembrar uma peculiaridade dos programas computacionais lader, a qual nos obriga a fazer algumas fusões de linhas: trata-se do fato de que os CLPs operam percorrendo o programa inteiro, em cada scan, e executando apenas a última linha pertinente a cada saída. Assim, a saída MIA seria sempre comandada por uma linha da Fase de Saída (não mostrada na Figura 11.11), e não comandada pela quarta linha da Fase de Entrada (mostrada na Figura 11.11).

Para clareza, reproduzimos os rungs relativos à MIA, na Figura 11.12a, e, na Figura 11.12b, os rungs fundidos.

c) Como já afirmamos anteriormente, o sistema ainda tem um conflito a ser resolvido, que deixamos a cargo do leitor como exercício.

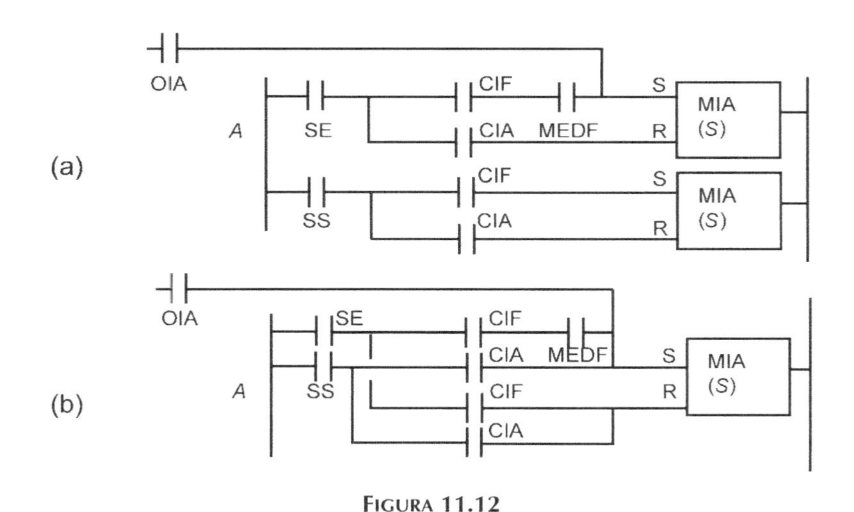

FIGURA 11.12

11.3 UM PROJETO DE AUTOMAÇÃO DE MESA DE SOLDA

Vamos exemplificar mais uma vez o método de projeto proposto, com a automação de uma mesa de solda de guidões de bicicleta, na qual várias operações são robotizadas.

11.3.1 Descrição da mesa de solda e especificações

Retomando o Exercício E.4.4, uma mesa rotativa para solda de acessórios em guidões de bicicleta tem seis posições sucessivas de parada, designadas por meio do índice $i = 1$ a 6. Em cada parada, três robôs operam sobre os guidões que estão à sua frente; nas outras três posições em torno da mesa há um resfriador de peças e um operador que coloca e retira guidões da mesa. O robô R_2 coloca nos guidões os suportes para o freio dianteiro e as guias para a barra do freio; o robô R_3 solda os suportes com solda grossa; o robô R_4 solda as guias com solda fina. Ver Figura 11.13.

Quando o operador prende um guidão à mesa, um sensor tipo *micro-switch* é acionado e um sinal é transmitido a um receptor no solo (G).

A rotação da mesa decorre da ação de um motor de pistão hidráulico que movimenta a mesa até a posição seguinte de trabalho; portanto, a mesa gira 360°/6, de cada vez. A energização desse motor deve ocorrer após todos os robôs terem informado o fim de suas tarefas e após o operador ter colocado um novo guidão na mesa. A desenergização do motor e a parada da mesa decorre de um sensor P, que acusa a presença à sua frente de qualquer das seis ranhuras de um pequeno disco que gira junto com a mesa.

O resfriamento R é operado continuamente.

Os robôs R_i têm tempos de operação T_i aproximadamente iguais entre si, mas o comando da mesa decorre de sinais de "operação terminada" oriunda dos R_i.

O sistema global é ligado pelo botão LS e desligado pelo DS.

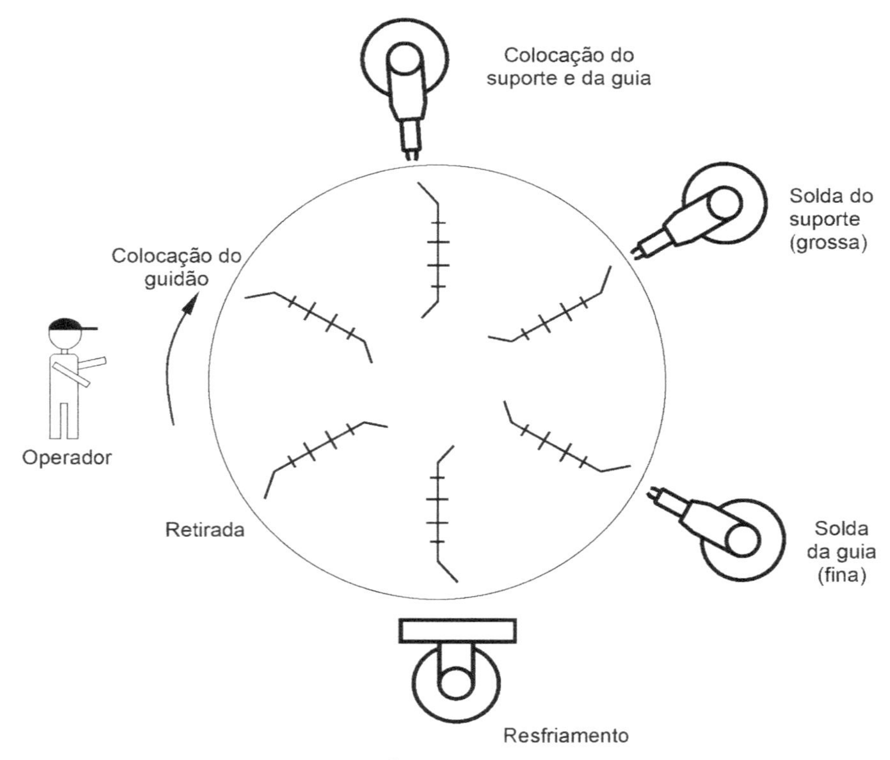

FIGURA 11.13

11.3.2 Fase I : definição das variáveis da planta e construção de sua RP

$S = 1$: sistema energizado
M = 1: motor energizado
$R_i = 1$: robô da posicão i, $i = 2, 3, 4$, em operação
$P = 1$: posição angular da mesa correta
G = 1: guidão preso

As RPs elementares que descrevem a planta são as da Figura 11.14. Marca numa posição qualquer X da RP significa motor ligado/sistema energizado/sensor de presença ativado; marca na posição X_ significa o oposto.

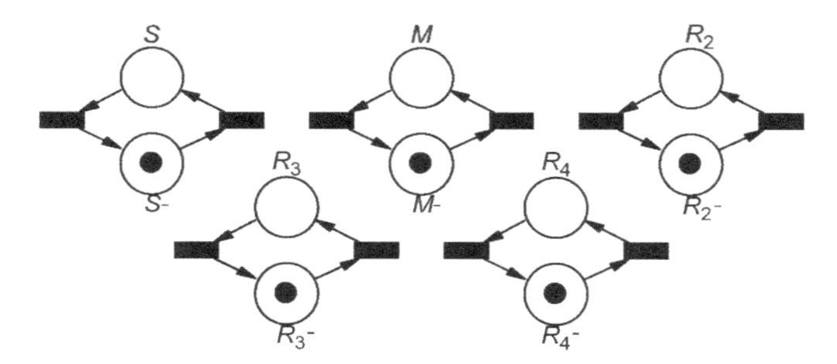

FIGURA 11.14

Eventos discretos externos ou independentes, tais como os sinais dos sensores G, P e a situação das chaves manuais DS e LS, podem ser associados a transições-fonte, como na Figura 11.15.

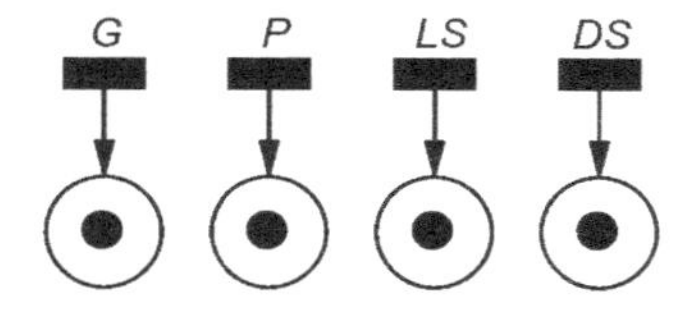

FIGURA 11.15

11.3.3 Fase II: RP do sistema automático

Basta conectar convenientemente as RPs dos subsistemas da planta, definidas na fase I, de modo que se complete a lógica desejada ou especificada; ver Figura 11.16. Certas escolhas foram adotadas:

- criar uma posição auxiliar A, entre a transição t_1 e as transições que ligam os robôs (t_{i1}) e a transição t_5 (entrada de sensor G);
- criar a posição F, que exprime que todos os robôs completaram suas tarefas na atual parada da mesa e que já foi colocado novo guidão na mesa (marca em G);

- para que a posição A possa libertar simultaneamente os três robôs e a transição t_5, é preciso que ela disponha de quatro marcas toda vez que t_4 dispara; isso se consegue facilmente dando ao arco de entrada em A o peso 4;
- por outro lado, a posição F só deve habilitar a transição t_3, que liga o motor da mesa, quando todas as tarefas estão prontas (as transições t_{i2} dos robôs e a transição t_5 fornecem marcas a F); F fica então com quatro marcas, mas a execução da t_3 só precisa de uma marca, para depositar em M; é preciso jogar com os pesos dos arcos de entrada e de saída de t_3: faz-se o peso do arco de entrada em t_3 igual a 4, e o de saída igual a 1.

Para confirmar, acompanhe mentalmente a Figura 11.16 junto com a especificação; percorra a RP executando na seqüência as transições LS, t_4, t_3, P, t_1, (t_{21}, t_{31}, t_{41}), (t_{22}, t_{32}, t_{42}), t_5, F, t_3. Além das marcas iniciais da Figura 11.16, suponha a ação das transições-fonte sempre que necessário.

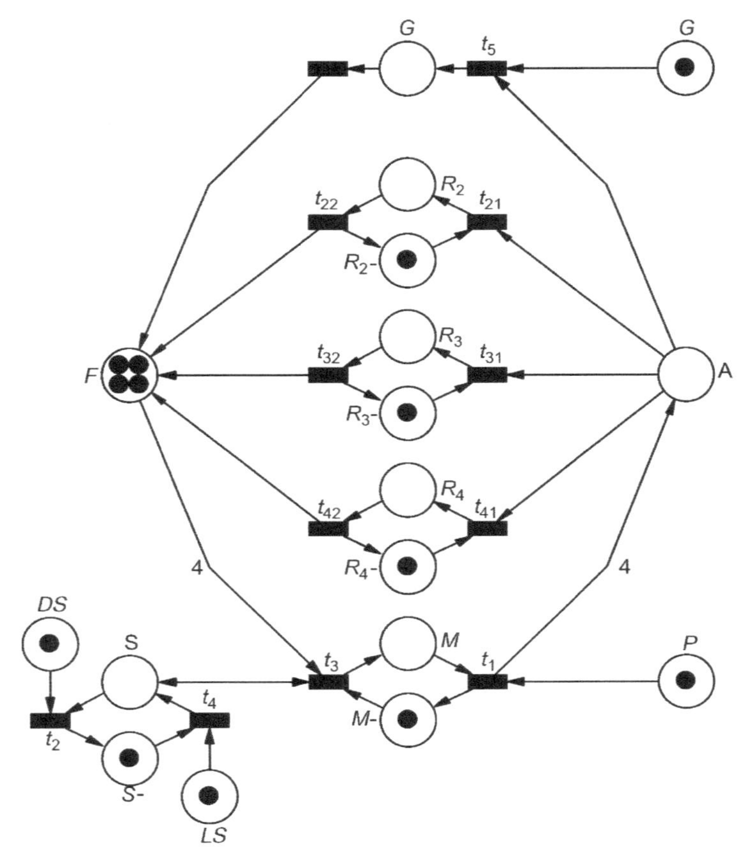

FIGURA 11.16

11.3.4 Fase III: simulação da RPS

A RPS poderia ser simulada com o VisualObjectNet. As marcas iniciais seriam as da Figura 11.16, isto é, uma em cada posição LS, $S\_$, $M\_$, $R_2\_$, $R_3\_$, $R_4\_$. Como esse software não prevê transições-fonte, devemos substituir R e G por posições com cinco marcas iniciais (se queremos simular cinco sucessivos movimentos angulares da mesa).

No sistema real, os próprios robôs sinalizam quando terminam suas tarefas via transições-fonte t_{22e}, t_{32e}, t_{42e}; para o sistema–mesa, esses eventos são externos. Mas o software citado não tem interação em tempo real com o operador, e por isso devem-se transformar as transições t_{22}, t_{32}, t_{42} em transições temporizadas; o mesmo vale para t_4.

11.3.5 Fase IV: RP do controlador

Com o objetivo de esclarecer a RP do controlador (RPC), convém identificar e listar as variáveis em três grupos: de entrada, de saída e auxiliares. Fisicamente, as de entrada são contatos ou sinais externos a RPS; as de saída são saídas do controlador que devem energizar bobinas de contatores ou alarmes, são interfaces com o processo industrial.

Entrada: DS, LS, G, P, t_{22e}, t_{32e}, t_{42e}

Saída: contatores S, M; interfaces com robôs R_2, R_3, R_4

Auxiliares: temporizador t_4, "bobinas de lader" A, F.

11.3.6 Fase V: programa lader do controlador

O diagrama da Figura 11.17 representa o programa lader do controlador, escrito a partir da Figura 11.16, com o emprego das equivalências da Figura 11.9 onde necessário. As transições que dão lugar às "linhas" ou *rungs* do lader estão indicadas à direita do diagrama. TON-t_4 representa elemento temporizado.

O reset da bobina F está como conseqüência do acionamento do motor M, mas poderia ser conseqüência da energização de A.

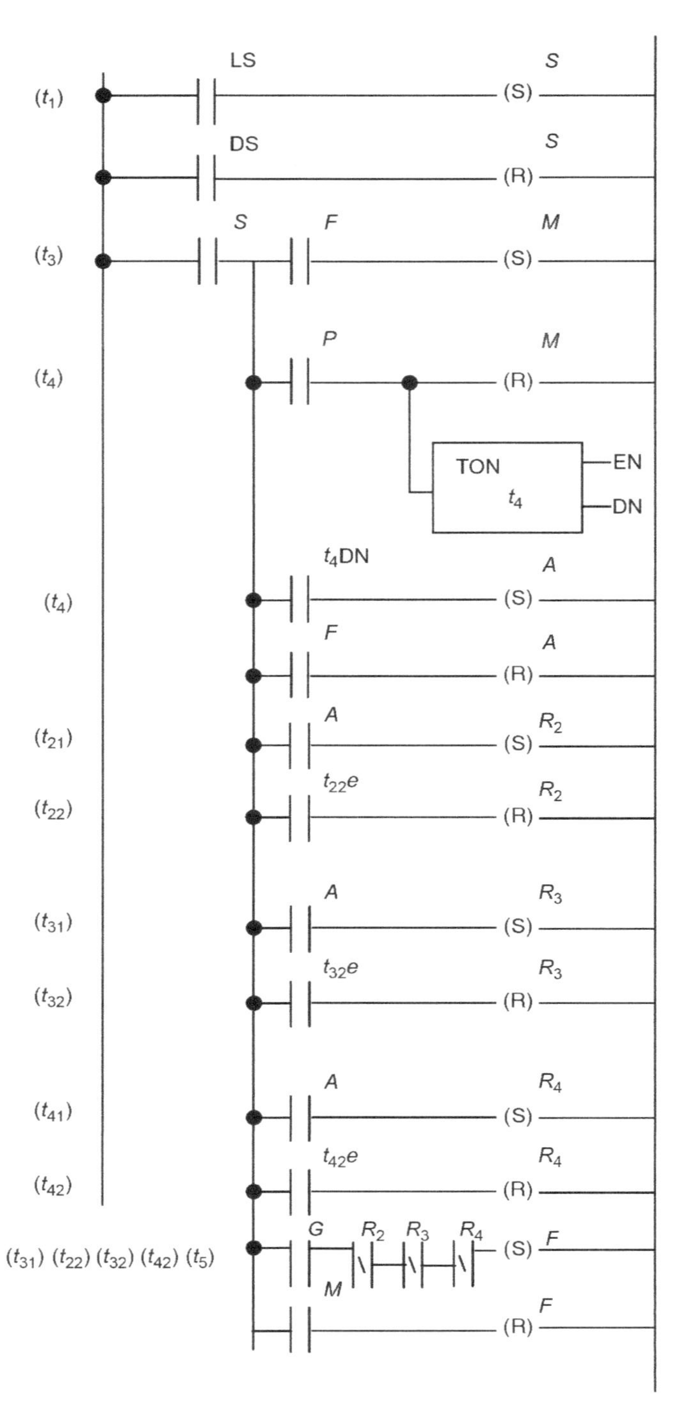

LS
S
(t_1)
(S)
DS
S
(R)
S
F
M
(t_3)
(S)
P
M
(t_4)
(R)
TON
t_4
EN
DN
t_4DN
A
(t_4)
(S)
F
A
(R)
A
R_2
(t_{21})
(S)
$t_{22}e$
R_2
(t_{22})
(R)
A
R_3
(t_{31})
(S)
$t_{32}e$
R_3
(t_{32})
(R)
A
R_4
(t_{41})
(S)
$t_{42}e$
R_4
(t_{42})
(R)
G
R_2
R_3
R_4
F
(t_{31}) (t_{22}) (t_{32}) (t_{42}) (t_5)
(S)
M
F
(R)

FIGURA 11.17

EXERCÍCIOS PROPOSTOS

E.11.1 Quais são os quatro tipos de controladores que constituem a automação industrial? Que é "projeto conceitual"?

E.11.2 Quando se programa uma RP em lader, devemos nos concentrar nas posições ou nas transições?

E.11.3 Analise a RP do Exercício 10.6 sob a ótica dos quatro tipos de controladores.

E.11.4 Considere o sistema de controle de tráfego em estacionamento do Exercício E.4.5; projete o controlador através da sua rede de Petri.

E.11.5 Considere o Exercício E.2.5, que descreve um sistema de silos. Projete o controlador de automatização pelo método deste capítulo.

E.11.6 Considere o Exercício E.4.7, de controle de qualidade e embalagem industrial. Aplique o método deste capítulo.

Capítulo 12 Segurança da Automação e Diagnóstico de Falhas

Neste capítulo serão examinados certos métodos para projetar subsistemas de proteção, de sinalização e de manutenção, incluindo:

a) Aplicação metódica das redes de Petri para exprimir e projetar a *automação da segurança dos sistemas industriais*, seja quando os sistemas encontram seus limites físicos – sempre presentes –, seja quando componentes apresentam defeito, seja ainda quando comandos externos não previstos num projeto inicial de automação levam a anormalidades no desempenho. Nesta metodologia será também estudado o emprego da *redundância*. [BK] Ver Seções 12.1 a 12.4.
b) Aplicação das redes de Petri para *aperfeiçoar progressivamente projetos de automação*, adicionando com segurança programas detectores de erro e programas recuperadores do funcionamento após erro.
c) Aplicação da inteligência artificial ao *diagnóstico pós-falha*, isto é, à identificação automática do componente responsável por um defeito ou falha em um sistema complexo (industrial ou outro). Será explicado o princípio das máquinas de inferência por computador e a organização da base de dados do sistema industrial, chamada de *goal-tree-success-tree*. Ver Seções 12.5 e 12.6.

No texto atribuem-se às palavras *defeito*, *falha* e *erro* significados específicos: defeito é a degradação no desempenho de um componente ou do sistema; falha é a degradação total, a paralisação de um componente ou do sistema. Assim, dependendo do caso, um defeito ou uma falha em um componente pode acarretar um defeito ou uma falha no sistema.

Erro, na literatura recente sobre redes de Petri, é conceito mais abrangente, pois designa o mau desempenho do sistema (a eventos discretos), qualquer que seja sua origem: defeitos, falhas ou comandos externos não previstos.

12.1 SINALIZAÇÕES E FALHAS

12.1.1 Introdução

Os fluxos de matéria, de energia ou de informação que sejam essenciais para a finalidade produtiva de uma planta costumam ser chamados de *processos técnicos*.

É ilustrativo considerar de que maneira perturbações e respostas normais dos processos técnicos, sob controle regulatório, geram eventos que exigem a entrada, num primeiro estágio, de controladores de eventos; num segundo estágio, de controladores de falhas; e, finalmente, de operadores via sistema supervisório.

O controle regulatório só é possível com os sinais dentro de certos limites de amplitude, além dos quais algum componente atinge sua máxima capacidade de atuar, entrando em saturação. Esses possíveis acontecimentos, que ocorrem a qualquer momento, são eventos importantes para o projeto de sistemas, porque a partir deles devem entrar em ação também controladores de eventos. A Figura 12.1 ilustra o fato e introduz os três estados básicos do processo técnico sob controle regulatório e os dois estados do controlador de eventos:

E = emergência; N = processo normal; D = desligado;
A = controlador ativo; I = inativo ou em espera.

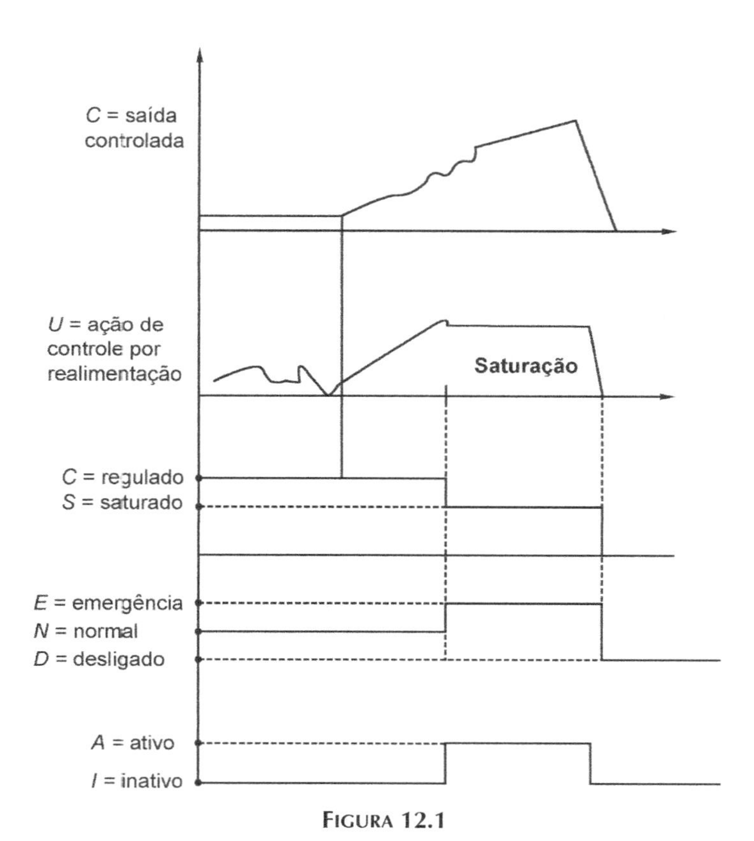

FIGURA 12.1

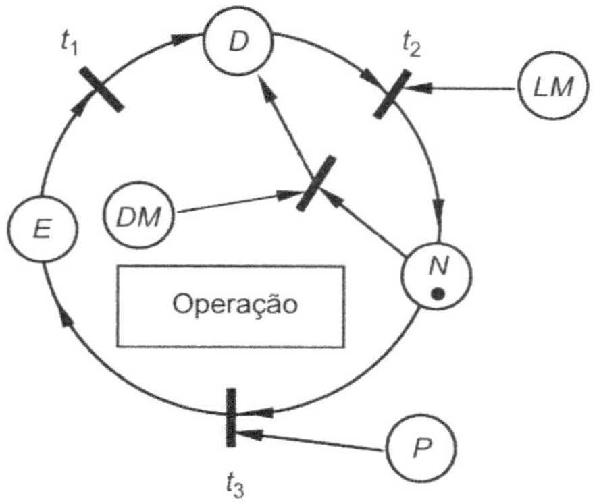

D
t1
t2
LM
E
DM
N
Operação
P
t3

FIGURA 12.2

Nessas condições, todo sistema de controle regulatório requer o complemento de controladores de eventos. Uma estrutura típica é a da Figura 12.2. Posições básicas:

N = normal; E = emergência; D = desligado;
P = perturbação; LM = comando manual liga; DM = comando manual desliga.

Inicialmente, estamos supondo que não há transição de D para E nem de E para N.

12.2 PROTEÇÃO E SINALIZAÇÃO

O esquema da Figura 12.2 pode ser *desenvolvido* (top-down), detalhando suas operações.

Desligamento

Os eventos associados à transição t_1 da Figura 12.2 estão detalhados na RP da Figura 12.3, com as marcações iniciais lá assinaladas:

E = processo em estado de emergência; D = processo desligado;
DA = processo de desligamento, ativo; DI = idem, inativo.

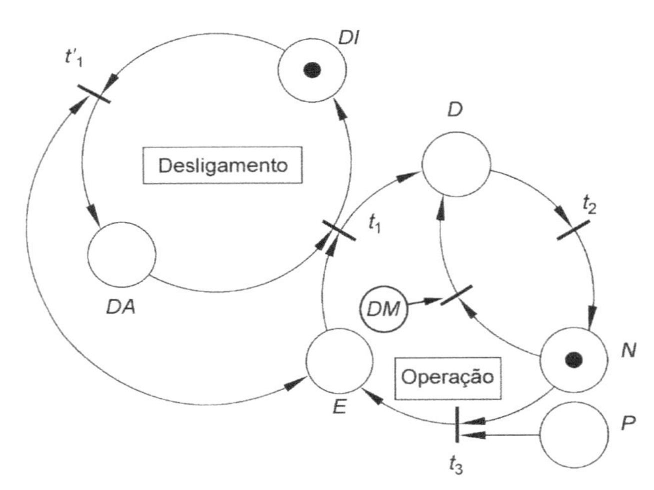

FIGURA 12.3

A marca inicial em E significa estado de emergência; esta marca e a marca inicial em DI disparam a transição t_1', e tem início a rotina de desligamento DA. A posição E permanece marcada, por causa do self-loop. Terminado o desligamento, t_1 é executada; o processo técnico vai para o estado D, desligado, e o controlador de desligamento vai para o estado DI.

Prosseguindo o projeto, a posição DA poderia ser substituída por uma RP detalhando qualquer processo lógico complexo.

Sinalizações para o operador são usualmente representadas por self-loops adicionais que representam informações passadas pelo sistema supervisório.

Reenergização Automática com Memória (R)

Seja RA = processo de reenergização, ativado; RI = processo de reenergização, inativo. De modo análogo ao da seção anterior, constrói-se uma adição à rede de Petri 12.3, formando a Figura 12.4.

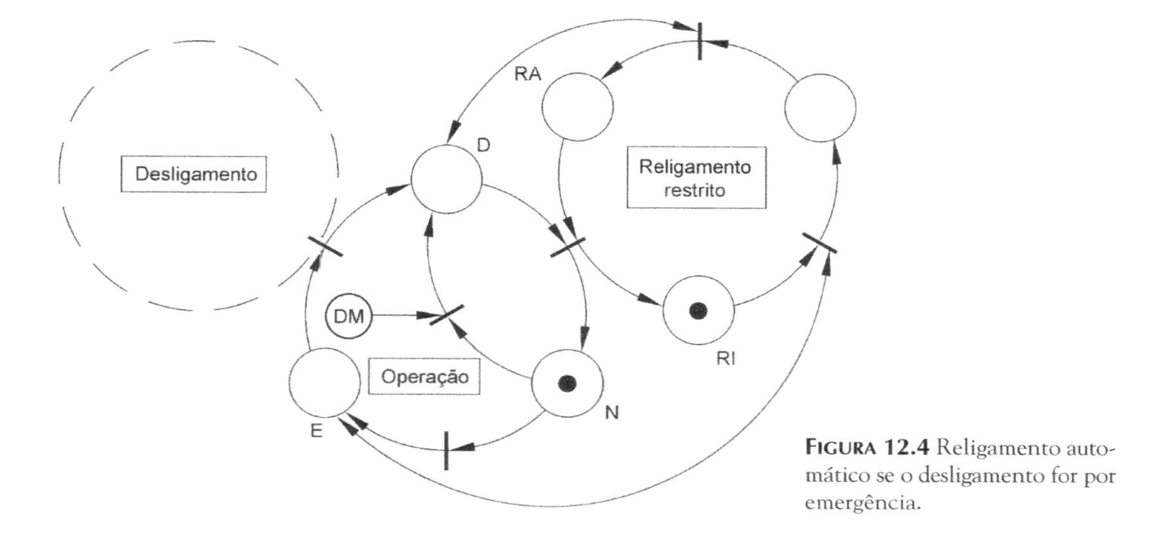

FIGURA 12.4 Religamento automático se o desligamento for por emergência.

Note, na Figura 12.4, que o ciclo de reenergização somente se realiza se o desligamento do processo se deu previamente por uma emergência, e não por ação do operador.

Desligamento e Reenergização Automática Restrita

Em geral, a reenergização automática não deve ser repetida indefinidamente, pois pode ampliar danos ao sistema. Um contador de ciclos percorridos, de *RI* para *RA*, após emergência pode ser utilizado para interromper a reenergização automática e pedir por alarme ou intervenção do operador e da manutenção.

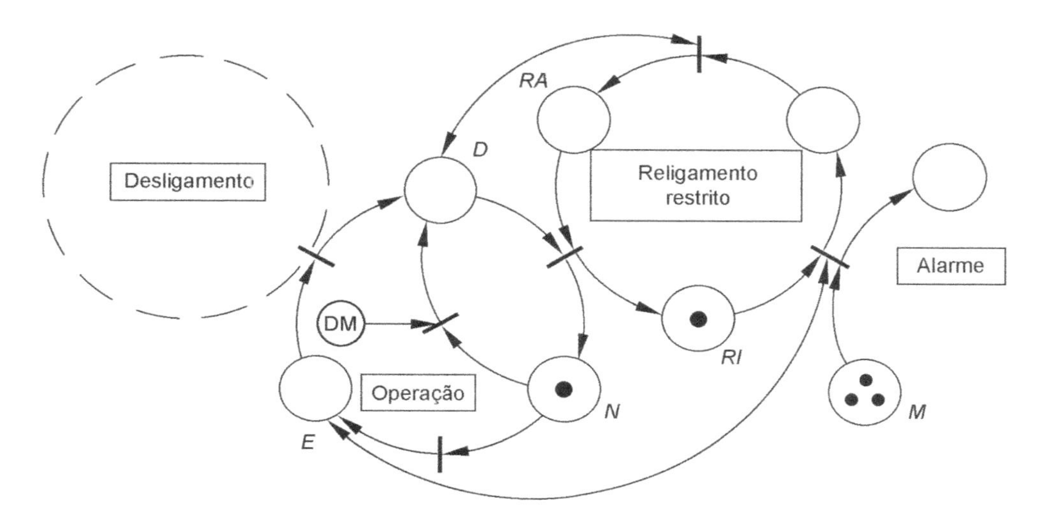

FIGURA 12.5 Religamento automático após emergência, restrito a três tentativas.

Este é o caso típico dos sistemas de distribuição de energia elétrica: perturbações ocasionadas pelo mau tempo (raios, quedas de árvores) são preponderantemente transitórias, e o religamento automático se justifica. No entanto, se após três tentativas a perturbação permanece, o religamento automático deve ser abandonado.

12.3 FALHAS E REDUNDÂNCIAS

Componentes reais estão sujeitos a defeitos, e assim a normal correspondência entre estímulos e respostas deixa de existir. Basicamente, há dois tipos de falhas:

a) quando um evento ocorre sem que exista o *estímulo* correspondente; esta falha é chamada de falha de **reduzida segurança** (*reduced security*);
b) quando um comando ocorre sem que a *resposta* correspondente aconteça; este tipo é chamado de falha de **reduzida causalidade** (*reduced dependability*).

Em termos de redes de Petri, os desempenhos imperfeitos são modeláveis *substituindo a transição normal entre estímulo e resposta por uma conveniente sub-rede*. Na Figura 12.6, esta subrede é a rede de posições A e B, com marca inicial em A; a fonte F_a representa uma falha de reduzida segurança, e a F_b, uma falha de reduzida causalidade.

Note que, no caso de falha de reduzida causalidade, quando F_b é ativada e há marca em B existirá um conflito do tipo *confusão*, sendo preciso, portanto, adicionar à RP uma prioridade para a transição t_3 . Por exemplo, no caso de o estímulo ser um sinal 1 de curta duração (T), bastaria adotar a transição t_3 temporizada com duração $2T$ e a transição t_4 temporizada com duração $3T$.

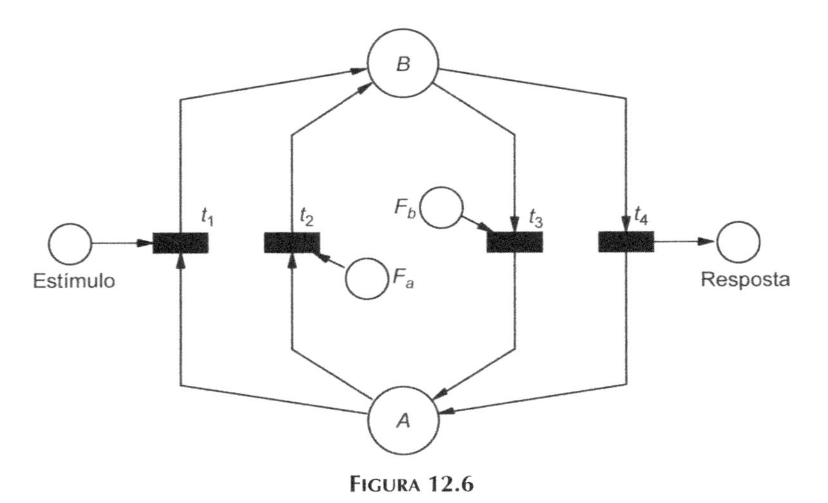

FIGURA 12.6

Falhas são eventos que ocorrem de maneira aleatória. Suas conseqüências "do tipo pior caso" podem ser analisadas deterministicamente; já suas conseqüências "em média" requerem tratamento ou simulação de caráter estatístico.

Aumentar a *confiabilidade* de um sistema, isto é, reduzir a sua probabilidade de falha, pode ser feito por dois caminhos: empregando componentes de melhor qualidade, que são usualmente muito mais caros, ou introduzindo componentes redundantes.

Redundância significa duplicar ou triplicar sensores ou atuadores e reunir os seus sinais de saída em um sinal único, por meio de operadores lógicos *AND*, *OR* ou *XOR* (exclusive OR). Esses operadores lógicos são escolhidos AND, quando se trata de falhas redutoras de segurança, ou OR, quando se trata de falhas redutoras de causalidade.

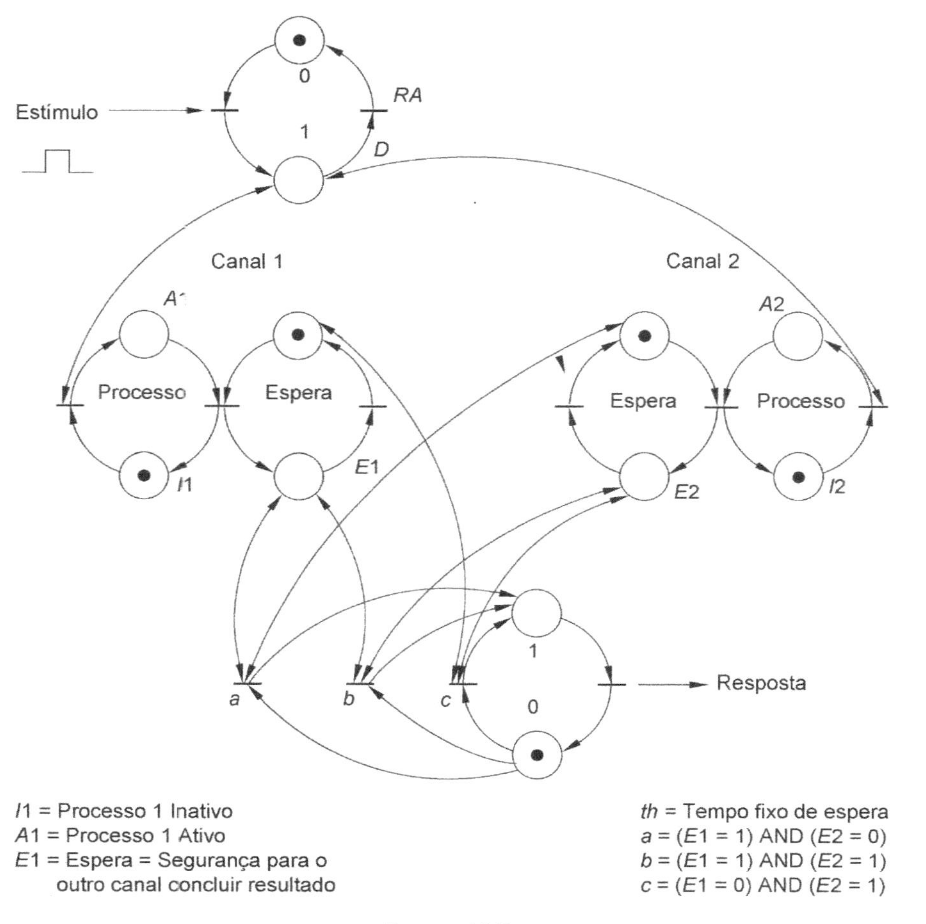

FIGURA 12.7

Esta técnica pode ser bem analisada por meio de redes de Petri, cuja essência é também lógica.

A RP da Figura 12.7 exibe dois canais redundantes (1 e 2) para detectar o Estímulo e conduzi-lo à Resposta; em cada canal o Processo é um sensor discreto (on/ off), aplicado a uma dada variável (estímulo) do processo industrial; marcas em A1 e A2 representam estímulo detectado; em *I*1 e *I*2, não-detectados.

As marcas iniciais devem ser as da figura.

As transições *a*, *b*, *c* da sub-rede inferior e à direita da figura realizam as operações lógicas necessárias. No entanto, essa lógica, por si só, não garantiria o efeito desejado nas implementações reais (tempo real), porque certamente os canais paralelos não terminariam suas tarefas simultaneamente. É preciso introduzir nos circuitos paralelos da RP certos *tempos finitos de espera, hold-times*, para que todos possam concluir suas tarefas e contribuam para a lógica.

Na Figura 12.7, *E*1 e E2 são posições temporizadas que sustêm as marcas por um período de tempo *th*. O *th* é finito, e ao seu final passa-se à espera de novo sinal de sensor (marca em A1 ou em A2). Se a máxima diferença que se estima poder ocorrer, entre os tempos de processamento das sub-redes paralelas, é *d*, *th* deve ser escolhido maior que *d*.

Se a redundância se faz contra falhas de *reduzida segurança* nos sensores, isto é, de transições disparadas sem as devidas habilitações, é a favor da segurança confirmar a presença do estímulo nos dois canais; é o que faz a transição *b*, que dispara quando *E*1 = 1 AND *E*2 = 1 em algum momento durante o período *th*.

Se a redundância se realiza contra falhas de *reduzida causalidade* nos sensores, isto é, de transições habilitadas sem que se complete a execução, deve-se dar como certa a presença do estímulo quando qualquer um dos canais ou os dois (isto é, OR) informam positivamente. A transição a ($E1 = 1$ AND $E2 = 0$) e a transição c ($E2 = 1$ AND $E1 = 0$), *juntas*, constituem um XOR (ou exclusivo); a transição b é um AND. Portanto, a redundância contra reduzida causalidade requer sistema implementado com a, b e c juntas (XOR + AND = OR).

12.4 APERFEIÇOAMENTO PROGRESSIVO DE CONTROLADORES [ZC]

Em sistemas de automação já implementados verifica-se, com freqüência, a necessidade de melhorar os programas dos controladores. Historicamente, um grande esforço de programação tem sido dedicado à solução de problemas *posteriores à instalação*. Tais trabalhos visam à correção de erros de especificação, de concepção ou de programação, ou então à proteção contra falhas de funcionamento. Estas podem decorrer tanto de defeitos em componentes como de eventos de entrada não previstos (especialmente pela sua seqüência temporal não prevista).

É claro que os engenheiros de automação tentam, na fase de projeto, antecipar-se a essas situações de falha, mas correm riscos de dois tipos:

- por excesso, prevenindo contra eventos raríssimos;
- por falta, deixando de prever eventos prováveis e de real importância.

Daí ser quase inevitável que da operação real surjam necessidades de corrigir programas de automação, alterando ou acrescentando funções. Esta é mais uma justificativa para a recomendação de *registrar* com clareza e *conservar* a documentação dos projetos de automação, principalmente o *projeto conceitual* (RP).

Não se trata aqui de detectar componentes defeituosos ou falhos – este é o tema do Diagnóstico Pós-falha, a ser examinado na Seção 12.6; trata-se de programar a *saída automática da situação de falha operacional*, de levar automaticamente o sistema para um estado seguro.

Convém então considerar que o sistema final evoluirá para algo como o diagrama de blocos da Figura 12.8, em que, além dos blocos da planta, do sensoreamento e da atuação, são

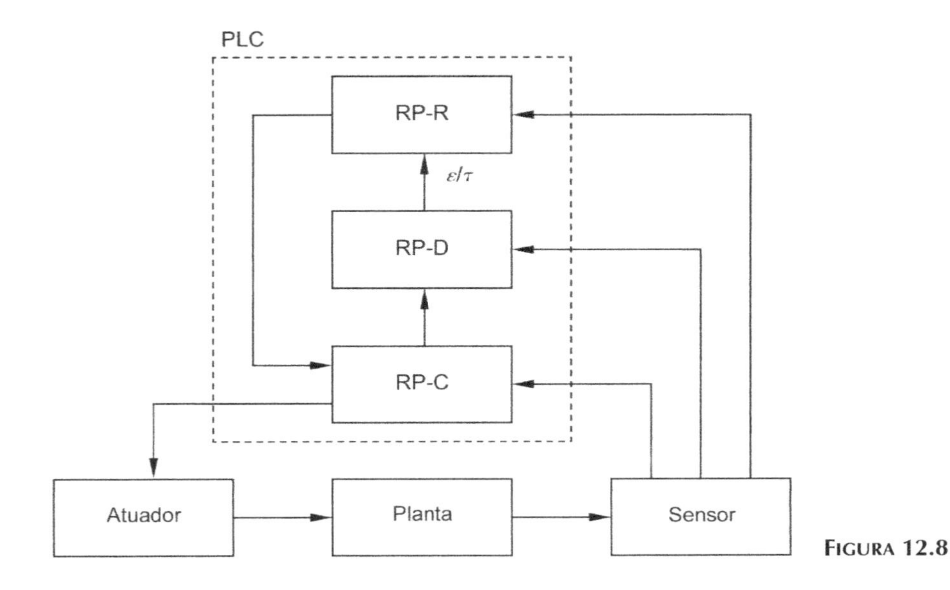

FIGURA 12.8

incluídos blocos ou programas de *controle automático de eventos*, de *detecção de erros* e de *recuperação de erros*.

O bloco RP-C representa o *controlador de automação e de supervisão*; o bloco RP-D faz a *detecção* ou identificação *do estado de erro*; RP-R *recupera o processo*, isto é, reconduz automaticamente a um ponto adequado de funcionamento ou solicita a intervenção do operador e da manutenção indicada para o caso.

O bloco RP-D inclui:

a) sensores específicos para comprovar a ocorrência de um estado lógico alarmante irregular;
b) monitores do tipo *watchdog*, pois é usual que falhas se traduzam em excessivas demoras para algo acontecer; um *watchdog* monitora continuamente a demora entre eventos da planta e os compara com máximos toleráveis, previamente estabelecidos; havendo excesso, ele dá o alarme para o operador ou para um recuperador automático RP-D[1];
c) programas para tratar, em alguns casos de forma muito complexa, o conjunto das informações oriundas dos sensores da planta e de relações de causa e efeito organizadas previamente em banco de dados; são os programas de *identificação de falha sistêmica*.

Na figura, o sinal ε é binário, indicador do erro específico apontado por RP-D nos casos (a) ou (b).

O sinal τ é o indicador apontado por um monitor *watchdog* (caso b). Por exemplo, no projeto dos Portões de Segurança da Seção 11.2 o temporizador T tem esse tipo de função.

12.5 INTRODUZINDO RECUPERAÇÃO DE ERRO [ZC]

Uma vez detectado um erro, isto é, um estado lógico anormal, durante os testes de plataforma ou de campo ou na operação real, a primeira providência é caracterizá-lo integralmente em termos do histórico recente das variáveis do sistema para poder representar aquele estado lógico por uma *posição na RP e seus pré-sets*.

É a partir dessa nova posição que será projetado o processo de recondução a um dos estados normais; ele será modelado por uma sub-rede RP dita *recuperadora* (*error recovery*). Recomenda-se acrescentá-la seguindo as regras das redes VSR da Seção 10.4.2, para *minimizar a possibilidade de introdução de novas falhas no sistema*.

Nas três figuras seguintes, seja Z a RP da automação, p uma posição normal, ε e τ sinais de indicadores de erro e Z_r a RP recuperadora; seja Z' a RP do sistema com recuperação. Há três métodos básicos para a ampliação de Z para Z' .

Método do Condicionamento de Entrada

Conforme a Figura 12.9, um estado anormal (p_1)pode tornar-se normal (p) após certas ações (sub-rede Z_r) terminarem ou após certas condições se apresentarem satisfatórias. Um exemplo é a chegada de uma peça à posição p, quando ocorre uma queda de energia; suponha a falha detectada por uma RP-E (não mostrada na figura) que emite ε e habilita uma transição que leva a marca em p para p_1, posição de estado anormal; a marca em p_1 habilita t', que põe em marcha a RP Z_r. Esta RP pode fazer com que, conforme seja mais adequado, a peça seja sucateada, processada à parte ou recolocada no processo Z. Terminada execução de Z_r, o processo de produção original deve ser retomado, isto é, a transição r' deve recolocar marca na posição p.

---

[1]Em [HC] apresenta-se uma teoria para gerar metodicamente um sistema de *watchdogs*, que são chamados de "máscaras temporais" (*time templates*), a partir do modelo da automação expresso por meio de autômatos temporizados.

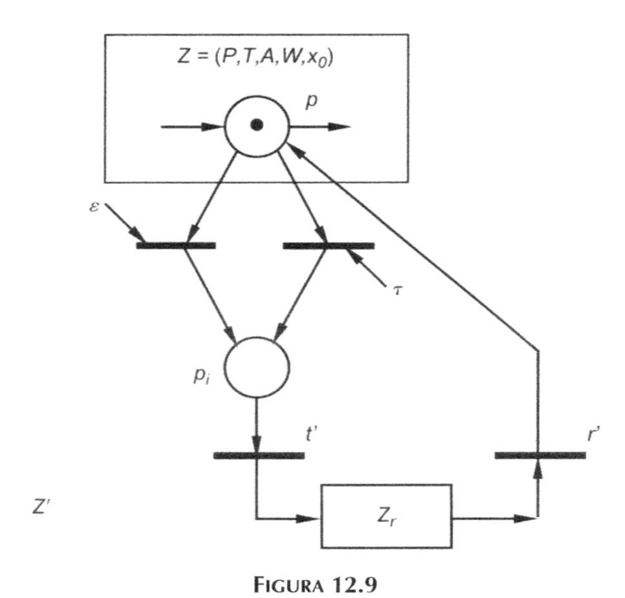

FIGURA 12.9

A ampliação da RP será bem-sucedida se ela garantir a vivacidade, a segurança e a reversibilidade de Z'.

Método do Caminho Alternativo

Em certas situações, o erro detectado em *p* pode ser sanado enviando-se a peça para outra unidade da produção, que já existe caracterizada na RP Z por uma posição *w*. Resulta a solução da Figura 12.10.

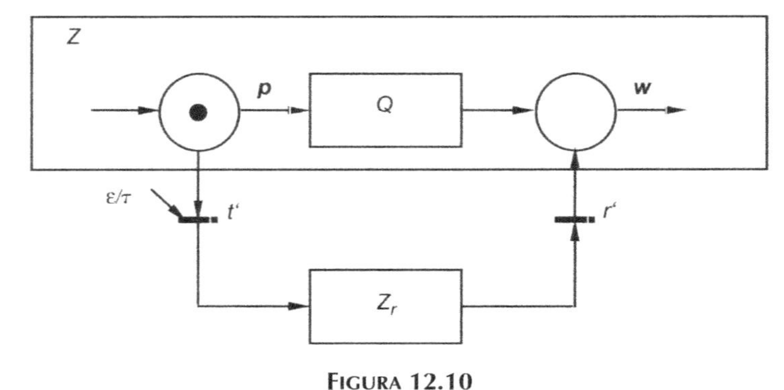

FIGURA 12.10

Método da Recuperação para Trás

É utilizado quando a mera repetição do processo normal, isto é, de um trecho de Z, resolve o problema (Figura 12.11).

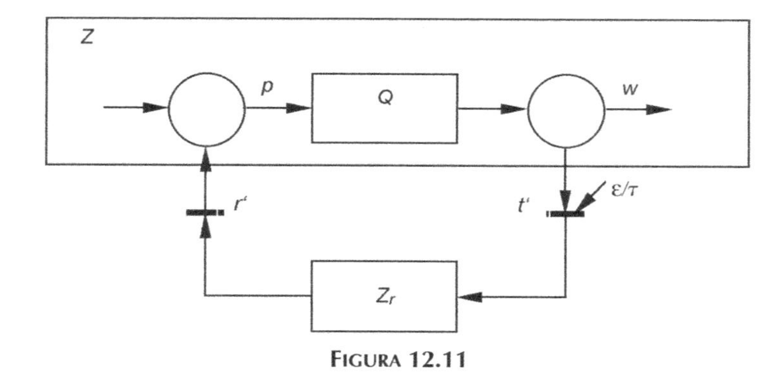

FIGURA 12.11

12.6 DIAGNÓSTICO PÓS-FALHA

Na seção anterior, vimos sistemas de detecção de erro no desempenho da automação (bloco RP-D da Figura 12.8), visando à posterior recuperação automática do sistema. O erro pode decorrer de causas muito diferentes, dentre elas a falha ou quebra de componente do sistema. Independentemente de haver ou não recuperação do erro, se o responsável pelo erro foi a falha de um componente é importante identificá-lo.

Entende-se por *diagnóstico pós-falha o processo que deve entrar em ação a fim de identificar o componente falho.*

Sua meta é aumentar a rapidez e a segurança na detecção do componente responsável, tarefa difícil nos sistemas industriais de hoje em função da sua complexidade usual.

A importância dos sistemas de diagnóstico vem crescendo rapidamente com a complexidade dos processos industriais e de serviços. A complexidade não só gera maior probabilidade de defeitos em componentes como também aumenta a informação de que os técnicos necessitam nas intervenções de manutenção. Maior complexidade usualmente está associada a um maior custo de parada, o que exige maior velocidade da informação técnica para a manutenção. Os diagnósticos pós-falha fazem parte da chamada *automação da manutenção* nas plantas industriais.

Costumam ser adotadas as seguintes definições:

Projeto: qualquer arranjo de meios que atinja um resultado desejado por razões estabelecidas.
Equipamento/Sistema Físico: qualquer realização física de um projeto.
Defeito (fault): qualquer discrepância entre o desempenho real de um sistema e seu projeto.
Falha (failure/break): paralisação operacional de componente ou sistema.
Sintoma: qualquer observação do desempenho real que seja inconsistente com o desempenho do projeto.
Diagnóstico: determinação do defeito ou da falha responsável pelo sintoma.
Diagnóstico Passivo: diagnóstico apenas a partir dos sinais de operação.
Diagnóstico Ativo: com a cooperação de técnicos em experimentos.

Um diagnóstico é sempre um processo de dedução lógica. Quando estabelecido exclusivamente a partir de descrições precisas e lógicas do projeto e das descrições dos sintomas, tem-se o *diagnóstico por modelos lógicos*. Em literatura muito recente existem duas abordagens de diagnóstico por modelo lógico *específicas para sistemas a eventos discretos*, modelados por *autômatos finitos*. [Lafortune et al. 1996] [Wonham et al. 2003]

Quando montado a partir de prescrições heurísticas ou práticas, oriundas de especialistas, tem-se o *diagnóstico por sistema especialista*. É o tipo de diagnóstico automático mais eficiente e adequado às atividades industriais. É fácil aceitar que a seleção e a redução do número dos suspeitos causadores de uma falha, em um sistema complexo, dependam em alto grau de regras práticas, não exatas, não únicas e muitas vezes só intuídas. É vital servir-se do computador e da arquitetura dos sistemas especialistas.

12.7 SISTEMAS ESPECIALISTAS

12.7.1 Introdução

Tanto na indústria quanto em outros campos da atividade humana (Medicina, Agricultura, etc.) as respostas a questões importantes dependem de raciocínios lógicos aplicados a fatos informados e a relações de causa e efeito (regras exatas ou heurísticas). Por exemplo: a pressão do fluido no duto X caiu a zero (fato); essa pressão depende da energia elétrica no setor S, do motor M em temperatura normal do contator C fechado, do nível do reservatório do fluido estar suficiente, do sinal de comando *c* oriundo do CLP estar presente, etc. (regras determinísticas e exatas). Além disso, os técnicos desse setor da planta sabem que o motor M tem sofrido eventuais sobreaquecimentos criando uma suspeita-regra não segura.

Os sistemas especialistas foram concebidos para *tomar decisões com lógica e eficiência*, embora partindo de dados e regras exatas e também de *dados imprecisos e de regras heurísticas*. Esses sistemas pertencem a uma categoria mais ampla de sistemas propiciados pelo computador; dizem-se dotados da chamada inteligência artificial: sua meta é procurar *com o auxílio da lógica formal* respostas a consultas, isto é, procurar responder deduzindo alternativas para fatos inacessíveis, ou até então ignorados, que não conflitem com quaisquer dados ou regras previamente estabelecidas. Obviamente as respostas podem ser inexistentes, únicas ou múltiplas, e podem ser aperfeiçoadas pelo acréscimo de mais fatos informados.

O MYCIN (1976) – sistema de diagnóstico e prescrição de drogas nas infecções por bactérias – foi pioneiro nesse campo. Sua arquitetura, que é usual até hoje em muitas aplicações, está na Figura 12.12. [Ha]

Seus subsistemas essenciais são a *Base de Conhecimento* (banco de regras e de fatos para o diagnóstico) e a *Máquina de Inferência*. Nesta última distinguem-se dois subprogramas computacionais:

a) *inferência* – algoritmo de aplicação rigorosa da teoria da Lógica;
b) *controle da seqüência de inferências* – regras heurísticas de busca metódica da solução usando a base de conhecimento.

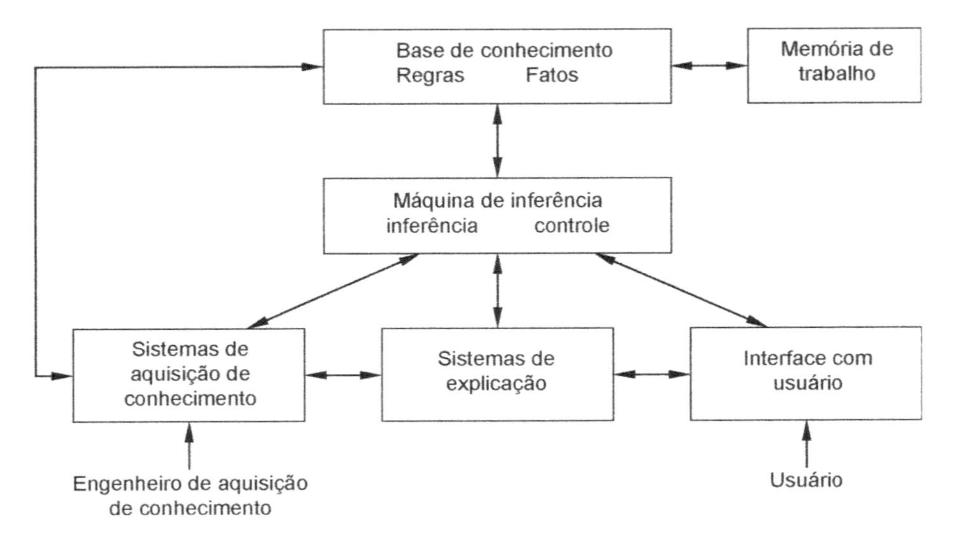

FIGURA 12.12 Máquina de Inferência.

Aplicativos como Prolog e Lisp permitem, de forma amigável, programar fatos e regras na base de conhecimento e depois consultá-la segundo certas regras de busca adicionais. Portanto, permitem implementar no computador tanto a base quanto a máquina de inferência. [CM]

12.7.2 Prolog

Vejamos a sintaxe básica para programação no Prolog, a título de introdução. Analisando a Figura 12.12, dentro da base de conhecimento temos:

Fatos

Para *programar* a base, *declaram-se fatos sobre objetos e relações entre objetos* por meio da sintaxe:

- *relação (objeto1, objeto2);*

A relação é uma característica, e os objetos entre parênteses são o argumento dessa relação. Exemplo de uma declaração de um fato:

- valioso(ouro) ≡ objeto ouro tem o predicado valioso ≡ ouro é valioso

Exemplos de relações:

- possui (joão, carro) ≡ João possui carro
- pai (joão, maria) ≡ João é pai de Maria
- alimenta (contator1, motor5) ≡ contator 1 alimenta motor5.

Todas as letras iniciais devem ser minúsculas.

Para *consultar* a base, formulam-se *questões sobre fatos ou relações em objetos específicos* por meio da sintaxe:

- *? -relação (objeto1 , objeto2);*

Exemplos:

- *? -alimenta(contator1, motor5) ≡ contator 1 alimenta motor5 ?*

O Prolog responde após percorrer a base de conhecimento, em busca de relações que coincidem com a relação da questão. Dois fatos coincidem (*match*) se suas características são exatamente iguais e seus correspondentes argumentos são iguais. Se ele encontra algum fato coincidente, a resposta é Sim, e é digitada logo abaixo da pergunta. O Não apenas significa que nenhuma *regra disponível* coincide com a relação objeto da questão; seu significado limita-se ao conteúdo da base.

Para consultar a base com *questões sobre fatos ou relações em objeto(s) indeterminados(s)*, a sintaxe do Prolog exige apenas que se nomeie(m) esse(s) objeto(s) a determinar *com inicial maiúscula*. Nomes com inicial maiúscula são ditos *variáveis*, em contraposição a objetos determinados, cujos nomes sempre se iniciam com minúsculas.

Exemplos:

- ? -alimenta (contator1, X) ≡ quais são os objetos alimentados pelo contator1 (e que passam a ser designados por X)?
- ? -pai (*joão*, Filhos) ≡ quais são as pessoas de quem João é pai (e que doravante serão designados por Filhos)?

Também se pode perguntar por objetos que atendam a *duas, ou mais, condições*; basta usar o *conectivo E*, que no Prolog é simplesmente uma, ou mais, vírgulas:

- *?* -alimenta (contator1, motor5), alimenta (contator1, motor3) ≡ é fato que o contator1 alimenta o motor 5 E o motor3 ?

Regras

Suponha que se deseje estabelecer o fato de que João gosta de *todas* as pessoas. Uma forma extremamente tediosa seria aplicar o predicado gostar a cada pessoa que surgisse na base de conhecimento. Outra forma, muito mais compacta, seria estabelecer uma *regra*:

João gosta de qualquer "objeto", desde que este seja uma pessoa.

Regras são usadas sempre que um fato depende de um grupo de outros fatos. Em linguagem comum e no raciocínio humano, regras correspondem a afirmações condicionadas, do tipo SE ou do tipo SE...ENTÃO; exemplo:

- João gosta de X SE X é uma pessoa.
- SE X é uma pessoa, ENTÃO João gosta de X.

A sintaxe para regras, no Prolog, utiliza o *símbolo :-* (dois pontos seguidos de hífen); exemplos:

- gosta(João, X) :- pessoa(X) ≡ Se X é uma pessoa, então João gosta de X.
- energizar (motor5, X) :- contator (X) ≡ Se X é um contator, então o motor é energizado por x.

Estrutura da Base de Conhecimento

Genericamente, na base do conhecimento de um processo industrial tem-se uma estrutura de proposições como a na Figura 12.13, isto é, disposta em árvore. No alto da árvore, na *raiz*, costuma-se colocar a proposição mais complexa (um fato ou uma regra); no extremo inferior, nas *folhas*, colocam-se os objetos e as relações básicas entre eles. No interior da árvore encontram-se nós associados a outros fatos, a outras relações e regras.

A Figura 12.13 mostra uma base de conhecimento simples, relativa ao funcionamento de um sistema de lubrificação que faz parte da linha de acabamento de um processo de laminação. A árvore contém nas folhas inferiores fatos relativos à aptidão ou não de elementos do sistema de lubrificação; contém ainda regras de dependência funcional, do tipo "a bomba *B* está apta a funcionar se a eletroválvula *EV* e o motor *M* estão ambos aptos".

Com o Prolog, pode-se denotar a aptidão para funcionar com o predicado apt. A relação de dependência para aptidão pode ser denotada com dep(., ., .); assim, a árvore pode ser registrada na base de conhecimento do computador por meio das seguintes declarações:

apt(*BC*) ≡ a bomba *BC* está apta;
apt(M) ≡ ...;
...;
dep(*B*, *EV*, M) ≡ a bomba *B* está apta se a eletroválvula *EV* e o motor M estão;
dep(*BR*, *FT*, *BC*) ≡ o regulador da bomba *BR* está apto se...;
dep(*LD*, *BR*, *B*) ≡ ...

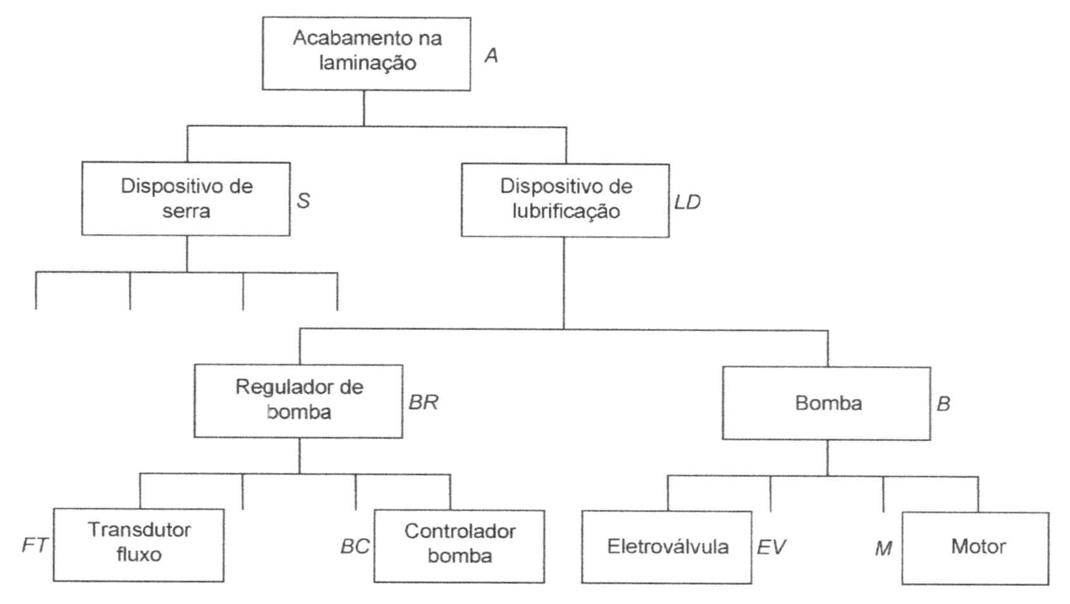

FIGURA 12.13 Árvore de sistema/base de conhecimento.

Em princípio, um sistema especialista para diagnóstico operaria assim: sempre que um operador ou um sistema de monitoramento automático detecta o desvio de uma variável do processo em relação ao seu valor esperado, o nó-raiz da árvore associado à variável é considerado suspeito. As regras pertinentes a ele são ativadas e verificadas, para confirmar a existência do problema. Se confirmada, todos os nós da árvore abaixo do nó-raiz suspeito são considerados suspeitos e, em seguida, processados como foi feito para o nó-raiz. O processo de verificação deve prosseguir até encontrar a folha (componente) defeituosa ou falha.

Uma outra questão de interesse do usuário do sistema especialista seria, partindo de uma anomalia de fatos na base da árvore, identificar quais as conseqüências sobre objetivos de desempenho (raízes da árvore).

Conforme a questão proposta e a estrutura da árvore, a seqüência do percurso dos testes na árvore varia; as mais simples são chamadas de encadeamento para a frente (*forward chaining*) e de encadeamento para trás (*backward chaining*). A escolha da *ordem* de chamada das regras para processamento lógico é dita *estratégia de controle da inferência*; é uma questão fundamental para a eficiência do processo, que admite inúmeras alternativas de cunho heurístico.

Cabe observar, finalmente, que uma grande virtude dos sistemas especialistas é a possibilidade de incorporar na máquina de inferência alguma forma de lidar com a *ignorância total ou parcial* de certas regras da base e com a *incerteza* sobre informações. Duas formas de lidar com esses problemas têm sido adotadas:

- com *lógica fuzzy*; em princípio, consiste em atribuir um *grau de certeza* (um número entre -1 e $+1$) a cada informação e cada regra dada ao sistema e em propagá-lo durante o processo de inferência. As conclusões também resultam com graus de certeza variáveis. Fundamental nesta linha é a teoria da *lógica fuzzy* de L. Zadeh, a teoria "da possibilística";
- com *estatística;* consiste em atribuir uma *probabilidade* a cada informação, um número entre 0 e 1, e introduzi-la na inferência.

Na indústria, o método *fuzzy* é o mais freqüente.

12.8 BASE DE CONHECIMENTO EM GRANDES PLANTAS INDUSTRIAIS

No caso de processos grandes ou complexos, a base de conhecimento tem que incluir vários tipos de informações:

- lógica/ química/ física/...
- *lay-out*
- especificações (valores de regime, de transiente, de alerta, de emergência, ...)
- regras operacionais (rotinas e equipes de manutenção, ...)
- registros históricos.

Por isso, o problema principal do projeto de um sistema de diagnóstico é a *organização dos dados, das linguagens e das ferramentas*. [Ay] [Ks] A base comum dos vários artigos sobre o tema é o trabalho de Kim e Modarres [Ki], desenvolvido em associação com a tecnologia dos reatores nucleares e conhecido como o *Método das Árvores de Objetivos e de Caminhos de Sucesso* (*Goal-Tree-Success-Tree, GTST*).

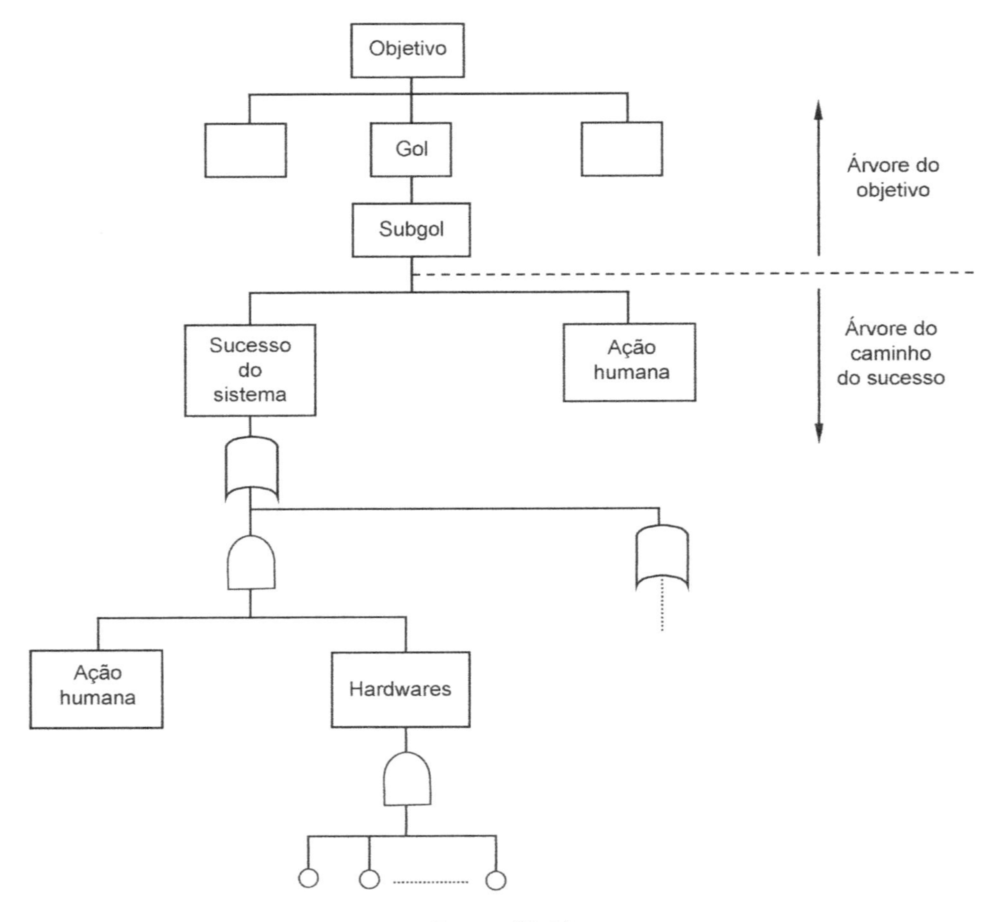

FIGURA 12.14

O primeiro passo é a definição precisa do *objetivo ou gol* da planta. A seguir, cada objetivo deve ser decomposto em termos de *subobjetivos ou subgols* que sejam *necessários e suficientes* para aquele objetivo. A árvore dos objetivos (*goal-tree*) é construída verticalmente, de cima para baixo, e em níveis. Pode haver subgols alternativos, por exemplo, o gol do funcionamento pode ter subgols como regime normal, reduzido, de emergência etc.

Uma boa representação deve atender ao seguinte requisito: em cada gol ou subgol a árvore deve responder claramente às questões:

- Olhando para cima, por que é necessário este subgol?
- Olhando para baixo, *como* este subgol é satisfeito?

O desenvolvimento da árvore dos gols prossegue até que o analista não mais consiga evitar a introdução de *elementos físicos* ou *hardwares*; daí em diante, tem-se um modelo lógico que se chama *árvore dos caminhos de sucesso*. Um sistema pode ter mais de um caminho de sucesso por meio das redundâncias.

A Figura 12.15 mostra um pequeno modelo de árvore de objetivos (*goal-tree*) e árvore de caminhos de sucesso (*success-tree*). Por conveniência, as portas AND não estão desenhadas.

A Figura 12.13 corresponde a um trecho de árvore de caminho de sucesso na terminologia GTST.

Naturalmente, os modelos GTST podem ser inteiramente codificados em uma linguagem como o Prolog; as portas AND e OR dão lugar às regras da base de conhecimento; as relações implícitas nos blocos e as informações sobre estado OK ou NOK são os fatos da base.

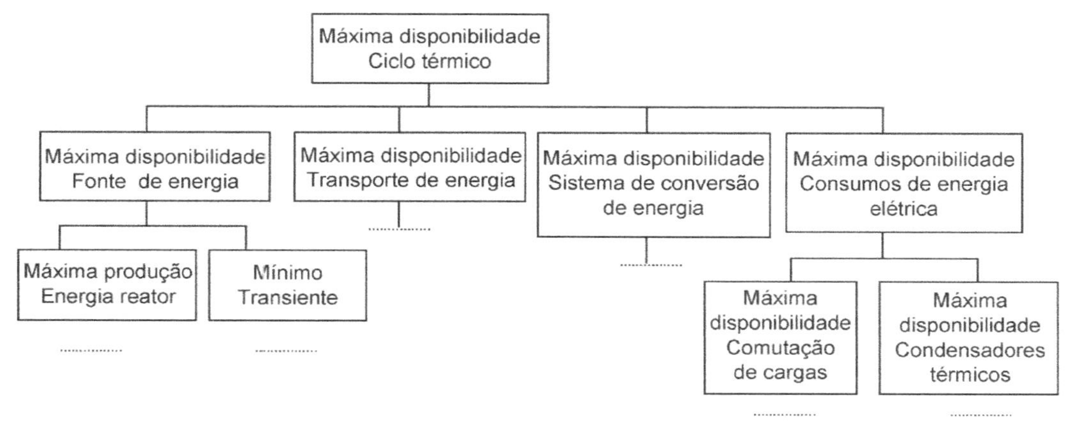

FIGURA 12.15 Árvore de gols parcial, de sistema termonuclear. [Ay]

EXERCÍCIOS PROPOSTOS

E.12.1 Para o sistema de automação da mesa de solda (Seção 11.3), projete um *controlador de falhas*.

a) Enumere e descreva, por escrito, algumas possíveis e importantes falhas que podem ocorrer na operação da planta e como elas poderiam ser detectadas pelos sensores disponíveis; use eventualmente watchdogs.

b) Escolha e descreva, por escrito, as soluções para essas falhas.

c) Projete uma RP para o Detector de Falhas na Planta (tipo RP-D da Figura 12.8); ele deve ser independente da RP do controlador de automatização, embora use os mesmos sensores.

d) Projete a RP do Recuperador da Operação após Falhas (tipo RP-R da Figura 12.8).

E.12.2 Para o sistema de inspeção e embalagem do E.4.6, escolha um momento do ciclo de trabalho e examine a segurança do processo perante uma falta de energia elétrica. Projete um Recuperador de Falha utilizando os métodos da Seção 12.5.

PARTE IV

GESTÃO

CAPÍTULO 13 GESTÃO DA AUTOMAÇÃO

13.1 INTRODUÇÃO

A implantação da automação no ambiente industrial, assim como o seu aperfeiçoamento posterior, mantendo a confiabilidade, produtividade e segurança, pede um consciencioso planejamento estratégico por parte da administração/engenharia das empresas, seja da fornecedora do sistema, seja da própria indústria. Trata-se da *gestão da automação*.

Neste capítulo, vamos abordar as atividades pertinentes aos três pontos fundamentais da gestão da automação industrial:

- Gestão da engenharia até a implantação no processo industrial.
- Capacitação técnica das equipes de projeto, operação e manutenção da automação.
- Implantação de extensões e de substituição de equipamentos através da abordagem de investimentos e recursos necessários.

13.2 GESTÃO DA ENGENHARIA

O sucesso de uma automação está fortemente vinculado à elaboração de uma metodologia de desenvolvimento de todo o projeto, algo como um Plano Diretor de Automação. Este plano deve ser o mais completo e detalhado possível, sem perder de vista que o objetivo final é a obtenção de um resultado concreto que traga benefícios a todos os envolvidos no processo — investidores, usuários e clientes.

Tomando por base o PMBOK (*Planning, Management Body of Knowledge*) (www.pmi.org), que define genericamente os processos de gerenciamento de um projeto em cinco grupos — iniciação, planejamento, execução, controle e encerramento — para a área de automação industrial pode-se dizer que os mesmos são caracterizados pelas etapas:

- Escopo
- Especificação
- Desenvolvimento
- Testes integrados
- Implantação

13.2.1 1.ª Etapa: escopo

O escopo tem como objetivo a elaboração de proposta e de documento básico para a avaliação técnica e comercial da automação planejada.

Atividades Pertinentes

- Identificação dos objetivos do cliente ou de seus integradores participantes.
- Escolha e dimensionamento dos equipamentos, hardware e software dos sistemas a serem utilizados.
- Análise das possíveis topologias a serem aplicadas para as redes, interfaces e controladores programáveis.
- Quantificação dos recursos humanos necessários, de engenharia e de administração.
- Elaboração da proposta técnica e comercial.

Ainda dentro desse processo de pré-venda, outros itens importantes devem ser contemplados:

- Estudos preliminares compostos por levantamento completo das informações no campo e os já documentados, inclusive com validação dos documentos quanto a sua consistência com a situação real.
- Estudos de viabilidade técnico-econômica, com estimativas de investimento e análise da taxa interna de retorno do investimento.
- Realização de visitas técnicas a sistemas já implantados ou em fase de implantação.
- Estudos do impacto social e conscientização das pessoas envolvidas desde a gerência até os funcionários menos qualificados, com o objetivo de torná-los parceiros no processo de automação.

Considerando que os aspectos técnicos desses temas dependem ou dos capítulos anteriores deste livro ou das especificações dos equipamentos disponíveis, resta apenas discutir a problemática das estimativas de recursos humanos.

13.2.2 2.ª Etapa: especificação

Após os estudos preliminares do processo anterior, a etapa de especificação consiste no projeto conceitual básico, resultando em especificação funcional do sistema, critérios de projeto e distribuição planejada das equipes e das atividades a serem executadas.

O projeto executivo detalhado resulta em especificação completa da configuração do sistema e lista de equipamentos, materiais e software a serem adquiridos.

Compras dos equipamentos, incluindo aqui identificação dos fornecedores e análise técnica das propostas.

Atividades Pertinentes

- Levantamento de dados do processo objeto da automação.
- Confecção do documento referente à definição completa da especificação técnica da automação, bem como dos encargos e das atribuições das partes contratantes e contratadas.
- Análise da documentação técnica: diagramas de fluxo, P&I, matrizes causa efeito etc.
- Detalhamento das variáveis de entrada e saída dos controladores programáveis e da planta (Lista I/O).
- Definição do sistema supervisório, das telas a serem desenvolvidas nas interfaces homem-máquina.
- Reuniões com os técnicos de operação, manutenção, engenharia e administração da empresa contratante para a finalização do documento "caderno de encargos".

13.2.3 3.ª Etapa: desenvolvimento

O desenvolvimento tem como objetivo o projeto completo da automação até o programa computacional e a sua simulação; desenvolvimento do sistema supervisório e das telas das IHMs, e a configuração da rede de automação.

Atividades Pertinentes

- Desenvolvimento do modelo da planta automatizada e de outros eventos em Redes de Petri, aplicando convenientemente as técnicas de análise top down e bottom-up; simulação e análise de propriedades como vivacidade, limitação, alcançabilidade, persistência e reversibilidade. Observação: projetistas experientes podem omitir esta atividade, também chamada de projeto conceitual.

- Projeto de Painéis

Consiste na elaboração dos documentos e desenhos para fabricação e montagem dos painéis do controlador.

O projeto de painéis descreve os requisitos e padrões necessários para o projeto dos armários do controlador, as características mínimas aceitáveis e as normas de referência para a fabricação e teste dos painéis. Contém informações tais como: especificação de todas as características mecânicas e elétricas para fabricação dos painéis, padrões de pintura, padrões de identificação de cabos, estruturas e dispositivos, tipos de testes e ensaios a que serão submetidos os painéis etc. Além disso, contempla todas as interligações elétricas do painel, sistema de aterramento, lista de materiais, típicos de interligações dos módulos de entradas e saídas e cartões de rede, identificação das borneiras, entre outros.

- Programação do Controlador Lógico Programável

A atividade de programação do controlador pode ser executada a partir de diagramas lógicos ou do descritivo funcional, ou a partir de diagrama de relé (existente). Se a programação for desenvolvida a partir do diagrama lógico o tempo gasto é menor, uma vez que o acesso às informações é mais direto nesse documento do que em diagramas de relés ou descrições funcionais. A programação é estruturada e feita em padrões, de forma a facilitar a manutenção e a otimização da própria programação. Concluída a programação, são inseridos os comentários em todas as instruções ou linhas de comando, e a documentação gerada é fornecida em arquivo eletrônico.

- Sistemas Supervisórios e Telas Sinóticas

A elaboração e a edição das telas sinóticas consistem no detalhamento gráfico da parte estática da tela. Essa tarefa é desenvolvida por designers gráficos, os quais fazem o desenho de fluxogramas de processo e detalhes de equipamentos utilizando modernas ferramentas de software para geração e edição de gráficos e imagens. A animação de telas sinóticas consiste em se associar características dinâmicas a uma tela estática existente. Como características dinâmicas podem ser utilizados diversos recursos do sistema (cor, movimento, rotação etc.) associados às variáveis da base de dados, para dar a idéia. Nesta etapa é que são criadas as atualizações dinâmicas, como, por exemplo, exibição do status de funcionamento do equipamento; exibição dos valores das variáveis analógicas; sinalizações das funções de operação; efeitos especiais, como rotação, carregamento de equipamentos etc.

- Projeto das Redes de Automação e dos Bancos de Dados

Análise e dimensionamento das redes no tocante aos seus desempenhos e estruturação do banco de dados.

- Documentação/Manuais

Manual da Operação/Manutenção do Sistema de Supervisão

Documento que descreve os procedimentos para utilização do software aplicativo na Supervisão e na Operação da planta, considerando os seguintes aspectos: composição e recursos do sistema de supervisão, organização e descrição das telas do sistema (sinóticos, gráficos de tendência etc.), descrição dos relatórios do sistema, reconhecimento e significado dos alarmes emitidos pelo sistema, significado das mensagens de erro emitidas pelo sistema, procedimentos de partida e shut-down do sistema, comandos de operação e forma de acionamento.

13.2.4 4.ª Etapa: testes integrados

O processo de controle utiliza as ferramentas usuais da gerência de projeto, tais como ferramentas para acompanhamento de cronograma, custos parciais e globais, ferramentas para garantia da informação, base de conhecimento, qualidade do projeto etc. Além disso, o controle propriamente dito dos projetos e softwares desenvolvidos é constituído de várias etapas de testes.

- Testes Internos

Consistem em um conjunto de simulações e verificações para análise da operacionalidade e consistência dos programas dos controladores e interfaces. Esses testes são realizados pelos projetistas e programadores na fase de finalização do projeto de automação. Os mesmos são realizados somente em termos de software; as entradas são forçadas (*force*), e todas as linhas do programa são observadas como seqüência dessas imposições. Toda a lógica dos programas é verificada.

- Testes de Plataforma

São ensaios com dispositivos de sensoreamento e de automação conectados, mas sem o processo industrial presente.

13.2.5 5.ª Etapa: implantação

- Teste de Posta em Marcha, ou *Start-up*

São os testes após a implementação física da automação na planta, com a presença das engenharias da fornecedora do sistema e do cliente final.

Do processo deverão ser medidos e aprovados os parâmetros e o funcionamento de:

- Motores elétricos, freios eletromecânicos; redutores de velocidade, cargas mecânicas, como elevadores, bombas, compressores, ventiladores, transportadores, e cargas térmicas, como reostatos, estufas e fornos.
- Conversores e acionamentos eletrônicos, como: inversores, softstarts, chaves compensadoras, painéis elétricos, mesa de comando, centros de controle de motores, cabines e subestações de distribuição.
- Instalações elétricas, fiação, cabeamento, dispositivos de proteção elétrica e sistemas de aterramento.

Do hardware da automação deverão ser medidos e aprovados os parâmetros e o funcionamento de:

- Sensores elétricos, óticos, térmicos, mecânicos, indutivos e capacitivos e toda a fiação e conexões elétricas pertinentes.
- Atuadores como solenóides, válvulas, contatores e servomotores e toda a fiação e conexões elétricas.

- Alarmes e sinalizadores, como lâmpadas, sirenes, buzinas e displays.
- Painéis elétricos e mesas de comando que contêm os controladores programáveis e suas expansões, IHMs, fiações e conexões elétricas.
- Redes da automação que contêm barramentos, sistemas de comunicação, pontos e equipamentos de conectividade e computadores do processo.

Do software da automação deverão ser avaliadas e aprovadas as condições de operação:
- Normal: deverá abranger o ciclo completo do processo em todas as suas possibilidades de atuação e de acordo com a abrangência do escopo original especificado no caderno de encargos.
- Contingencial: deverá abranger todas as possibilidades de operação anormal por causa de interrupção do fornecimento de energia, defeito ou falha de qualquer equipamento ou mau uso da planta por parte dos operadores.

- Operação Assistida

Este período ocorre imediatamente após o término da colocação em funcionamento do sistema, para acompanhamento das funções projetadas para o sistema e suporte técnico localizado.

- Treinamentos

Poderão ser divididos em várias modalidades, p. ex., treinamento operacional, treinamento de configuração do sistema, de manutenção etc.

- Aceite

Nesta fase final, o gerente do projeto, juntamente com o fornecedor, faz através do Caderno de Encargos uma verificação geral para ter a certeza de que todos os requisitos esperados pela empresa foram cobertos pelo sistema desenvolvido e implementados pelo fornecedor.

13.3 ESTIMANDO O ESFORÇO DE ENGENHARIA

Ao estimar os custos dos recursos humanos necessários para a implantação de uma automação industrial e ao prever prazos factíveis, isto é, ao assumir os compromissos da pré-venda, a empresa fornecedora enfrenta um problema difícil.

Pode-se dizer que o desenvolvimento de uma automação industrial tem, atualmente, grande afinidade com o de um software. É verdade que o software final dos controladores programáveis é equivalente, se comparado com os softwares em geral; no entanto, outras atividades ligadas às especificações, aos protótipos, às montagens no cliente, aos testes etc. são muito complexas. E, assim, como nos grandes softwares, o sucesso final depende de muita coerência intelectual, a despeito de obstáculos que surgem paulatinamente, de muita disciplina e coordenação.

Por essas razões, o desenvolvimento de uma automação pode ser globalmente equiparado ao de um grande software. Por isso, passamos a expor sucintamente a experiência geral acumulada na Engenharia de Software, para depois abordar as peculiaridades da automação. [Pr]

A abordagem natural de que dispomos para enfrentar um problema complicado é a sua decomposição em partes, visto que estas podem ser mais bem administradas, isto é, são entendidas, conhecidas e avaliadas com melhor precisão. As soluções parciais podem ser coerentemente reunidas para enfrentar o problema inicial. Na estimativa dos custos (esforços da engenharia e tempo) envolvidos no desenvolvimento de um software, é fundamental decompor o objetivo total em partes. A tarefa seguinte é, então, montar tabelas como a seguinte:

TABELA 13.1

Detalhamento do Custo do Projeto	
	Horas
01 – Estudo da Configuração Proposta/Escopo de Fornecimento	
02 – Estudo da Documentação do Projeto	
03 – Reunião para Esclarecimentos Técnicos	
04 – Elaboração do CEET Lista de Entrada/Saída Descrição Funcional e Descrição dos Intertravamentos Preliminar do IHM Preliminar de Operação	
05 – Reunião para Fechamento do Caderno de Encargos	
06 – Revisão do Caderno de Encargos	
07 – Análise do Programa Aplicativo CLP Supervisório	
08 – Elaboração do Programa Aplicativo CLP Supervisório	
09 – Roteiro de Testes	
10 – Revisão do Roteiro de Testes Testes Internos Testes de Integração Testes de Plataforma	
11 – Manual de Operação	
12 – Revisão do Manual de Operação	
13 – Start-up	
14 – Operação Assistida	
15 – Treinamento CLP Supervisório	
16 – Documentação Final	
17 – Tempo Gasto em Deslocamentos	
18 – Outros	

Quando um dado objetivo é muito complexo para permitir as estimativas, uma nova decomposição deve ser feita, e assim por diante.

Métodos Empíricos para Estimativa de Esforço e Prazo

Em engenharia de software, foram importantes os resultados de Norden (1980), obtidos após analisar a *distribuição do esforço ao longo do tempo* de desenvolvimento; por ter concluído que as curvas correspondentes assemelham-se às de fenômenos físicos descritos por Lorde Rayleigh, os resultados de Norden passaram a ser conhecidos como Curvas de Rayleigh-Norden.

Com base nessa distribuição temporal, mas considerando apenas esforço total e tempo total, Putnam derivou sua "*equação de software*". Sejam:

K = esforço total (pessoas-ano), em desenvolvimento + manutenção;
T_d = tempo decorrido até o final (anos);
L = número de linhas de código (instruções da fonte);
C_h = uma constante do estado de tecnologia, podendo variar desde 2000 até 6000, com o valor mínimo para um ambiente "pobre" e o máximo para um ambiente "excelente".

Então, a seguinte equação ajusta-se bem aos dados históricos:

$$K = C_h^{-3} L^3 T_d^{-4} \qquad (13.1)$$

A função é fortemente não-linear: observa-se, por exemplo, que dividir o tempo T_d por 1,5 implica multiplicar o esforço K por 5.

Tudo indica que esse comportamento tão não-linear do esforço K, em função das outras variáveis, retrate as dificuldades de avanço dos programadores, que são decorrentes da complexidade, do tamanho do software e da equipe, da abstração, do trabalho particionado em equipes etc. *São fatos que também encontramos na automação industrial*, só que as métricas válidas devem ser menos dependentes de L (número e linhas do programa aplicativo).

A constante C_h deve, logicamente, sofrer a influência de tecnologia disponível acumulada, da época, do local, da *organização-cliente* etc. A conclusão natural é que cada empresa fornecedora de automação industrial deve desenvolver empiricamente (isto é, a partir da sua experiência de contratos) a sua métrica e o seu modelo matemático para o esforço de desenvolvimento; e deve realizar após cada conclusão de contrato um *feedback* de comparação entre os valores orçados e os valores reais.

Nossa sugestão é no sentido de que a empresa de automação industrial desenvolva cuidadosamente a formação da sua métrica básica, adote uma equação de Putnam própria, isto é, com coeficientes oriundos de sua prática; o algoritmo de mínimos quadrados do Anexo A.13 destina-se a consolidar automaticamente a experiência de contratos e mercados da empresa.

13.4 CAPACITAÇÃO TÉCNICA DAS EQUIPES DE PROJETO, OPERAÇÃO E MANUTENÇÃO

Este tema é importante para a gestão da automação, tanto na empresa da engenharia (projeto e implementação) quanto na empresa cliente (operação e manutenção).

13.4.1 Evolução tecnológica

Antes de se definir o processo de capacitação para o profissional de engenharia necessário às áreas de automação industrial, assim com a sua responsabilidade e inter-relacionamentos com os demais profissionais e clientes, é necessário examinar os cenários tecnológico e social nos quais o técnico ou engenheiro está inserido.

O grande desafio enfrentado pelas empresas decorre de transformações causadas pela velocidade com que têm sido gerados novos conhecimentos, concretizados através da introdução no mercado de novos produtos. Novas tecnologias foram desenvolvidas, impulsionadas pela crescente demanda por produtos inovadores mais funcionais e baratos. Estima-se que os conhecimentos científicos e tecnológicos têm duplicado a cada década que passa.

Diante desse cenário, o gerenciamento e a disseminação da informação para garantir capacitação dos recursos humanos passaram a ser fundamentais.

Com as constantes mudanças tecnológicas, os profissionais que não as acompanharem ficarão profundamente inabilitados para o exercício da profissão. Essa questão é particularmente importante na transferência do conhecimento dentro das áreas de automação industrial e, mais genericamente, nas áreas de engenharia de pesquisa e desenvolvimento para as áreas de produção. O conhecimento só é efetivamente transferido para o processo produtivo quando os profissionais das áreas de produção conseguem assimilar esse conhecimento e o transformam em um processo ou produto concreto.

Para evitar a obsolescência dos seus recursos humanos, as empresas devem desenvolver e implantar programas continuados de treinamento e de atualização tecnológica.

13.4.2 Capacitação tecnológica dos recursos humanos

Neste item, vamos abordar as atividades fundamentais que fazem parte do trabalho da engenharia de projeto da automação industrial, para avaliar a questão da capacitação tecnológica.

Análise da Planta Industrial conforme sua Representação Esquemática

A operação da planta através de toda seqüência e intertravamento lógico é representada por meio dos seguintes métodos:

a) Fluxograma de processos
São detalhadas todas as funções da planta industrial em diagrama de blocos. Nessa forma de representação são descritos os métodos utilizados, os equipamentos e os controles envolvidos no desenvolvimento do processo produtivo.

O fluxograma de processos é o esquema de funcionamento através do qual se representam as condições do sistema de uma forma mais compacta, em que o mesmo é dividido em eventos ou passos. A concatenação desses passos ocorre na seqüência definida pelo processo.

b) Diagramas de P&I (Pipe and Instrumentation)
Nessa forma de representação são mostrados todos os pontos de medição, atuação, sensoriamento e intertravamento das grandezas e variáveis da planta industrial. Esse diagrama é muito útil, não somente na elaboração dos programas dos controladores programáveis como também na orientação para desenvolvimentos das telas dos sistemas supervisórios, pois enfatiza e define os níveis das variáveis controladas. Esses diagramas são tipicamente utilizados para representação de processos químicos de petróleo e gás.

c) Diagrama de estados
Através de um diagrama de barras, são detalhados o relacionamento e o intertravamento funcional das variáveis de entrada e saída dos controladores programáveis e a planta. Esse diagrama é extremamente útil em automação voltada para manufatura e para o desenvolvimento do modelamento do sistema pelas redes de Petri.

Linguagens de Programação e Softwares dos Aplicativos dos Controladores Programáveis

As atividades relacionadas dizem respeito, como mencionado em capítulos anteriores, às linguagens padronizadas para programação dos controladores, diagrama funcional de blocos, diagrama de ladder, texto estruturado, lista de instruções e SFC.

Além disso, faz-se necessário também que as equipes de projeto tenham conhecimento pleno dos softwares de programação do aplicativo do controlador programável e dos sistemas supervisórios.

Com relação aos sistemas supervisórios, o desenvolvimento do aplicativo da IHM poderá ser feito através do Visual Basic, C ou SQL.

Configuração de Redes e de Banco de Dados

Neste item, conforme enfocado anteriormente, o profissional deverá ter conhecimento das vantagens operacionais, características e especificações das várias topologias de redes, modelos de transferência de dados, protocolos de comunicação.

13.4.3 Obtenção da capacitação tecnológica

Recursos humanos necessários para o desenvolvimento da automação podem ser desenvolvidos através de três métodos, que envolvem desde habilidades e características comportamentais até de personalidades diferentes:

a) Desenvolvimento próprio: é realizado com os recursos humanos e tecnológicos das próprias empresas. A parceria com universidades ou com apoio de consultores pode economizar etapas.

   Por outro lado, são qualidades pessoais desejáveis:

   - saber trabalhar em equipe;
   - conviver continuamente com mudanças;
   - estar comprometido com a qualidade do que faz;
   - ter iniciativa para a tomada de decisões.

   Todas essas qualidades são habilidades fundamentais necessárias a esses profissionais.

b) Acompanhamento de tendências: é um meio de saber como evolui o mercado, através do trinômio clientes–concorrentes–fornecedores, e qual o estágio de desenvolvimento e de aprimoramento das equipes de trabalho e dos produtos.
c) Contratação de tecnologias externas: ocorre quando não se dispõe de recursos técnicos ou prazos necessários para sustentar o autodesenvolvimento. Nesse caso, a aquisição de tecnologias é uma estratégia e deve ser adotada, com transferência via pessoas, e não somente por documentos e equipamentos. Deve ser incentivado o treinamento dos profissionais na sede da instituição contratada, detentora da tecnologia.

13.4.4 Investimento para expansões

A melhoria nos processos automatizados é ponto importante a ser enfocado nas decisões, tanto em empresas de manufatura como de serviços. Um novo equipamento ou processo sempre envolve um custo significativo, e pode afetar a produtividade e a competitividade da empresa por vários anos. Modernamente, a dificuldade desse problema tem aumentado pelo fato de as tecnologias mudarem rapidamente, e o que pode parecer um bom processo avançado em pouco tempo poderá se tornar ultrapassado. Nessas circunstâncias, *o que move a decisão* para implementar melhorias é a obsolescência tecnológica, em lugar da deterioração física dos equipamentos da planta já automatizada. Essa é a situação típica de microcomputadores, máquinas de comando numérico e topologias de processos automatizados de qualquer tecnologia que envolva equipamentos eletrônicos.

A abordagem tradicional enfatiza a deterioração física dos equipamentos, hardware e software da planta automatizada. A idéia básica é investir num equipamento quando os custos operacional e de manutenção atuais se tornarem maiores que o novo custo operacional de manutenção e de investimentos, justificando assim a melhoria a ser implantada.

Essa abordagem pode, no caso da automação, conduzir a uma decisão inadequada. Se a tecnologia sofre mudanças constantes, talvez seja preferível continuar com o equipamento existente por mais alguns anos e repô-lo com um novo lançamento do que substituí-lo por um já existente comercialmente. É extremamente difícil justificar reposições quando o desenvolvimento e a obsolescência tecnológicas são intensos.

Modelamentos econômicos mais complexos têm sido apresentados, na literatura recente, como um processo de decisão estocástica. Esses modelos consideram três tecnologias:

- a primeira, atualmente empregada no processo, em uso na planta automatizada da indústria;
- a segunda, já disponível no mercado, mais avançada do que a anteriormente citada, em uso comercial;
- a terceira, em desenvolvimento, ainda a se tornar disponível comercialmente.

O desafio teórico é achar a decisão otimizada quanto à reposição de equipamentos quando tecnologias, custos e rendimentos não são estacionários no decorrer do tempo. O método correto de cálculo deve sinalizar para a continuidade do estágio atual em que se encontra a planta otimizada, aguardando uma futura geração ou a substituição por outra já existente há alguns anos no mercado.

13.5 ALGUMAS CONSIDERAÇÕES GERAIS

Retomemos a idéia da equiparação das dificuldades da engenharia de automação industrial com as da engenharia de software, por causa da complexidade dos meios e dos objetivos e da abstração intelectual que lhes é inerente. Novamente, busquemos na engenharia de software alguma orientação.

Os Mitos da Engenharia de Software

Em torno de 1980 foram publicadas análises críticas de histórias de desenvolvimento de softwares importantes: [Br] foi obra pioneira nesse campo, e, além de notável do ponto de vista técnico-administrativo, é leitura prazerosa e de alta qualidade; [Pr] é obra extensa e mais recente. Por causa das enormes decepções que tiveram gerentes de desenvolvimentos com seus próprios desempenhos, e também para enfatizar as diferenças constatadas em relação à gerência tradicional da engenharia e da indústria, costuma-se falar dos *Mitos do Software*, isto é, de certas idéias tradicionais intuitivas, mas que não funcionam. [Pr] Os mitos relacionados a seguir são falsos e, portanto, perigosos se influenciarem no processo de gestão:

Mitos Administrativos:

- um bom manual de regras para construir softwares é suficiente para assegurar a qualidade;
- softwares e computadores de última geração são suficientes para assegurar prazos;
- se há atraso em relação ao cronograma, compensa-se adicionando programadores (este é o Mito do Homem-mês de Brooks, a ilusão de que se pode intercambiar livremente quantidade de pessoas por tempo de duração do desenvolvimento).

Mitos do Cliente:

- uma declaração dos objetivos é suficiente para se começar a escrever programas;

- os objetivos podem ser constantemente alterados, porque o software é naturalmente flexível e acomoda as mudanças (na realidade, o custo das mudanças cresce dezenas de vezes quando elas são feitas no software pronto, em vez de na fase de definição dos requisitos).

Mitos do Profissional:

- escrito o programa, termina o trabalho do programador (na realidade, dados oriundos das mais diversas empresas de software indicam que *mais de 50% de esforço ocorrem depois de escrito o programa*, em teste e em correções);
- avaliar a qualidade do software é tarefa que só pode ser feita quando ele está funcionando (na realidade, a garantia da qualidade é procedimento formal que começa junto com o desenvolvimento, implicando contínua documentação e freqüentes "revisões técnicas").

ANEXO A.13

Estimativa Empírica para um Modelo de Esforço de Engenharia de Automação

Propomos neste anexo um método computacional para gerar estimativas do esforço de engenharia empiricamente, isto é, a partir de dados históricos da empresa de engenharia.

I. Seja um modelo genérico tipo Norden, com coeficientes a determinar,

$$K = F^a \cdot \exp(b) \cdot D^c T^{-d}$$

no qual a, b, c e d são coeficientes > 0; K é o esforço (homens-mês); F é a métrica das necessidades de esforço (por exemplo, horas totais na Tabela 13.1; D é a distância da empresa de engenharia ao local da planta do cliente (em múltiplos de 100 km); T é o prazo de execução completa do contrato (meses).

II. Aplicando o logaritmo natural para linearizar a função, resulta

$$\ln K = a \cdot \ln F + b + c \cdot \ln D - d \cdot \ln T$$

III. Escrevendo a função para os n *contratos passados*, resultam n equações nas incógnitas a, b, c, d:

$$\ln K_i = a \cdot \ln F_i + b + c \cdot \ln D_i - d \cdot \ln T_i,\ i = 1\ a\ n;$$

Agrupando os dados em vetores K, F, D e T

$$[\ln K_i] = K;\ [\ln F_i] = F;\ [\ln D_i] = D;\ [\ln T_i] = T$$

e designando o vetor, $n \times 1$, de elementos iguais a 1, por meio do símbolo 1.
Assim, as n equações transformam-se na equação matricial

$$K = a \cdot F + b \cdot 1 + c \cdot D - d \cdot T = [F\ 1\ D - T] \begin{bmatrix} a \\ b \\ c \\ d \end{bmatrix}$$

Trata-se de uma equação matricial do tipo $A \cdot x = b$, onde

$$x = [a\ b\ c\ d]^T$$
$$A = [F\ 1\ D - T]$$
$$b = K$$

IV. O programa do Matlab *Non-negative Least Squares*, ou outro equivalente, calcula x para que resulte *mínimo o erro quadrático médio* entre os dois lados da equação $Ax = b$. A solução restringe-se a x de componentes ≥ 0.

Com os coeficientes a, b, c, d assim otimizados, fica o modelo de Norden ajustado à história da empresa de automação considerada.

Soluções de Exercícios Propostos

Capítulo 1

S.1.9 Figura S.1.9 (1): A técnica utilizada é o ***Controle por Realimentação***, que utiliza o desvio do valor da variável controlada em relação ao valor desejado (erro) para efetuar a ação corretiva. Não se necessita conhecer antecipadamente as perturbações que afetam o processo e, se o valor medido for diferente do valor desejado, o controlador altera sua saída de modo a alterar o valor da variável manipulada (através da válvula de controle), de forma a eliminar o erro.

Diagrama de Blocos

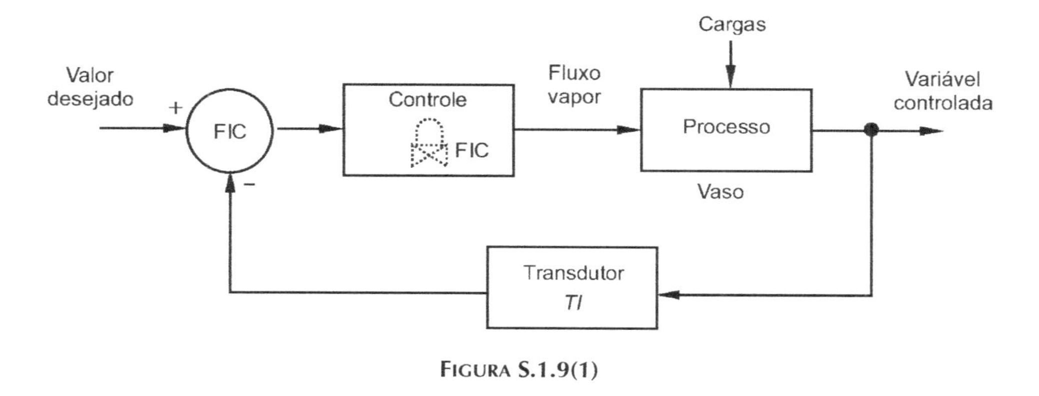

FIGURA S.1.9(1)

Figura E.1.9 (2): A técnica utilizada é o ***Controle por Antecipação***, que responderá diretamente aos distúrbios no vapor proporcionando um controle antecipado. O transdutor mede os valores do distúrbio de pressão e o controlador calcula o sinal de correção em função do valor desejado. Assim, alterações nas condições de entrada do processo causam alteração no sinal de controle antes que haja mudança na variável controlada.

Diagrama de Blocos

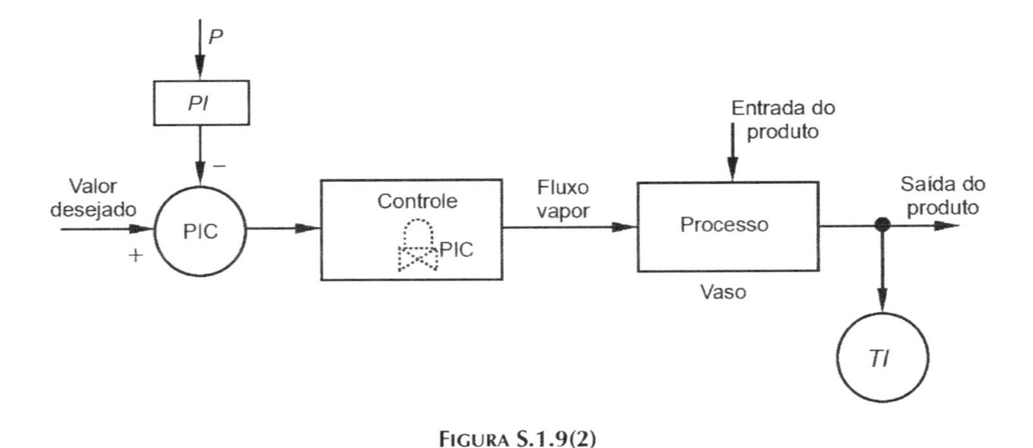

FIGURA S.1.9(2)

Figura S.1.9 (3): As técnicas utilizadas são o ***Controle por Realimentação e o por Antecipação.***

Diagrama de Blocos

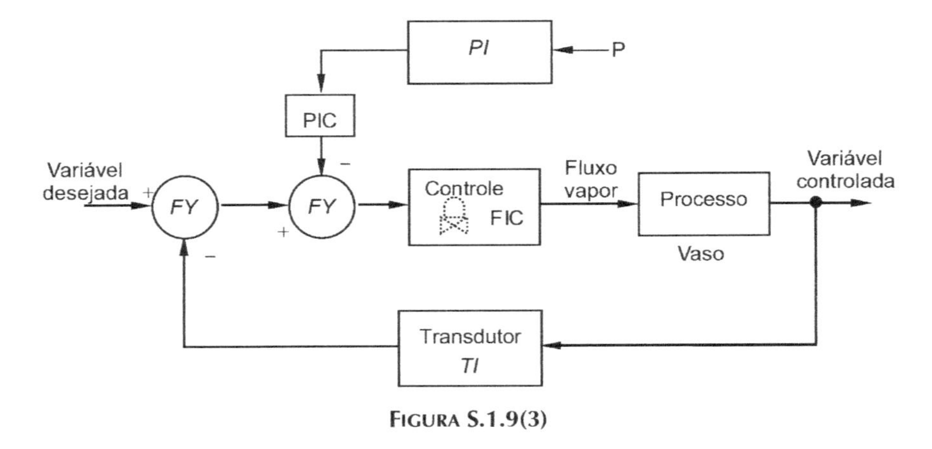

FIGURA S.1.9(3)

Capítulo 2

S.2.2 Entradas

- Botoeiras Contato (NA) – B_0, B_1, B_2
- Botoeiras Contato (NF) – B_3, B_4
- Chave Fim-de-Curso (NA) – FC
- Sensor Ótico (NA) – S_1, S_2

Saídas

- Bobina de Contatores – K_1, K_2, K_3
- Lâmpada-piloto – L_1, L_2, L_3, L_4
- Válvula Solenóide – *VS*
- Sirene – *SI*

Diagrama Elétrico: Figura S.2.2

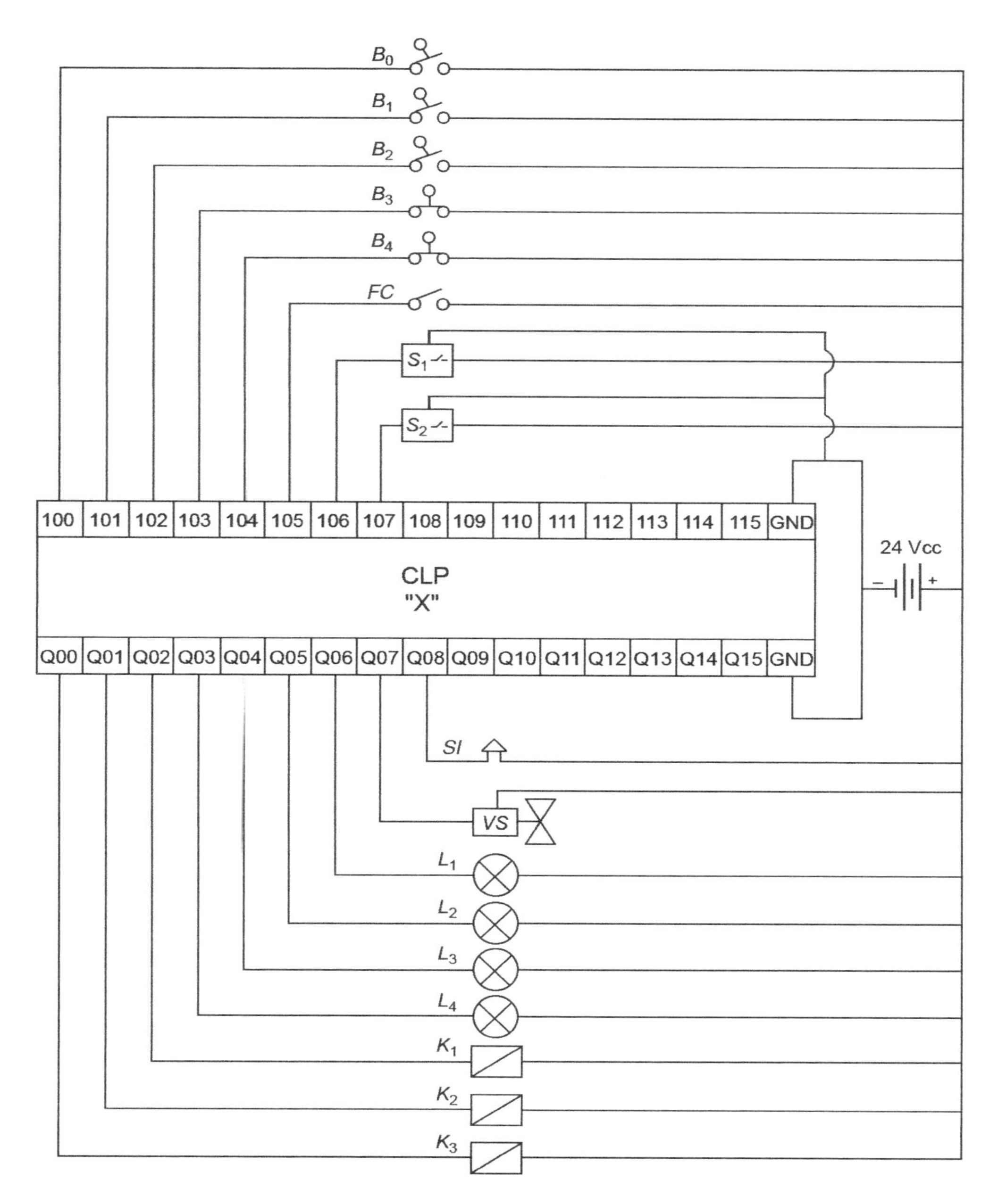

FIGURA S.2.2

S.2.3

Tabela-verdade

A	B	C	S
0	0	0	1
0	0	1	1
0	1	0	1
0	1	1	1
1	0	0	1
1	0	1	0
1	1	0	0
1	1	1	0

Expressão booleana completa obtida da tabela-verdade

$$S = \overline{A}\,\overline{B}\,\overline{C} + \overline{A}\,\overline{B}C + \overline{A}B\overline{C} + A\overline{B}\,\overline{C} + A\overline{B}\,\overline{C}$$

Expressão booleana minimizada obtida do mapa de Karnaugh

$$S = \overline{A} + \overline{B}\,\overline{C}$$

Diagrama Ladder Correspondente

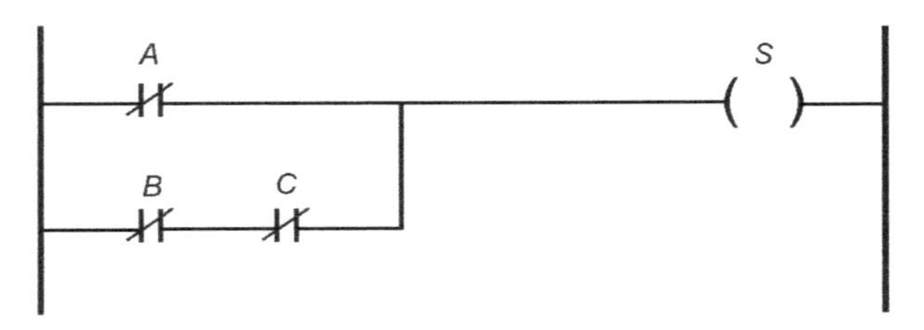

Figura S.2.3

S.2.5 Variáveis de Entrada

- Chaves L/D
  - Botão Liga – BL
  - Botão Desliga – BD
- Sensores
  - Sensor Nível Mínimo – $S_{1mín}$
  - Sensor Nível Mínimo – $S_{2mín}$
  - Sensor Nível Mínimo – $S_{3mín}$
  - Sensor Nível Máximo – $S_{2máx}$
  - Sensor Nível Máximo – $S_{3máx}$

Variáveis de Saída

- Atuadores
  - Damper – D_1
  - Damper – D_2

- Motores
  - Motor – M_2
  - Motor – M_3

Diagrama Elétrico: Figura S.2.5

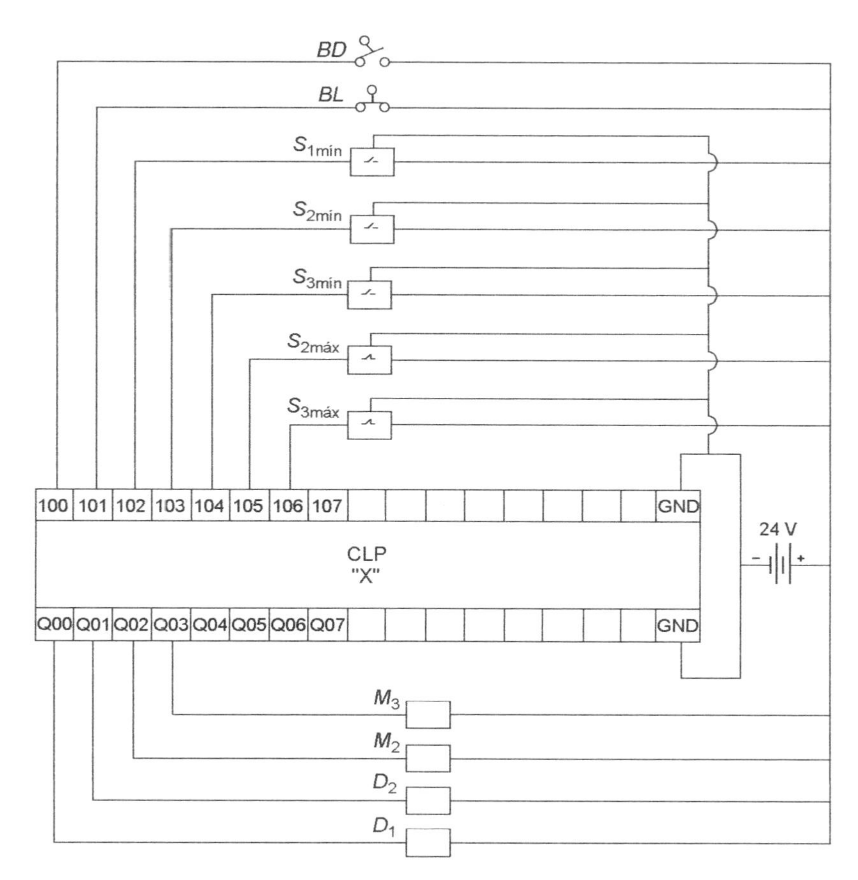

FIGURA S.2.5

Capítulo 3

S.3.5

(a)

ID	Sensores	Produtos	Sensibilidade
01	Indutivo	Cerveja (garrafa de vidro) tampa metálica	80
02	Capacitivo	Água (em garrafa de plástico)	100
03	Capacitivo	Caixa de madeira com peças de plástico	10
04	Capacitivo	Caixa de papelão com colher de pau	10

(b)

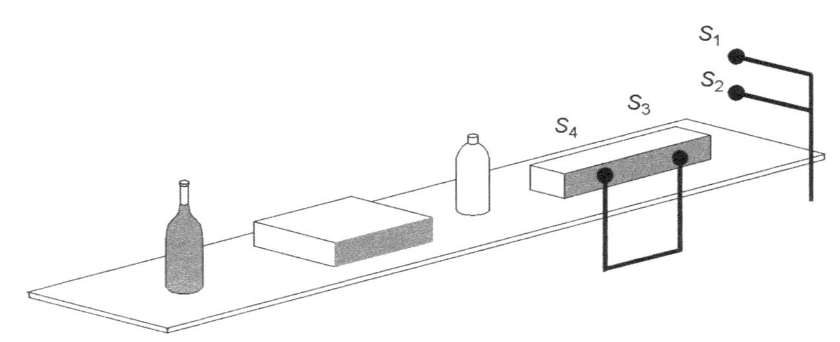

FIGURA S.3.5

S_1 sensor indutivo (para sensoriar tampa metálica da garrafa de cerveja)
S_2, S_3 e S_4 sensores capacitivos
S_1 e S_2 serão usados para as garrafas
S_3 e S_4 para as caixas de embalagem
A Tabela-verdade se fará da seguinte forma:

S_1	S_2	S_3	S_4	Produto
1	1	-	-	Cerveja
0	1	-	-	Água mineral
-	-	1	1	Caixa de papelão
-	-	0	1	Caixa de madeira
-	-	1	0	Caixa de madeira

S.3.6

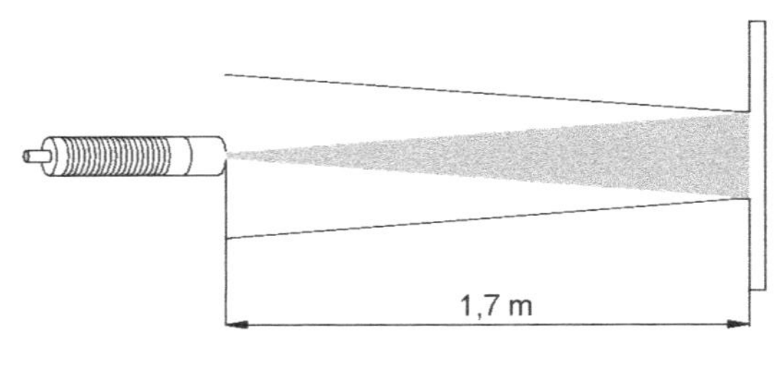

FIGURA S.3.6

Sendo C_0 a velocidade do som no ar, τ o intervalo entre pulsos e T a temperatura (K),

$$d = \frac{C_0 \cdot \tau}{2} \rightarrow d = \left(331,31 \cdot \sqrt{\frac{T}{273,16}}\right)\frac{\tau}{2} \rightarrow T = 273,16\left(\frac{2 \cdot d}{331,31 \cdot \tau}\right)^2$$

$$\text{Máx } \tau = \frac{1}{100} = 0,01 \text{ s. Portanto}$$

$$\text{Mín } T = 273,16\left(\frac{2 \cdot 1,7}{331,31 \cdot 0,01}\right)^2 = 287 \text{ K} = 15°\text{C}$$

Capítulo 4

S.4.10 Variáveis de Entrada

- Chaves L/D
  - Botão Liga – BL
  - Botão Desliga – BD
- Sensores
  - Sensor Nível Alto CX_1 – HL_1
  - Sensor Nível Baixo CX_1 – LL_1
  - Sensor Nível Alto CX_2 – HL_2
  - Sensor Nível Baixo CX_2 – LL_2
  - Sensor Nível Alto R_1 – HLR_1
  - Sensor Nível Baixo R_1 – LLR_1
  - Sensor Nível Alto R_2 – HLR_2
  - Sensor Nível Baixo R_2 – LLR_2
  - Sensor Nível Baixo Poço – LLP

Variáveis de Saída

- Atuadores
  - Válvula Solenóide Alimenta R_1 – V_1
  - Válvula Solenóide Alimenta R_2 – V_2
- Motores
  - Motor Poço – M
  - Motor Bomba Recalque CX_1 – M_1
  - Motor Bomba Recalque CX_2 – M_2

Ilustração do Sistema: Figura S.4.9a

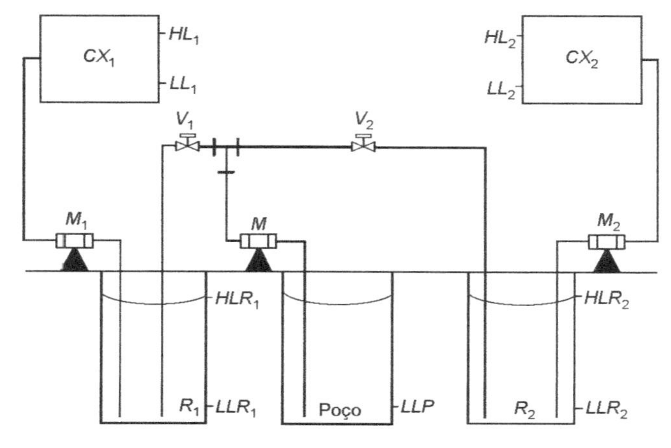

FIGURA S.4.9a

Diagrama Lader: Figura S.4.9b

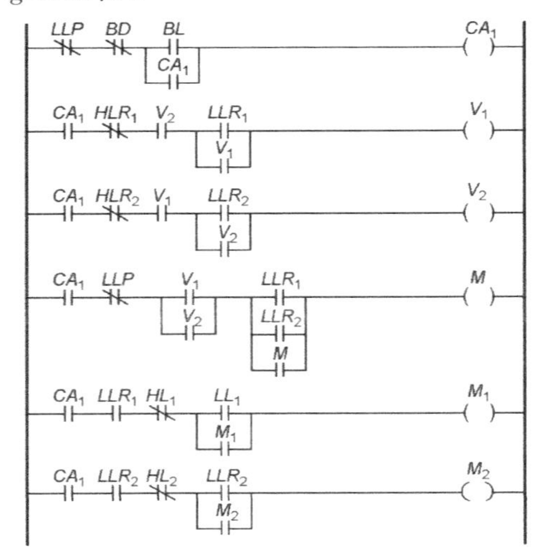

FIGURA S.4.9b

S.4.11

Diagrama Lader: Figura S.4.11

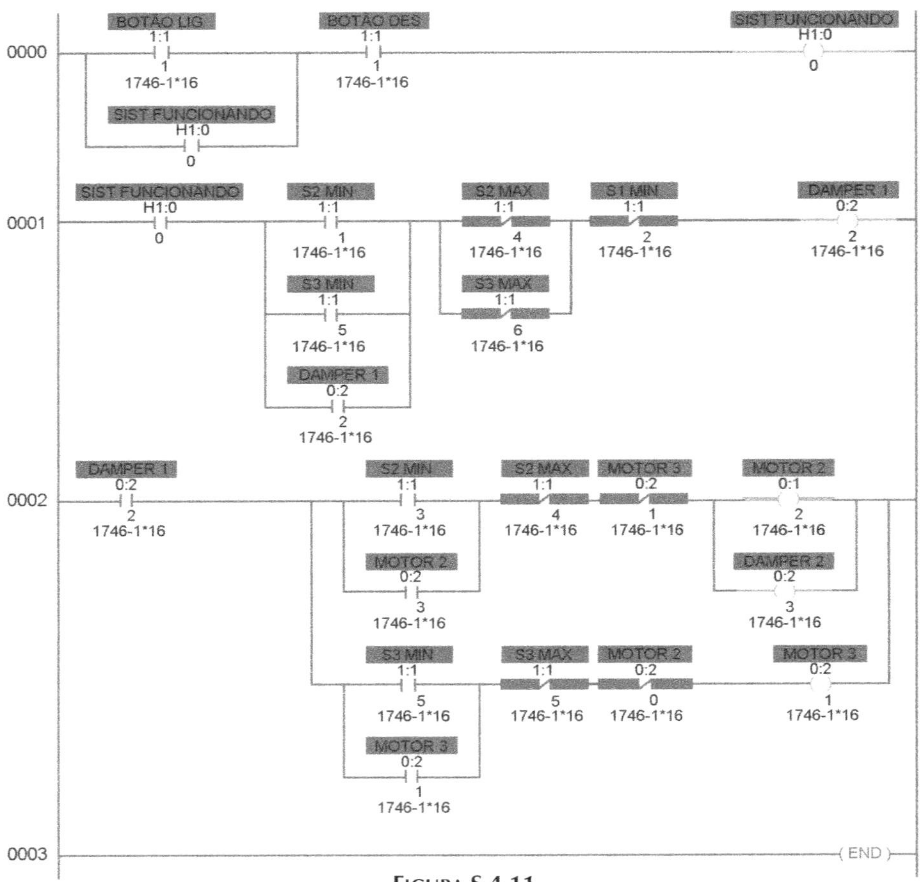

FIGURA S.4.11

Capítulo 5

S.5.11 **a)** O que se entende por comunicação serial?

- *Comunicação serial*: o dado é enviado bit por bit. O cabo que conecta os dispositivos pode ser mais longo em virtude de características especiais do sinal que é transmitido. Diversos protocolos de comunicação operam sobre comunicação serial: redes de campo, comunicação com modens etc. Essa comunicação pode ser síncrona, na qual o transmissor e o receptor devem ser sincronizados para a troca de comunicação de dados e os bits são enviados seqüencialmente.
- *Comunicação paralela*: enviamos uma palavra por vez ao longo de um barramento composto por vários sinais. A comunicação com impressoras é tipicamente uma comunicação paralela. A velocidade é alta, porém as distâncias são curtas. Além do envio dos dados deve-se também enviar sinais de controle.

b) Explicar o princípio de funcionamento do Touch-Screen/LCD

- LCD (*Liquid Crystal Display*), baseia-se nas propriedades do reflexo da luz através de um conjunto de substâncias de material líquido. As moléculas de cristal líquido se encontram distribuídas em forma de bolha sobre uma superfície com linhas paralelas entre elas. Ficam localizadas em toda a superfície, que possui linhas também, porém perpendicularmente às inferiores, ou seja, formando ângulos com as linhas de superfície abaixo, nesse caso de 90°. Se essas superfícies fossem transparentes seria possível observar como a luz passa através dos corpos. Porém, quando a luz sai dos corpos ela gira 90° em relação à direção que entrou. Isso quer dizer que as moléculas de cristal líquido reorientam o feixe de luz. Se aplicarmos uma tensão entre as superfícies as moléculas se reorientam verticalmente até formarem "uma linha" reta em relação às superfícies. Com isso, a luz que entra não sofre nenhuma reorientação, saindo exatamente da mesma forma que entrou.
- Touch-Screen: possui uma camada sensível ao toque, baseada no uso do infravermelho. A tela é formada por vários emissores e receptores que se comunicam continuamente, tanto na horizontal quanto na vertical. Ao tocar a tela, interrompe-se a comunicação entre alguns deles, fazendo com que a posição do toque seja percebida.

c) Descrever os principais tipos de portas de comunicação (serial, paralela, USB)

- *Serial*: é a porta através da qual sinais são transmitidos em modo assíncrono. As informações são transmitidas num único bit por vez. A comunicação é feita por dois fios, podendo receber e enviar dados. Diversos periféricos podem ser conectados nesse tipo de porta: modens, mouses, notebooks, assistentes pessoais. São utilizados conectores DB9 ou DB25.
- USB (*Universal Serial Bus*) é hoje o método mais difundido de conexão a dispositivos externos ao computador, incluindo scanners, impressoras e joysticks. As portas USB transferem dados mais rápido que as portas seriais e paralelas. USB permite o acesso plug and play, o que faz o dispositivo ser mais simples. Há uma versão mais avançada de USB (também conhecido como USB 1.1), que é o USB 2.0. Esta nova versão é 40 vezes mais rápida que a anterior e mantém total compatibilidade.
- *Paralela*: uma porta que permite o fluxo de dados síncronos em alta velocidade ao longo de linhas paralelas para dispositivos periféricos, em particular impressoras, através da porta LPT de 25 pinos.

d) Descrever as principais características dos sistemas centralizado, descentralizado e distribuído

- *Centralizado:* entende-se por sistema centralizado um CLP gerenciando um processo constituído por estações remotas, onde todo o processamento está concentrado num único CLP. O banco de dados está contido em apenas uma máquina e as informações correm em direção vertical através de uma estrutura hierarquizada (pirâmide).
- *Descentralizado:* entende-se por sistema descentralizado um CLP trocando dados em modo on-line, onde o processo não está concentrado em apenas um controlador.
- *Distribuído:* o controle é alocado por máquinas ao longo da planta. Nessas máquinas está sendo realizado todo o gerenciamento das informações. Todo esse gerenciamento é executado por um conjunto de softwares instalado na planta.

e) O que se entende por protocolo de comunicação?
É um conjunto de regras padronizadas que especifica o formato, a sincronização, o seqüenciamento e a verificação de erros em comunicação de dados. Dois computadores devem utilizar o mesmo protocolo para poderem trocar informações.

f) Descrever as principais características do padrão RS232 / RS485.
- *RS232:* padrão EIA (Electronic Industries Association) para transmissão de dados por intermédio de cabo "par trançado", em distâncias de até 15 m. Define pinagem de conectores (DB9 ou DB25), níveis de sinais, impedância de carga etc. para dispositivos de transmissão e recepção. É o padrão existente nas portas seriais dos PCs.
- *RS485*: padrão EIA (Electronic Industries Association) para transmissão de dados com balanceamento de sinal (linhas de transmissão e recepção têm *communs* independentes), proporcionando maior imunidade a ruídos, maior velocidade de transmissão e distâncias mais longas (até 1200 m). Os receptores têm proteções e capacidades maiores. A comunicação é half-duplex (pode apenas enviar ou receber dados em um mesmo instante).

g) O que se entende por driver?
É um item de software que permite que o computador se comunique com um acessório específico, como uma determinada placa. Cada acessório exige um driver específico.

h) Discutir o conceito mestre/escravo.
O conceito mestre/escravo parte do seguinte conceito: trata-se de um dispositivo principal (mestre) que controla os demais dispositivos (escravos).

i) O que são programas cliente/servidor?
A arquitetura cliente/servidor descreve a relação entre dois equipamentos ou sistemas. O primeiro, o cliente, solicita serviços ou arquivos ao segundo, o servidor, que atende ao pedido. Boa parte das aplicações na Internet é baseada na arquitetura cliente/servidor. O browser, por exemplo, é um cliente. Ele "pede" dados (arquivos HTML, GIF etc.) a um servidor (um computador funcionando como servidor Web). Esse tipo de funcionamento é bastante interessante numa rede como a Internet, já que não é necessário manter uma conexão permanente entre o cliente e o servidor. Toda a comunicação é controlada por pedidos de conexão e respostas a esses pedidos. A arquitetura cliente/servidor veio, de certa forma, substituir o antigo modelo de computação centralizada, em que poderosos mainframes atendiam a uma série de terminais ditos "burros", pois limitavam-se à exibição de dados. A arquitetura cliente/servidor é um modelo distribuído de computação. Os computadores rodando os programas-clientes não se limitam à mera exibição de dados na tela, mas participam do processamento destes.

j) O que se entende por half-duplex e full-duplex?

- *Half-Duplex:* transmissão em que o envio e a recepção de dados são feitos em tempos diferentes. A maioria dos terminais recebe e envia dados através dessa transmissão.
- *Full-Duplex:* transmissão em que o envio e a recepção de dados são feitos ao mesmo tempo em ambos os sentidos. Exemplo: comunicação entre mainframes.

S.5.12

a) Desenvolver um script (solução lógica) para resolução de uma equação do segundo grau. O operador terá que disponibilizar os valores de *a*, *b*, *c* da seguinte equação: $ax^2 + bx + c = 0$

```
Var

A = inteiro
B = inteiro
C = inteiro
D = número
X1 = número
X2 = número

Device

IF A = 0 and B = 0 and C = 0 Then Msg "Infinita Soluções"
IF A = 0 and B = 0 and C ≠ 0 Then Msg "Sem solução"
IF A = 0 and B ≠ 0 Then X = −C / B
IF A ≠ 0 Then D = −B / 4 * A * C
IF D = 0 Then X1 = −B / 2 * A
X2 = −B / 2 * A
IF D > 0 Then X1 = (−B + sqrt (D)) / (2 * A)
X2 = (−B − sqrt (D)) / (2 * A)
IF D < 0 Then Msg " Não pertence aos reais"
End
```

b) Desenvolver um script (solução lógica) em que são lidos os valores de três lados de um triângulo (L1, L2 e L3), e a partir desses valores verificar se o triângulo é:

a. Escaleno;
b. Isósceles;
c. Equilátero.

```
Var
L1 = Real
L2 = Real
L3 = Real
Device
IF L1 – L2 = 0 and L1 – L3 = 0 Then Msg "Equilátero"
IF L1 – L2 ≠ 0 and L1 – L3 ≠ 0 and L2 – L3 ≠ 0 Then Msg "Escaleno"
Else Msg "Isósceles"
End
```

c) Listar as tecnologias atuais que permitem, dentro do contexto de supervisório, que o operador tenha uma maior mobilidade na planta, não necessitando permanecer em frente ao terminal de vídeo para análise da planta.

Considerando o avanço tecnológico atual, o operador não precisa ficar preso à frente do computador, ele pode controlar a planta industrial através de um palmtop, pocketpc ou celular e visualizar/controlar toda a área utilizando a tecnologia Blue-tooth. Se a planta for muito grande é possível, através da utilização de equipamentos baseados na tecnologia GPS, localizar onde cada equipamento/equipe está atuando. Dependendo da necessidade pode-se utilizar equipamentos com tecnologias GSM e Wi-Fi para expandir a rede industrial/corporativa. A grande questão refere-se à confiabilidade dessas redes. Até que ponto pode-se confiar em redes sem fio? Os pacotes podem até ser criptografados, mas essas redes são consideravelmente "sensíveis" a ruídos e, conseqüentemente, a operação da planta não pode ser condicionada a redes inseguras. Logo, existem duas alternativas: continuar utilizando a redundância da rede física (LAN) ou adotar redes sem fio com diversas torres para retransmitir o sinal.

d) A partir do esquema da Figura 5.14, desenvolver um descritivo sobre o funcionamento do processo.

Um reservatório com aço líquido é transportado por uma ponte rolante. Uma válvula no fundo desse reservatório solta um jato do aço líquido em um distribuidor, que o injeta em uma câmara fechada e sem a presença de vapores. Na entrada dessa câmara existe um molde de cobre que é resfriado a água para o controle de temperatura, existindo também rolos extratores por onde corre o aço. Na saída da câmara o aço já solidificado é cortado por um maçarico, que prepara as placas do aço. Há medidores para as placas terem o mesmo dimensionamento e medidores de velocidade dos rolos extratores.

Todos os dados são coletados e enviados para um computador, que controla todo o processo.

e) Da questão anterior, descrever como o Supervisório atuaria no processo de contingência.

A supervisão desse processo atuaria no caso da ocorrência de um defeito, que poderia ser:

- aumento ou diminuição da temperatura dentro da câmara;
- variação da velocidade dos rolos extratores;
- variação no dimensionamento das placas;
- falta de fluxo nos jatos de água;
- entupimento dos jatos de aço líquido.

f) Ainda da questão anterior, qual a função do CLP no processo?

Executando o processo automaticamente por meio de entradas e saídas, o CLP analisa a cada Scan a mudança de estado que ocorre nas entradas e toma uma decisão atuando nas saídas. Por exemplo:

- Movimentação da ponte rolante
  - injeção de aço líquido
  - injeção de água para resfriamento
- Velocidade dos rolos extratores
- Temperatura dentro da câmara

- Corte do maçarico
- Controle do dimensionamento das placas

g) O que se entende por desenvolvimento Top-Down e Bottom-Up?
- *Top-Down:* de cima para baixo; partindo das características mais gerais do sistema e descendo cada degrau da pirâmide da automação para o maior detalhamento possível das etapas de automação.
- *Bottom-Up:* de baixo para cima; integrando sub-redes de parte do sistema, subindo na pirâmide da automação para uma análise macro de toda a planta.

h) Descreva as necessidades que geraram o desenvolvimento dos sistemas supervisórios.

Quando se trabalha com sistemas automatizados complexos surge a necessidade de se criar uma interface de maneira a facilitar o trabalho da equipe encarregada da operação do sistema. Surgiu a necessidade da criação de uma interface amigável (eficiente e ergonômica), que o mercado tem designado por Sistema Supervisório ou Interface Homem-Máquina (IHM). Seu objetivo é permitir a supervisão e, muitas vezes, o comando de determinados pontos da planta automatizada.

i) Para os sistemas supervisórios, quais as características dos Modos de Desenvolvimento e Run-Time?
- *Modo de Desenvolvimento:* é o ambiente de desenvolvimento das telas gráficas, onde se cria o desenho que será animado. As telas de processo são desenhadas e os tags são vinculados às propriedades dos objetos gráficos e os efeitos de animação. É possível criar, copiar e modificar telas e tags conforme as especificações do projeto. Neste modo são programadas as taxas com que os dados são salvos para efeito histórico ou atualizados para as demais necessidades do processo.
- *Modo Run-Time:* neste modo de operação uma versão compilada do código-fonte é executada pelo programa supervisório, executando toda a funcionalidade programada no modo de Desenvolvimento. Neste se dará a operação integrada com o CLP, durante a operação da planta em tempo real.

Capítulo 8

S.8.2

Transições	Pré-sets	Pós-sets
t_1	p_1	p_2, p_3, p_4
t_2	p_2, p_3	p_2
t_3	p_4	p_5
t_4	p_5	p_3, p_4

Posições	Pré-sets	Pós-sets
p_1	-	t_1
p_2	t_1, t_2	t_2
p_3	t_1, t_4	t_2
p_4	t_1, t_4	t_3
p_5	t_3	t_4

S.8.7 t_1: $m'(p_1) = m(p_1) - 1; m'(p_2) = m(p_2) + 1; m'(p_3) = m(p_3) + 1; m'(p_4) = m(p_4) + 2.$

t_2: $m'(p_3) = m(p_3) - 1; m'(p_2) = m(p_2) + 1 - 1.$

t_4: $m'(p_5) = m(p_5) - 1; m'(p_3) = m(p_3) + 1; m'(p_4) = m(p_4) + 1.$

S.8.8 Posições:

M_1O = Máquina 1 ocupada	B_1 = Buffer 1 de 2 peças
M_1L = Máquina 1 livre	B_2 = Buffer 2 de 2 peças
M_2O = Máquina 2 ocupada	PC = Peça chegando
M_2L = Máquina 2 livre	A = Alternador
M_3O = Máquina 3 ocupada	PPS_1 = Peça saindo de 1
M_3L = Máquina 2 livre	PPS_2 = Peça saindo de 2
O_1L = Operador 1 Livre	
O_2L = Operador 2 Livre	
O_1OM_1 = Operador 1 ocupado com a máquina 1	
O_2OM_1 = Operador 2 ocupado com a máquina 1	

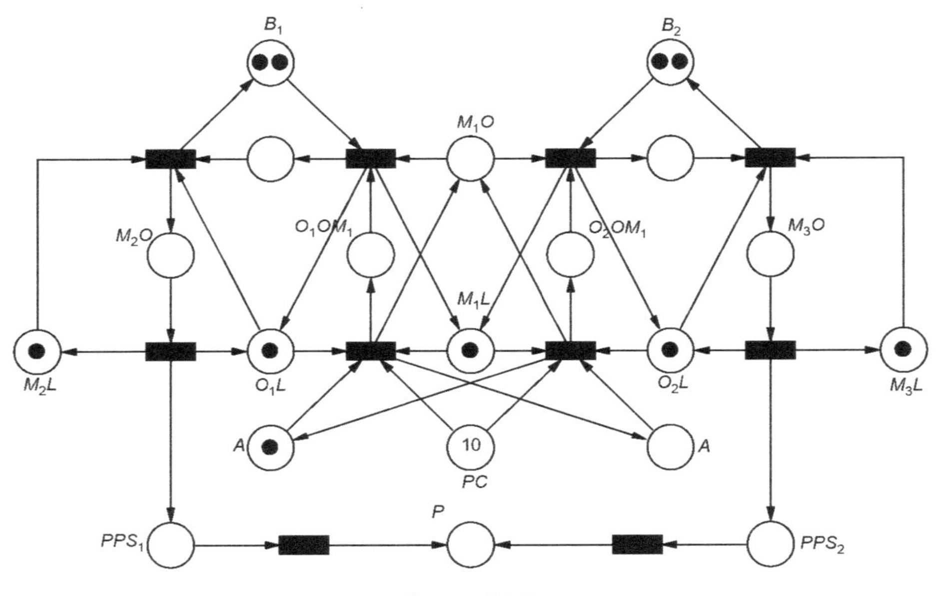

FIGURA S.8.8

Capítulo 9

S.9.4 Figura 9.2: retirar a marca de LI_2 ou a de A_1 ou, então, as marcas de LE_3 e de LI_3.
Figura 9.6: a marcação inicial é $A = 1$, $QL = 1$; basta retirar uma delas para que a RP perca a vivacidade.

S.9.9 Renumeremos as posições da Figura 9.2 como segue:

$$A_1 = p_1 \quad LI_1 = p_2 \quad B_1 = p_3 \quad LE_1 = p_4$$
$$B_2 = p_5 \quad LI_2 = p_6 \quad C_2 = p_7 \quad LE_2 = p_8$$
$$C_3 = p_9 \quad LI_3 = p_{10} \quad A_3 = p_{11} \quad LE_3 = p_{12}$$

Supondo que o estado inicial é dado pela marcação $M_0 = [1\ 0\ 0\ 0\ 0\ 0\ 1\ 0\ 1\ 0\ 1\ 0]$

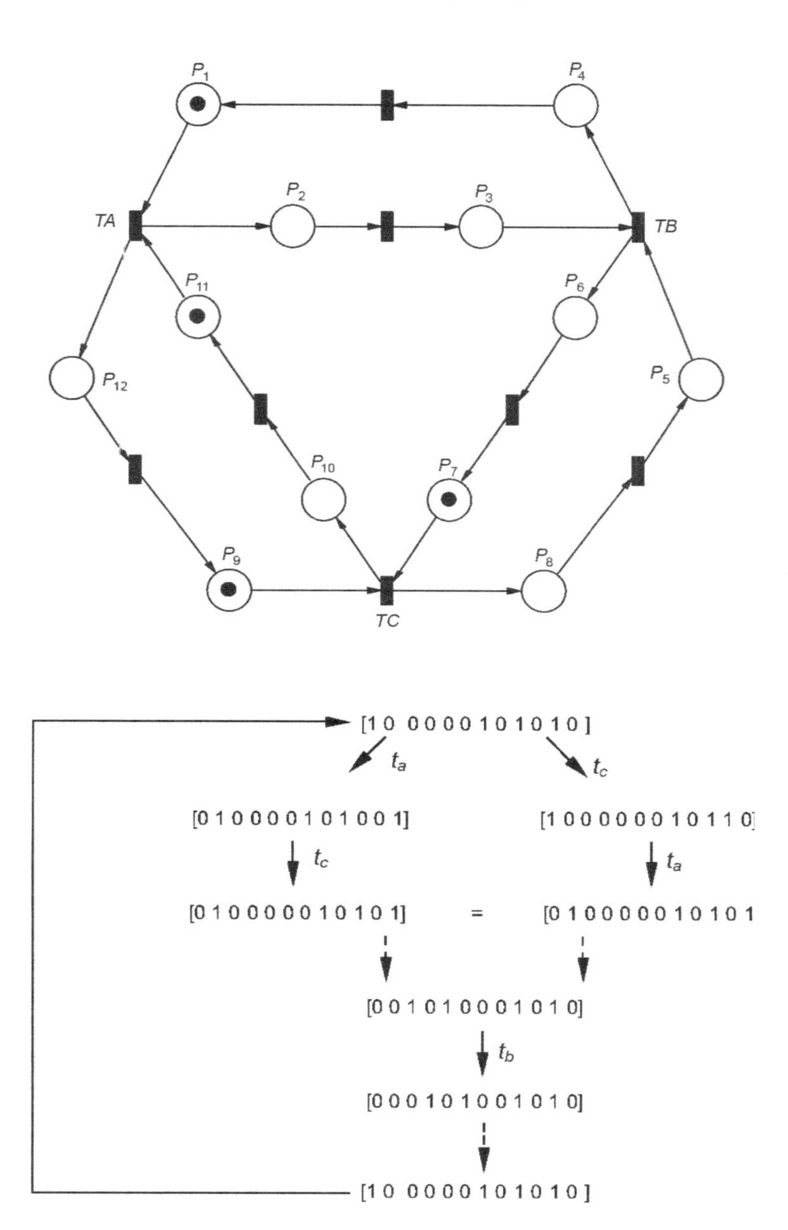

S.9.10 Temos na Figura 9.2 $n = 12$ posições e $m = 9$ transições. A matriz de incidência é 12×9.

$$A = \begin{vmatrix} -1 & 0 & 0 & 1 & 0 & 0 & 0 & 0 & 0 \\ 1 & -1 & 0 & 0 & 0 & 0 & 0 & 0 & 0 \\ 0 & 1 & -1 & 0 & 0 & 0 & 0 & 0 & 0 \\ 0 & 0 & 1 & -1 & 0 & 0 & 0 & 0 & 0 \\ 0 & 0 & -1 & 0 & 0 & 0 & 1 & 0 & 0 \\ 0 & 0 & 1 & 0 & -1 & 0 & 0 & 0 & 0 \\ 0 & 0 & 0 & 0 & 1 & -1 & 0 & 0 & 0 \\ 0 & 0 & 0 & 0 & 0 & 1 & -1 & 0 & 0 \\ 0 & 0 & 0 & 0 & 0 & -1 & 0 & 0 & 1 \\ 0 & 0 & 0 & 0 & 0 & 1 & 0 & -1 & 0 \\ -1 & 0 & 0 & 0 & 0 & 0 & 0 & 1 & 0 \\ 1 & 0 & 0 & 0 & 0 & 0 & 0 & 0 & -1 \end{vmatrix}$$

(colunas: t_1, t_2, t_3, t_4, t_5, t_6, t_7, t_8, t_9)

$\mathbf{x}' = \mathbf{x} + A \cdot \mathbf{u}$
$\mathbf{x}_0 = [1\,0\,0\,0\;\;0\,1\,0\,0\;\;0\,1\,0\,1]^T$
O vetor de disparos, inicial, é
$\mathbf{u}_0 = [0\,0\,0\,0\;\;1\,0\,0\,1\,1]^T$
O estado conseqüente é
$\mathbf{x}_0' = \mathbf{x}_0 + A \cdot \mathbf{u}_0 = \ldots = [1\,0\,0\,0\,0\,0\,1\,0\,1\,0\,1\,0]^T$

S.9.11 As oito posições sem indexação foram colocadas para garantir que a peça da linha 1 não passe para a linha 2, e vice-versa.

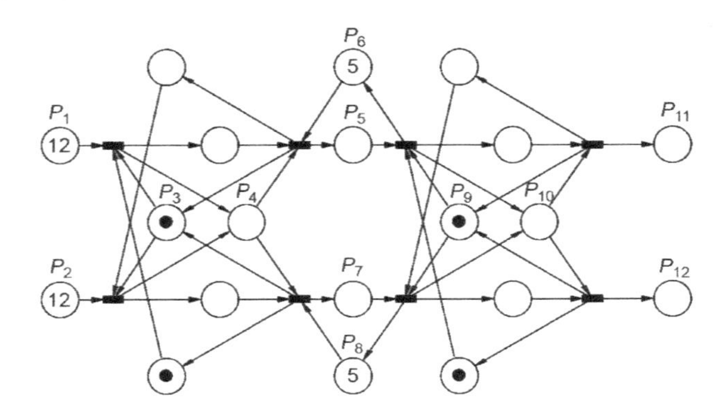

FIGURA S.9.11

S.9.15 A Figura S.9.15 mostra a RP de transições temporizadas.
Circuitos elementares:

1: $t_1\, t_5\, t_1$	Tempo de Ciclo $C_1 = 2/1 = 2$
2: $t_2\, t_5\, t_4\, t_6\, t_2$	$C_2 = (5 + 4)/2 = 4{,}5$
3: $t_3\, t_6\, t_3$	$C_3 = 3/1 = 3$

Circuito-gargalo: C_2.
Período do Ciclo do Sistema: 4,5.

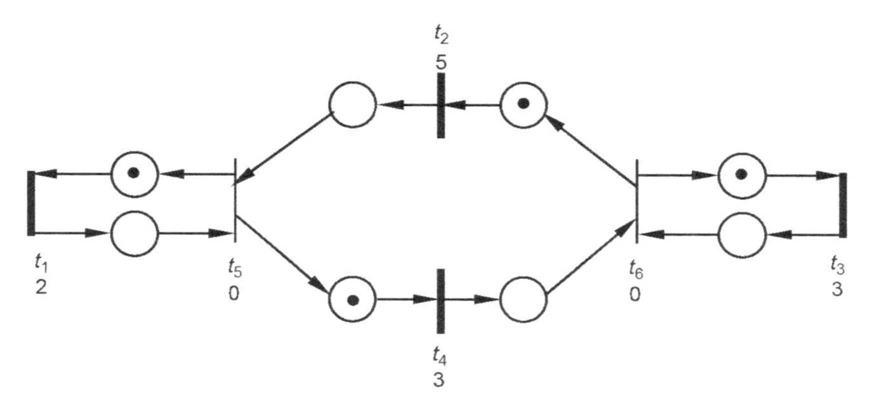

FIGURA S.9.15

Capítulo 10

S.10.5 Subsistemas:

a) Esteira E_1: evento sensor S_1
transição temporizada t_1, de 40 s
estados do motor {$m_1$on, $m_1$off};.

b) Esteira E_2: evento sensor S_2
estados {$m_2$cn, $m_2$off}

c) Esteira E_3: idem E_2

d) Classificador e desviador:
eventos G = peça grande, P = peça pequena
estados E_2 = peça na esteira E_2, E_3 = peça na esteira E_3.

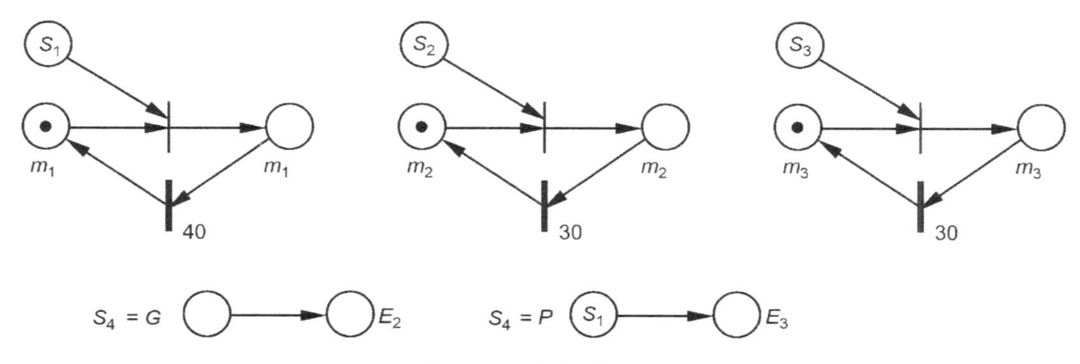

FIGURA S.10.5a Planta.

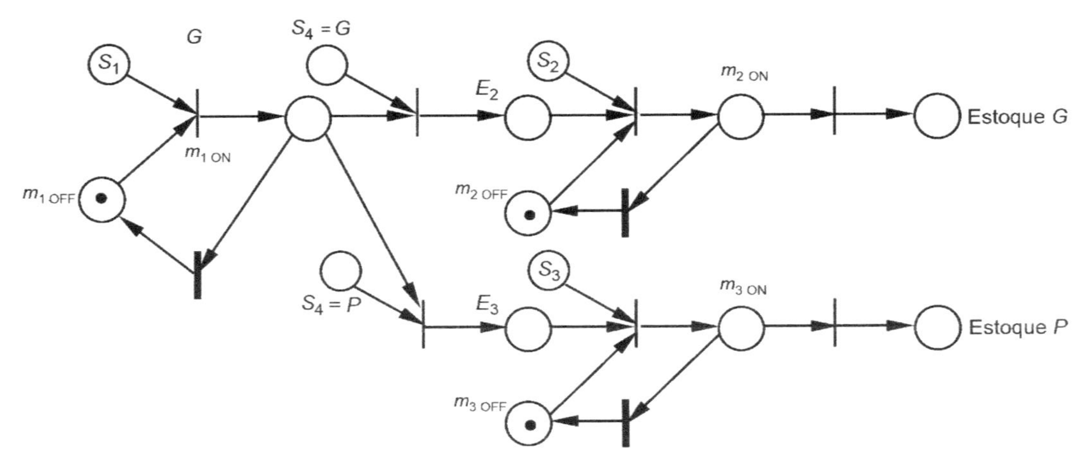

FIGURA S.10.5b Planta automatizada.

S.10.6 Entradas: L, D = liga e desliga sistema

Sensores discretos: PSL,LSL, LSL_1, LSH, XT<, XT>, XT=, M

Posições: S_{on} = sistema energizado, S_{off} = sistema desenergizado

SV−1, SV−2, SV−3, SV−4 = válvulas abertas

P = processo em andamento

B_{ON} = bomba de saída, energizada

Posições auxiliares: P_1, P_2, para refinamento de *P*

T = temporizada, com habilitação da saída após 60 s caso a excitação da entrada se mantenha no nível 1; corresponde ao temporizador na energização, TON do lader.

a) RP da planta: Figura S.11.6a.

b) RP inicial da planta automatizada, para modelamento *top-down*: Figura S.11.6b.

c) Refinamento da posição *P*, com a inserção de LSH e do temporizador de 60 s.

A RP completa do sistema seria obtida inserindo a RP da Figura S.11.6c na S.11.6b.

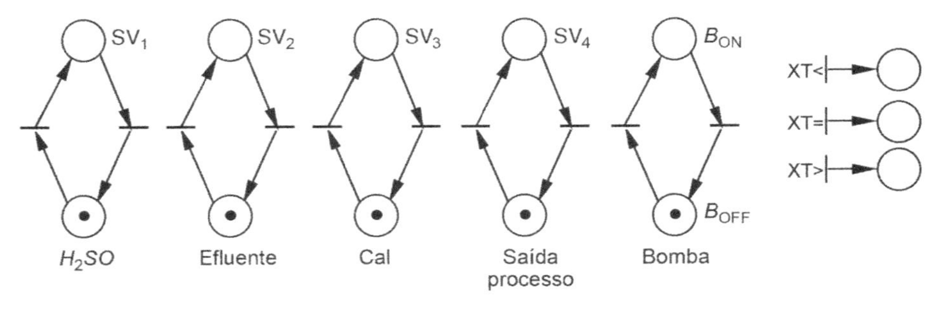

FIGURA S.10.6a

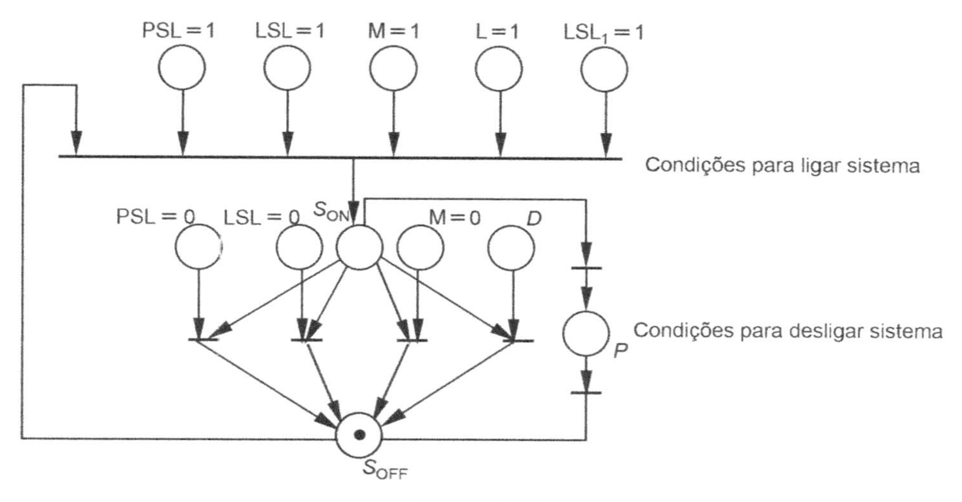

FIGURA S.10.6b

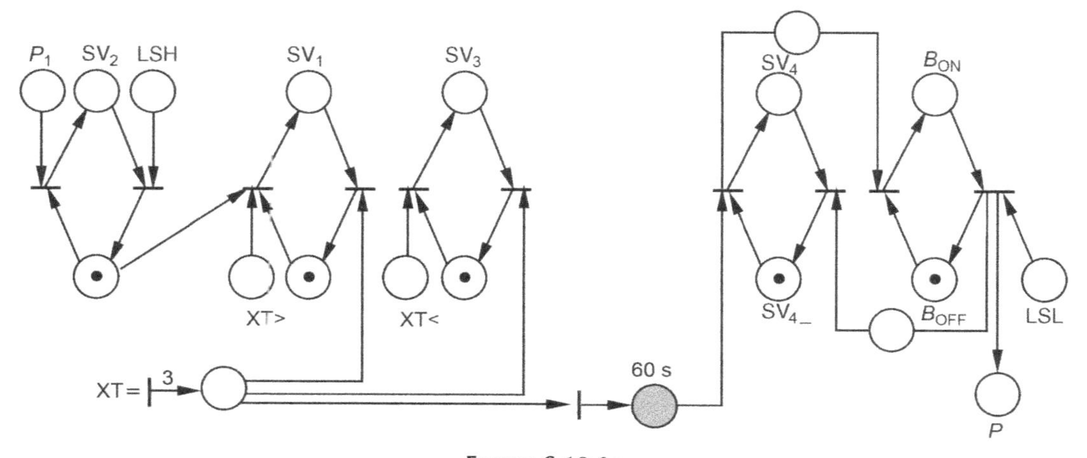

FIGURA S.10.6c

Capítulo 11

S.11.6 Entradas: L, D, liga e desliga sistema

S_1 = presença de peça no setor de pintura

S_2 = presença de peça para ensacamento

S_3 = peça pronta para embalagem

TE = término de embalagem da peça

Au = duas peças consecutivas rejeitadas ou três peças rejeitadas em 12

AT = sensor de temperatura anormal, $T > Ta$ ou $T < Tb$

DA = reset do alarme

Posições: SG = sistema energizado

M = motor da linha energizado; M_ , desenergizado

E_1 = pintura em processo, temporizada 3 s

E_2 = ensacamento em processo, 5 s

E = máquina de embalagem automática, ativada
Au = sinal de defeitos repetidos
A = alarme de temperatura

a) RP da planta: Figura S.11.7a

b) RP do sistema automatizado: Figura S.11.7b

c) Lader do controlador

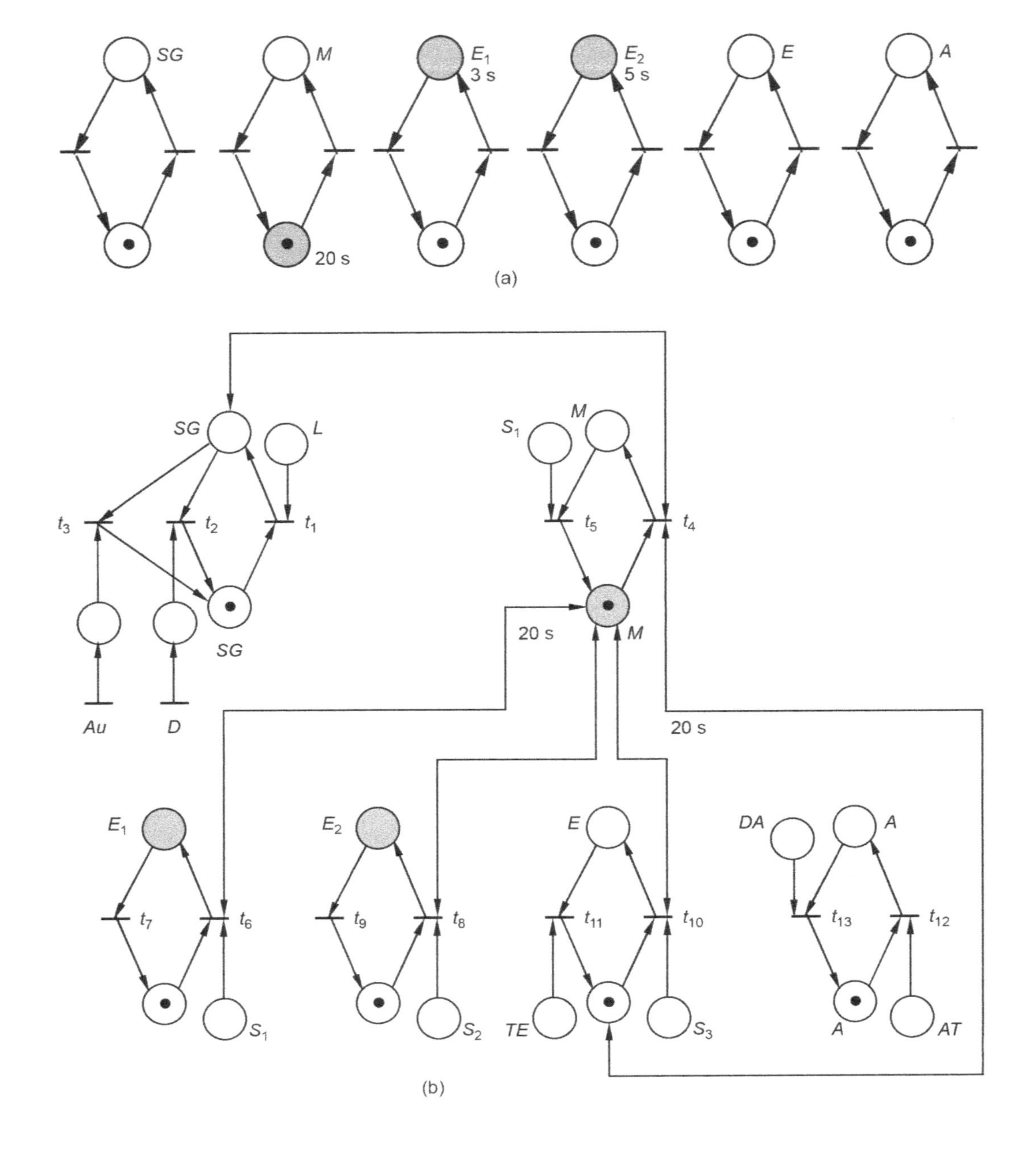

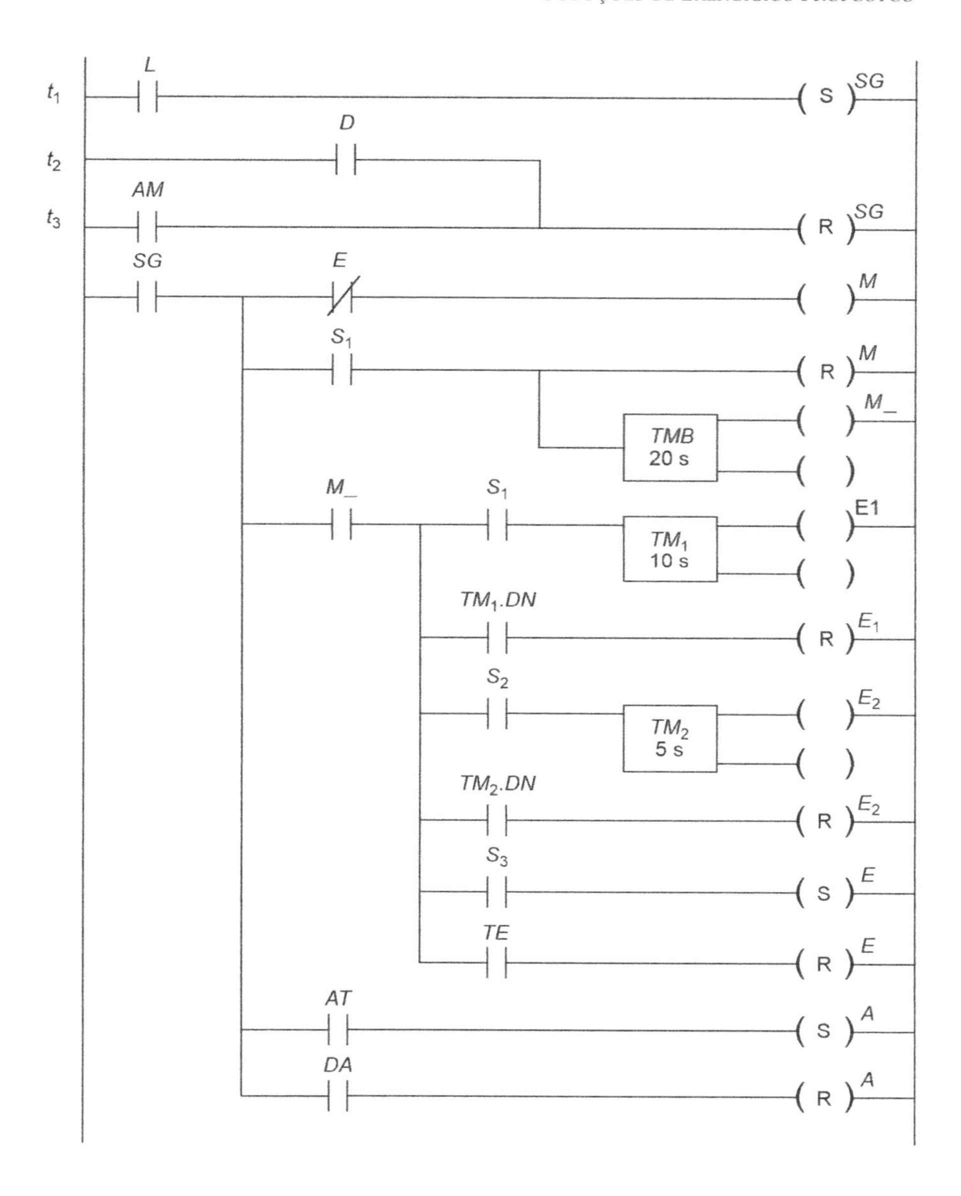

Figura S.11.6 a, b, c

Capítulo 12

S.12.1 Detectores e recuperadores de falhas para a mesa de solda robotizada (Seção 11.3).

Falha tipo 1:

a1) Por imperfeição mecânica da peça, o robô R_2 não consegue terminar sua tarefa.

b1) A detecção pode ser feita pelo esgotamento de um intervalo de tempo *TR*, maior que o máximo esperado na operação do robô; precisa de um temporizador *TR* e uma rede tipo *watchdog*. A ação corretora do problema seria marcar a peça a tinta, para que se destine ao refugo, e interromper a operação de R_2.

Falha tipo 2:

a2) Um robô tem parada por defeito interno, detectado internamente.

b2) O sinal do detector de falha do robô dispara um pequeno tempo de espera e determina uma repetição da operação do robô, caso falhe, o processo deve ser paralisado, e deve soar um alarme visual no robô e um alarme sonoro para chamar a manutenção.

Falha tipo 3:

a3) Falha do ventilador.

b3) Não está previsto no sistema um bom sensor para esta falha.

Detector e recuperador da falha tipo 1:

Observe a RP final do sistema (Figura 11.16) e a Figura S.12.1. Ação detectora de erro: a posição *A*, além de ativar os quatro robôs, dispara uma marca para uma nova posição, temporizada com *TR*; se após *TR* o robô R_2 ainda está em operação, a transição *TF* emite o sinal ε para a posição WD_2 (*watchdog* 2), que aponta a falha.

Ação recuperadora escolhida: desligar o robô R_2 e enviar marca para a posição *F* da Figura 11.16, para que a mesa retome a operação; a sub-rede (RP-R) da Figura 12.1 representa essa ação.

Assim, RP-D detecta ou diagnostica o erro e RP-R restaura o funcionamento.

Devido às RP-E e RP-D, os arcos de peso 4 na Figura 11.16 precisam ter peso 5.

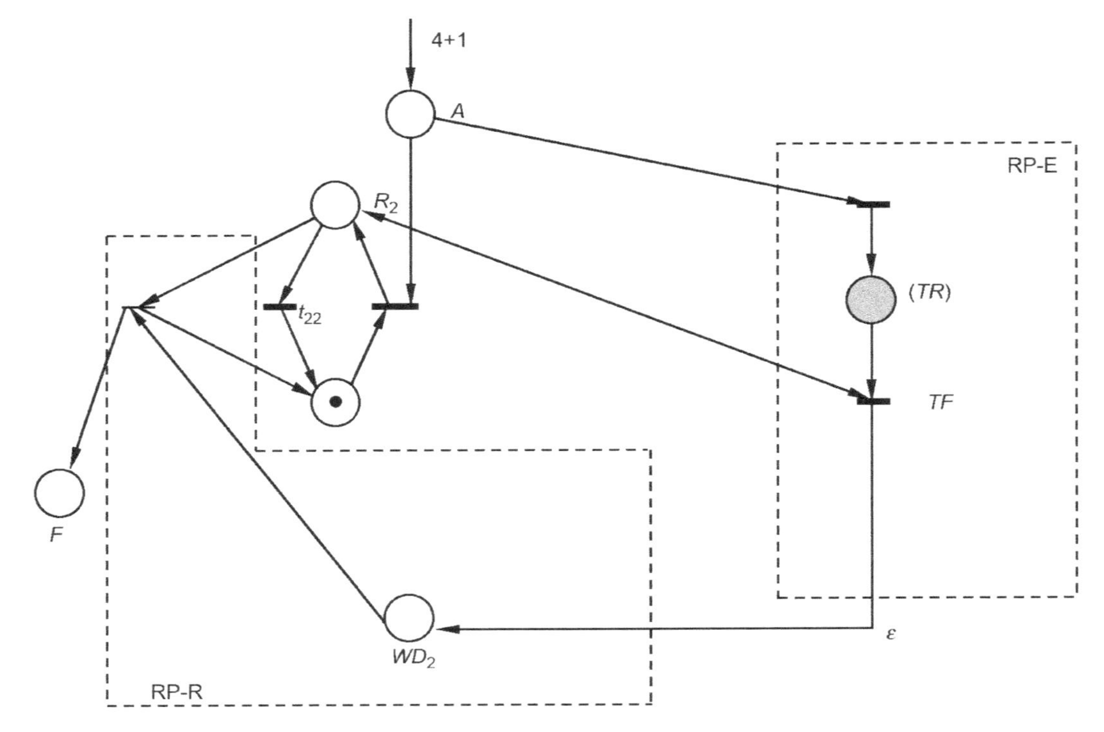

FIGURA S.12.1

S12.2 A falha do sistema decorre de falta de energia durante o processo de pintura do Exercício 11.6. Considere a RP da Figura S.11.6.b e seja ε a transição-fonte que detecta a falta de energia. Há dois casos:

a) *a falta de rede é rápida e ocorre quando* E_1 *possui marca* (está em curso a pintura de uma peça); ao retornar a rede, deseja-se que SG e a pintura retornem automaticamente. Dependendo do momento da falta de rede, pode de fato ocorrer excesso de tempo de pintura e uma peça apresentar defeito no final.

b) *a falta de energia se mantém por meia hora, e a* temperatura da estufa cai abaixo do mínimo: $AT = 1$. O processo deve ser suspenso até que a temperatura volte ao normal.

Vamos supor que a estufa seja energizada por chave independente de *SG* e que a posição $RA = 1$ seja a memória de que o sistema sofreu uma falta de rede. Ao retornar a energia, basta a ação da rede RP-R da Figura S.12.2 para que o início da operação seja retardado até que a temperatura volte ao normal.

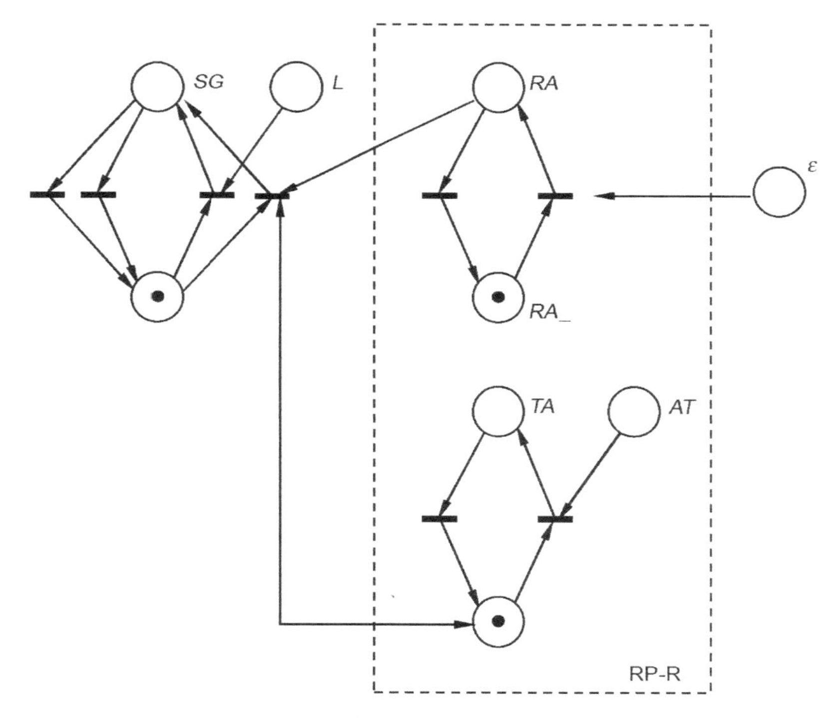

FIGURA S.12.2

Referências Bibliográficas

[A] Aalst WMP. Workflow Management. *Journal of Circuits Systems and Computers*, vol. 8 nº 1, 1998.

[AA] Andrade A. e Yukishima C.T. *Uma Abordagem Estruturada para Projeto de Automação Industrial*. 6º INDUSCON, 2004.

[Ay] Ayeb. *Toward Systematic Construction of Diagnostic Systems for Large Industrial Plants*. IEEE Transactions Knowledge and Data Engineering, Vol. 6, nº 5, 1994.

[B] Berthelot G. Checking properties of nets. *In Advances in Petri Nets*, 1985 (G. Rozemberg, ed.), Springer, 1986.

[BK] Brand KP and Kopainsky J. Principles and engineering of Process Control with Petri Nets. *IEEE Trans. Auto Control*, vol. 33 nº 2, 1988.

[BO] BOSCH, A.G. *CAN Specification Version 2.0*. 1991, Robert Bosch GmbH, Postfach 30 02 40, D-70442 Stuttgart.

[Br] Brooks F.P. Jr. *The Mythical Man-Month – Essays on Software Engineering*. Addison-Wesley, 1975.

[BU] Black, U. *Computer Network, Protocols, Standards and Interfaces*. Prentice Hall PTR, 1993.

[C] Cassandras C.G. *Discrete Event Systems: Modeling and Performance Analysis*. Aksen Publs; 1993.

[Ca] Castrucci P. *et al.* Série Controle Automático de Sistemas Dinâmicos, vol. 1 *Controle Linear–Método Básico*, vol. 2 *Sistemas Não-Lineares*, vol. 3 *Controle Digital*, Ed. Blucher, 1981, 90, 91.

[CAN] Cia Draft Standard 102 Version 2. *CAN Physical Layer for Industrial Applications*. 20 April 1994.

[Ch] Cohen *et al. Algebraic Tools for Performance Evaluation of Discrete Event Systems*. Trans., IEEE vol. 77 nº 1, 1989.

[Chr] Chrétienne P. *Les réseaux de Petri temporisés*, thèse Univ. Paris VI, 1983.

[CL] Cassandras C.G; Lafortune S. and Olsder G.J. Introduction to the Modelling, Control and Optimization of Discrete Event Systems. *In Trends in Control*. Ed. A. Isidori, Springer, 1995.

[CM] Clocksin W.F. and Mellish C.S. *Programming in Prolog*, Berlim, Springer-Verlag, 1984.

[D] Desrochers S.A. and Al-Jaar R.V. *Applications of Petri Nets in Manufacturing Systems*. IEEE Press, 1995.

[EC1] Introduction to LONWORKS – versão 1.0. ECHELON CORPORATION. Estados Unidos, 1999.

[EC2] Overview of Control Networking Technology. ECHELON CORPORATION. Estados Unidos, 1999.

[F] Finkbeiner. Introdução a Matrizes e Transformações Lineares. EDUSP, 1970.

[G] Gass S.I. *Linear Programming*. McGraw-Hill, Int. Student Ed., 1969.

[HC] Holloway L.E. and Chand S. *Time Templates for Discrete Event Fault Monitoring*. Proc Am Control Conference, Baltimore, 1994.

[HP] Hillion H.P. and Proth J.M. *Performance Evaluation of Job Shop Systems*. Trans. IEEE Vol. 34, jan. 1989.

[K] Künzle L.A. *et al.* Arquitetura de Simulação Flexível com Animação Gráfica Aplicada ao Projeto de FMS. *Anais do XIII Congresso Brasileiro de Automática*, 2000.

[Ki] Kim I.S. and Modarres M. *Goal Tree-Success Tree Model. Nuclear Engineering and Design*, North Holland, 1987.

[Ks] Kaszkurewicz E. *et al.* A *Fault Detection and Diagnosis Module for Oil Production Plants*. *Expert Systems with Applications*, vol. 12, nº 2, 1997.

[L] Lee-Kwang H. *et al. IEEE Trans*. *Systems, Man and Cybernetics*. vol. SMC17, mar/apr, 1987.

[La] Laplante P.A. *Real-time Systems, Design and Analysis – An Engineer's Handbook*. IEEE Press, 1997.

[LR] Lewis, R.W. *Programming Industrial Control System Using IEC 1131-3* – IEEE Control, 1995.

[M] Michel, G. *Programmable Logic Controllers – Architecture and Applications*. John Wiley & Sons, 1990.

[MC] Moraes C.C. e Castrucci P.L. *Engenharia de Automação Industrial*. 1ª ed., Rio de Janeiro, LTC, 2001.

[MD] Miclot, M.D. *Distribution of control via automation networks using the producer/consumer model*. IEEE, 1998.

[Mi] Miyagi P.E. *Controle Programável – fundamentos do controle de sistemas a eventos discretos*. Ed. Blucher, 1996.

[Mu1] Murata T. *State Equation, Controllability, and Maximal Matchings of Petri Nets*. IEEE Trans. Auto Control, vol. AC-22, 06/1977.

[Mu2] Murata T. *Modelling and Analysis of Concurrent Systems*. *In Handbook of Software Engineering*, Van Nostrand Reinhold, 1984.

[Ox] *Oxford Advanced Learner's Dictionnary*.

[P] Peterson. *Petri Net Theory and Modeling of Systems* Prentice Hall, 1981.

[PB] *ProfiBus Technology and Application* – System Description.

[Pr] Pressman R.S. *Engenharia de Software*. Makron, 1995.

[PX] Proth J.M. and Xie X. *Petri Nets, a Tool for Design and Management of Manufacturing Systems*. John Wiley, 1996.

[R] Reisig W. *Petri Nets*, Springer, 1985.

[Ra] Rockwell Automation, Micromentor. Allen Bradley Company, Inc. 1996.

[RH] Ramamoorthy and Ho. *Asynchronous Concurrent Systems*, Trans. IEEE Software Engineering. Vol SE6, nº 5, 1980.

[RN] Russell S. e Norvig P. *Inteligência Artificial*, São Paulo, 2ª ed; Ed. Campus, 2004.

[SE] Schickhuber, G. and McCarthy, O. *Distribution FieldBus and Control Network Systems*. Computer & Engineering Journal, February, 1997.

[T] Tanenbaum, A.S. Redes de Computadores. Ed. Campus Ltda. 1997.

[V] Valette R. Analysis of Petri Nets by Stepwise Refinements. *J. Computer and Syst. Sci.*, vol. 18, pp. 35-46, 1979.

[ZC] Zhou, M. and DiCesare, F. *Petri Net Synthesis for Discrete Event Control of Manufacturing Systems*. Kluwer Publ., Boston, 1993.

[ZC1] Zhou M.C. *et al. Design and Implementation of a PN Supervisor for a Flexible Man. System*. Automatica, Vol 28, nº 6, Pergamon, 1992.

ÍNDICE

10
1
2
3
4
5
6
7
8
9
2023